上海财经大学富国 ESG 丛书

编 委 会

主 编
刘元春　陈　戈

副主编
范子英

编委会成员
（以姓氏拼音为序）

郭　峰　黄　晟　靳庆鲁　李成军
李笑薇　刘詠贺　孙俊秀　杨金强
张　航　朱晓喆

上海财经大学富国ESG研究院
Fullgoal Institute for ESG Research, SUFE

上海财经大学富国 ESG 丛书

ESG与信息披露

标准、核算与价值效应

靳庆鲁　张为国
薛　爽　饶艳超　黄　俊　◎ 著

上海财经大学出版社
SHANGHAI UNIVERSITY OF FINANCE & ECONOMICS PRESS

上海学术·经济学出版中心

图书在版编目(CIP)数据

ESG 与信息披露:标准、核算与价值效应 / 靳庆鲁等著. -- 上海:上海财经大学出版社,2025.9.
(上海财经大学富国 ESG 丛书). -- ISBN 978-7-5642-4729-4

Ⅰ.X322.2

中国国家版本馆 CIP 数据核字第 2025MK2016 号

□ 责任编辑　李成军
□ 封面设计　李　敏

ESG 与信息披露
—— 标准、核算与价值效应

靳庆鲁　张为国　著
薛　爽　饶艳超　黄　俊

上海财经大学出版社出版发行
(上海市中山北一路 369 号　邮编 200083)
网　　址:http://www.sufep.com
电子邮箱:webmaster@sufep.com
全国新华书店经销
上海锦佳印刷有限公司印刷装订
2025 年 9 月第 1 版　2025 年 9 月第 1 次印刷

787mm×1092mm　1/16　17.75 印张(插页:2)　377 千字
定价:89.00 元

总　序

ESG，即环境（Environmental）、社会（Social）和公司治理（Governance），代表了一种以企业环境、社会、治理绩效为关注重点的投资理念和企业评价标准。ESG的提出具有革命性意义，它要求企业和资本不仅关注传统盈利性，更需关注环境、社会责任和治理体系。ESG的里程碑意义在于它通过资本市场的定价功能，描绘了企业在与社会长期友好共存的基础上追求价值的轨迹。

关于ESG理念的革命性意义，从经济学说史的角度，它解决了个体道德和宏观向善之间的关系，使得微观个体在"看不见的手"引导下也能够实现宏观的善。因此，市场经济的伦理基础与传统中实际整体社会的伦理基础发生了革命性的变化。这种变革引发了"斯密之问"，即市场经济是否需要一个传统意义上的道德基础。马克斯·韦伯在《新教伦理与资本主义精神》中企图解决这一冲突，认为现代市场经济，尤其是资本主义市场经济，它很重要的伦理基础来源于新教。但它依然存在着未解之谜：如何协调整体社会目标与个体经济目标之间的冲突。

ESG之所以具有如此深刻的影响，关键在于价值体系的重塑。与传统的企业社会责任不同，ESG将企业的可持续发展与其价值实现有机结合起来，不再是简单呼吁企业履行社会责任，而是充分发挥了企业的价值驱动，从而实现了企业和社会的"双赢"。资本市场在此过程中发挥了核心作用，将ESG引入资产定价模型，综合评估企业的长期价值，既对可持续发展的企业给予了合理回报，更引导了其他企业积极践行可持续发展理念。资本市场的"用脚投票"展现长期主义，使资本向善与宏观资源配置最优相一致，彻底解决了伦理、社会与经济价值之间的根本冲突。

然而，推进ESG理论需要解决多个问题。在协调长期主义方面，需要从经济学基础原理构建一致的ESG理论体系，但目前进展仍不理想。经济的全球化与各种制度、伦理、文化的全球化发生剧烈的碰撞，由此产生了不同市场、不同文化、不同发展阶段，对于ESG的标准产生了各自不同的理解。但事实上，资本是最具有全球主义的要素，是所有要素里面流通性最大的一种要素，它所谋求的全球性与文化的区域性、与环境的公共属性之间产生了剧烈的冲突。这种冲突就导致ESG在南美、欧洲、亚太产生的一系列差异。与传统经济标准、经济制度中的冲突相比，这种问题还要更深层次一些。

在2024年上半年，以中国特色为底蕴构建ESG的中国标准取得了长足进步，财政部和三大证券交易所都发布了各自的可持续披露标准，引起了全球各国的重点关注，在政策和实践快速发展和迭代的同时，ESG 的理论研究还相对较为缓慢。我们需要坚持高质量的学术研究，才能从最基本的一些规律中引申出应对和解决全球冲突最为坚实的理论基础。所以，在目前全球 ESG 大行其道之时，研究 ESG 毫无疑问是要推进 ESG 理论的进步，推进我们原来所讲的资本向善与宏观资源配置之间的弥合。当然，从政治经济学的角度讲，我们也确实需要使我们这个市场、我们这样一个文化共同体所倡导的制度体系能够得到世界的承认。

在考虑到 ESG 理念的重要性、实践中的问题以及人才培养需求的基础上，为了更好地推动 ESG 相关领域的学术和政策研究，同时培养更多的 ESG 人才，2022 年 11 月上海财经大学和富国基金联合发起成立了"上海财经大学富国 ESG 研究院"。这是一个跨学科的研究平台，通过汇聚各方研究力量，共同推动 ESG 相关领域的理论研究、规则制定和实践应用，为全球绿色、低碳、可持续发展贡献力量，积极服务于中国的"双碳"战略。我们的目标是成为 ESG 领域"产、学、研"合作的重要基地，通过一流的学科建设和学术研究，产出顶尖成果，促进实践转化，支持一流人才的培养和社会服务。在短短的一年多时间里，研究院在科学研究、人才培养和平台建设等方面都取得了突破进展，开设 ESG 系列课程和新设了 ESG 培养方向，组织了系列课题研究攻关，举办了一系列的学术会议、论坛和讲座，在国内外产生了广泛的影响。

这套"上海财经大学富国 ESG 丛书"则是研究院推出的另一项重要的学术产品，其中的著作主要是由研究院的课题报告和系列讲座内容转化而来。通过这一系列丛书，我们期望为中国 ESG 理论体系的构建做出应有的贡献。在 ESG 发展的道路上，我们迫切需要理论界和实务界的合作。让我们携起手来，共同建设 ESG 研究和人才培养平台，为实现可持续发展目标贡献我们的力量。

刘元春

2024 年 7 月 15 日

序　言

在全球化进程加速、可持续发展理念深入人心的今天,环境、社会和治理(ESG)已成为企业战略决策与资本配置的核心议题。ESG 不仅关乎企业的长期价值创造,更是应对气候变化、资源约束和社会公平等全球性挑战的重要工具。然而,ESG 实践的深化亟需一套科学、统一的信息披露标准与核算体系,以提升透明度、可比性和可信度,从而推动资本市场的有效定价与资源优化配置。本书的编写,正是基于这一时代背景,旨在系统探讨 ESG 信息披露的标准构建、核算方法及其对资本市场效率的影响。

2021 年国际可持续准则理事会(ISSB)的成立,标志着全球可持续披露准则迈入新阶段。ISSB 在短时间内推出《国际财务报告可持续披露准则第 1 号》(IFRS S1)和《国际财务报告可持续披露准则第 2 号》(IFRS S2),展现了制定全球统一准则的雄心,但也面临协调国际分歧、平衡多方利益、提升可操作性等诸多挑战。本书第一章聚焦 ISSB 的成就与隐忧,深入分析其与欧盟、美国等区域准则的竞合关系,并提出中国在参与国际准则制定中的策略选择——博采众长、立足国情、分步推进,既要避免被"地缘政治化",又要增强在国际规则中的话语权。

ESG 信息披露的核心在于数据。第二章围绕数据标准与治理展开,剖析全球 ESG 数据生态的复杂性。从全球报告倡议组织(GRI)、可持续会计准则委员会(SASB)到 ISSB,国际标准林立却缺乏统一框架,导致企业披露成本高企、信息可比性不足。本书提出以"数据供应链"和"数据价值链"为双轮驱动,构建覆盖数据生成、收集、处理到应用的治理体系,强调标准建设与技术创新并重,尤其需关注发展中国家的差异化诉求。典型案例中,中国建筑与奥瑞金的实践表明,数据治理不仅是合规要求,更是企业提升 ESG 绩效、塑造竞争优势的关键路径。

第三章突破传统财务视角,探索企业价值与社会价值的协同度量。从温室气体排放到员工工资影响,国际影响力估值基金会(IFVI)的方法论为量化非财务绩效提供了工具。然而,影响力核算需平衡科学性与实用性,避免陷入过度理想化或流于形式的困境。本书通过方法论比较与案例解析,为连接微观企业行为与宏观可持续发展目标架设桥梁。

第四章转向资本市场,以 H 股折价为切入点,揭示可持续信息鉴证对定价效率的影响。研究表明,经鉴证的可持续信息能够缓解两地投资者间的信息不对称,进而显著降低 H 股相对于 A 股的折价幅度。这一发现为监管机构完善鉴证机制、企业优化披露策略提供了实证依据。

最后，第五章通过多维度实证研究，验证企业ESG表现对公司估值的积极影响，以及在不同条件下的差异。无论是环境管理的碳减排实践，社会职责的积极履行，还是治理结构的透明度提升，均能转化为长期价值创造的驱动力。这些结论为ESG从"合规成本"向"战略资产"的转型提供了理论支撑。

本书的出版，凝聚了作者团队在ESG领域的深厚积淀与前瞻思考。我们期待它能成为政策制定者、企业管理者、学术研究者及投资者的实用指南，助力中国在全球可持续治理中把握机遇、贡献智慧。未来，ESG的深化不仅需要标准与技术的迭代，更呼唤理念与行动的统一。唯有如此，方能实现经济效益、社会公正与生态福祉的共赢。

2024年，我们承担了上海财经大学富国ESG研究院的重点课题，本书内容汇集了该课题的主要研究成果。本书由薛爽教授统稿。第一章、第三章和第四章由张为国教授和薛爽教授及其团队负责完成，第二章由饶艳超教授及其团队负责完成，第五章由黄俊教授及其团队负责完成。另外，参加本课题的校外专家有贝多广、胡煦和董德尚，校内学生有上海财经大学会计学院博士生陈嵩洁、王浩宇、陈宏韬、殷海锋，硕士生童沛德、王廷麟、季正阳、王凌曦、陈彦妃。博士生高琪参加了修订工作。

2025年3月

目 录

第一章　ISSB 可持续披露准则评估与对策 / 001

　　第一节　引言 / 001

　　第二节　对 IFRS 基金会和 ISSB 工作的正面评价 / 001

　　第三节　IFRS 基金会和 ISSB 可能面临的挑战与问题 / 002

　　第四节　我国应采取的对策 / 011

　　参考文献 / 015

第二章　ESG 信息披露的数据标准和数据治理研究 / 016

　　第一节　引言 / 016

　　第二节　文献综述 / 030

　　第三节　ESG 信息披露的数据标准建设和数据治理现状 / 049

　　第四节　数据标准和数据治理问题分析 / 068

　　第五节　基于 ESG 数据供应链和数据价值链的解决方案 / 078

　　第六节　研究结论 / 102

　　参考文献 / 107

第三章　影响力核算方法论 / 111

　　第一节　影响力核算:连接企业价值与社会价值的有益探索 / 111

第二节　IFVI影响力核算：《一般方法论2号》/ 127

第三节　国际影响力估值基金会方法论：温室气体排放影响的核算 / 145

第四节　国际影响力估值基金会方法论：员工工资影响的核算 / 156

参考文献 / 178

第四章　可持续信息鉴证与资本市场定价效率：H股折价的证据 / 180

第一节　引言 / 180

第二节　可持续信息鉴证现状、理论分析及假说发展 / 182

第三节　研究设计 / 188

第四节　实证结果 / 192

第五节　结论与启示 / 210

参考文献 / 211

第五章　企业ESG表现的价值效应研究 / 217

第一节　引言 / 217

第二节　制度、实践与文献 / 221

第三节　ESG价值效应的案例分析 / 238

第四节　价值创造视角下ESG表现与企业估值 / 255

第五节　风险管理视角下ESG表现与企业估值 / 265

第六节　投资者关注视角下ESG表现与企业估值 / 270

参考文献 / 274

第一章　ISSB 可持续披露准则评估与对策[①]

第一节　引言

国际财务报告准则基金会(International Financial Reporting Standards Foundation，IFRS 基金会)于 2021 年 11 月宣布成立国际可持续准则理事会(International Sustainability Standards Board，ISSB)，同时颁布首批两个可持续披露准则样稿。自 IFRS 基金会宣布成立 ISSB 到 ISSB 于 2023 年 6 月发布首批两个准则即《国际财务报告可持续披露准则第 1 号——可持续性相关财务信息一般要求》(IFRS S1)和《国际财务报告可持续披露准则第 2 号——气候相关披露》(IFRS S2)仅花了一年半的时间，速度之快令人难以置信。IFRS 基金会和 ISSB 正推动世界各国或地区采用 IFRS S1 和 IFRS S2。

在 ISSB 颁布首批两个准则的一周年，且 ISSB 已确定未来的优先准则项目或工作重点时，有必要探讨以下问题：ISSB 自成立起有哪些值得肯定的地方？ISSB 能否顺利制定出全球公认的高质量可持续披露准则？我国应采取什么对策？

第二节　对 IFRS 基金会和 ISSB 工作的正面评价

近一二十年，全球掀起了强调可持续发展、按可持续发展理念进行投资的热潮。为适应这种需要，制定相关准则的各类机构纷纷成立，并按照不同的思路和逻辑建立了无数可持续发展行动或信息披露的框架，但缺乏高声誉的机构或权威机构协调，难以得到各国政府及多边国际组织的全力支持。2020 年 9 月，IFRS 基金会发出咨询文件，提出成立与国际会计准则理事会(International Accounting Standards Board，IASB)并列的 ISSB，由其专司

[①] 本篇由张为国和薛爽撰写，主要内容发表在《财会月刊》2024 年第 15 期第 3—10 页。

制定国际财务报告可持续披露准则(IFRS Sustain Standards)。[①] 此战略动议得到金融稳定论坛(Financial Stability Forum, FSF)、国际证监会组织(International Organization of Securities Commissions, IOSCO)、二十国集团(G20)财长和央行行长会议等的强烈支持。2023年6月，ISSB正式发布第一批两个准则，即IFRS S1和IFRS S2。个别国家或地区已开始讨论或决定以不同方式采用这两个准则。

IFRS基金会和ISSB能在如此短的时间内取得上述成绩的主要原因包括：第一，继承了IFRS基金会与IASB完善的治理结构和缜密的准则制定程序，发挥了以专业精神制定高质量准则的优势。第二，新准则的制定并非"白手起家"，而是站在他人的肩膀上，即IFRS S1和IFRS S2均建立在几个较成功的可持续披露准则或框架的基础之上，集气候相关财务信息披露工作组(Task Force on Climate-Related Financial Disclosure, TCFD)、可持续会计准则委员会(Sustainability Accounting Standards Board, SASB)和气候披露准则委员会(Climate Disclosure Standards Board, CDSB)等所制定准则或框架之大成。事实上，ISSB本身就是在吸收合并这几个机构的基础上成立的，所制定的准则也是基于这些机构在过去颁布的可持续披露准则或框架，并有所修改和提升，以适应全球更广泛使用者的需要。第三，IFRS S1和IFRS S2两个准则继承了已被全球公认并采用的高质量会计准则即国际财务报告准则[IFRS,现改称为国际财务报告会计准则(IFRS Accounting Standards)]之范本，包括准则本身、应用指南、结论基础和示例等。第四，IFRS S1和IFRS S2两个准则在制定过程中既吸收了来自各方面的意见，也考虑了包容性。比如通过美国、中国、英国、欧盟、日本这五大经济体代表组成的工作小组，通过各种会议倾听和吸收了各方面的意见。又比如，准则既明确计算温室气体排放应使用温室气体核算议定书(GHG Protocal)标准，又回应了来自不少国家或地区的强烈要求，并规定也可采用本国要求的标准。再比如，在一些指标的计算上提出了各种场景选择的可能；在数据的计算上提出了类似有关公允价值计量的国际财务报告会计准则中的数据输入值质量层级概念；对一些要求有时间上的宽限等。这些都是标准制定过程中实事求是的体现。第五，上述首批两个准则一经发布就得到了FSF和IOSCO等重要国际组织的认可。

第三节　IFRS基金会和ISSB可能面临的挑战与问题

在ISSB发布首批两个准则后，IFRS基金会和ISSB继续进行各方面的努力，包括：接管TCFD对公司气候相关信息披露进展情况的监督职责，并将在TCFD的成果基础上继续

[①] IFRS基金会、IASB和ISSB已决定，将原由IASB制定的国际财务报告准则(International Financial Reporting Standards, IFRS)改称为国际财务报告会计准则(IFRS Accounting Standards)，将ISSB制定的准则称为国际财务报告可持续披露准则(IFRS Sustainability Standards)。IFRS基金会这样做相当程度是为了表明这两套准则是在IFRS基金会下的两个机构制定的。这有一定道理，但是否十分恰当，作者持一定疑问。

发展;成立普华大中华合伙人金以文等组成的过渡工作组,研究如何解决在采用 IFRS S1 和 IFRS S2 的过程中可能面临的实操问题;制定评价各国或地区在多大程度上采用了这两个准则的指南;推进与《欧洲可持续发展报告标准》(European Sustainability Reporting Standards,ESRS),以及制定较悠久且在全球被最广泛采用的全球报告倡议组织(Global Reporting Initiative,GRI)准则的互操作性工作;与 IASB 共同研究如何促进国际财务报告会计准则和国际财务报告可持续披露准则间的关联性或互操作性;完成未来几年的立项工作,初步决定纳入的项目包括确保首批两个准则的有效实施、生物多样性、生态系统和生态系统服务相关主题及人力资本相关主题项目的研究等。

按这样的方向稳扎稳打,ISSB 制定的准则长期看是有可能成为全球公认的高质量可持续披露准则的,但不可否认 IFRS 基金会和 ISSB 也面临诸多挑战与问题。

一、协调美英与欧盟的关系

西方国家可被粗略地分为美英和欧盟两大阵营。ISSB 成立到 2023 年 6 月正式发布首批两个准则,有明显的美英阵营与欧盟竞争的成分。简单来说,可持续披露准则走过了一二十年由各国或国际民间组织制定的道路。在由主权国家或国家集团制定可持续发展准则方面走在前面的是欧盟。欧盟通过立法,制定了一系列与绿色低碳、可持续发展、可持续报告等相关的法令,步子走得扎扎实实。IFRS 基金会和 ISSB 在组织及技术层面上实际为美英阵营所主导。美英阵营和欧盟在制定首批准则的过程中有互相协调的成分,也有争先恐后的成分。欧盟的可持续披露准则毕竟是地区性的准则,制定一个可为全球各国采用的可持续披露准则确有必要,但 ISSB 受美英阵营主导的特征非常明显(张为国等,2022)。两者若在未来协调得不好,国际财务报告可持续披露准则成为全球公认的高质量可持续披露准则的可能性较小,至少短中期内会如此。

二、把控准则基本导向

全球统一高质量可持续披露准则的制定还只是一个开始,而不是终点。在 IFRS S1 和 IFRS S2 推出前,ISSB 应首先解决制定可持续披露准则的基本目标是什么、应包括哪些内容以及如何制定等基本问题,并力求与欧盟新制定的准则、GRI 准则及其他主要国家的准则达成一致。从实际情况看,ISSB 和欧盟并没有完全达成共识,这从 ISSB 和欧盟所制定的准则存在一些重大差异上可见一斑(黄世忠和王鹏程,2023)。首先,欧盟的准则服务于广泛的利益相关方,ISSB 的准则服务于投资者;其次,欧盟的准则强调财务和影响力的双重重要性,ISSB 的准则只强调财务重要性;再次,欧盟的准则强调兼顾企业价值和社会价值,ISSB 的准则更偏重企业价值;最后,欧盟的准则框架比较清晰合理,第一批就颁布了十二个准则,而 ISSB 第一批只发布了两个准则,其后将颁布的准则究竟有哪些、结构如何尚不清晰,更难谈合理。从 ISSB 首次立项咨询的过程和结果来看,ISSB 对其未来将制定的准则尚无一个系统、清晰的概念。笔者感觉这些基本点的差别源自欧盟准则是基于长期的深思熟虑,而 ISSB 的准则有明显匆匆上马、一蹴而就的迹象。下一步 ISSB 形成一套全面系统的准则将是一个漫长的过程,短则需要 5~10 年,长则需要更长的时间。若在以上几个重要方面与欧盟难以保持一致,ISSB 制定准则并使之成为全球公认的高质量准则的进程将举步维艰。

投资者或多元利益相关方之间、财务和影响重要性之间、企业和社会价值之间确实有重叠或交集,但后者区别于前者的诸多方面恰巧是整个可持续发展思潮力图纠偏的根本原因或目的之所在。

需强调的是,有人认为,IFRS 基金会主要是为金融市场,特别是为资本市场服务的,这不仅清楚地体现在其章程、监督委员会及受托人委员会的构成等方面,还体现在 IASB 的概念框架上,因此,ISSB 发布的准则服务于投资者无可非议。我们并不否定金融市场特别是资本市场在整个可持续发展热潮中的重要性,但从以上可持续发展思潮力图纠偏的根本原因或目的来看,这种观点是站不住脚的,服务于资本市场的可持续披露准则就不可以基于双重重要性,如我国三个证券交易所在中国证监会统一指导下颁布的可持续报告指引就基于双重重要性。当然,这样说并不否定金融市场特别是资本市场在整个可持续发展热潮中的重要性。

三、厘清主题准则和行业指南的关系

欧盟和 GRI 的工作重心都在通用性主题准则上。欧盟在颁布第一批十二个一般和通用性主题准则后,原计划制定一些行业性应用指南,但为确保第一批十二个一般和通用性主题准则的有效实施,欧盟已决定推迟行业性应用指南的制定工作。GRI 经过二十多年的努力,已形成相对完整的一般和通用性主题准则体系,以此为基础根据需要制定一些行业指南是完全可以理解的,也是合理的。

由于一部分是通过吸收合并 SASB 建立起来的,ISSB 在制定首批两个准则的过程中花了相当大的精力将 SASB 原来制定的七十多个行业指南纳入其中,且篇幅约占两个准则的三分之二。笔者不否认行业指南的有用性,但若 ISSB 在初创时期过度纠结于此,或在此花过多的精力,可能会产生一系列不良后果,包括:(1)导致 ISSB 成立之初工作量超载,不利于其完成应该优先完成的工作。(2)使人难以理解 ISSB 未来要制定的准则将包括哪些、结构如何,甚至可能会对 ISSB 以后形成准则框架产生一定的障碍。(3)不清楚这些行业准则是 IFRS S2 的细则,还是未来将要制定的其他通用性主题准则的细则。若是前者,之后所有主题准则都会有七八十个行业指南吗?若是后者,目前尚未制定主题准则,哪来这些主题准则的细则?(4)之后制定更多通用性主题准则时,可能难以处理通用性主题准则和行业指南的关系。(5)有可能使 ISSB 和欧盟及 GRI 的准则渐行渐远,或至少使其互相协调变得不那么容易。(6)可能受到各国监管机构在行业如何划分、哪些应是强制性指南等方面

的质疑,甚至是抵制。况且什么是最重要的或者更好的行业指标,如何计算等,本身都存在很大争议(王鹏程等,2023)。若处理不好通用性主题准则和行业指南的关系,长此以往,ISSB 所制定准则的权威性、公认性或被采纳性也可能会受到影响。

事实上,SASB 行业指南一开始是基于美国的行业分类,和其他国家或地区的行业分类不尽相同。因此,ISSB 最近正讨论如何参考其他国家的行业分类,进一步完善行业指南的分类标准。这样做或许有助于提高所产生信息的可比性,但笔者怀疑这样做的必要性。首先,全球公认或通行准则应更强调原则导向而非规则导向。其次,除确保已颁布的 IFRS S1 和 IFRS S2 得到有效使用外,ISSB 应将更多精力放在制定其他通用性主题准则上,并努力使之与欧盟、GRI 及其他国家和地区的准则协调。再次,行业分类受各国经济规模及复杂性的影响极大,甚至同一国家内出于不同需要的行业分类也可能不一样,追求行业分类统一的意义尚难判断,特别是在经济规模和复杂性差异相当大的国家之间进行相关的信息比较时更是如此。最后,可比性是 IASB 概念框架中支持性财务报告信息质量的特征。在各国或地区经济规模和复杂性存在相当大差异的情况下,试图在准则层面做出统一的行业分类,则有可能使各国不同性质的行业不恰当地归入同类,进而使不可比的事物貌似可比,这是有违概念框架对财务信息质量特征的描述的(IASB,2018)。总之,可持续披露信息的行业分类由各类数据集成商或投资者等信息使用者自己判断决定,可能更恰当。若如此,ISSB 可将更多精力用在其他更重要的工作上。

四、平衡理想目标与可操作性的关系

从第一批两个准则可见,ISSB 试图树立一个高标杆,制定一个理想化的准则。如保持与财务报告主体范围和披露时间的一致性、披露上下游范围:温室气体排放,就气候排放做情景分析,披露风险和机遇的中长期财务影响等。高标准有其好处:一是不会被人批评标准太低;二是标准高,执行出了问题可较容易地将责任推给实操者或监管者;三是标准高也免得以后频繁修订和提高要求。但高标准必然面临更严峻的挑战,其不仅对披露主体提出了非常高的要求,也对各国或地区的公共数据基础设施提出了很高的要求。在短中期甚至更长的时间里,准则在各国落地的难度较大。

ISSB 制定的首批两个准则过于理想且可操作性不强的主要原因如下:一是没有充分考虑国际发展水平的差异。ISSB 作为国际性的可持续准则制定者,要充分考虑到不同发展阶段、不同政治经济制度、不同文化背景国家的特点以及条件与诉求,所制定的准则的普适性和标准的可操作性要在发达国家与发展中国家之间找到一个恰当的平衡点,特别是要防止为达到理想的环保水平而实际剥夺了发展中国家的发展甚至生存权。笔者认为 ISSB 目前在制定准则的过程中对非西方国家、发展中国家环境和诉求的考虑是不够的。二是对所提供信息的可靠性,尤其是可核性考虑不足。若缺乏可靠性,尤其是可核性,信息的可操控性就会增加,可鉴证性和可监管性就会降低,从而降低其质量和有用性。有些准则制定者认为,"准则制定是没问题的,执行不好是公司、审计师或其他中介机构,甚至是监管者的事"。本书作者之一曾为监管者,对此类观点不能苟同。三是对准则执行成本几乎未加考虑。IASB 和其他国家在制定会计准则时都会进行成本效用分析,即信息披露带来的效用应高于产生和使用信息的成本,但 ISSB 在制定准则时几乎完全忽视了成本因素。当然,对可持续披露准则做成本效益分析的难度会大些,但不加考虑显然是不恰当的。四是因准则制定过于仓促,ISSB 没有充分的时间考虑可操作性。现 ISSB 的准则过渡小组正紧锣密鼓地研究采用准则中可能的实操问题一定程度上反证了这一点。

五、平衡准则制定速度和应循程序的关系

一个国际组织所制定的准则能具有权威性,最终为各国普遍接受并采用,除质量和公允性外,一个基本条件是需要按应循程序制定。IASB 制定的国际财务报告会计准则今天成为全球公认并被全球 160 多个国家采用的准则,其立身之本即是除罕见的情形外,其努力按应循程序制定和修订准则。因此,IASB 制定或修订一个重要准则需花 10 年左右的时间是常见的事(张为国和解学竟,2020;王浩宇等,2022)。已花了一二十年时间,最终放弃原定的准则制定或修订设想也是常有的事。反观 ISSB 的成立及 IFRS S1 和 IFRS S2 的制定和发布罔顾一个高质量准则制定机构的应循程序,仓促上马,仓促收工,这在很大程度上是为了与欧盟争先。如 ISSB 刚宣布成立,还没有一个成员,首批两个准则的样稿已颁布;IFRS 基金会刚任命了 ISSB 的主席和副主席,其他理事还没任命,准则征求意见稿也已颁布。这些都是难以接受的,也将极大损害其声誉。ISSB 之后还会继续面临平衡准则制定速度和严格遵守应循程序的艰难选择。依笔者之见,ISSB 更应强调严格按应循程序行事而非追求速度,以确保其所制定准则的质量,争取被各国或地区接受并采用,也确保自身的可持续发展。否则,很难期待 ISSB 在短中期内建立出结构合理、质量较高且被更多国家和地区所采纳的准则体系。

六、确保准则制定者的代表性和包容性

和 IASB 等国际准则制定机构一样,ISSB 成员的遴选需同时考虑两个维度的标准:专业胜任能力和地区分布。有很长一段时间,这样的机构几乎只有西方国家的成员。日本一直是重要成员,但主要是因为其是西方的盟友,而不是代表亚洲国家。2001 年 IASB 由国际会计准则委员会(International Accounting Standards Committee,IASC)改组而成时,其成员中都有南非人,这在很大程度上不是因为南非是发展中国家,而是因为南非的代表往往是西方人的后裔,且南非与会计相关的制度基本受英国的影响。2005 年有来自中国的 IFRS 基金会受托人,2007 年有来自中国的 IASB 成员。中国无疑被视为发展中国家或新兴经济体。此后,IASB 又增加了来自巴西、韩国、印度的成员,但只有中国和巴西连续有两任理事,而韩国及印度有一任理事后不再有第二任理事。

ISSB 首批 14 个成员中来自中国的有两位,另外分别有一位成员来自尼日利亚和保加利亚。特别地,这是此类组织首次有来自尼日利亚和保加利亚的专家,其中尼日利亚替代了南非的位置。尼日利亚离中东更近,其国民中有相当高的比例信奉伊斯兰教,因此也有一定的代表性。保加利亚作为东欧国家的代表,成为 ISSB 这样的国际准则制定机构成员也是史无前例的。若将他们作为发展中国家的代表,总体比例还是不够高,尤其是考虑到可持续披露准则在这些国家执行更迫切,也更不易。可持续发展的目标之一是公正转型,即将地球和人类均作为关注中心,以一种公平和包容的方式来应对气候变化及其他对环境和社会的影响。所以,在强调可持续发展的同时,也应注意避免贫困人口或弱势群体的状况恶化。显然,发展中国家要实现公正转型,将面临更多的困难和挑战。另外,考虑到欧盟已制定自己的准则,美国也不会采用 ISSB 的准则,增加其他地区代表特别是来自发展中国家代表的必要性就更为突出。提高发展中国家代表的比例将有利于理解他们所处环境的约束和执行的难度,倾听和满足他们的诉求等,更能体现公正转型的理念,或更有助于公正转型的实现。

另一个成员构成问题是 14 个成员中有 3 个是原美国 SASB 成员。我们不否认 SASB 制定行业准则时所花的功夫、SASB 行业准则的质量、SASB 成员的专业素质以及行业指南的作用,但在美国不会采用 ISSB 准则的情况下,原 SASB 成员占了 ISSB 三个席位的确有悖公平,其做法本身也不符合可持续发展的理念。事实上,2020 年秋,SASB 和同为英美主导的国际整合报告理事会(International Integrated Reporting Council,IIRC)匆匆组成价值报告基金会(Value Reporting Foundation,VRF),主要目的就是主导在这之后成立的 ISSB。ISSB 成立后硬要将 SASB 过去制定的行业准则全盘纳入初期制定的首批两个准则,释放出的信号类似于董事会硬按某一大股东的想法行事,而不是从全体股东的角度考虑问题。这相当于 SASB 实质上实现了对 ISSB 的反向收购。一个很有意思、或许可笑的现实是至今没有任何迹象表明,美国政府的任何机构将采用 ISSB 准则,使之成为官方的法定要求。2024 年 3 月美国证券交易委员会制定的气候相关披露规则甚至不给国际财务报告可持续披露准则以国际财务报告会计准则相同的地位。从政治妥协的角度和利用 SASB 成员聪明才智的角度看,ISSB 的 14 位创始成员中有 3 位来自 SASB 是可以理解的,但从制定全球公认高质量准则的角度来看是难以接受的。

我们注意到一个现象,即 ISSB 有 3 个成员来自 SASB,同时被吸收合并进来的 IIRC 却在 ISSB 没有席位,导致有 IIRC 背景者总有未被重视和重用的感觉,时不时要求强调其整合报告框架的重要性,以期在制定可持续披露准则中发挥重要作用。若之后 ISSB 要与 GRI 有更多的合作,是否也要给 GRI 在 ISSB 中留有位置,以达到双方准则互通甚至整合的目标?

我们也注意到,ISSB 在 2024 年 6 月颁布的《议程优先事项的咨询反馈意见公告》中特别提出,ISSB 将通过支持《综合报告框架》来帮助企业编制更高质量的企业报告。而 ISSB

和IASB在2024年1月举行的第一次联席会议上讨论了报告整合项目和关联性之间的差异，并指出：报告整合项目旨在研究报告编制者提供会计和可持续相关财务信息的方式；关联性则强调两个理事会之间的合作以及确保会计和可持续披露准则之间的互通一致。回顾IIRC在2011年成立至2022年被吸收合并进IFRS基金会的历史，其提出的整合报告理念确实有可取之处，特别是将企业价值的源泉归纳为制造资本、自然资本、财务资本、知识资本、社会和关系资本以及人力资本的思想和框架曾经为全球不少公司采用，如中国广核电力股份有限公司若干年的企业年报中就向投资者提供了关于这六类资本的详细信息。但ISSB、欧盟以及包括中国在内的越来越多的国家正在制定可持续披露准则，且这些准则实际上已包括了以上六个资本的内容。在这种情况下，除了有IIRC背景者想显示其存在感外，ISSB和IASB在研究报告编制者提供会计和可持续相关财务信息的方式方面能做什么工作我们非常怀疑。总之，有SASB、IIRC背景者想过于强调利用自身过去的工作成果，这可能反而不利于实现制定全球公认高质量可持续披露准则的目标。

七、集中与分散办公孰优

IFRS基金会及其所属IASB自成立起总部一直在伦敦，而新成立的ISSB现在世界多地办公。设在德国法兰克福的办公室（ISSB主席和理事办公地）和加拿大蒙特利尔的办公室将负责为ISSB的核心职能提供支持，并加强与区域利益相关方的合作；设在美国旧金山和英国伦敦的办公室将负责为ISSB提供技术支持及市场互动平台，并加强与区域利益相关者的合作；设在中国北京的办公室将在加强与区域及发展中国家利益相关方的合作方面发挥重要作用。

作为一种初创期的临时措施，实行多地办公也许有一定理由，如将总部设在法兰克福可能出于使IFRS基金会和ISSB的工作能得到欧盟的支持；将伦敦和旧金山办公室作为技术支持及市场互动平台，是由于ISSB是在吸收合并总部在旧金山的SASB和总部设在伦敦的CDSB与IIRC基础上成立的，这几个机构的技术及行政人员不可能很快转到法兰克福去工作；既然欧洲和美洲有了办公地点，在日本东京和中国北京之中选择将北京作为亚太地区的办公地点且成为主要服务于发展中国家的平台也理所当然。

我们对这种多地办公的做法持一定的怀疑态度，是因为：(1)和IASB一样，ISSB成员间、成员与技术及行政人员间需要经常面对面沟通交流，寻求对技术问题的共同理解与共识，确保所制定准则的质量。多地办公对达到这种效果极为不利。(2)多个办公地点分散运作，这将面临法律地位、人员招聘、税收、日常协调等一系列问题，也会大大增加成本。(3)多地办公可能有助于加强与区域利益相关方的合作，但成员生活在自己的原工作和生活地，在当地缴税，与当地的利益相关方关系会更紧密，这很可能降低ISSB成员的独立性，导致他们不是从ISSB整体视角及从全球公众利益的视角考虑问题并制定准则。(4)SASB、IIRC、CDSB已并入IFRS基金会，但它们原母体是否完全撤销尚未可知。若没有完全撤销,部分职能及部分人员又以某种方式存续,甚至有严重的利益关系,则 ISSB 的独立性就更难以得到保障。(5)在毗邻的美加两国各设一个办公地点的理由更牵强。(6)2012 年在日本的要求和资助下,IFRS 基金会在东京设立了一个地区办公室,但因定位不清、经费没有保障,难以招聘到合适的人,而几乎成为"弃之可惜、食之无味"的摆设。此外,该中心也与亚洲—大洋洲会计准则制定机构小组(AOSSG)的功能重叠。在北京设立 ISSB 地区中心需明确其定位和运作方式,以免重蹈东京地区办公室的覆辙。另外,需明确北京办公室与已设立十多年的 IFRS 基金会东京办公室的关系,避免工作不协调。

八、引用其他机构制定的准则或研究成果与保持独立性

IASB 在准则制定过程中尽一切可能避免引用任何机构的准则等。虽然其资产减值、公允价值计量等准则与国际资产评估准则委员会、各种类似的股权估值准则制定机构等的工作及其成果关系密切,金融工具准则与巴塞尔银行监管委员会、银行业协会等自律组织的工作及其成果关系密切,保险合同准则与保险精算和其他保险行业标准以及监管机构的工作及其成果关系密切,但 IASB 都没在相关准则中直接引用此类机构的成果,甚至尽可能避免使用一些关键术语及其定义,如在制定新金融工具会计准则时,避免采用任何机构对呆账、坏账、投资以及金融工具等的定义。

ISSB 首批颁布的两个准则却引用了一些其他机构的准则。从正面去理解,可持续披露是一个生态,涉及很多专业人士及其组织的工作,分工非常细,ISSB 不可能什么都自己做,特别是其尚处在初创期,与其他机构互相引用对方的准则有助于协调这些准则间的关系,避免不必要的差异。从负面去理解,ISSB 为何引用这个而非那个机构制定的准则?如何认定将引用的准则是最好的?被引用的准则有自己的形成历史及制定和修订程序,简单引用是否会受到其他准则制定机构的牵制?是否会被认为是与其他准则制定机构互相抬举、互相利用,形成复杂的利益关系?这些都是准则制定机构不得不思考、不得不平衡好或需要尽可能避免的问题。

九、处理好 ISSB 和 IASB 之间的关系

自 IASC 在 1973 年成立起,或在 2001 年改组为 IASB 起,这两个组织的工作一直主要围绕三张传统财务报表及其附注展开。当然,由于经济交易越来越复杂,国际财务报告会计准则也变得越来越复杂、具体。很多国家或地区在过去 20 年决定采用国际财务报告会计准则,IASB 需回应来自这些国家或地区的诉求,也使其所制定的准则更为复杂。最后,由于更强调使用者的信息需求,国际财务报告会计准则也有越来越多的披露要求。

近十年来,IASB 已注意到全球在公司治理、无形资产价值、可持续发展等方面的信息需求和各种准则及框架制定的新动向,也曾专门设立了一个名为"广义报告"(Broad Reporting)的研究项目。但约两年后,IASB 决定放弃这方面的研究,而将精力集中于既定准则制

定和修订项目。不过,IASB 也将"更好沟通"作为其过去十来年的工作重点,主要是在业绩报告、管理层讨论与分析、会计政策的披露等项目上持续推进,但其基本没有涉入现 ESG 或可持续披露涵盖的领域。

部分由于 IASB 以上的自敛行为,IFRS 基金会在征询各方意见的情况下,于 2021 年 11 月宣布成立与 IASB 平行的 ISSB。ISSB 成立后也注意与 IASB 协调,两者多次召开联席会议,讨论双方所制定准则的互通性,但也不可避免面临一系列如何处理两者关系的问题,如:(1) 是否共享一个概念框架?若是,是否应修订现有的概念框架?应如何修订?(2) 当一方的工作可能需要另一方采取行动,或可能溢出至另一方的工作,或两者需要采取行动互补时,该如何协调?如气候相关风险和机遇的短、中、长期财务影响中,哪些应由 IASB 通过制定或修订国际财务报告会计准则加以反映?若需这样做时,IASB 是否会突破现有概念框架和既定准则?若是,应如何实现 IASB 和 ISSB 准则的再平衡,如何实现 IASB 制定的国际财务报告会计准则及其概念框架的再平衡?又如 IASB 有不少准则涉及未来财务信息的预计和估算,甚至要基于企业是否在未来持续经营,所有相关的方面以后应由 IASB 负责还是由 ISSB 负责,或两者如何既分工又协调?无形资产、企业合并、资产减值、金融工具减值、准备和或有事项准则的修订都是典型的例子。

十、推动 ISSB 颁布的准则被各国或地区采用

IASC 在 2001 年改组为 IASB 时,不仅整个世界处于全球化的热潮中,而且欧盟的一体化也在持续推进。欧盟在 2002 年率先宣布其成员国的上市公司从 2005 年起全面采用国际财务报告会计准则编制合并报表。欧盟及主要成员国对 IFRS 基金会捐款也最多。因此,欧盟一直是 IFRS 基金会及 IASB 的领导力量。至今除第一任外的所有基金会主席,以及所有几任 IASB 主席都是欧洲人即为明显的证据。

在可持续发展及其披露方面,欧盟却单兵独进。首先,欧盟国家这方面的意识和行动较早、较坚决;其次,近十多年世界已偏离全球化的轨道,甚至向逆全球化方向发展;最后,2020 年英国脱欧。在这样的背景下,欧盟在制定可持续披露准则上走在前面,首批准则较多且成体系。今后欧盟肯定会在制定新准则的过程中与 ISSB 协调,寻求互通性。但并无任何迹象表明,欧盟在可预见的未来会放弃自己的准则制定计划,改用 ISSB 制定的准则。

再看美国。自 20 世纪 90 年代初起,美国曾是会计准则国际趋同的主要推动者,IASC 改组为 IASB 的过程中美国也扮演了关键的角色。IASB 成立后第一个十年,其工作计划也在相当程度上是与美国准则趋同的计划,目标是美国放弃本国会计准则。但自 2008 年起,美国开始逆全球化而动,且在 2012 年完全放弃了与国际准则趋同的路线图,终止了与 IASB 的会计准则趋同上的合作。此后美国始终强调将保护本国投资者放在首位(张为国,2021)。在这样的背景下,美国官方采用 ISSB 准则的希望几乎不存在,制定本国可持续披露准则的前景也存在极大的变数。事实上,2022 年 4 月美国证券交易委员会颁布了一个有关气候相关披露规则的征求意见稿,其原定于 2023 年上半年正式发布,但一直拖到 2024 年 3 月才颁布最终规定,且完全没有关于范围三的披露要求,范围二的披露要求也较 IFRS S2 宽松,有很多限定或豁免可能。即便如此,美国证券交易委员会仍面临各方面对这一规则的质疑甚至司法诉讼。美国在制定可持续披露准则方面存在不确定性,一是源自民主和共和两党在包括气候在内的许多重大问题上立场明显对立,二是源自美国各州的不同意见,以及州政府与联邦政府间的不同意见;三是源自可持续披露相关议题涉及太多的政府部门,难以统一。这与 20 世纪 30 年代起美国证券市场会计信息披露规则及其监管一直归美国证券交易委员会独家监管完全不同。

欧洲和美国之外,其他国家或地区是否采用以及如何采用 ISSB 准则的前景同样不是很明朗。特别是,可持续发展信息最主要的提供方、使用方是证券市场和其他各类金融机构,而主要国家、地区的证券市场和其他金融机构信息披露规则的制定与监管都早已形成完整的体系。如何将 ISSB 制定的准则融合进这些国家和地区现有信息披露体系不是一个能轻易解答和决定的问题。此外,ISSB 仅颁发了两个可持续披露准则,其中一个是通用性主题准则,未来几年不确定还能正式出台几个准则,而各国的监管机构则需要较全面的准则体系。因此,现阶段各国更可能处于不知是否应及如何向 ISSB 准则趋同的尴尬状态。

事实上,已有一些国家或地区在 IFRS S1 和 IFRS S2 的基础上制定了本国或地区的可持续披露准则或准则的征求意见稿,但采纳或趋同的程度和国际财务报告会计准则完全不能比,包括是否采用行业指南、是否要求披露范围三温室气体排放、适用范围、实施时间等。

第四节　我国应采取的对策

在考虑我国应有的对策时,首先必须有一些基本认识或基本前提。一是绝不能认为可持续发展的基本理念、重要议题甚至披露都是舶来品。事实上,可持续发展的基本理念与我们党和国家的基本治国理念及几千年历史形成的中华文明是一致的;可持续发展的重要议题也是近几十年来我国一直非常重视的,我国已形成一系列相关政策、法规、措施,并一直在扎实推进;我国在可持续发展披露方面已有大量的规则和实践的积累。二是制定全球性的可持续披露准则还只在初创期,这与 2001 年 IASB 成立时已有较完整的会计准则体系完全不同。三是 2001 年 IASB 由 IASC 改组而来时,世界正处于全球化的最高潮,采用国际财务报告会计准则也是大势所趋。但目前世界逆全球化而动,地缘政治导向的对立纷呈,不少国家的政策制定都以本国利益优先为目标。

基于以上认识,我们提出以下我国应采取的对策:

一、分工协作,加快建立健全本国的可持续披露准则

中国是一个全球数一数二的大国,也是一个政治经济复杂的国家。因此,存在由一个

政府部门单独制定还是多个政府部门分工制定可持续披露准则的大问题。笔者比较主张由各个政府机关分工来做,但是要有协调。

可持续发展及其披露的涉及面非常广,相关业务或行为在不同政府机关的职责范围内。如与气候相关的属于国家发展改革委和生态环境部等的职责;与住宅和城市建设相关的保暖、排污属于住宅和城乡建设部门等的职责;生物多样性和自然资源的保护属于自然资源部和农业农村部等的职责;劳动保护属于劳动人事部门的职责;信息安全和隐私保护属于网信办或国家数据局等的职责;反腐属于纪检和监察部门等的职责;与上市公司、证券公司和证券投资基金的可持续发展相关的投资属于证券监管部门的职责;银行和保险公司的绿色投融资属于央行和金融监管总局的职责;可持续相关事宜如何在财务报表中确认、计量、报告属于财政部门的职责等。

我国一直强调依法治国。过去二三十年,我国已建立起全面系统的行政立法、监管、处罚、复议、诉讼等制度。各政府机关的监管权由相关法律和法规严格限定。可持续发展与披露准则的制定和监管分属不同的政府部门,必然会面临执法和处罚职能的重叠、真空、冲突等现象,因此应加强协调。这有赖于党中央及国务院的领导、各部门的精诚合作、社会各方面的帮助。但协调并不等于仅制定一套准则或简单区分不同机构所制定准则的主次,因为各部门的相关规则都有各自的法律依据,也须依法有效监管其执行。

二、博采众长,为我所用

我国各政府部门在制定本国准则时,都有一个如何借鉴国际经验或国际上已被较多企业、国家或地区采用的准则的问题。坚持开放仍是我国的基本国策,与世界其他主要国家不同,我国现在是全球化的主要支持国。因此,一切反映全球共同智慧、被广泛接受或采用、又符合我国需要的高质量的东西,我们都不应拒绝,而应努力吸收,为我所用。但如本章第二节所述,ISSB尚处于初创期,欧盟和美国不可能直接采用ISSB的准则,而只会制定自身的准则。简言之,可持续披露准则更像是IASB处在2001年成立前的国际会计准则协调期,甚至还不如。在这种情况下,笔者认为,所谓与国际准则趋同完全是一个伪命题。博采众长、为我所用,才是正确的选择。客观地说,包括上市公司在内,我国企业需要披露的可持续信息涉及大量主题,有的是国际上通行的,有些是由中国特定社会经济环境决定或需要的,而ISSB只发布了两个准则,短中期内很难形成完整的准则体系,欧盟也仅颁发十二个准则,与我们的需要也有差距。一些国家制定的准则在不少方面也有差异,博采众长是实事求是的做法。

三、全方位地积极参加相关国际准则的制定和协调

可持续发展及其披露已成全球潮流,作为一个负责任的大国,我国要积极参与相关准则的制定和协调,争取主动。目前在可持续发展及其披露方面国际组织和框架林立,而且

有不断增加的趋势。我国实质性参与的并不多。在政府机关编制有限、年度出国次数也严格受限的情况下,应争取、鼓励和支持企业、社会团体、学术界等各方面的专家全方位深度参与这些国际组织及其准则的制定工作。为此,应加强人才培养和相关方面的研究,并推进中国相关准则的建立健全和实施工作。简单照搬照抄,跟着他人亦步亦趋肯定不是明智之举。只有对主流国际准则有全面深入的了解,对相关主题有全面深入的研究,也有丰富的本国实践经验,在国际准则制定中才能有真正的发言权和影响力。空着脑子去是没用的,罔顾本国的实践和需要也是不恰当的。中国作为世界上最大且最复杂的经济体之一,笔者相信,经过我们自己的实践肯定会积累出很多丰富有益的经验,在国际准则制定中做出贡献。应争取主动为我所用,而不是被人家牵着鼻子走。

四、分步推进,绝不能一蹴而就

我国地区间、行业间、企业间的差别非常大。另外,企业国际化程度的差别也很大。因此,在实施可持续披露方面应分步推进,绝不能一蹴而就。笔者建议,第一步可考虑在 A、H 股公司和其他条件较好也有迫切需求的企业中实施,这基本包括了所有主要行业的大型、特大型国有和民营上市公司,以及主要银证保等金融机构。这些公司或机构的数量并不多,但其对国内生产总值、就业、税收等的贡献相当大,国际化程度也相对较高。在这些公司或机构中先行既有必要,也相对可行。若这一想法可接受,直接监管这些公司和机构的证监会、中国人民银行、金融监管总局等国有资产监管部门在披露规则的制定和监管方面应该而且已经在发挥更大或关键的作用。如我国三大证券交易所于 2024 年 5 月在证监会的指导下颁布的可持续发展报告指引,既涵盖了国际通行的主题,也涵盖了中国特色的主题。该指引目前仅要求上证 180、科创 50、深证 100、创业板指数样本公司以及境内外同时上市的公司披露,鼓励其他上市公司自愿披露,北交所不做强制性披露规定,鼓励公司"量力而为"。这些都是实事求是之举。我们预期,这些公司带头后,会有许多其他上市公司以及被要求披露公司的上下游企业自愿披露。我们也期待三个证券交易所在证监会的统一指导和各方面的支持下,不断细化指引,使之更具操作性,更便于监管。

分步推进也体现为在什么时间、在什么主题上要求披露相关信息,以及在相关主题上提供哪些信息,哪些信息是必须披露的,哪些信息是可自愿披露的,哪些信息可在一定条件下豁免披露等方面。

五、全面调动社会力量,充分利用社会智慧

我国地域广阔,行政层级多,但国家一直努力控制政府机关的人员编制。可持续发展主要议题在相关政府机关可能归一个司局,甚至一个司局的一个处管,每个处可能仅有两三个人,根本没有必要的能力或充分的精力管好相关工作。因此,要全面调动社会力量,充分利用社会智慧。可喜的是这几年在可持续发展及其披露领域,我国全社会各方面都超乎

想象的活跃,不仅相关政府机关在积极行动,颁布各种政策和规范,企业、社会团体、中介机构、高校等教学研究机构也都在积极参与。这与2005年我国转向执行与国际会计准则实质趋同的政策时完全不同。要全面调动他们的积极性,充分发挥他们的作用。可以相信,在政府和民间的共同努力下,在五至十年内,我国会比世界上许多其他主要国家做得更好。我们能做得更好的一个重要原因是可持续发展的理念与我们党和国家的治国理念及政策是高度吻合的,如生态文明、和谐社会建设、新发展理念。这与一些西方国家政党激烈斗争、内耗完全不同。

六、建立兼顾社会价值的绩效评价体系

近年来,相关政府机关、学者和社会团体等都在提倡兼顾社会价值的绩效评价体系。笔者对此是非常赞成的。过去三四十年,我国从中央到地方投入巨资,进行高速公路、高铁、地铁、港口、机场、电网、通信网络、天然气管网等基础设施的建设,这些项目通常由中央或地方大型国企承担。它们的社会价值重大而深远,但做相关投资、建设和管理的这些企业及融资平台在短中期内呈现了负债比例高、偿债能力差、持续亏损等现象。我们应努力建立新的评价体系,正确反映它们的财务状况和经营绩效,纠正社会对它们的不正确认识,继续将资金引向关系国家长期可持续发展的领域。

七、根据需要提出可持续信息的认证和鉴证要求

与可持续信息的披露要求相关,是否要推出全面的认证或鉴证要求也是国内外热议的题目。欧盟已提出了较早较全面的鉴证要求,而美国证券交易委员会的鉴证要求则较晚,范围也较小。根据笔者参与的两项研究(陈嵩洁等,2023),我们并不主张在可持续披露准则还在初创期,可持续信息的提供机构、认证或鉴证机构以及监管机构能力还非常有限,可持续信息的效用尚没有强有力的证据等情况下,匆匆提出全面的可持续信息认证或鉴证要求。相反,应根据市场和监管需要,逐步提出认证和鉴证要求,包括认证和鉴证范围、保障程度等。在短中期内,实行各种认证或鉴证切块分工,各司其职,各负其责,可能是切实可行之策,相关机构将重心放在咨询业务和能力培养方面才是明智之举。

八、防止可持续信息被用于地缘政治和贸易保护主义目的

可持续发展及其相关信息披露准则并不是出于地缘政治及贸易保护主义的目的,但是不排除相关企业基于这些准则的信息披露被地缘政治和贸易保护主义利用的可能。最近几年美国对中国禁这个禁那个,欧盟也在跟进,理由大多与可持续披露信息涉及的议题相关,如环境、劳动保护、人权、信息安全、反腐等。对此,我们应警惕,也应有相应预案。与此相关,目前在可持续信息的供应链或价值链上,国内机构和国际机构都在积极行动。我国相关政府机关应逐步考虑是否要出台政策和制度,规范这些机构,包括哪些服务可由国内

外机构提供,哪些必须由国内机构提供,应有什么资质、什么执业要求、什么信息安全的规定等。

我们相信,只有做好以上诸点,可持续信息披露才可能从无序到有序,从无规范到有规范,从无监管到有监管,从不知是否有用到有公认的效用,从而在此基础上更好地推进企业和全社会的可持续发展。

参考文献

[1]陈嵩洁,薛爽,张为国,胥文帅.会计师事务所可持续发展业务的影响因素与对策——基于11家会计师事务所的调研访谈[J].审计研究,2024(1):28—40.

[2]陈嵩洁,薛爽,张为国.可持续发展报告鉴证:准则、现状与经济后果[J].财会月刊,2023(13):12—23.

[3]黄世忠,王鹏程.国际财务报告可持续披露准则第1号和第2号综述[J].财务与会计,2023(14):4—13.

[4]王浩宇,薛爽,张为国.会计准则变迁对永续债分类和发展的影响——基于财政部永续债新规执行结果[J].财会月刊,2023(3):3—14.

[5]王鹏程,黄世忠,范勋.制定中国可持续披露准则若干问题研究[J].财会月刊,2023(15):11—22.

[6]张为国,解学竟.商誉会计准则:政治过程、改革争议与我们的评论[J].会计研究,2020(12):3—17.

[7]张为国,金以文,薛爽等.国际可持续发展准则理事会发展前景的谨慎估计[J].财会月刊,2022(6):3—13.

[8]张为国.影响国际会计准则的关键因素:大国博弈[J].财会月刊,2021(2):3—15.

[9]IASB. Conceptual Framework for Financial Reporting[R],2018.

第二章 ESG 信息披露的数据标准和数据治理研究[①]

第一节 引言

一、ESG 信息披露背景

ESG 信息披露指环境(Environment)、社会(Social)和公司治理(Governance)方面的信息披露,反映组织的环境和社会影响,通常受到投资者、客户、供应商、员工和公众关注。ESG 的概念最早由企业社会责任(Corporate Social Responsibility,CSR)概念演进而来,联合国在 2004 年 12 月发布了《在乎者赢》(Who Cares Wins)报告,首次提出了 ESG 概念。2006 年,联合国正式发布了"负责任投资原则"(Principles of Responsible Investments,PRI),目的是促进将 ESG 纳入投资决策过程,PRI 提出了六项核心原则。之后随着政策推动和市场教育,投资者对 ESG 信息披露的关注度越来越高,与此同时,监管机构也越来越强调 ESG 报告的质量,要求企业披露的信息应具备可比性、可验证性和及时性。

在全球范围内,随着可持续发展理念的普及和推广,社会各界对企业 ESG 表现的关注日益增加。在当前的全球商业环境中,ESG 已经成为衡量企业社会责任和可持续发展的关键指标,企业各利益相关者对 ESG 的重视随之日益增加。这些关注推动了对企业 ESG 信息披露的需求,因为各利益相关方需要确保企业在 ESG 领域的活动和影响能够被准确、透明地传达,以更好地挖掘 ESG 数据资产价值,这也进而对 ESG 信息披露标准的制定和 ESG 数据要素市场建设提出了要求。

(一)国外 ESG 信息披露标准

1. 联合国全球报告倡议组织(GRI)

虽然,ESG 的概念 2004 年才由联合国在报告中提出,但其实早在 1997 年全球报告倡议组织(GRI)发布的可持续发展报告中就关注了 ESG 概念涵盖的内容。GRI 1997 年由美

[①] 本章由饶艳超撰写。

国非政府组织环境责任经济联盟（Coalition for Environmentally Responsible Economics，CERES）和联合国环境规划署（United Nations Environment Programme，UNEP）共同发起成立。GRI 是一套被广泛认可的可持续发展报告框架，它提供了一套标准化的指标和披露原则，帮助组织报告其对经济、环境和社会的影响。GRI 于 2000 年发布了第一代《可持续发展报告指南》，其后经过数次迭代发布到 G4 版本。2016 年，GRI 发布了《GRI 标准》(GRI Standards)，并于 2018 年全面取代了《可持续发展报告指南》的 G4 版本。2021 年，GRI 又发布了 GRI Standards（2021 版），新版标准于 2023 年 1 月 1 日正式生效。

2. 气候披露准则委员会（CDSB）标准

2004 年后，其他组织机构也在将关注点逐步集中到 ESG 相关领域。一些国际组织以及美国、澳大利亚、南非、巴西、日本、新加坡、中国香港等多个国家和地区在养老基金管理、金融机构监管、公司信息披露等领域明确了关于 ESG 的信息披露要求和相关指引。例如，2007 年，在达沃斯世界经济论坛（World Economic Forum，WEF）上，气候披露准则委员会（CDSB）成立，该理事会的主要任务是通过开发全球框架，推进主流报告中与气候变化相关的信息披露。CDSB 于 2010 年发布了首份《气候变化披露框架》，并在后续不断更新迭代，最新版本于 2022 年发布，扩展涉及了环境与社会信息领域。

3. 联合国可持续证券交易所倡议（UNSSE）

2009 年，美国证券交易委员会（Securities and Exchange Commission，SEC）要求上市公司呈报载有多项环境相关事宜数据的年度报告。2009 年，联合国发起可持续证券交易所倡议（U. N. Sustainable Stock Exchanges Initiative，UNSSE Initiative），该倡议旨在作为同行之间的学习平台，探索交易所如何与投资者、监管机构和公司合作，提升企业在 ESG 问题上的透明度和表现，并鼓励可持续投资，上海证券交易所于 2017 年加入该倡议。

4. 国际标准化组织的社会责任指南（ISO 26000）

2010 年，国际标准化组织（International Organization of Standardization，ISO）在瑞士日内瓦发布了《社会责任指南》(ISO 26000)，该国际标准侧重于各种组织生产实践活动中的社会责任问题，统一社会各界对社会责任的认识，为组织履行社会责任提供一个可参考的指南性标准，提供一个将社会责任融入组织实践的指导原则。2010 年，国际整合报告理事会（IIRC）成立。IIRC 的工作重点在于促进资本分配效率，支持可持续增长和价值创造。IIRC 于 2013 年发布整合报告框架，通过整合报告，组织可以展示其业务模式、战略、资源和关系，以及这些因素如何影响其短期和长期的风险和机遇。

5. SASB 的可持续发展会计准则

2011 年，可持续会计准则委员会（SASB）成立，致力于制定一系列针对特定行业的 ESG 披露指标，以创建一套全球适用的、针对各行业的可持续发展会计标准，帮助企业识别、管理并向投资者传达财务上重要的可持续发展信息。2018 年，SASB 发布了全球首套可持续发展会计准则，旨在帮助企业和投资者衡量、管理和报告那些对财务绩效有实质性影响的可持续发展因素。与此同时，SASB还推出了"可持续工业分类系统"(Sustainable Industry Classification System, SICS)，将企业分为77个行业，涵盖11个部门，并为每个行业制定了一套独特的可持续性会计准则。

6. ISSB的可持续发展报告准则

2021年，IIRC与可持续会计准则委员会(SASB)合并成为价值报告基金会(VRF)，新组织致力于简化和澄清企业可持续信息披露的复杂性，为企业提供一致的、可比较的和可靠的信息披露标准。2022年，VRF正式并入国际财务报告准则基金会(IFRS Foundation)，作为其可持续发展披露标准制定工作的一部分。同样在2021年，第26届联合国气候大会上，IFRS基金会正式宣布成立国际可持续准则理事会(ISSB)，负责制定与IFRS相协同的可持续发展报告准则。2022年，ISSB发布了两份关于国际可持续披露准则(IFRS Sustainability Disclosure Standards, ISDS)的征求意见稿，并于2023年正式发布了《国际财务报告可持续披露准则第1号——可持续相关财务信息一般要求》和《国际财务报告可持续披露准则第2号——气候相关披露》两项准则(即IFRS S1和IFRS S2)，这两项准则于2024年1月1日起正式生效。

7. 欧盟委员会的《企业可持续发展报告指令》(Corporate Sustainability Reporting Directive, CSRD)

2021年，欧盟委员会(European Commission, EC)发布了《企业可持续发展报告指令》(CSRD)征求意见稿，以取代其在2014年发布的《非财务报告指令》(Non-Financial Reporting Directive, NFRD)。CSRD于2023年1月5日生效，并于2024年开始分阶段实施。

8. 欧洲财务报告咨询小组(European Financial Reporting Advisory Group, EFRAG)的《欧洲可持续发展报告标准》(ESRS)

2021年，欧洲财务报告咨询小组(EFRAG)制定了《欧洲可持续发展报告标准》(ESRS)的基础版本，作为欧盟委员会的《企业可持续发展报告指令》(CSRD)的具体实施标准。ESRS在广泛征求意见后进行了修改，最终于2023年审批通过，从2024年1月1日起适用，采用分阶段的方式实施。首批ESRS共包含12份准则，覆盖了气候变化、污染、水与海洋资源、生物多样性与生态系统、资源利用和循环经济等可持续主题，以及社会方面的自有劳动力、价值链中的工人、受影响的社区、消费者和终端用户，还有商业操守等。

(二)中国ESG信息披露制度

1. 环境信息披露标准

在中国大陆(内地)方面，原国家环保总局[①]于2003年在《关于企业环境信息公开的公告》中，要求被列入严重污染企业名单的企业应进行环境信息披露。2021年，生态环境部发

---

① 国家环保总局于2008年3月15日升格为中华人民共和国环境保护部，2018年3月13日国务院机构改革正式成立生态环境部。

布《环境信息依法披露制度改革方案》，提出到 2025 年基本形成强制性环境信息披露制度。

2. 上市公司信息披露标准

深交所和上交所则分别于 2006 年和 2008 年发布《深圳证券交易所上市公司社会责任指引》和《关于加强上市公司社会责任承担工作的通知》，开始提及上市公司环境保护和社会责任方面的工作。2022 年以来，沪深交易所修订了《股票上市规则》，要求公司按规定编制和披露社会责任报告等文件，并在《深圳证券交易所上市公司自律监管指引第 11 号——信息披露工作考核》中要求对上市公司履行社会责任的披露情况进行考核。

2016 年，证监会发布了《上市公司年报内容与格式准则》，要求重点排污单位强制披露环境信息。2021 年，证监会发布了《公开发行证券的公司信息披露内容与格式准则第 2 号——年度报告的内容与格式（2021 年修订）》，进一步明确了上市公司 ESG 信息披露标准和格式。

2022 年，国资委发布《提高央企控股上市公司质量工作方案》，提出力争 2023 年实现央企 ESG 报告的全覆盖，并推动央企建立 ESG 评级体系。

2023 年，中国企业社会责任报告评级专家委员会发布了《中国企业 ESG 报告评级标准（2023）》，旨在指导上市公司更好地编制 ESG 报告，提升 ESG 管理能力。

2024 年 2 月 8 日，上交所、深交所和北交所分别发布了《上市公司自律监管指引——可持续发展报告（试行）（征求意见稿）》，同年 4 月 12 日，正式发布了《上市公司自律监管指引——可持续发展报告（试行）》，并自 2024 年 5 月 1 日起实施。

3. 财政部企业可持续披露准则

2024 年 5 月 27 日，财政部发布了《企业可持续披露准则——基本准则（征求意见稿）》，这标志着中国可持续披露准则体系建设的开始。该准则适用于在中国境内设立的按规定开展可持续信息披露的企业，旨在统一企业可持续信息的披露标准，引导企业践行可持续发展理念，实现高质量发展的目标。2024 年 11 月 20 日，财政部会同外交部、国家发展改革委、工业和信息化部、生态环境部、商务部、中国人民银行、国务院国资委、金融监管总局、证监会正式印发《企业可持续披露准则——基本准则（试行）》，旨在稳步推进我国可持续披露准则体系建设，规范企业可持续发展信息披露，推动经济、社会和环境可持续发展。

二、ESG 数据要素市场建设背景

（一）ESG 数据资产的价值和重要性

如今是数字经济时代，数据已成为企业最宝贵的资产之一，其价值不仅体现在为可对决策提供支持，还体现在其能够为企业带来直接的经济利益。

ESG 数据资产是指企业在环境、社会和公司治理三个维度上所生成、收集和拥有的数据资源，这些数据资源能够为企业带来潜在的经济价值和战略优势。它们通常包括企业对环境影响的详细记录、对社会贡献的量化指标以及公司治理结构和实践的透明度等信息。

这些数据资产不仅反映企业的运营效率和社会责任表现,而且对评估企业的风险管理、合规性、道德标准和长期可持续性至关重要。随着各利益相关方越来越关注企业的ESG表现,这些ESG数据资产的价值和重要性不断上升,成为企业声誉、品牌价值和市场竞争力的关键组成部分。

ESG数据资产能为企业提供关键信息,帮助管理层做出更明智的决策,如资源配置、风险管理、产品开发等决策。通过分析ESG数据,企业能够识别和评估与环境、社会和治理相关的风险,制定相应的风险管理策略。ESG数据资产可以激发企业创新,推动企业开发新的产品和服务,满足市场需求,同时应对环境和社会责任的挑战。良好的ESG表现可以提升企业的品牌形象和声誉,使企业吸引客户和合作伙伴,提高企业的市场竞争力。ESG数据也是投资者评估企业的重要依据,有助于企业与投资者建立信任关系,吸引长期资本。

(二)数据要素市场建设政策制度

随着数字经济的不断发展,数据要素市场化的必要性日益凸显,数据要素市场化对于推动经济高质量发展、促进区域协调发展、提升全要素生产率、推动数字经济与实体经济深度融合都具有重要意义。我国当前正致力于培育数据要素市场,通过构建完善的数据基础制度体系,促进数据资源的整合与开放,优化数据资源配置,提升利用效率。

2020年3月30日,《关于构建更加完善的要素市场化配置体制机制的意见》发布,其提出加快培育数据要素市场,健全要素市场运行机制。2021年12月21日,《要素市场化配置综合改革试点总体方案》印发,并于2022年1月6日正式发布,其探索建立数据要素流通规则,健全要素市场治理。2022年12月19日,《关于构建数据基础制度更好发挥数据要素作用的意见》(简称"数据二十条")发布,其聚焦数据产权、流通交易、收益分配、安全治理四大重点方向,初步搭建我国数据基础制度体系。2023年3月7日,十四届全国人大一次会议表决通过了《国务院机构改革方案》,该方案中提出了组建国家数据局的计划,2023年10月25日,国家数据局正式挂牌成立,从国家层面统筹协调数字中国、数字经济、数字社会的规划和建设。与此同时,各省市地区也纷纷成立数据管理机构和数据交易所,如中国香港大数据交易所、贵阳大数据交易所、武汉东湖大数据交易中心等,拉开了我国数据要素市场建设的序幕。2024年1月4日,《"数据要素×"三年行动计划(2024—2026年)》发布,旨在充分发挥数据要素的放大、叠加、倍增作用,构建以数据为关键要素的数字经济。这是国家数据局挂牌成立后,主导发布的首个数据要素三年行动规划政策文件。该行动计划选取了12个行业和领域,推动发挥数据要素乘数效应,释放数据要素价值,并明确了到2026年年底,要打造300个以上示范性强、显示度高、带动性广的典型应用场景。2024年12月,财政部研究制定了《数据资产全过程管理试点方案》,方案主要围绕数据资产台账编制、登记、授权运营、收益分配、交易流通等重点环节,试点探索有效的数据资产管理模式,完善数据资产管理制度标准体系和运行机制。2024年12月,国家发展改革委、国家数据局、教育部、财政部、金融监管总局、证监会联合发布《关于促进数据产业高质量发展的指导意见》，提出到2029年，数据产业规模年均复合增长率超过15%，数据产业结构明显优化，数据技术创新能力跻身世界先进行列，数据产品和服务供给能力大幅提升，催生一批数智应用新产品、新服务、新业态，涌现一批具有国际竞争力的数据企业。

三、ESG 数据标准和数据治理研究的必要性

在 ESG 信息披露受到广泛关注的过程中，ESG 信息披露面临的问题也逐渐显现并开始被重视。

（一）ESG 信息披露面临的问题

尽管全球各领域监管部门正在加速制定 ESG 信息披露标准，力图提高企业在可持续发展方面的透明度和责任，但企业实施 ESG 信息披露仍面临诸多挑战。这些问题的存在限制了 ESG 信息披露的有效性和可靠性，影响了其在促进可持续发展和负责任投资中作用的发挥。

ESG 信息披露面临的问题主要包括以下几个方面。

1. 缺乏统一披露标准，披露信息难以比较

尽管有全球报告倡议组织（GRI）、SASB、IFRS 基金会等国际组织在大力推动 ESG 信息披露，但不同国家和地区在具体实施时仍存在显著差异，而且不同国家和地区的监管机构对 ESG 的披露要求也不一致。例如，欧盟委员会的《企业可持续发展报告指令》（CSRD）和美国证券交易委员会（SEC）对 ESG 的信息披露要求就不同，某些国家和地区可能强制要求企业披露 ESG 信息，另一些国家和地区则可能鼓励企业自愿披露。这种差异导致企业在不同市场中的披露信息难以直接比较。

此外，不同行业对 ESG 信息披露的需求也是不同的。例如，金融行业和能源行业对环境的披露需求就截然不同。金融机构的碳足迹相对较小，但它们通过贷款和投资活动对环境产生间接影响，因此金融机构需披露其投资组合的可持续性；而对于石油、天然气和煤炭公司而言，温室气体排放、碳足迹和资源开采对生态系统的影响是其关键披露项。然而，现有的许多披露标准缺乏对行业特殊性的考虑，影响了信息的可比性和参考价值。

哪怕是同一地区、同一行业的不同企业，在披露 ESG 信息时，对内容和格式的选择也可能存在差异。例如，一些企业更关注环境因素，而另一些企业则更关注社会和治理因素。此外，披露的详细程度和量化指标也可能存在差异，这使得利益相关方难以从披露的信息中获取全面和一致的 ESG 表现。

在 ESG 评级机构评估企业 ESG 表现时，除上述原因外，由于采用的方法和数据来源可能不同，一些评级机构可能更侧重于定量指标，如温室气体排放量和能源消耗，而另一些评级机构则可能更关注定性因素，如企业的社会责任项目和治理结构。这种差异导致同一家企业在不同评级机构的评级结果可能存在显著差异。ESG 评级结果还可能会随着时间和

企业行为的变化而变化,然而,一些评级机构在更新评级结果时,未能及时反映企业的ESG表现变化,导致评级结果相比于企业的实际情况存在滞后性。

2. 信息收集与核算难度大,披露成本较高

(1)数据来源的复杂性导致ESG数据收集困难。ESG信息披露缺乏统一的国际标准,导致不同企业在报告中使用不同的指标和定义。如一个跨国制造业企业需要从全球供应链中收集环境影响数据,而这些数据可能来自使用不同报告标准的供应商,这种非标准化使得不同企业ESG数据收集和比较变得复杂。

再如,不同企业对"可再生能源使用比例"可能有不同的计算方法,使得投资者难以收集数据比较企业的可持续性表现。有时即使在同一家企业,ESG数据也通常会涉及多个来源,包括内部运营数据、供应链数据、客户和员工反馈等。不同来源的数据格式和标准可能不一致,增加了数据整合的难度,企业可能无法准确获取其供应链中所有环节的能源消耗和排放数据。对于许多企业,尤其是中小企业而言,其更可能缺乏系统的ESG数据收集机制。这导致企业在准备ESG报告时,不得不依赖估计或推测,从而降低了数据的准确性。

(2)ESG数据核算存在种种挑战。ESG指标中的许多内容难以量化,尤其是社会责任和公司治理方面的因素,企业在评估这些非量化因素时,往往需要依赖主观判断,从而增加了核算的难度。例如,评估员工满意度或社区参与度就需要复杂的调查和分析,而这些数据的准确性和可靠性可能受到质疑。ESG信息披露还需要考虑长期影响,如气候变化和资源可持续利用。然而,长期数据的收集和分析需要大量的时间和资源。企业在短期内可能难以看到这些努力的成果,从而影响其披露的积极性。

此外,企业在ESG数据收集和核算中也可能面临技术限制。例如,现有数据管理系统可能无法处理大量复杂的ESG数据,或者缺乏先进的分析工具来评估数据。

(3)ESG信息披露面临着高昂的成本。ESG信息披露需要企业投入大量的人力资源,参与数据收集、分析和报告编写,这些工作通常需要跨部门的协作,这不仅增加了协调和管理的难度,也增加了成本投入。为了满足披露要求,企业还需要对员工和其他利益相关方进行ESG相关的培训和教育,以提升他们对ESG重要性的认识和理解以及处理ESG信息的能力,这些培训和教育活动需要投入时间和资金成本。

企业还需要投资于先进的数据管理系统和分析工具。这些技术的投资可能较高,尤其是对于中小企业来说更是不小的负担。此外,企业还需要不断更新和维护这些系统,以适应不断变化的ESG报告要求,维护成本也不低。

ESG信息的披露成本还体现在对企业的潜在负面影响上。高昂的披露成本可能会影响企业的竞争力,尤其是在资源有限的情况下,企业在ESG信息披露上的投入可能会挤占其他重要业务活动的资金和资源,从而影响企业的总体表现。如果企业无法提供准确和透明的ESG信息,其可能会面临声誉风险。利益相关方越来越关注企业的可持续性表现,缺乏透明度可能会导致信任危机。随着监管机构对ESG信息披露的要求越来越严格,企业需

要确保其报告符合相关法律法规、监管要求和行业标准,从而增加其披露成本。

3. 部分企业缺乏重视,政策执行力度不足

ESG 信息披露需要与企业的整体战略和运营紧密结合,虽然大多数企业的管理层已经将 ESG 信息披露提升到了战略层面,然而仍旧有一些企业的管理层对 ESG 信息披露的重要性认识不足,认为这只是一项形式上的工作,而不是企业可持续发展战略的一部分,因此未能将 ESG 因素纳入其战略规划和决策过程。这种短视导致企业在 ESG 信息披露上投入的资源和精力有限,ESG 信息披露与企业的主营业务脱节,无法全面、准确地反映企业的 ESG 表现。

ESG 信息披露涉及企业的多个部门和层级,因此还需要良好的内部沟通和协调。然而,许多企业在内部沟通方面存在障碍,导致各部门在 ESG 信息的收集和报告上缺乏协调和一致性,影响了信息披露的准确性、完整性和及时性。与此同时,员工的积极性也未能得到充分调动,员工对 ESG 的理解和参与度不足,导致企业的 ESG 披露缺乏深度和真实性。

此外,即使在一些有明确 ESG 信息披露要求的国家和地区,监管机构在执法方面的力度也常常不足。缺乏有效的监督和惩罚机制,使得一些企业在 ESG 信息披露上存在侥幸心理,不愿意投入足够的资源和精力。

4. 信息披露缺乏主动性和透明度,应用范围和效果有限

许多企业在 ESG 信息披露方面缺乏主动性和透明度,导致利益相关方难以获取全面、准确的 ESG 数据。企业可能出于商业机密或竞争考虑,不愿意公开详细的 ESG 信息,使得利益相关方无法全面了解企业的 ESG 表现。一些企业即使披露了 ESG 信息,但因为部分企业可能夸大或美化 ESG 表现,而且缺乏第三方审计和验证机制,使得利益相关方难以判断这些数据的真实性,已披露的这些信息的质量和可靠性也常常受到质疑。部分企业在 ESG 信息披露上还存在滞后性,未能及时更新其 ESG 表现,导致投资者无法获取最新的 ESG 数据,影响投资决策的准确性。

ESG 投资策略需要综合考虑企业的财务表现和非财务表现,然而,由于 ESG 信息披露不充分,投资机构在构建 ESG 评估模型时会面临数据缺失和不准确的问题。这限制了评估模型的有效性和可靠性,尤其当投资者做出投资决策时,其往往缺乏足够的非财务信息,使得投资者难以依据评估结果进行全面的分析判断。ESG 信息披露不充分不准确还增加了投资者在风险管理方面的难度,使得投资者难以准确评估企业的 ESG 风险,从而影响了投资组合的风险控制和优化。

5. 缺乏必要专业人才,影响披露质量

ESG 信息披露涉及环境科学、社会学、经济学、管理学等多个领域的知识。然而,许多企业缺乏相关专业人员,尤其是跨学科专业人员,导致企业在 ESG 信息的收集、分析和报告上存在困难,专业人员的沟通和流动不畅,也进一步限制了相关知识和经验的传播。企业对 ESG 相关培训和教育的投入不足,也导致员工对 ESG 理念和实践的理解有限。员工缺

乏对ESG的了解,故其无法有效地参与ESG信息的收集、处理和报告。

由于缺乏专业知识和技能,部分企业在ESG数据的收集和分析上存在困难,这导致ESG信息披露的数据不准确、不完整,影响了信息的质量和可靠性。许多企业的ESG报告内容泛泛而谈,缺乏具体、详细的信息和数据支持,这使得各利益相关方难以从报告中获取有价值的信息,影响了报告的参考价值。能对ESG信息披露信息进行验证和审计的人才也缺乏,这使得报告的可信度和透明度受到影响,进而使得各利益相关方对企业的ESG表现和信息披露质量持怀疑态度,影响了企业的声誉。

6. 国际话语权不足,国际标准制定参与度及报告的国际可接受度和认可度都有待加强

在ESG信息披露的国际标准制定过程中,许多国际ESG标准和指南的制定和发布通常由欧美等发达国家主导,中国企业和监管机构的参与度相对较低,国际话语权不足。与国际先进水平相比,中国在ESG信息披露标准制定方面相对滞后,某些国际ESG标准和指南已经成熟并广泛应用,而中国在这方面的标准制定和推广仍处于起步阶段,且中国在这些标准制定中的话语权和影响力有限。

此外,中国现有的ESG信息披露标准的国际化程度相对较低,缺乏与国际标准的对接和互认。即使中国已经制定了一些ESG信息披露的指导原则和要求,但在执行过程中仍存在一定的难度,企业在执行这些标准时可能面临资源、技术和管理等方面的挑战,导致标准执行不到位,这使得中国企业的ESG报告在国际上的可接受度和认可度较低,影响了中国企业的国际竞争力。各利益相关方往往更倾向于参考国际通用的ESG标准和评级体系,对中国企业的ESG表现持保留态度。

(二)ESG要素市场建设面临的问题

数据要素市场建设是推动数字经济发展的重要环节,但在此过程中也面临诸多挑战,例如数据产权界定不清晰、数据流通和交易不活跃、数据质量和标准化程度低、数据安全和隐私保护问题、技术和基础设施不足、市场监管和法律体系不完善、市场参与者的意识和能力不足等。

数据产权和收益分配是数据要素市场化的关键环节,涉及数据资源的归属、使用、流通和价值实现等多个方面。

数据产权的界定存在一定的复杂性,尤其是在数据的采集、加工和流通过程中,不同主体对数据的权益存在交叉和重叠,需要通过法律法规手段,明确数据产权的归属,并建立完善的数据产权保护机制。2022年12月,中共中央、国务院对外发布的《关于构建数据基础制度更好发挥数据要素作用的意见》(又称"数据二十条")提出了"三权"分置思路,这种分置有助于在保护数据来源方权益的同时,促进数据的流通和利用。数据产权制度框架区分了数据资源持有权、数据加工使用权和数据产品经营权。监管机构和其他各类不同主体都可依据法律法规加强对数据产权的监督和管理,防止数据滥用和侵犯隐私。除了法律法规手段,还需要通过技术手段如区块链、加密技术等,保障数据的安全和隐私。

ESG数据市场建设不仅需要符合现有的政策、法规和监管要求，还将进一步推动相关政策、法规和监管要求的更新和完善。因为ESG标准和实践在不同国家和地区间存在差异，所以可能需要通过国际合作来促进数据的跨境流动和互认。推动数据要素市场建设还应鼓励企业和个人积极参与数据要素的市场化，促进数据要素的交易服务。数据市场的交易服务需要通过数据交易平台，促进数据要素的流通和交易。平台可以通过收取交易手续费、提供增值服务等方式，实现数据要素的收益分配。数据要素收益的分配应遵循公平、合理、透明的原则。既要考虑数据的采集、加工、使用和流通等多个环节，又要建立激励与约束机制，确保各参与方的权益得到合理保障。

与常规数据相比，ESG数据资产不仅关联企业的环境责任和社会影响，还涉及公司治理结构，因此对标准化和透明度要求更高。ESG数据涉及的利益相关方更为多样，各不同利益相关方对ESG数据的关注点和需求各不相同，建设ESG数据要素市场时必须考虑到这些多元需求。同时，ESG数据的隐私和安全要求尤为突出，因为这些数据可能包含敏感信息，故需要特别的保护措施以防止数据泄露和滥用。

ESG数据要素市场建设是一个涉及多方面、多层次的复杂过程，需要政策、技术、市场等各方面的协同配合。在建设ESG数据要素市场时，必须综合考虑这些因素，以确保市场的健康发展，并有效地促进可持续发展和企业社会责任的实践。针对以上问题，我们可以通过明确数据产权和收益分配机制、加强数据流通和交易的监管、提升数据质量和标准化水平、加强数据安全和隐私保护、完善技术和基础设施建设、建立健全市场监管和法律体系、提升市场参与者的意识和能力、促进国际合作与交流、推动技术创新和应用、建立激励和约束机制等方式，推动数据要素市场的健康发展，促进数字经济的可持续发展。

（三）ESG信息披露和数据要素市场建设的核心关键问题

当前ESG信息披露和ESG数据要素市场建设面临的诸多问题的核心关键是ESG数据标准和数据治理问题。

尽管全球各领域监管部门都在加快ESG信息披露标准的制定进程，但不同国家不同地区的标准关注重点和要求还是存在差异，目前国际上暂未形成统一的ESG披露标准和监管模式。

ESG数据涉及环境、社会和治理等多个领域，这些数据产生于各项不同业务领域的活动，数据来源分散，收集难度大。企业在披露ESG信息时，ESG信息披露标准不统一以及ESG数据标准的缺失，不仅会增加数据收集与核算的难度，还会导致ESG数据披露不全面，缺乏透明度；难以进行跨国家/跨地区/跨行业比较。同时也因为ESG数据标准缺失，许多企业会选择性地披露信息，企业通常倾向于披露定性信息，对定量信息披露得较少，企业ESG信息披露存在定性和定量信息两极分化问题。

ESG数据标准缺失会使得企业在ESG数据治理方面存在短板。ESG数据标准缺失会使得企业ESG数据统计口径不一致，数据收集、整理、分析和存储等环节都会出现问题。由于ESG数据标准缺失,也就无法执行强制性监管要求和第三方验证机制。而缺乏有效验证,会导致企业披露的ESG数据真实性和可靠性存疑,部分企业可能存在ESG数据造假或夸大披露的情况,员工和用户个人信息数据的安全与合规问题也会因此产生。

在当前背景下,要解决ESG信息披露和ESG要素市场建设面临的问题,非常有必要建设ESG数据标准体系和进行ESG数据治理。

四、研究目标和研究内容

(一)研究目标

ESG数据标准体系建设和数据治理不仅关系到企业自身的长期发展和市场竞争力,也关系到整个社会的可持续发展进程。不管是要推进ESG信息披露制定进程,解决ESG信息披露面临的问题,还是要推动ESG数据要素市场建设,解决ESG数据要素市场建设面临的问题,都要求建设ESG数据标准体系,构建数据治理框架,必须保证ESG数据供应链和数据价值链的完整性、有效性和一致性。

本章将以ESG数据供应链和价值链为切入点,为解决ESG数据标准体系建设和数据治理框架构建中存在的问题提供一种思路,从而进一步挖掘ESG数据资产的价值,并推动数据要素市场的建设。本研究旨在通过深入研究和系统分析ESG数据供应链与数据价值链,探讨如何建设ESG数据标准体系;如何进行数据治理;如何制定ESG数据标准体系建设和数据治理协同推进的策略,以完善ESG信息披露的数据标准和数据治理。

1. 研究的主要目标

本研究的主要目标是通过对现有ESG数据供应链和数据价值链的深入分析,识别目前存在的问题,并提出相关解决思路,推动形成更加完善的ESG数据标准体系和数据治理框架。研究旨在为企业构建更加完善、统一的ESG信息披露数据标准和数据治理体系提供理论和实践支持;为企业以及其他利益相关方提供指导和建议,促进ESG数据披露的标准化、专业化和市场化;为ESG领域的政策制定者、企业管理者、投资者、学术界和其他需要的利益相关方提供实用的见解和指导;促进企业和社会的可持续发展,为实现全球可持续发展目标做出贡献。

2. 研究的具体目标

研究的具体目标包括:

(1)对ESG数据生成、收集、处理、存储和报告的全流程进行细致的审视,以确保ESG数据的完整性、准确性和一致性。优化ESG数据生命周期的各环节,完善ESG数据标准体系建设,并为企业提供指导,帮助企业更有效地管理和披露ESG信息。

(2)提出ESG数据标准体系建设与数据治理的协同推进方案,这不仅涉及ESG数据标准体系的建设,还涉及数据治理政策、流程和技术的应用,ESG数据安全、隐私保护、合规性以及数据质量控制等多个方面。制定有效的ESG数据治理框架,促进企业内外部的协同工作,提高 ESG 数据的管理和使用效率。

(二)研究内容

围绕研究目标,本章从 ESG 信息披露的数据标准建设和数据治理现状出发,基于数据供应链和数据价值链分析各利益相关方的数据需求和应用问题,在现状、需求和问题分析的基础上分别提出 ESG 数据标准体系建设和 ESG 数据治理解决方案。研究内容主要包括以下几个主要方面。

1. 研究现状与应用情况分析

对 ESG 信息披露标准、ESG 数据标准以及 ESG 数据治理国内外的研究文献和应用实践进行梳理,总结已有的研究成果和国内外应用经验,以了解当前主题领域的进展和挑战。梳理对国内外 ESG 信息披露标准、ESG 数据标准和数据治理的研究现状,为研究提供了理论基础和实践参考。

2. 概念界定与利益相关方数据需求分析

明确 ESG 数据供应链和数据价值链的概念,识别 ESG 供应链和价值链中的利益相关方,并分析他们的角色、责任以及对 ESG 数据的需求。基于对 ESG 数据供应链概念和数据价值链构成的剖析,深入分析 ESG 数据供应链上各利益相关方的数据价值诉求,并指出供应链和价值链中存在的数据标准、数据治理问题。

3. 应用问题分析

深入分析当前 ESG 数据供应链和数据价值链中存在的数据标准和数据治理问题,及其数据标准和数据治理相互之间的影响机制,并提出协同推进的策略。研究主要在分析 ESG 数据标准体系建设和数据治理相互影响机制的基础上,探讨二者协同推进的策略。

4. 解决方案提出

结合应用问题分析结果提出 ESG 数据标准体系和数据治理的建设方案。ESG 数据标准体系建设方案包括建设目标、构成要素、标准层级和实施计划,ESG 数据治理体系建设方案包括数据治理目标、治理框架和推进计划。在协同推进策略的基础上,进一步提出 ESG 数据标准体系的建设方案(包括建设目标、构成要素、标准层级和建设计划)和 ESG 数据治理方案(包括数据治理目标、框架和推进计划)。

(三)研究意义

ESG 信息披露的数据标准和数据治理研究具有重要的理论和实践意义。本章的研究成果可以为企业各利益相关方关注的 ESG 信息披露及其相关的数据标准体系和数据治理体系的建设和完善提供理论指导和操作借鉴。

1. 实践意义

本研究意义的具体体现包括:

(1)帮助提升 ESG 信息披露质量。在当今的时代,企业不仅要追求经济效益,还要承担环境保护、社会公平等责任,并完善公司治理。ESG 信息披露作为一种反映企业在这些领域表现的重要手段,其数据标准和数据治理的质量直接关系到可持续发展目标的实现。

首先,建立科学的ESG信息披露数据标准能够保障ESG数据的一致性和可比性。

统一的数据标准有助于对不同企业、行业乃至国家和地区之间的ESG表现进行有效比较,为各利益相关方提供可靠的决策依据。这种标准化的信息披露机制鼓励企业在环境、社会和治理方面采取更为积极和负责任的行动,从而促进资源的合理配置和利用,减少对环境和社会的负面影响。

其次,有效的数据治理机制能够保障ESG信息披露透明度和可信度。

数据治理需要明确的责任分配、严格的流程控制和先进的技术支持。在有效的数据治理机制下,企业能够更加系统和规范地收集、分析和报告其在环境、社会和治理方面的表现,而利益相关方也能够更全面、更准确地了解企业的非财务表现,包括企业对可持续发展的贡献和潜在的风险。良好的数据治理不仅能够提高ESG数据的透明度和可信度,还能够防范数据滥用和泄漏风险,保护企业和个人的隐私权益。

(2)帮助增强市场对企业的信任,推动企业与各利益相关方的沟通合作,优化投资决策。ESG信息披露的数据标准和数据治理研究对于提升企业信息透明度、增强市场信任、优化投资决策以及加强利益相关方沟通具有积极影响,有助于构建一个更加负责任、更加可持续的商业环境。

首先,随着信息透明度的提高,市场对企业ESG表现的信任将得到增强。

高质量的ESG数据和良好的数据治理机制能够确保企业所披露的信息更加真实可靠,减少市场上的不实信息披露行为(如"漂绿"现象)。这不仅有助于提升企业的品牌形象和声誉,还能够促进企业与利益相关方之间的信任,使双方建立起长期稳定的良好关系。

其次,随着ESG数据准确性的提高,投资者能基于数据优化决策。

准确的ESG数据对于投资者来说至关重要,投资者可以基于这些数据做出更加负责任和可持续的投资决策。这有助于促进资本向那些在环境保护、社会责任和公司治理方面表现更好的企业流动,支持这些企业的发展,同时推动整个市场向更加可持续的方向发展。

再次,ESG信息披露数据质量的提升,可以推动企业与各利益相关方之间的沟通合作。

透明的ESG信息披露也是企业与各利益相关方之间沟通的基础,能帮助企业建立起更加积极的对话和合作关系。通过这种沟通,企业能够更好地了解利益相关方的期望和需求,同时让利益相关方更深入地了解企业的价值观、战略和绩效。这种双向沟通有助于形成共识,促进共同的可持续发展目标的实现。

(3)为政府和监管机构制定相关政策和标准提供依据,帮助提升ESG数据标准的国际认可度,促进国际合作交流。ESG信息披露的数据标准和数据治理研究在支持政策制定和推动国际合作方面具有不可忽视的价值。研究成果能够为政府和监管机构提供宝贵的信息和见解,帮助他们更好地理解ESG信息披露的现状、挑战和需求,为政策制定者提供制定相关政策、法规和提出监管要求的科学依据,并推动形成更加完善的ESG数据标准和数据治理的法规体系和监管要求,进而提升 ESG 数据标准的国际认可度。研究成果不仅能够指导监管机构更好地完善 ESG 相关要求,还能够在全球范围内促进信息的一致性和透明度,为构建更加可持续和公平的国际商业环境做出贡献。

首先,既可以为监管机构制定政策提供依据和指引,还可以提供监督和评估工具。

研究可以明确 ESG 数据标准中的哪些内容是必要的,以及如何建立有效的数据治理机制,确保企业披露的信息既全面又准确。这有助于监管机构制定出既具有指导性又具备可操作性的政策,引导企业提升 ESG 信息披露的质量,同时也为监管机构提供监督和评估企业 ESG 表现的工具。分析比较自身 ESG 数据标准和数据治理过程中存在的问题,分析并缩小与国际标准和先进数据治理方法和工具的差距,有助于提升我国 ESG 数据标准的国际认可度。

其次,建立具有国际认可度的 ESG 数据标准,有助于促进国际信息比较和交流。

ESG 数据标准和数据治理机制的建立,可降低跨国跨地区评估和比较企业 ESG 表现的难度,使得其他国家和地区的利益相关方能够更有效地识别和衡量企业的可持续性风险和机遇,可以推动加强跨国跨地区的合作,促进资本的全球流动,推动全球可持续发展目标的实现。此外,具有国际认可度的 ESG 数据标准还有助于提升全球市场的透明度和公平性,降低因标准不一致而产生的市场障碍和风险。这为国际合作提供了坚实的基础,使得不同国家和地区能够在共同的框架下努力解决全球性的环境和社会问题。

(4)帮助提升企业风险管理能力和竞争力,促进企业创新。ESG 信息披露的数据标准和数据治理研究能提升企业的风险管理能力、竞争力和创新能力。ESG 信息披露的数据标准和数据治理研究为企业提供了一个全面审视和改进其 ESG 表现的机会,有助于企业建立更为坚实的风险管理体系,制定更具创新性的竞争策略。

首先,有了良好的数据治理和数据基础,就可以对数据进行更深入的分析,提升风险管理能力。

良好的数据治理为企业提供了一套系统化的方法来收集和处理 ESG 数据。通过对 ESG 数据的深入分析,企业能够预测和适应外部环境变化,这不仅可以帮助企业更准确地识别潜在风险,比如环境污染、社会不公或治理不善等问题,还使企业能够及时应对这些风险,制定有效的风险管理策略和缓解措施,提高其适应能力和抗风险能力。例如,对气候变化相关数据的关注可能促使企业采取措施减少温室气体排放,从而降低因环境法规变化而可能面临的法律和财务风险。

其次,良好的数据治理和数据基础,能促进企业创新,提升竞争力。

在追求更高 ESG 标准的过程中,企业可能会探索新的绿色技术和业务模式,这些创新不仅能提高企业的运营效率,还能提升其市场地位和品牌形象。例如,通过优化资源配置和减少浪费,企业可以降低成本并提高盈利能力,同时企业可通过展示其对社会责任的承诺来吸引投资者、消费者和合作伙伴。

此外，先进的 ESG 数据治理实践可以帮助企业更好地理解各利益相关方的需求和期望，从而在产品和服务设计、市场策略和企业战略中融入这些考量。这种以数据为驱动的方法能够激发企业内部的创新思维，推动企业在环境保护、社会责任和公司治理方面不断取得进步。

2. 理论意义

ESG 信息披露的数据标准和数据治理研究不仅在商业和政策制定领域具有实践意义，同样在学术界和教育领域扮演着重要角色。随着全球对可持续发展和企业社会责任的日益关注，ESG 已成为学术研究和教育中的一个重要议题。随着 ESG 信息披露的数据标准和数据治理研究的不断深入，可以预见，这一领域将在学术界和教育界发挥越来越重要的作用。通过推动学术研究和教育培训，该领域的研究成果将有助于培养更多的专业人才，推动 ESG 理念的普及和实践，为实现全球可持续发展目标做出贡献。

（1）该研究能够丰富现有的学术理论并推动相关学科的发展。ESG 信息披露数据标准和数据治理涉及环境科学、社会学、经济学、管理学、数据科学、计算机科学等多个学科，为这些学科提供了新的交叉研究视角和研究问题。通过深入探讨 ESG 数据标准和数据治理，学者们可以发展和完善相关理论，为理解和解决实际问题提供理论支持。同时，随着研究的深入，新的研究领域和子领域不断涌现，如可持续金融、绿色会计、企业社会责任管理等。这些新兴领域不仅为学术界提供了新的研究机会，也为相关学科的交叉融合和创新提供了平台。

（2）该领域的研究成果能为高等教育和专业培训提供宝贵的实践案例和教学资源。随着 ESG 在商业实践中的重要性日益增加，对相关知识和技能的需求也在不断增长。学术研究提供的案例分析、数据集和研究方法可以作为教学内容，帮助学生和专业人士更好地理解和应用 ESG 概念，ESG 相关的课程和培训项目也越来越受欢迎。

（3）ESG 信息披露的数据标准和数据治理研究还能够促进学术界与业界的合作。通过与企业的合作，学术机构可以获取实际的 ESG 数据和案例，进行实证研究以及案例研究。这种合作不仅能够提高研究的实用性，也能够为企业解决实际问题提供支持。

综合以上五方面的分析，可以知道 ESG 信息披露的数据标准和数据治理研究对于推动企业承担社会责任、提高市场效率、促进环境保护和社会公正以及实现全球可持续发展目标具有深远的影响，这是本研究的理论和现实意义所在。

第二节 文献综述

已有文献较多地集中在如何披露以提高 ESG 信息的透明度和准确性，以及如何通过大数据和人工智能等数字化手段分析 ESG 数据、ESG 信息披露内容和 ESG 评级，对 ESG 数据标准的重视和应用程度都相对有限，ESG 数据标准的制定和推广也缺乏政策引导和行业共识。与对ESG信息披露标准的研究相比,当前针对ESG数据标准的研究较为有限。一方面,ESG数据的复杂性使得研究更具挑战性。ESG数据不仅包括定量指标,还涵盖了许多定性因素,这些因素在不同行业和地区间存在显著差异,这增加了研究的难度。另一方面,ESG数据的收集和分析需要高度专业化的技术,如大数据和人工智能,这无疑提高了对ESG数据标准研究的门槛。这共同导致ESG数据标准的研究进展相对缓慢。尽管针对ESG数据标准的研究相对较少,但随着大数据和人工智能等技术的发展,这一领域有着广阔的发展空间,因此有必要对ESG数据标准开展进一步深入的研究。本节主要对ESG信息披露、ESG数据、ESG数据治理三个方面的相关文献进行综述。

一、ESG信息披露相关研究文献

在全球范围内,学术界正积极开展关于ESG信息披露标准的研究。不同国家和地区的学者们认识到,随着投资者对ESG信息的需求日益增长,制定一套统一且可比较的ESG披露标准变得尤为重要。这些研究涵盖了从理论探讨到实证分析的各个方面,旨在提高ESG信息的透明度、一致性和可用性。这些研究不仅反映了全球学术界对ESG披露标准的广泛关注,也展示了在这一领域内进行的深入和多样化的学术努力。他们从多个角度出发,探讨了ESG信息披露的质量和效率、披露标准与企业绩效之间的关系,以及在"双碳"目标下,如何制定和优化ESG信息披露政策。这些研究不仅涉及理论框架的构建,也包括了实证分析和政策建议,旨在推动中国ESG信息披露体系的完善和发展。

(一)信息披露的规则与要求

在披露规则方面,Kaileigh(2024)探讨了美国证券交易委员会(SEC)提出的旨在提高公司ESG报告质量的新规则,认为新规则有助于提高投资效率和透明度,并提倡在各行业中实现ESG标准化。其文还分析了新规则的潜在益处,包括减少"漂绿"行为的诉讼风险,同时指出了可能面临的挑战,例如制定全面标准的难度、行业合规和报告的困难,以及美国证券交易委员会(SEC)是否有法定权限制定和执行这些规则。尽管这些规则的出发点是增强公司的环境保护和社会责任感,但它们可能会给公司带来额外的负担,并且需要在公共和私营部门之间找到平衡。Chen(2024)讨论了美国证券交易委员会(SEC)提出的单一且具有强制性的气候变化披露框架的案例。随着ESG的主流化,越来越多的投资者要求上市公司提供与气候变化相关的ESG信息,以评估公司的可持续性。2022年3月21日,美国证券交易委员会(SEC)提出了规则变更,要求公司在向其提交的文件中披露特定的与气候变化相关的风险。其文分析了ESG的发展历史、美国证券交易委员会(SEC)当前的报告要求,以及评估单一强制性披露框架的优势和劣势,并得出结论:美国证券交易委员会(SEC)提出的框架是首选方法。然而,其文也指出美国证券交易委员会(SEC)的提议草案在处理行业特定披露方面不足,且在温室气体排放数据的报告方面给予了公司过多的自由裁量权。王鹏程等(2023)探讨了2023年6月26日ISSB发布的两项国际可持续披露准则(IS-

DS），即《国际财务报告可持续披露准则第 1 号——可持续相关财务信息一般要求》（IFRS S1）和《国际财务报告可持续披露准则第 2 号——气候相关披露》（IFRS S2），系统分析了这两项准则的出台背景、主要内容、基本特征，并对其实施应用和未来前景进行了全面展望。该文指出，这两项准则的发布是全球可持续披露基线准则建设的重要里程碑，对提升全球可持续发展信息披露的透明度、问责制和效率具有重大意义。该文还强调了准则的融合性、互通性和关联性，指出 ISSB 在制定准则时充分利用了现有的可持续发展相关的报告披露原则、框架以及标准，以确保准则的全球一致性和可比性。该文通过深入分析，希望促进社会各界对这两项准则的理解和应用，推动全球经济、社会和环境的可持续发展。

O'Hare（2022）指出，虽然投资者长期要求美国证券交易委员会（SEC）强制上市公司公开更多关于 ESG 风险的信息，但美国证券交易委员会（SEC）要求提供更多关于环境（E）和社会（S）的信息，却忽略了治理（G）。O'Hare（2022）指出了这个错误，并提出如果不将治理与环境和社会责任的披露联系起来，美国证券交易委员会（SEC）的 ESG 披露倡议将不会成功，其文建议 SEC 应制定规则，要求上市公司公开更多关于股东权利和董事会实践的治理信息，并通过在代理声明中新增的"公司治理摘要表"以及在公司网站上单独发布治理信息，来提高信息的可获得性。Fairfax（2022）探讨了自愿与强制 ESG 披露之间的关系，并提出了"动态披露"的概念。其文首先指出，尽管利益相关方对 ESG 问题的关注日益增加，SEC 可能实施强制性 ESG 披露规则，且现有的自愿性 ESG 披露仍然存在一致性和可比性问题，但自愿性 ESG 披露仍然存在其优势。他认为，自愿性披露具有灵活性、创新性、可访问性和适应性等重要优势，这些优势是强制性披露无法复制的。同时，尽管强制性披露可以提高信息的一致性和可比性，但自愿披露在提供更详细和深入的信息方面仍然具有不可替代的价值。他还提倡对 ESG 披露采取一种动态的视角，认为自愿披露和强制性披露共同构成了一个不断发展的信息反馈循环，而不应将它们视为相互排斥的选择。这种观点得到了公共性理论的支持，该理论认为现代社交媒体环境使得所有公开披露的信息——无论是强制性还是自愿性的——都能被公众持续且便捷地获取，从而模糊了公共和私人披露之间的界限。黄世忠等（2023）深入分析了 ISSB、EFRAG 和 SEC 在可持续发展信息披露方面的发展态势，以及中国在采纳、趋同或参照这些国际准则时可能的利弊。其研究建议，考虑到中国的具体情况和"双碳"目标，中国应采取参照策略，独立制定既吸收国际准则合理成分又具有中国特色的可持续发展披露准则，并在此基础上提出了 16 个需要尽快明确的顶层设计问题，旨在推动中国在可持续发展信息披露方面的制度建设和实践进步。王鹏程等（2023）还探讨了 ISSB 发布首批两项国际财务报告可持续披露准则后，中国制定具有中国特色的可持续披露准则的必要性和紧迫性。从构建新发展格局、推进"碳达峰""碳中和"、履行国际承诺、适应国际资本市场要求、提升国际评级机构对中国企业 ESG 评级、应对碳关税、参与国际供应链、抑制"漂绿"行为以及构建可持续披露话语体系等多个角度，分析了中国制定可持续披露准则的重要性。该文还讨论了准则的制定依据、制定机构、基本定位，提出了准则制定策略和需要遵循的具体原则,并构想了中国可持续披露准则体系的具体构成与主要内容,描绘了准则制定的路线图,为相关决策部门提供了重要参考。郭珺妍等(2024)系统梳理了国际上广泛使用的ESG信息披露标准,如全球报告倡议组织(GRI)标准、ESRS和ISSB标准,并分析了这些标准如何为全球企业和金融市场的ESG发展提供标准化、统一化和规范化的参考。同时,该文基于中国ESG信息披露政策和实践的发展情况,提出了建设中国ESG信息披露标准体系的对策建议。该文强调,随着国际ESG标准的逐步完善,中国必须构建一套既符合国情又能与国际标准对接的ESG披露体系,以促进企业和资本市场的良性互动和可持续发展。

在披露要求方面,研究者对披露要求的推行和制定提出了探讨。Paul和Julia(2021)讨论了美国证券交易委员会(SEC)可能对ESG信息披露的新要求,指出虽然ESG披露可能受到华尔街大型资产管理公司的欢迎,但它可能并不符合普通投资者的利益。其文认为,如果SEC推行ESG披露要求,可能会破坏长期以来"保护普通投资者"和"维护公平、有序、有效市场"的原则。其文还提到,ESG披露的推广可能会加剧机构投资者与其受益人之间的利益冲突,并且可能因为政治和诉讼风险而阻碍公司上市,从而减少普通投资者的投资机会。他们建议SEC在短期内应评估ESG披露对普通家庭财务的正面影响,并明确其使命是保护投资者、提高市场效率和帮助资本,而非广泛的社会福利。长期来看,机构投资者可能优先考虑自己的政策偏好而非受益人利益,SEC应认真考虑该风险,并可能需要采取措施来解决这一问题。Guliana(2023)指出在ESG信息披露方面,应由美国各州而非美国证券交易委员会(SEC)来制定具体的披露要求。该文认为随着ESG的兴起,投资者越来越需要可比较的ESG数据来指导投资。然而,目前缺乏统一的ESG披露标准,导致投资者只能依赖不完整、不可比的数据。该文指出由于美国各州重点关注的ESG议题不同,它们应根据自身的地理位置、主要产业和可持续会计准则委员会(SASB)的ESG报告标准来确定应披露的ESG信息。此外,该文还讨论了SEC在制定ESG披露规则方面的不足之处,并建议美国各州通过试验和纠错来制定自己的法律,这些法律不仅能为投资者提供必要的信息,还能为未来可能制定的联邦ESG披露法规提供参考。

不同研究领域的披露要求方面,黄世忠和叶丰滢(2022)探讨了气候变化的披露要求,分析了气候变化披露要求与国际可持续披露准则(ISDS)《气候相关披露》及其他国际报告框架的趋同情况,并做了简要评述;提出了与《巴黎协定》相一致的转型计划、战略和商业模式应对主要气候相关转型风险和物理风险的韧性、气候相关目标及业绩指标与薪酬方案的关系、内部碳定价方案、识别气候相关影响、风险与机遇的流程、重要的气候相关影响、风险与机遇、缓解和适应气候变化的管理政策等23个披露要求,涵盖了战略和商业模式,治理和组织,影响与风险和机遇,政策、目标、行动计划和资源,业绩计量多个方面。该文还提到了欧盟在气候变化披露方面的挑战,一是温室气体减排目标的制定缺乏科学的基础;二是物理风险与转型风险的评估需要大量的估计和判断;三是范围三温室气体排放的核算难度不小。若上述三个挑战不能得到有效化解,披露的气候相关信息质量将难以保证。他们还讨论了《战略与商业模式》工作稿提出的披露要求,要求包含战略和商业模式概述、经济部门的活动、产品和服务以及市场、价值链的关键特征、价值创造关键动因、利益相关方的利益、与可持续发展问题相关的影响、与可持续发展问题相关的风险和机遇八个方面,有助于各利益相关者了解企业的可持续发展问题如何与战略和商业模式互动、关联和相互影响。该文提出,战略和商业模式关乎价值创造,披露战略和商业模式对企业的价值创造和可持续发展具有重要的影响,有利于投资者和其他利益相关者评估企业的风险、机遇和挑战。

(二)信息披露的重要性与影响力

关于可持续信息披露标准的重要性讨论,Ahmed 等(2023)探讨了 ESG 评分与企业可持续性表现之间的关系,基于管理会计视角,通过实证分析,验证了在土耳其制造业中,企业的创新管理与 ESG 评分如何相互影响。该研究发现,企业在环境、社会和治理三个方面的评分显著提升了其可持续性表现。其文还强调了在管理会计领域中考虑 ESG 因素的重要性。研究结果揭示,政策制定者和制造业企业高管,在规划和决策过程中应适当考虑与 ESG 相关的因素,以提高企业的整体可持续性表现,同时为创新、环境和社会福利做出贡献。齐飞和任彤(2023)全面审视了国际财务报告准则基金会、欧盟、美国和中国香港在可持续信息披露标准方面的实践做法、特点和趋势,指出随着全球对气候变化和可持续发展问题的关注日益增加,可持续信息披露标准的重要性愈发凸显。一些国际组织、区域组织、国家和地区通过发布多样化的披露标准,引导企业披露可持续发展信息,为利益相关方提供决策支持。该文还详细讨论了 ISSB 的成立背景和主要工作及成果、欧盟委员会《企业可持续发展报告指令》(CSRD)的实施、SEC 在可持续信息披露方面的努力,以及中国香港在推动 ESG 报告方面的进展。该文强调可持续信息披露标准的国际化趋同是未来的重要发展方向,建议我国在制定相关标准时,应明确趋同原则、开展理论研究、做好顶层设计,并协调国内相关部门的制度与做法。高歌(2022)讨论了统一信息披露规则的重要性,自 2004 年联合国环境规划署首次提出 ESG 投资概念以来,国际组织、投资机构等主体不断深化和整合 ESG 的概念和理念。政府监管部门出台的披露规则越来越完善和细化,企业 ESG 信息的披露范围和披露责任也越来越明确,ESG 信息的披露逐步从鼓励自愿披露到半强制、强制披露转变。在这种情形下,建立一套统一的可持续披露准则十分必要。需要统一披露规则来保障信息的可比性,"定制"评级标准来保障结果的可靠性,加强 ESG 鉴证来保障信息的可信度,从而不断提升 ESG 风险管理能力。

冯波和司冠华(2023)详细分析了 ISSB 发布的国际可持续信息披露标准正式版对金融机构的影响,并与全球报告倡议组织(GRI)标准和气候相关财务信息披露工作组(TCFD)框架进行了比较。该文指出,ISSB 准则的发布加速了 ESG 标准全球统一的步伐,对我国企业进行 ESG 披露和提升 ESG 评级具有重要参考价值。该文还讨论了 GRI 标准、TCFD 框架和 ISSB 准则在目标定位、实质性、核心内容和操作难度上的差异,并探讨了这些国际标准对我国金融机构的具体影响,包括GRI披露难度的增加、TCFD框架与中国环境信息披露要求的契合度以及ISSB准则的约束性强化。该文在最后提出了加快推动我国ESG信息披露标准化制定、深化ESG信息披露国际合作、完善ESG管理及人才培养机制和强化ESG强制约束与激励引导的协同作用等建议。屠光绍(2022)探讨了构建适合中国市场的可持续信息披露标准的紧迫性。其文指出,国际可持续信息披露标准发展正呈现五大趋势:可持续信息披露框架正走向趋同和融合、非财务信息与财务信息日趋并重、气候变化信息披露成为首要议题、可持续信息披露政策法规增加且趋严、行业特定标准的重要性凸显。其文还指出国内企业的可持续信息披露也存在诸多问题,一是信息披露不足,二是披露内容不全,三是定量披露不多,四是披露规范性不高,五是数据更新不够。因此,中国必须有一套规范、具体、统一的可持续信息披露标准,从而更好地满足广泛的利益相关方使用可持续发展信息的需求,为国内企业提供有效的、符合实际的披露指引。其文还对推动中国可持续信息披露发展提出了可行的建议。首先,要健全中国的可持续信息披露指标体系,环境指标应注重气候变化、环保合规和绿色项目收支情况,社会指标需要强调参与扶贫攻坚、助力共同富裕,治理指标需体现中国企业治理的特色。此外,还需完善中国可持续信息披露监管,完善中国可持续投资生态建设,以促使企业更全面、更广泛地进行可持续信息披露。

(三)信息披露存在的问题和挑战

针对信息披露存在的问题和挑战,研究者们也进行了不同的分析。在国际层面,Harper Ho(2022)讨论了美国证券交易委员会(SEC)面临的ESG信息披露的挑战和机遇。分析了投资者对ESG信息披露标准的需求、SEC的改革进展,以及美国资本市场在ESG披露方面的抉择。该文提出了一个改革路线图,包括可以直接由SEC采取的措施和需要美国国会授权的更激进的提议,旨在提高ESG信息的透明度、可比性,并使其与国际标准保持一致。此外,该文还探讨了ESG信息披露改革的理由、潜在成本和收益,以及新报告规则的具体形式,并提出了一个分层方法来促进ESG报告的一致性和灵活性。该文强调,为了实现这些目标,需要对现有的风险披露框架进行改革,以适应国际标准,并确保投资者能够获得关于公司财务影响的重要ESG信息。

在国内层面,黄世忠和叶丰滢(2023)分析了中国在实现"双碳"目标的过程中,制定气候相关披露准则可能面临的十大挑战,并提出了应对策略。该文基于ISSB、EFRAG和SEC发布的最新气候相关披露要求,结合中国企业的实际情况,指出了包括温室气体减排目标制定、数据收集、核算方法、金融机构融资排放核算、气候适应性分析、财务影响评估、治理机构专业胜任能力、中小企业气候信息披露、气候信息披露独立鉴证以及气候信息在投资决策中的应用等一系列挑战。针对这些挑战,该文建议制定准则时应考虑包括科学碳目标的制定、数据收集和系统建设、核算标准的选择、金融机构的双重角色、情景分析的应用、财务影响的评估方法、董事会和管理层的气候知识强化、中小企业披露要求的差异化、独立鉴证机制的建立以及投资者需求的深入理解等方面的具体措施,旨在推动中国气候相关披露准则的有效制定和实施，以促进企业更好地适应和响应气候变化带来的风险和机遇。孙忠娟等（2023）分析了中国在ESG信息披露标准方面的现状、存在的问题，并提出了针对性的建议。该文指出，尽管国际上已有成熟的ESG信息披露标准，但这些标准对中国情境的适应性不足，中国必须建立一套基于自身国情的全面ESG信息披露标准。该文从国家、市场和利益相关方三个层面探讨了发展中国ESG信息披露标准的必要性，并分析了国内ESG信息披露的实践现状，指出了包括意识缺乏、指标缺失、监督缺位等问题。针对这些问题，该文建议建立符合中国情境的ESG信息披露解释通用框架，深入各行各业建立行业标准，并探究和建立模块化特色标准，以推动中国ESG信息披露体系的完善和发展。智环宇（2024）探讨了当前我国上市公司在ESG信息披露方面的现状与问题，并提出了相应的优化措施。该文指出，尽管近年来国内上市公司对ESG信息披露的重视程度有所提升，但整体披露比例仍较低，且存在披露标准不统一、数据缺失严重等问题。通过对上市公司ESG信息披露的深度分析，发现不同板块、行业和国有/非国有企业在ESG信息披露方面存在显著差异。例如，银行业和非银行金融业的披露占比较高，而汽车、建筑装饰等行业的披露占比则较低。该文还强调了提升上市公司ESG信息披露质量的重要性，并提出了优化治理架构、明确角色定位、健全政策与程序、优化报告工具等具体措施。此外，该文还建议完善上市公司ESG信息披露的强制性标准，填补制度空白，以促进ESG信息披露的规范化和透明度。曹晨（2024）指出我国的ESG信息披露制度虽然已取得一定成功，但是仍然存在制度短板与实践困境（如报告数量质量欠缺，披露范围不明确等），其产生的原因主要归结为披露标准不统一、自愿披露约束力不足，以及监管机制不完善三方面。该文还阐述了从域外ESG信息披露可以得到的经验及启示，指出要以立法的方式引入独立的鉴证机制，并统一ESG信息披露要求标准，将ESG信息披露模式从自愿向强制转变。该文还提出了我国上市公司ESG信息披露规范的完善路径：(1)披露模式选择，即半强制性ESG信息披露模式。(2)监管体系构建，即增加ESG信息鉴证机制。(3)统一标准完善，即规范ESG信息披露具体内容，从而构建更加完善的具有中国特色的ESG信息披露体系，推动我国市场经济高质量发展。韩芳（2023）讨论了在"双碳"目标背景下，我国上市公司ESG信息披露的现状、问题及改进建议。其文指出，随着ESG投资理念的普及和我国对绿色低碳发展的重视，上市公司ESG信息披露逐渐成为企业行动的重要指南。然而，由于国内ESG体系尚处于起步阶段，信息披露数量和质量均有待提高。其文提出了一系列建议，包括建立健全的ESG信息披露标准、制定本土化的ESG体系、增强企业对ESG信息披露的认知等，以促进企业从被动到主动的披露转变，提高信息披露的质量和企业的ESG绩效，实现与国际标准相衔接的可持续发展目标。陶弈成和龙圣锦（2023）讨论了商业银行环境信息披露的价值目标和现实困境。商业银行环境信息披露是利益相关方、监管部门了解与环境保护相关的商业银行经营信息的重要途径，其价值目标体现在识别商业银行环境风险、履行商业银行环境社会责任与推动商业银行践行ESG治理三个层面。然而，尽管环境信息披露制度近年来受到大众的广泛关注,也逐渐被商业银行推广应用,商业银行环境信息披露实践仍面临诸多问题,与其多元化的价值目标存在一定差距。商业银行环境信息披露的现实困境可以归纳为所披露环境信息的全面性不足、可信度存疑与激励机制不健全三个方面。该文提出构建商业银行环境信息强制性披露的标准、完善商业银行所披露环境信息的第三方鉴证机制与健全商业银行环境信息披露的激励机制的监管路径,从而提高信息披露的质量和信息披露的积极性。

随着全球对ESG议题的重视程度不断提高,这些研究成果不仅为投资者提供了更全面的决策依据,也为政策制定者和企业管理层在制定可持续发展战略时提供了宝贵的参考。这丰富了ESG信息披露的理论基础,有助于推动企业、行业乃至整个社会向更加可持续的未来发展。

二、ESG数据相关研究文献

(一)ESG数据及其质量相关

Silvia等(2018)讨论了在可持续发展的催动下,ESG数据的重要性。ESG数据涵盖了一系列问题,包括公司对环境的影响、劳工和人权政策、宗教和公司治理结构。尽管ESG指标是可持续发展投资策略公式中不可或缺的一部分,但还有其他因素需要考虑。目前还没有全球一致和协调的政策或程序来向公众报告ESG信息,可持续性信息的供应似乎不能满足投资者和公众对ESG数据的需求。为解决这一信息差距,ESG报告所提供的信息必须与ESG风险保持平衡,具有可比性和一致性。因为信息差距的存在,投资者必须谨慎行事,做好充分的功课,并在着手实施ESG/可持续投资策略之前与投资顾问协商。在数字化时代,除了要加强信息披露外,ESG数据质量也日益受到各界的关注。Kotsantonis和Serafeim(2019)分析了ESG数据在应用于投资决策时面临的真实性、准确性、可靠性问题。该文指出尽管ESG数据的需求量不断增长,但数据的质量和一致性存在显著问题,表达了对ESG数据质量的怀疑,并惊讶于即使在数据质量不佳的情况下,研究者们仍能找到与经济数据相关的信号。该文认为如果数据质量更高,可能会发现更强的相关性。ESG数据存在的四个主要问题是:数据的不一致性比人们认为的更严重、对行业群体基准选择的不同可能导致数据的扭曲、应用不同模型对缺失数据进行主观增补会影响数据准确性、ESG数据提供者存在巨大分歧。他们通过随机抽样的50家大型上市公司的员工健康与安全问题报告,举例说明了这些公司在报告同一个ESG指标时使用了20多种不同的方式、不同的术语和计量单位,这给公司之间的比较带来了重大挑战。该文还指出为了提高ESG数据的可靠性和实用性,需要对数据的收集、处理和报告方式有更深入的理解。公司应该完善ESG数据的描述,接受合理的ESG指标基线,并自我规范以提供可比性;投资者应该推动企业披露有意义的ESG指标;证券交易所应该发布ESG披露的指导方针甚至强制要求进行ESG信息披露,以促进公司ESG透明度的提升;数据提供者应该就最佳实践达成一致,尽可能透明地公开 ESG 数据及指标计算的方法论和数据的可靠性。Soh 等（2019）探讨了 ESG 数据的质量和有效性评价问题。尽管新的数据技术提高了 ESG 数据的可访问性、可用性和透明度，但缺乏一个公认的理论框架来评估 ESG 数据质量的问题依然存在。为了填补这一理论空白，他们提出了一种"用户导向"的方法来评估 ESG 数据，将 ESG 数据视为一个"具有无限边界的连续概念"，并从其宽度和深度两个方面对其进行表征。该文展示了高质量 ESG 数据如何映射到投资决策过程中，并讨论了 ESG 数据的六个质量维度（包括可靠性、颗粒度、新鲜度、全面性、可操作性、稀缺性），以及投资者在决策中使用的六个投资决策变量（包括常规风险、非常规风险、成本、承诺、影响力、构建）。ESG 数据的每个属性与投资决策变量都有不同的相关性，不同的 ESG 数据质量与投资决策变量之间的一致性会通过不同的途径影响投资结果的成功。Bilal（2020）强调了确保 ESG 报告数据准确性和质量的必要性，该文指出随着 ESG 报告在全球范围内成为分析师和投资者的重要参考，对这些报告进行第三方鉴证以消除对报告准确性的疑虑变得尤为关键。该文通过亚洲公司治理协会（ACGA）的研究，对亚太地区 12 个市场的 ESG 报告鉴证工作进行了广泛分析，揭示了不同市场中大型和中型企业在 ESG 报告鉴证方面的实践差异。研究发现尽管鉴证报告通常是年度报告或可持续发展报告的一部分，但并非所有企业都选择进行鉴证，尤其在中国、印度尼西亚、马来西亚和新加坡等市场的大型企业中，只有少数企业进行了 ESG 报告鉴证。研究进一步讨论了鉴证的范围、对重要性确定流程的鉴证以及所采用的标准等问题，指出大多数鉴证报告的范围有限，管理层和鉴证人往往只审查少数 ESG 指标，这可能受到预算限制的影响。研究还强调了对重要性确定流程进行鉴证的重要性，认为这是评估企业战略方向的关键部分。随着可持续发展报告重要性的增加，为确保报告的意义和准确性，报告的披露和鉴证报告的改善变得尤为重要，而国际和地方标准在指导鉴证工作方面起着重要作用。

徐天一（2024）探讨了阿里巴巴集团信息披露的现状，并对 ESG 信息披露的质量进行了分析。该文从信息披露完备度、信息披露对称度和信息披露优劣度三个方面构建了跨境电商企业 ESG 信息披露质量的评价体系，帮助跨境电商企业全面考察自身 ESG 信息披露的质量和效果，及时发现和改进存在的问题，提高信息披露的水平和透明度。该文研究指出，跨境电商企业非常有必要提升 ESG 信息披露质量，影响跨境电商企业 ESG 信息披露质量的原因可归结为不完整的数据收集、资源限制、内部管理薄弱、缺乏外部审计等因素。跨境电商企业 ESG 信息披露质量管理应遵循透明度、可比性、一致性、质量、可持续性原则，从而确保信息披露的一致性和稳定性。刘文情（2023）讨论了我国上市公司 ESG 信息披露的现状，以及提升上市公司 ESG 信息披露质量对公司发展的重要性。该文指出了 ESG 信息披露有助于企业传递消息，提高企业价值创造能力，帮助企业实现创新发展，推动企业创造社会价值。但我国上市公司 ESG 信息披露仍存在一些问题，具体包括缺乏完善的 ESG 信息披露标准，缺乏完善的 ESG 评价指标，缺乏健全的 ESG 质量监督。因此，为了确保信息披露的质量，保障披露信息的真实可靠，需要不断健全信息披露的质量监督体系。该文提出，在新时代的背景下,引导上市公司重视并落实ESG信息披露势在必行,需要健全ESG信息披露体系,从顶层设计层面建立统一的信息披露标准;完善信息披露的评价指标;加强强制性信息披露和监督,让企业、政府、第三方机构共同发力,形成更加完善的信息披露评价和监管体系,保障ESG信息披露体系建设有序推进。

(二)ESG数据与数字化相关

结合数字化转型讨论ESG数据对各行各业的影响力(包括对ESG行为和数据的影响力)也是目前研究的重点之一。ESG数据中包含的环境、社会和治理数据很多是文字表述、图片甚至音视频等类型的大数据。大数据研究与文献计量分析、计算语言学或自然语言处理等新的研究方法相关。Ralf等(2023)探讨了大数据研究在商业伦理、环境和企业责任领域中日益增长的重要性。大数据以其"三V"特性——体量(Volume)、速度(Velocity)和多样性(Variety),为管理研究提供了丰富的机遇。特别是在商业伦理、环境和企业责任的研究中,大数据方法论已渗透至商业伦理、环境和企业责任领域的多个方面,例如通过ESG数据库提供对公司非财务绩效的深入洞察,利用LexisNexis和Factiva等大规模新闻资料库支持媒体分析,以及使用Facebook和Twitter等社交媒体平台进行研究。在商业伦理、企业社会责任和企业可持续性方面,大数据开辟了一系列新的研究问题,例如关于数字化和数据访问的问题,以及与人工智能中的商业伦理相关的问题。Ralf等(2023)指出尽管大数据研究带来了前所未有的机遇,但这类文章中存在一些反复出现的缺陷,该文针对这些缺陷提出了针对性的建议,包括深入理解数据和方法、找到自己独特的研究领域、认真对待潜在偏见以及尽可能保持透明度等。

韩明月(2023)讨论了数字化转型对能源电力企业非财务绩效评价的影响。该研究首先梳理了数字化转型及其对企业绩效评价体系的影响,指出随着数字经济时代的到来,企业数字化转型步伐加快,传统的财务指标已难以全面反映企业绩效水平,特别是在信息技术影响下,非财务绩效评价的重要性日益凸显。研究借鉴数字技术可供性理论、可持续发展理论以及主观业绩评价理论,构建了一套科学的非财务绩效评价指标体系,并以南方电网有限责任公司为案例分析对象,验证了该指标体系的可行性和有效性。该研究不仅为能源电力企业在数字化转型背景下以ESG指标为代表的非财务绩效评价提供了理论支持和实践指导,也为其他行业企业的非财务绩效评价提供了有益参考。张鲜华和王斌(2024)讨论了数字化转型对企业整体产出效率的影响。从企业内部来看,数字化技术的应用能够带动技术创新的深度和广度提升,帮助企业实现技术的跨越式创新,推动其从传统产业向数字化和智能化产业转型;从企业外部来看,数字化技术的应用可为企业提供更为精准的市场预测和消费者需求分析,提高产品和服务的质量与定制化水平,进而提高市场占有率和品牌声誉,提升企业的全要素生产率。该研究还探究了企业的数字化转型、ESG表现和全要素生产率三者之间的内在逻辑关系,发现企业的数字化转型有助于全要素生产率的提升,企业的数字化转型也有利于提升ESG表现,企业的数字化转型可以通过优化ESG表现进而提升全要素生产率。建立一套完整的数字化转型和 ESG 表现的评价指标体系,有助于企业量化相关进度,确保企业转型过程符合高质量发展要求。

(三)ESG 数据与人工智能技术相关

随着人工智能技术的发展,一些学者开始应用人工智能技术对 ESG 数据进行分析研究。Madelyn(2020)探讨了大数据、人工智能(AI)、机器学习和自然语言处理(NLP)在揭示可持续投资隐藏信号方面的应用,指出风险管理者和投资者越来越寻求高质量的 ESG 数据,以评估非财务风险,并将资本配置给那些管理时重视"社会责任"并遵守社会契约的公司。然而,由于缺乏报告可持续性问题的公认标准,高质量的公司层面数据十分稀缺。联合国可持续发展目标(Sustainable Development Goals,SDGs)是衡量公司"做好事"的新指标,SDGs 超越了 ESG 中更狭隘的可持续性问题集,但用于衡量 SDGs 表现的高质量数据则更为稀缺。Global AI Corporation 利用大数据衡量公司和国家在所有 17 个 SDGs 上的表现,以促进将 SDGs 整合到投资、风险管理和国家政策制定的决策过程,为国家政府和联合国提供了统计指标和绩效指标数据。应用 AI 技术分析大数据消除自我报告中的偏向性并揭示隐藏数据,提供了 ESG/SDGs 的正面和负面得分,而自我报告数据只产生正面得分。利用 AI 技术分析大数据有助于投资者做出更有利的决策,并帮助政策制定者了解国家层面政策目标的实际执行情况。

莫菲(2024)指出数字化转型是推动高等教育创新变革的重要途径,借助数字化手段如建立可持续信息门户和使用数据仪表盘,可以提高 ESG 信息的透明度和易读性,从而增强高校可持续教育评价的科学性。高校通过数字化手段可以优化 ESG 信息的收集、披露和评价流程,形成闭环管理,并通过信息反馈指导未来的 ESG 信息披露实践。ESG 理念为推动高校治理改革和高质量发展指明了方向,而该研究提出的指标体系构建思路、法治发展方向和数字化举措,旨在引发对高校 ESG 信息披露制度建设的进一步讨论。这些措施可以提高高校在可持续发展教育方面的透明度和质量,为中国高等教育的可持续发展做出贡献。

车孝力和胡晴钰(2024)探讨了人工智能(AI)技术的快速发展在 ESG 评级中的应用。ESG 评级是对企业在环境、社会和治理方面的表现进行综合评估,它不仅可以帮助投资者识别潜在的投资风险,还能促进上市企业改进自身在 ESG 方面的表现,提高企业的品牌形象和市场竞争力。推进 AI 技术的应用,能提高 ESG 数据收集效率,优化 ESG 评级模型,辅助 ESG 数据分析,提高 ESG 评级质量,降低评级成本及实时监控。但 AI 在 ESG 评级中也面临一系列的挑战:AI 算法的训练数据如果存在偏差,就可能导致评级结果的不公平;由于缺乏透明度,投资者和其他利益相关方可能难以理解和信任 AI 算法的决策过程;在应用 AI 技术进行 ESG 评级时,还需要考虑伦理合规性和数据隐私保护的问题;许多上市企业在应用 AI 进行 ESG 评级时还可能面临技术能力的挑战。在未来,随着 AI 技术的不断创新和发展及全球 ESG 标准与合作的推动,AI 在 ESG 评级领域的应用前景将更加广阔。

Ryan(2021)讨论了大数据在托管银行服务方面的应用,概述了托管人正在开发的一些数据解决方案,以及客户如何从结算效率、市场准入和 ESG 投资等领域中受益。为了在艰难的宏观环境中从同行中脱颖而出,许多机构正在利用数据解决方案作为增加投资回报和获得运营效率及价值的手段,协助客户顺利获得有意义和有用的数据见解。然而,向客户传播数据并不总是一件容易的事,需要收集信息并加以利用,通过数据提高结算效率,降低风险,改善投资过程中的协同效应,克服数据陷阱,制定良好的数据战略以及采用变革性技术。通过一种智能的数据管理和交付方法将为托管人和投资者带来许多利益,能减少人工干预,更透明地提供价值,企业将花费更少的时间从交易对方那里获取信息,从而使它们能够更多地专注于创收和增值活动。

三、ESG 数据治理相关研究文献

数据治理不仅涉及企业内部如何管理和使用数据,也关系到公共领域中数据的应用。随着数据在社会各领域的广泛应用,数据治理已经成为一个多维度、跨学科的研究领域,其重要性日益凸显。目前对于数据治理的研究涵盖了从理论探讨到实践应用的广泛领域。已有文献从多角度出发,深入分析了数据治理的概念、框架、重要性,以及数据治理的发展方向和可能面临的挑战,有助于数据治理的进一步研究。

(一)ESG 数据治理的概念和框架

对 ESG 数据治理的概念,目前有多种定义。黄亮等(2024)总结了数据治理的相关概念,如国际标准化组织(ISO)将数据治理定义为一种面向数据的采集、存储、定义、分发、销毁的全流程业务集合。我国国标将数据治理定义为面向数据的处理、数据存储装置的管理以及上述行为的规范化。国际数据管理协会(DAMA)提出数据治理实质上是对数据资产实施管理和控制权,也是数据治理的所有活动的集合。而国际数据治理研究所(DGI)认为数据治理的核心在于数据的处理、存储、分析过程中各个处置权的分配和管理,数据治理应当描述清楚各方在不同时间节点所应该和能够实施的行为,以及行为本身的规范性。该文还指出多业态集团的数据治理建设,应当从设立常态化的数据管理机构、实施整体数据能力成熟度评估、数据平台产品和组件选择、构建基于企业整体战略的应用场景、构建清晰的路径规划五个角度入手实施基础设施建设和数据治理,为集团业务发展提供高效、准确、清晰的数据及业务支撑。

颜佳华和王张华(2019)探讨了数字治理、数据治理、智能治理与智慧治理这四个概念的建构过程及其内在联系。这些概念是国家治理体系下重要的治理范式,理解其内涵及其相互关系对推动公共治理范式变革、促进学术对话和学科知识生产具有重要意义。该文通过分析这些概念在中国本土的政治话语和学术语境中的历史演进,以及它们在学术文献中的出现频率,阐释了数字治理、数据治理、智能治理和智慧治理的具体释义。这些概念均是治理概念的扩展和延伸,体现了技术进步背景下社会形态转变所带来的治理实践问题的新的解决方案。这些概念在侧重点、实践依据以及具体内容上存在差异,在治理主体多元化、

治理权力分散化和治理话语本土化等方面存在同构性关联，在概念建构、实践依据和治理活动内容上存在区别。

张康之（2018）研究了数据治理这一新兴概念，强调其在社会治理变革中的重要性。该研究首先区分了数据与数字、数据思维与数字思维，并指出人类社会正逐步从数字化时代向数据化时代转变。在数据时代，可以通过象数的意义来认识和把握数据，并建立起象数思维。研究还进一步阐述了数据治理的双重内涵，即依据数据的治理和对数据的治理，并提出了数据治理在社会治理变革中的方向和路径。数据治理不仅是社会治理建构中的一个重要方面，也提供了一个新的视角，让我们从数据的角度认识和规划社会及其治理的建构问题。在虚拟世界中，数据治理将展现出其独特的功能，预示着社会治理模式的全面变革。

基于 ESG 数据治理的内涵，研究者提出了多方面的数据治理框架模型。在基层架构方面，安小米等（2018）回顾和分析了 10 篇包含大数据治理定义的代表性文献，提出了一个互补互认的大数据治理体系构建框架。首先，该文对这些文献进行了内容分析和核心概念解构，以明确大数据治理体系构建的内容和要素，促进多利益相关方达成共识和有效交流。该文指出大数据治理是一个多维度的概念体系，涉及目标、权利层次、治理对象以及解决的实际问题，并且可以是对组织的大数据管理和利用进行评估、指导和监督的体系框架。大数据治理包括面向数据客体对象的价值提取、风险管控、安全合规和隐私保护等议题，以及宏观层、中观层和微观层三种实施路径，每种路径具有不同的特征和侧重点。这一研究为大数据治理体系构建提供了理论指导和现实应用价值。数据治理的三个关键域包括决策机制、激励与约束机制、监督机制，揭示了大数据治理关注的核心问题。大数据治理的三个外部应用特征是大数据生命周期、利益相关方、流通方式，揭示了大数据治理的主要场景特性。大数据治理应综合大数据治理的内部要素和外部应用特征，为研究和分析大数据治理构建一个相对完整的逻辑框架，更全面、客观地分析和解决大数据治理领域的问题。张文魁（2023）探讨了数据治理的相关内容，将数据治理的底层逻辑划分成四部分，并在此基础上讨论了数据治理的基础构架。该文提出除了数权体系，还需要建立算责制度，在数智化发展的丰富实践中寻求合适、有效且能促进经济社会健康发展的数据治理。

在国家层面，Steve 等（2022）探讨了全球数据治理框架的必要性及其可能的构成要素。该文指出，一方面，当前数据已成为定义我们这个时代的关键词，对经济和社会具有前所未有的重要意义。数据不仅仅是信息的片段，更是政策重点关注的对象，对经济学、政治、可持续发展乃至国家安全起着越来越重要的作用。另一方面，数据的快速增长和数据交换基础设施的成熟也带来了更高的数据治理需求。随着数据的不断积累和数据类型、体量和用途的迅速演变，迫切需要建立一个国际数据治理框架来保护数据的安全、处理、共享和使用。数据治理框架的国际发展，包括各种数据治理原则和框架的激增，如 FAIR 原则、CARE 原则以及健康数据原则，都表明了对数据治理认识的提高。通过传统加创新的方式解决数据治理问题,我们可以应对数据流动的规范性和访问控制的公平性问题。Khaledi等(2023)提出了一个用于分析国家层面数据治理的框架,通过查阅1 803篇文档,他们最终筛选并编码了65篇相关文档,揭示了数据治理生态系统的多个组成部分,包括数据生命周期、数据标准、数据质量、元数据等关键要素。该研究强调了数据治理的多维性,指出必须考虑到生态系统中的所有参与者,包括数据提供者、生产者、所有者、用户、政策制定者、监管者、服务提供商等。数据治理对背景存在依赖性,不同国家和地区在数据治理方面存在差异,这些差异可能会体现在数据量、数据文化、数据获取等方面。Francis等(2022)探讨了在南非将ESG因素整合到投资实践中的主流方法。在处理ESG相关信息时,市场并不总是完全有效,故该文认为投资者应当超越传统的财务指标,将ESG因素纳入投资考量。该研究通过问卷调查和半结构化访谈收集数据,发现尽管南非的资产管理者越来越多地应用ESG标准,但他们在分析复杂问题时仍然需要有效的指导。该研究基于实证分析结果和国际标准,提出了一个最佳实践框架,以提高投资决策的质量和风控效率,并帮助资产管理者更好地将ESG整合到整个投资过程。郑大庆等(2017)对大数据治理的内涵、要素及其框架进行了探讨。该文首先从大数据治理的目的、权利层次、对象和解决的实际问题四个维度剖析了大数据治理的概念,指出大数据治理旨在实现价值和管控风险。随后,该文构建了一个包含十二个关键领域的大数据治理框架,并讨论了大数据治理面临的挑战,如复杂度、隐私和风险保护,以及实现效益的诉求。该文指出大数据治理不仅要在组织内部建立利益协调和补偿机制,还要面对多源数据集成带来的隐私保护难题,以及大数据投资回报的不确定性问题。大数据治理是一个新兴研究领域,其特点与传统数据治理有所不同,需要新的理论和实践探索。

在行业层面,Soňa(2023)关注金融行业中的数据治理,并提出了一种旨在提升数据质量的数据治理模型。金融机构的数据治理主要由监管要求所驱动,然而现有的数据治理标准复杂且缺乏实施细节。该文提出了一个基于BCBS 239和DAMA方法论的数据治理模型。该模型不仅增强了DAMA实践,还针对金融机构的特定需求进行了调整,适用于包括数据治理、数据质量和元数据管理等在内的不同范围。研究强调了金融机构在数据治理方面的挑战,包括监管要求的持续收紧、缺乏灵活性以及对新方法的排斥。该文还提出了能适应金融机构需求的数据治理模型,并通过专家访谈和实际案例研究对该模型进行了评估和验证。陈一洪(2024)指出数据作为新型生产要素,在商业银行数字化转型及经营发展中发挥着至关重要的作用,目前国内商业银行数据治理的组织架构、客户信息及隐私保护机制有待建立健全。国内商业银行越来越重视数据治理管理体系的搭建与完善,呈现如下特点:初步搭建数据治理战略体系;逐步理顺数据治理管理机制;逐步建立数据治理各项管理制度。同时商业银行数据治理也面临一些挑战:数据治理的价值尚未得到充分认识;数据治理的组织架构有待健全;数据质量及数据标准问题较为突出;数据架构及数据质量管理有待提升;客户信息及隐私保护机制尚未健全。商业银行数据治理可以建立以一项保障机制和四个重点领域为核心的"1+4"数据治理框架体系。其中1项保障机制是指组织保障机制,4个重点领域包括数据架构、数据标准、数据质量、数据安全四个方面数据治理的重要内容,可在初步构建数据治理框架体系的基础上,逐步迭代并进一步加以完善。吴信东等(2019)剖析了数据治理的内涵、发展及其技术应用。随着信息技术的普及,数据量正以指数级速度增长,这对数据管理提出了新的挑战。数据治理被视为战略资产的管理方式,涵盖了从数据收集到处理应用的一系列管理机制,其目的在于提升数据质量、实现数据共享,并最终使数据价值最大化。该研究进一步分析了数据规范、数据清洗、数据交换和数据集成等已有的技术,并讨论了数据治理成熟度和框架设计。基于这些分析,研究提出了大数据 HAO 治理模型,旨在支持人类智能(HI)、人工智能(AI)和组织智能(OI)的协同工作,并通过公安数据治理实例展示了 HAO 治理模型的应用。

(二)ESG 数据治理政策和方法论

Mohammadali 和 Abolfazl(2023)分析了软系统方法论(Soft Systems Methodology, SSM)在银行业数据治理政策制定中的应用潜力。数据治理政策是组织管理数据资产和组织信息的基础,而数据访问作为数据管理最重要的因素之一,涉及访问范围、访问方式、访问位置以及数据控制和应用等方面。该文还指出,治理的范畴很广,已经采用了多种研究方法,如情景规划、软系统方法论(SSM)、系统动力学和战略选择等。特别是 SSM,在数据治理、公司治理、能源治理和安全治理等领域被广泛应用。研究通过引入 SSM,不仅为数据访问提供了结构化的视角,而且通过与专家的深入访谈,开发了丰富的场景和概念模型,从而为制定数据治理政策提供了坚实的基础。数据访问具有六个维度:数据应用、风险、处理、基础设施、路径和访问,这六个维度可以被用来制定规则。Schmuck(2023)阐明了"数据可观测性"(Data Observability)这一概念在现代数据生态系统中的重要性。该研究不仅整合了已正式发表的文献,也整合了博客文章、视频和白皮书等,以全面理解数据可观测性。该研究定义和描述了数据可观测性的概念,区分了其与其他相关概念(例如数据质量、数据监控、数据发现、数据运维)的不同,并强调了这一概念的重要性。研究结果表明,数据可观测性有望彻底改变公司管理数据、分析数据和使用数据的方式,从而有利于决策制定。该研究也指出了数据可观测性面临的挑战,包括数据孤岛、不同数据模型的复杂性等。研究还将数据可观测性与数据治理领域联系起来,展示了数据可观测性如何成为数据治理框架的一部分。未来的研究应关注数据可观测性在特定企业环境中的实施和应用,特别是在自学习人工智能系统的应用。黄建伟和陈玲玲(2019)探讨了数字治理的概念、实践和理论发展。数字治理是数字化技术与治理理论的融合,其在提供智能化公共服务、推动公民互动参与和实现政府治理创新方面十分重要。该文通过对国内过去十四年数字治理期刊论文的文本分析,发现虽然我国数字治理理论研究在指导实践方面取得了一定成果,但研究方法和对象较为单一,内容趋同。推动数字治理的实证理论研究、公民的互动参与以及基层数字治理的研究将成为未来研究的重要内容,在数字治理目标达成过程中如何平衡"数字"

与"治理"的关系，以及人工智能时代数字治理中政府角色如何定位等问题的探讨，对于进一步深化数字治理理论和实践具有重要意义。鲁洋（2024）探讨了大数据下构建数据治理体系的重要性。大数据时代，企业财务管理正经历数据驱动决策和数据处理方式的深刻变革，存在数据安全与隐私保护的隐患，面临财务人员知识结构的转型压力，财务管理流程的重塑与优化的难题。因此，构建科学完善的数据治理体系是确保财务数据质量的根本举措。在大数据时代，要加强财务团队数字化能力建设，运用新兴技术赋能财务创新，全面提升财务队伍数字化能力，前瞻布局前沿技术，不断完善与数字经济相适应的现代财务管理模式，践行价值创造型财务职能，驱动企业实现高质量发展。张明英和潘蓉（2015）介绍了数据治理在国内外标准化的发展历程，重点剖析了《数据治理白皮书》国际标准研究报告的核心技术内容。该文首先指出数据治理的重要性，随后详细解读了数据治理三维模型，进一步提出了大数据治理的标准化需求，并明确了研究报告对企业应用的价值和行业发展的意义。该文还强调了数据治理在确保数据准确性、适度分享和保护方面的关键作用，并展望了数据治理标准化工作的未来趋势（包括数据作为服务 DaaS 的兴起和大数据治理的需求）及数据治理的应用价值（包括改善决策能力、产生高质量的数据、降低风险和提高合规监管及安全控制）。

此外，ESG 数据治理对国家以及行业的影响也得到了进一步的研究。吴沈括（2019）分析了全球数据治理的最新发展及其对中国的影响。该文指出海量数据的处理与应用是新型数字经济存在与发展的关键性条件，而数据治理已成为国际社会普遍关注的议题。如欧盟《通用数据保护条例》（General Data Protection Regulation，GDPR）和美国《加利福尼亚州消费者隐私保护法案》（CCPA）的规范设计与价值诉求，揭示了两者在个人数据治理领域的立场和影响，以及国际数据治理的新走向，包括从个人数据向非个人数据治理的延伸，立法执法与国际博弈的多层次发展。该文还指出中国应对数据治理挑战的策略，应包括全面动态的全球规则演进研判、价值清晰的顶层设计框架建构、系统可行的差别规范制度安排，以及经济便利的权利责任落实途径。这些策略旨在维护中国的数据主权、促进数字经济发展，并在国际数据治理中取得理想的博弈地位。张一鸣（2012）梳理了数据治理的概念、重要性及其在企业信息化过程中的应用。该文指出数据是企业的核心资产，要挖掘数据价值，维护数据质量、有效管理和使用数据对降低企业经济活动中的风险至关重要。数据治理是提升数据资产管理与应用水平的关键举措，有助于企业强化标准、提高数据质量、控制成本。数据治理的路径包括组织机构的建立、岗位职责的明确、数据治理标准的制定、数据控制和使用，以及数据管理工具的应用等方面。国内企业应能够借鉴国外先进的数据治理经验，构建全生命周期的数据治理体系，提升信息化应用水平，增强核心竞争力。Alexander（2024）探讨了大数据治理在公共行政转型中的作用。该文指出当前大数据技术和软件产品已成为实现公共服务更高效交付的关键工具，社会互动方式的变化意味着需要创建一个以大数据为中心的统一国家数字生态系统，这要求从电子政府向数字政府过渡。大数据作为国家和组织的重要无形资产，会影响战略实施和市场竞争。大数据具备七个关键特征，分别为体量、速度、多样性、真实性、可变性、可视化和价值。大数据的可靠性涉及准确性、一致性和上下文三个特征，而数据质量直接影响国家目标的实现和组织绩效的提升。该文还讨论了数据保护领域的问题，并强调了需要新的方法来监管这一领域，需要统一的国家数字生态系统，该系统应以数据和算法为核心，旨在提高公共服务的响应效率。为了实现从电子政府向数字政府的转变，必须重新思考公共行政的原则，并适应和使用大数据等新技术，以实现公共行政的现代化和优化。贾琛(2022)结合商业银行应用阐述了提升 ESG 治理能力的必要性：第一，提升 ESG 治理能力是践行国家战略的内在要求；第二，提升 ESG 治理能力是构建商业银行未来核心竞争力的前提和保证；第三，提升 ESG 治理能力是获得市场和投资者认可的重要抓手。该文还研究了如何快速提升与新发展格局相适应的 ESG 治理能力，这也是摆在商业银行面前必须解决的现实问题。ESG 给商业银行公司治理带来了三重挑战：第一，在 ESG 框架下，商业银行不仅需要大力完善公司治理机制，同时还要统筹推进 ESG 体系建设；第二，在 ESG 框架下，商业银行不仅需要做好应对新型风险的准备，同时还要有效平衡发展业务与履行社会责任之间的关系；第三，在 ESG 框架下，商业银行不仅需要高质量做好 ESG 信息披露，还要大力推进数据治理。虽然面临诸多挑战，ESG 仍会对商业银行产生重大影响。大力推进 ESG 数据治理，统一数据标准，提升数据质量，建设与 ESG 管理相适配的数据基础设施，拓展 ESG 信息披露渠道，可以推动商业银行实现高质量可持续发展。

（三）ESG 数据治理不同领域的应用

徐雅倩和王刚(2018)对数据治理进行了文献计量分析和研究进程梳理，指出数据治理研究经历了从私人组织"指向数据"的治理到政府组织"依据数据"治理的转变，并在此基础上，进一步探讨了数据治理在不同细分领域中的争论，包括数据治理与新公共管理理论的融合与替代、数字政府的变革有效性、政府组织与数据的互构关系，以及政府与公民关系的变化等。将数据治理置于中国语境下可以分为三个潜在研究维度：数据治理之于转型中国、数据治理之于社会治理，以及数据治理之于组织变革，这为后续研究提供了方向。梁宇和郑易平(2023)讨论了数据治理的研究现状和现实困境。目前，全球数据治理的研究主要聚焦于以下几个方面：(1)全球数据治理中的数据主权；(2)全球数据治理中的数据民族主义；(3)国外跨境数据治理政策措施；(4)全球数据治理中的数据安全。总体而言，全球数据治理还存在大国战略竞争博弈、数据治理规则不协调、极端的个人主义与单边主义思潮相互裹挟等方面因素带来的阻碍。中国应加强中美数据战略互信，聚焦共同利益；借助多边合作机制和多边平台，加强数据治理国际合作；加强监管制度创新，实现国内治理与国际规则衔接；加强与欧盟 GDPR 规则的对接，共同反对美国数字霸权，来破解中国参与全球数据治理的障碍。Nadya 和 Gijs(2024)系统且批判性地回顾了将数据视为经济商品的经济学文献，并从中为数据治理总结了教训。该文指出，若仅将数据作为经济商品，会导致数据治理仅倾向于产生更多数据，而无法实现其他社会目标，这与文献和政策中常见的说法相反。数据治理常常产生误导，它分散了人们对其他数据问题的注意力。该文还指出数字社会的治理可以从将数据作为经济商品的不同视角进行分类和分析，但也不能仅依赖于以数据为中心的经济模型，还可以采取政治生态学方法来治理数字社会。尽管这些视角提供了对数据治理的洞见，但它们仍然存在局限性。

从国家的视角来看，Clarissa和Sophie(2023)探讨了欧盟新的数据治理模式下，成员国在管理公共部门数据(Public Sector Data，PSD)方面面临的挑战。该文基于对《数据治理法案》(Data Governance Act，DGA)的分析和对数据治理文献的研究，提出欧盟需要的不仅仅是开放更多公共部门数据。研究指出公共数据信托模型和负责任的研究与创新(Responsible Research and Innovation，RRI)方法为公共部门数据治理提供了两种强有力的工具。尽管数据被视为技术创新的核心和经济增长与社会福祉的重要来源，但目前数据处理的技术能力主要集中在少数逐利的私企手中，这加剧了现代社会的权力失衡，并阻碍了创新。为了解决这些问题，欧盟通过DGA提出了增加数据开放性的提议，旨在改善数据共享的条件，从而促进创新，并确保整个社会从技术进步中受益。该研究还进一步讨论了如何通过公共数据信托和RRI方法来实现DGA的目标。公共数据信托模型建议建立一个新的机构来管理、保护隐私并提高数据的公共价值，该模型强调数据应为政策制定和促进创新及社会福祉提供支持。RRI方法强调创新过程中的透明度、互动性和社会各方的共同参与，以确保创新过程及其市场化产品符合伦理要求、具备可持续性并满足社会期望。该研究最后总结了当前数据治理模式的问题，指出其集中化的数据存储容易导致权力失衡，并强调了DGA在解决这些问题方面的潜力。研究建议通过实施基于RRI框架的公共数据信托，不仅有助于权力的平衡，还能确保技术创新更满足社会需求并符合价值观。张宁和袁勤俭(2017)总结并分析了数据治理的概念、体系、内容和应用，系统梳理了国内外在数据治理领域的研究现状，并提出了该领域存在的主要问题和未来的研究方向。该研究指出，尽管数据治理已经受到业界和学界的广泛关注，但现有研究在实证研究和数据治理框架模型设计方面仍有不足，研究还强调了框架体系、政策标准、成熟度模型和数据质量等是未来研究应重点关注的领域。此外，该研究还特别提到了海量异质数据治理作为未来新兴研究领域的重要性。阙天舒和王子玥(2022)分析了数字经济时代全球数据安全治理的紧迫性与挑战。数据安全风险与国际形势的复杂性相互交织，导致各国在数据安全治理规则上的博弈日益激烈，但全球数据安全治理尚未形成统一框架，而是由单边、双边和多边框架以及贸易规则拼凑而成。该研究进一步分析了全球数据安全治理面临的主要问题，包括规则碎片化、机制效用不足和治理乏力等，并强调了个别国家数据霸权主义行为对国际共识的破坏。中国高度重视数据安全议题，尽管在数据治理领域起步较晚，面临立法不完善、技术创新能力薄弱、国际合作不足等问题，但中国正通过全面分析影响数据安全的风险因素，准确把握全球数据安全趋势，以优化其在全球数据安全治理中的策略选择。Yan(2022)分析了中国平台经济中的数据治理政策,研究了政策的历史沿革和当前面临的挑战,并提出可行的政策建议。该研究回顾了中国数据治理政策的历史沿革,指出政策重点已从单纯的安全保护转向同时确保安全和促进数据市场发展,以鼓励数字经济的增长。该研究从"数据作为生产要素""平台经济中的算法管理"以及"个人信息保护和数据安全"三个维度分析了数据治理问题,并建议建立数据治理委员会以协调数据治理。该研究数据是"新石油",中国每年产生的海量数据,对中国乃至全球的发展可能产生深远影响。随着平台经济的快速发展,数据的使用已彻底改变了经济发展、社会生活模式和政府治理结构,对发展全新商业模式、提高企业生产力和加强平台经济中的政府治理能力发挥着重要作用。然而,数据使用也会带来新的挑战,包括垄断威胁、算法决策的自动化以及对消费者和员工利益的损害等。该研究还讨论了公共数据开放共享机制、数据流通交易规则、算法治理在平台经济中的重要性,以及个人信息保护和数据安全的重要性;还比较了中国、美国和欧洲在个人信息保护方面的主要差异,并提供了一些政策建议。该研究最后指出,中国平台经济的快速发展带来了巨大的成就和许多问题,完善的数据治理框架至关重要。数据治理框架有助于提高经济效率、维护公平竞争和保护消费者利益并建议中国考虑建立数据治理委员会,以协调跨部门的数据生产要素治理、算法治理以及个人信息保护和数据安全;应设计适当的治理机制和发展技术,以解决由新技术引发的问题,避免"一刀切"的监管。

从行业领域及个人的视角来看,明欣等(2018)梳理了智慧城市背景下数据治理面临的新挑战,并指出现有数据治理框架存在要素缺乏内在逻辑联系、主体不明确、过程缺乏连贯性、对象缺乏连续性等问题。该研究以复杂系统理论为指导,从主体、过程和对象三个维度融合构建适用于智慧城市的数据治理框架。该研究为智慧城市背景下的数据治理框架构建提供了构建依据、方法和要素,并对数据治理框架的构成要素进行了详细分类和分析,为未来研究提出了参考建议。王锡锌(2021)探讨了个人信息可携权在数据治理中的重要作用及其带来的挑战。个人信息可携权不仅能够增强个人选择自由,促进数据流通与再利用,推动数字市场公平竞争,同时也可能引发个人数据联结的多元主体权益冲突、加剧数据流动风险、阻碍技术创新、损害公平竞争等问题。个人信息可携权主要涉及数据治理中多元主体之间利益的分配正义,应当在平衡个人信息权益、平台数据权益、数据市场竞争秩序和创新以及数据安全等多元视角下,对个人信息可携权的性质和功能进行界定。关于个人信息可携权的行使条件,建议通过部门化、场景化的方法,吸纳多元主体参与,完善监管机制中的程序要素和机制安排,并通过动态化和反思性调适,持续促进分配正义。

随着数据治理实践的不断深入,研究者们正探索多元协同治理框架和路径,以应对数据治理中的新问题和挑战。综合来看,对于数据治理的研究不仅要聚焦于提升数据的质量和安全性,还需关注数据的开放共享、交易流通和算法创新等方面,从而推动数据要素市场化配置,促进公平竞争,并保障数据来源者的合法权益。

第三节　ESG 信息披露的数据标准建设和数据治理现状

一、ESG 数据标准建设及实施情况

ESG 数据标准化是当前全球关注的重点，ESG 数据标准是衡量企业在环境、社会和治理方面表现的重要工具。国际组织和监管机构纷纷出台 ESG 信息披露标准和框架作为 ESG 数据标准化的依据，指导和规范 ESG 信息披露，以提高 ESG 数据的透明度和可信度，这些标准和框架在全球范围内得到了日益广泛的应用。ESG 数据标准的推广和实施，不仅促进了企业对可持续发展议题的重视，也为利益相关方提供了更为全面的决策依据。

(一)国际层面

在国际层面，ESG 信息披露标准已经形成了一个多元化且不断演进的体系，其中包括 GRI 标准、可持续会计准则委员会(SASB)行业特定指南、IIRC 的整合报告框架(IR Framework)、ISSB 正在分批发布的 ISDS(目前已发布 IFRS S1 和 IFRS S2)、欧盟通过的欧盟委员会的《企业可持续发展报告指令》(CSRD)[具体准则为《欧洲可持续发展报告标准》(ESRS)]、国际标准化组织发布的 ISO 26000 等。这些标准和框架为企业提供了披露 ESG 信息的具体指导，在全球范围内促进了企业对环境、社会和治理因素的负责任行为，并增强了企业在全球市场中的竞争力和声誉。这些国际标准和框架的广泛应用，正在推动全球范围内的企业更加重视并积极参与可持续发展的实践。

1. 欧洲地区

与其他地区相比，欧洲地区在 ESG 信息披露方面和 ESG 数据标准的应用方面展现出一定的前瞻性和创新性。欧洲企业对 ESG 信息披露标准和 ESG 数据标准的应用，特别是欧盟委员会《企业可持续发展报告指令》(CSRD)的制定与实施，体现了欧盟对环境、社会和治理的高度重视。

自 2014 年起，依据《非财务报告指令》(NFRD)，欧盟的大型公共利益实体，尤其是上市公司，已被要求在其年度报告中披露 ESG 相关信息，这一要求不仅提升了企业信息的透明度，也促进了企业在制定决策时对 ESG 的深入考量。随着近年欧盟委员会《企业可持续发展报告指令》(CSRD)的生效及其对《非财务报告指令》(NFRD)的取代，ESG 的披露范围进一步扩大，披露标准和相关数据标准的应用也更为严格。欧盟上市的公司从 2021 年起发布的年度财务报告需使用欧洲单一电子格式(European Single Electronic Format，ESEF)，以提高报告的可访问性、分析性和可比性。2024 年 1 月 1 日起，企业也被要求使用 ESEF 对其可持续性进行报告。欧盟还鼓励使用第三方鉴证服务来验证 ESG 报告的准确性和完整性，这有助于提升报告的可信度，并降低"漂绿"风险。

尽管欧盟委员会的《企业可持续发展报告指令》(CSRD)尚未全面实施，但按照规定，欧

盟各成员国需要在 2024 年 6 月 30 日之前将欧盟委员会的《企业可持续发展报告指令》（CSRD）转化为本国法律。随着欧盟委员会《企业可持续发展报告指令》（CSRD）的推广，更多大型公司和部分中型公司将引入更详细的 ESG 披露要求，如定量指标和第三方鉴证，以增强报告的准确性和可靠性。由欧洲财务报告咨询小组（EFRAG）制定的 ESRS，为欧盟企业提供具体的可持续性报告准则，欧盟企业普遍采纳整合报告的方式，将财务和非财务信息结合在一起，提供更全面的企业价值创造视角，这种整合报告已成为企业实现其长期可持续性战略的重要工具。欧洲证券和市场管理局（European Securities and Markets Authority，ESMA）等监管机构在监督 ESG 信息披露方面发挥着关键作用，它们确保企业遵守相关法规，并提供指导和建议。欧盟企业的 ESG 实践也得到了利益相关方的积极响应，他们越来越重视 ESG 信息，将其作为对企业综合评估的重要依据。

根据 CSRD，企业需要披露商业模式及战略、可持续性目标、治理、相关政策、激励机制、尽职调查流程、对可持续性的负面影响、补救措施、风险管理以及报告范围和时间范围等详细内容，并在适当的情况下，披露有关其自身价值链的信息。这些要求不仅促使企业从双重重要性原则出发，考量其对可持续性议题的影响以及这些议题对企业财务绩效的影响，而且通过引入独立鉴证机制，提高了报告的可靠性和可信度。

在具体实施层面，为了更好地推动欧盟委员会《企业可持续发展报告指令》（CSRD）的落地实施，欧洲财务报告咨询小组（EFRAG）还制定了《欧洲可持续发展报告标准》（ESRS）作为 CSRD 的配套，首批 12 套 ESRS 已于 2023 年正式通过。ESRS 的数据点分为三类，分别是定性（Narrative）、定量（Numerical）和定性＋定量（Semi-Narrative）。例如，在环境议题下，ESRS E1（气候变化）有 217 个数据点，其中 55 个定性、26 个定性＋定量、136 个定量。ESRS 的制定考虑了与全球报告倡议组织（GRI）和 ISSB 标准的互通性，尤其是在气候变化相关信息披露上的协调一致。CSRD 还建立了 ESG 信息强制鉴证规则，欧盟委员会将在 2026 年 10 月前制定"有限保证标准"，并在 2028 年 10 月前制定"合理保证标准"，以供鉴证人员遵照执行。

总体来看，欧盟企业在 ESG 信息披露标准的应用上展现出了较高的成熟度和先进性，通过定期发布相关报告，不仅响应了监管要求，也满足了各不同利益相关方对企业可持续性表现的期望。随着相关法规的不断完善和实施，欧盟在推动全球 ESG 信息披露的标准化和提高信息发布质量方面发挥了引领作用。

2. 北美地区

与欧洲相比，北美地区尤其是美国的 ESG 信息披露则呈现出更多的自愿性和灵活性。美国证券交易委员会（SEC）负责制定美国上市公司的 ESG 信息披露要求，虽然目前不强制要求上市公司披露 ESG 信息，但鼓励企业根据现有的财务报告框架披露与 ESG 相关的信息。SEC 于当地时间 2024 年 3 月 6 日开会表决通过了《面向投资者的气候相关信息披露的提升和标准化》的最终规则，要求申报人在报表信息及年度报告中披露与气候相关的信息。美国的某些企业,尤其是金融机构和大型上市公司(例如花旗银行、摩根大通、苹果、微软等),会参考全球报告倡议组织(GRI)标准、可持续会计准则委员会(SASB)制定的行业标准、气候相关财务信息披露工作组(TCFD)标准、联合国契约组织(United Nations Global Compact,UNGC)十项原则、联合国可持续发展目标(SDGs)等,在年度报告或可持续发展报告中披露ESG信息,尽管这些披露在内容和格式上可能存在较大差异。

美国的ESG数据标准则以市场为导向,以行业为特色,以自愿性披露为基础。可持续会计准则委员会(SASB)为10个一级行业的77个子行业制定了ESG披露标准,使企业可以通过标准化的方法来披露其可持续性表现,从而为投资者提供更加透明和可比较的信息。美国在ESG数据方面还特别关注第三方鉴证服务的发展,以增强报告的可信度。许多企业和投资者认识到,独立第三方的鉴证可以显著提升ESG报告的质量和影响力。此外,美国还有提供ESG数据服务的提供商,例如彭博(Bloomberg)通过其ESG评分系统帮助评价企业的ESG表现,评分主要基于公司的公开披露信息,如ESG报告、CSR报告、年度备案、委托书、公司治理报告和公司网站等,评分包括E、S和G分,评分范围从0到100,接近100分是公司可以达到的最佳分数。利益相关方还可以依据彭博行业分类标准(Bloomberg Industry Classification Standard,BICS)比较同行业公司的可持续性表现。再比如摩根士丹利资本国际公司(Morgan Stanley Capital International,MSCI)的ESG评级通过量化模型关注公司的核心业务与行业之间的交叉点,并确定可能会给公司带来重大风险和/或机遇。MSCI使用基于规则的方法来识别行业领导者和落后者,根据公司对ESG风险的暴露程度以及与同行相比的风险管理情况,将公司评为AAA至CCC的不同等级。

总体来看,北美地区特别是美国的ESG信息披露标准正在逐步发展和完善,监管机构和市场参与者正不断推动这一进程,以响应投资者和市场对可持续发展信息的需求。随着政策的更新和市场的发展,预计ESG信息披露的强制性也将逐渐增强。

3. 大洋洲地区

澳大利亚在ESG相关数据标准及其应用上正在逐步形成一套完整的体系,以支持可持续发展。澳大利亚政府于2020年发布了一份支持气候相关财务信息披露工作组(TCFD)建议的报告,强调了企业在气候变化风险披露中的重要性。澳大利亚会计准则委员会(Australian Accounting Standards Board,AASB)于2021年发布了关于可持续性报告的指导,鼓励企业将ESG因素纳入财务报表。同年,澳大利亚证券投资委员会(ASIC)发布了针对上市公司的ESG报告指导,要求提高相关信息的透明度。在2022年,澳大利亚政府制定了国家可持续发展目标,并提倡企业在报告中使用ESG指标进行自我评估。它还鼓励采用全球报告倡议组织(GRI)和可持续会计准则委员会(SASB)发布的新的披露标准。2023年,澳大利亚投资委员会(AIC)推出了一项新的ESG框架,促进投资者在决策中更好地整合ESG因素。澳大利亚政府也对企业的ESG报告要求进行了审查,准备实施更严格的监管措施,以增强信息披露的准确性和可比性。澳大利亚政府计划从2024年开始实施强制性的气候相关财务披露要求,这一措施首先针对大型企业,并在随后几年逐步扩展至小型企业。这些披露要求与 IFRS S1/S2 保持一致,涵盖治理、战略、风险、机遇、衡量标准和目标等方面。澳大利亚会计准则委员会(AASB)也发布了基于 ISSB 准则的澳大利亚可持续报告标准(Australian Sustainability Reporting Standards,ASRS),ASRS 特别关注气候相关财务信息披露,与国际财务报告准则相比,AASB 对适用对象做出明确规定,并将非营利组织也纳入适用对象。

新西兰在 ESG 方面的研究在近年来逐步发展,新西兰金融市场管理局(Financial Markets Authority,FMA)在 2019 年发布了关于可持续财政的框架,强调数据透明度的重要性,鼓励企业在其报告中纳入 ESG 信息。2020 年,新西兰政府成立了气候相关财务披露工作组,旨在促进气候风险的公开披露。该工作组参考了气候相关财务信息披露工作组(TCFD)的建议,提出应在 2023 年开始强制性披露气候风险信息。2022 年 4 月,新西兰金融市场管理局发布了关于 ESG 报告的指导文件,明确要求企业在其年度报告中纳入 ESG 相关信息。该文件强调了使用国际标准(如全球报告倡议组织和 SASB)报告的重要性,以确保信息的可比性和透明度。新西兰证券交易所(NZX)也更新了其上市规则,要求上市公司在年度报告中披露 ESG 相关信息,尤其是与气候变化相关的风险和机会。2023 年,新西兰正式实施了基于气候相关财务信息披露工作组(TCFD)的气候相关财务披露要求,可用于大型企业和银行,从而推动了更广泛的 ESG 数据收集和透明度的提升。新西兰在 2023 年 1 月发布了全面强制性的气候信息披露框架,成为亚太地区首个建立此类框架的国家。新西兰的气候标准(New Zealand Climate Standards,NZCS)具体包括三个核心组成部分,即 NZCS 1、NZCS 2 和 NZCS 3,NZCS 1 详细说明了受气候相关财务信息披露工作组(TCFD)框架影响的具体披露标准;NZCS 2 规定了在初始报告阶段,特定披露义务的豁免条款;NZCS 3 则规定了编制气候报告的基本原则和总体指导方针,强调公平表述和实质性概念,确保报告的全面性和合规性。

4. 亚洲地区

亚洲也在 ESG 数据标准的应用上下足了功夫,不同国家和地区的 ESG 信息披露标准应用情况不尽相同。

(1)日本

在日本,金融厅(Financial Services Agency)负责制定 ESG 监管政策,针对 ESG 基金等金融产品制定投资规则。日本交易所集团(Japan Exchange Group,JPX)推出了与 ESG 相关的指数和 JPX ESG Link 平台,旨在为投资者提供上市公司 ESG 信息的集合与汇总,鼓励上市公司报告 ESG 相关指标,并提供了详细指引来帮助企业评估和提高其 ESG 表现。日本还注重 ESG 数据的质量和可验证性,鼓励企业进行第三方鉴证,以增强其报告的可信度。2020 年 5 月,日本交易所集团还联合东京证券交易所发布了《ESG 信息披露实用手册》,该手册介绍了现有的 ESG 披露标准和框架,如可持续证券交易所(Sustainable Stock

Exchanges,SSE)模型指南、气候相关财务信息披露工作组(TCFD)、可持续会计准则委员会(SASB),以及日本政府的合作价值创造指南(Guidance for Collaborative Value Creation),并提供了基于这些准则的实际披露案例。日本金融机构在编写 ESG 报告时,可能会参考全球报告倡议组织(GRI)标准和气候相关财务信息披露工作组(TCFD)框架,这些国际标准为日本企业提供了披露 ESG 信息的通用语言和框架。

(2)新加坡

在新加坡,新加坡交易所(Singapore Exchange Limited,SGX)和新加坡金融管理局(Monetary Authority of Singapore,MAS)于 2022 年联合推出了 SGX ESGenome 数据平台,该平台利用一套结合了全球标准和框架的核心指标,旨在简化上市公司披露 ESG 数据的流程。上市公司可以依据这 27 个核心指标撰写基本的可持续发展报告,同时根据需求,额外披露 3 000 多个 ESG 指标,以满足不同投资者的要求。此外,MAS 还推出了 ESG 数据平台 Gprnt,作为其绿色计划(Project Greenprint)的一部分,该平台旨在帮助金融机构和企业收集、分析和处理 ESG 数据。新加坡在 ESG 信息披露方面则形成了独特的"强制性的框架化内容＋接受国际标准＋自定义 ESG 核心指标和数据库"的三重模式。SGX 规定上市公司以"不披露就解释"的方式披露可持续发展报告,并对五个重点行业提出了必须披露的要求,但这些要求仅做出框架化的规定,提供了一定的灵活性。此外,SGX 也提供了一套非强制的 ESG 核心指标,并在其实务指引中提供了可持续发展报告的详细指南,但未对报告标准做出明确规定,允许上市公司在遵守气候相关财务信息披露工作组(TCFD)框架的基础上自行选择。此外,SGX 也推出了 ESG 数据平台——SGX ESGenome。新加坡的 ESG 政策也在不断升级,新加坡交易所的气候报告框架将由气候相关财务信息披露工作组(TCFD)向 ISSB 标准升级,并计划从 2025 财年开始要求上市公司报告,2027 财年扩展至大型非上市公司,还计划要求 2027 财年起对范围一/二温室气体数据进行鉴证。

(3)印度

印度在监管框架和市场实践中体现出其对环境与可持续发展的重视。印度企业的 ESG 报告披露要求起源于 2009 年印度企业事务部(Ministry of Corporate Affairs,MCA)发布的《企业社会责任自愿守则》,随后经历了商业责任报告(Business Responsibility Report,BRR)、企业社会责任报告(Corporate Social Responsibility Report,CSR)等阶段。印度证券交易委员会(Securities and Exchange Board of India,SEBI)在 2015 年发布的《上市义务和披露要求条例》(Listing Obligations and Disclosure Requirements,LODR)中要求公司在年度报告中披露机会、威胁、风险和担忧,并将此作为其年度报告的一部分。2017 年,SEBI 发布了《绿色债券发行及上市披露要求》的通知,为绿色债券发行提供了监管框架,并规定了发行人必须披露的信息。2021 年,SEBI 引入了企业责任与可持续发展报告(Business Responsibility and Sustainability Reporting,BRSR)框架,取代了 2012 年发布的 BRR。SEBI 要求市值排名前 1 000 的上市公司遵守 BRSR 框架,从 2022—2023 财年开始强制性披露 BRSR。此外，SEBI 于 2023 年发布了 BRSR 框架的补充版本，即"企业责任与可持续发展报告核心版本"（BRSR Core），进一步明确了 ESG 报告的具体参数。在印度，SEBI 已经要求 1 000 家上市公司在 2022—2023 财年基于 BRSR 强制披露 ESG 数据，并成立了 ESG 咨询委员会（ESG Advisory Committee，EAC），为 ESG 披露、评级和投资提供新的发展建议。SEBI 提出发展一套符合印度特点的评级体系，并根据 EAC 的建议，提出十五项社会、环境和治理方面的评级指标，同时在 ESG 评级中引入了第三方认证。

（二）中国层面

1. 中国香港

中国香港作为国际金融中心，在 ESG 信息披露方面体现了其先进性和对可持续发展的承诺。在中国香港，香港证监会（Hong Kong Securities and Futures Commission，SFC）和国际资本市场协会（International Capital Market Association，ICMA）发布了 ESG 评级和数据产品供应商行为准则草案，旨在为 ESG 评级和数据产品供应商制定自愿的行为准则，该准则包含六个原则，包括良好治理、确保质量、利益冲突、透明度、保密和参与。香港资本市场也推出了恒生国指 ESG 增强指数、恒生 ESG50 指数等多只 ESG 相关指数。香港交易所（Hong Kong Exchanges and Clearing Limited，HKEX，简称港交所）自 2012 年起便发布了《ESG 报告指引》，最初作为上市公司自愿性披露的建议。随后，港交所在 2016 年加强了对环境信息披露的要求，特别是与气候相关的信息，并实施了"不披露就解释"的规则。到了 2019 年，港交所进一步扩大了强制披露的范围，将 ESG 报告的披露建议全面调整为"不披露就解释"，持续提升对上市公司的 ESG 信息披露要求。2021 年，香港联交所（The Stock Exchange of Hong Kong Limited，SEHK）发布了气候信息披露指引，并宣布计划于 2025 年或之前强制实施符合气候相关财务信息披露工作组（TCFD）建议的气候相关信息披露。2023 年，香港联交所进一步优化了 ESG 框架下的气候信息披露，并建议所有发行人在其 ESG 报告中披露气候相关信息，同时推出符合 ISSB 气候准则的新气候相关信息披露要求。2024 年，香港联交所刊发了有关气候信息披露规定的咨询总结，并计划将修订后的 ESG 指引改名为《环境、社会及管治报告守则》，以更贴近 IFRS S2。这些修订体现了香港资本市场在 ESG 信息披露方面的动态发展和与国际标准接轨的趋势。

2. 中国内地

中国政府高度重视绿色发展和可持续发展战略，将 ESG 理念与国家发展规划紧密结合。中国在 ESG 信息披露标准的应用上虽然起步较晚，但发展势头迅猛。

2024 年 7 月，商道咨询发布《2024 中国上市公司 ESG 信息披露分析与展望报告——A 股（沪深北交易所）》。根据报告中的最新统计数据，截至 2024 年 6 月 10 日，A 股共有 2 082 家上市公司发布 ESG 报告，较上年增长 368 家，发布报告的公司数量占全部 A 股上市公司数量的 38.8%，占比较上年增长 5.9%；沪深 300 指数中共有 286 家上市公司发布 ESG 报告，占比 95.3%，接近全覆盖。被纳入《上市公司自律监管指引——可持续发展报告（试行）》（下称《指引》）强制披露范围的上市公司2024年的ESG信息披露尚未实现全覆盖,报告发布率为87.9%。A股中ICT、消费品、医药和工业行业ESG报告发布率近两年处于行业末尾,ESG管理及信息披露有待提升。A股中以社会责任报告命名的报告数量加速下降,以ESG命名的报告占比达53.4%。沪深300指数86.4%的报告披露重要性议题分析,下一步须按照《指引》"双重重要性"原则重新评估。沪深300指数设定气候变化管理目标的上市公司还在少数,44.1%的报告披露气候变化目标。沪深300指数"ESG数据表"质量和透明度有所提升,51.7%的报告披露了连续三年数据。

近年来,中国在ESG信息披露标准方面的政策制定和文件发布呈现了逐步深化和系统化的趋势。

自2003年原国家环保总局要求企业环境信息公开起,中国就开始逐步构建ESG信息披露的框架。深交所和上交所分别在2006年和2008年发布了社会责任履行指引,鼓励企业自愿披露环境和社会责任信息。证监会2016年明确要求重点排污单位及其子公司强制公布环境信息。2020年以后,随着"双碳"目标的提出,中国对ESG信息披露标准的制定和完善按下了加速键。

2020年10月生态环境部等九部门联合印发了《关于促进应对气候变化投融资的指导意见》,提出建立健全应对气候变化投融资标准体系,推动气候数据标准化建设,引导资金流向应对气候变化领域。2021年1月生态环境部发布了《碳排放权交易管理办法（试行）》,明确了碳排放数据核算、报告和核查要求,建立碳排放数据标准体系,规范碳排放权交易市场。2021年2月国务院印发了《关于加快建立健全绿色低碳循环发展经济体系的指导意见》,提出建立健全绿色低碳循环发展经济体系,加强环境数据监测和统计,推动环境数据标准化建设,为绿色低碳发展提供数据支撑。2021年6月,生态环境部发布《环境信息依法披露制度改革方案》,提出到2025年形成强制性环境信息披露制度,并要求证监会修订上市企业信息披露文件格式,将环境信息要求加入其中。2021年,证监会进一步修订了《公开发行证券的公司信息披露内容与格式准则》,强化了A股上市公司的ESG信息披露要求,特别是在环境层面,要求企业定性和定量披露排污信息,以及因环境问题受到的行政处罚情况,并鼓励披露减碳措施和效果。

2022年,国务院国资委发布了《提高央企控股上市公司质量工作方案》,其中特别强调了探索建立健全ESG体系的重要性,并提出力争到2023年实现央企控股上市公司ESG专项报告披露的全覆盖。国务院国资委办公厅于2023年7月25日发布《关于转发央企控股上市公司ESG专项报告编制研究的通知》,其中包含三个核心附件:《中央企业控股上市公司ESG专项报告编制研究课题相关情况报告》作为总纲,介绍了课题研究的背景、过程、成果等,助力央企控股上市公司ESG专项报告编制工作。该通知提供三个核心附件,包括《中央企业控股上市公司ESG专项报告编制研究课题相关情况报告》《央企控股上市公司ESG专项报告参考指标体系》和《央企控股上市公司ESG专项报告参考模板》,为央企控股上市公司编制ESG专项报告提供了建议与参考。《央企控股上市公司ESG专项报告参考指标体系》提供了基础的指标参考，构建了包含14个一级指标、45个二级指标、132个三级指标的指标体系，覆盖了ESG的三大领域，并设定了"基础披露"与"建议披露"两个披露等级；《央企控股上市公司ESG专项报告参考模板》提供了报告的格式参考，标准化了ESG专项报告的框架，并明确了编制的主要环节和流程。2023年3月13日，由中国企业社会责任报告评级专家委员会牵头编制的《中国企业ESG报告评级标准（2023）》正式发布。评级专家委员会在编制过程中广泛对标了27个国内外的ESG标准和交易所指引，并经过意见征求和专家审议，确保标准的权威性和适用性。

由清华大学全球可持续发展研究院发布的《中国地方政府ESG评级指标体系研究报告（2023）》对中国72个城市和30个省份2016—2020年的ESG总体表现进行了定量评级。评级结果分为六个等级：B、BB、BBB、A、AA、AAA。评级结果显示，ESG整体表现在波动中上升，平均水平偏好，但仍有较大提升空间，获评AA级及以上的城市由3个增加到11个，地区间差异明显，东部地区表现好于中部和西部地区。经济发达地区的城市ESG表现更加优异，人均GDP排在前50%的城市的ESG发展水平呈现上升趋势。该研究还发现，核心经济指标与ESG综合表现间具有明显相关性，"人均GDP"与"ESG综合得分"间具有协同关系，"债务率"与"ESG综合得分"间具有制衡关系。

2024年以来，中国在ESG信息披露标准方面迈出了更重要的步伐，沪、深、北三大交易所和财政部相继发布了关键文件，标志着中国在推动企业可持续发展和提升信息透明度方面的决心和行动。2024年2月8日，上交所、深交所和北交所分别发布了《上市公司自律监管指引——可持续发展报告（试行）（征求意见稿）》，旨在鼓励A股上市公司发布可持续发展报告或ESG报告，并对其报告框架和内容提出了具体要求。指引明确了披露框架，包括"治理""战略""影响、风险和机遇管理""指标与目标"四个核心内容，并针对环境、社会、可持续发展相关治理等方面设置了21个议题，充分考虑了我国国情，反映了在可持续方面的关注重点。2024年4月12日，在证监会的统一部署和指导下，上交所、深交所和北交所正式发布了《上市公司自律监管指引——可持续发展报告（试行）》，并自2024年5月1日起实施。指引要求上证180指数、科创50指数、深证100指数、创业板指数样本公司及境内外同时上市的公司应当最晚在2026年首次披露2025年度可持续发展报告，鼓励其他上市公司自愿披露。指引的发布填补了我国境内资本市场本土化可持续报告指引的空白，为我国上市公司对环境、社会和治理等可持续信息的披露做出了规范。

2024年5月27日，财政部发布了《企业可持续披露准则——基本准则（征求意见稿）》，标志着统一的中国可持续披露准则体系建设拉开序幕。基本准则征求意见稿明确了中国可持续披露准则体系，对企业可持续信息披露提出一般要求，适用于在中国境内设立的按规定开展可持续信息披露的企业。准则体系由基本准则、具体准则和应用指南组成，旨在统一企业可持续信息的披露标准，引导企业践行可持续发展理念，实现高质量发展的目标。

我国目前已制定实施的与 ESG 直接相关的国家标准,其中有一些标准给出了可量化指标。在社会责任领域,我国 2016 年就已制定发布了《社会责任指南》(GB/T 36000)等 3 项国家标准,提出适合中国机构履行社会责任实际需要的原则和方法。在组织治理领域,我国 2022 年 10 月制定发布了《合规管理体系要求及使用指南》(GB/T 35770)等 3 项国家标准,涉及合规管理、风险管理等方面。在绿色金融领域,2019 年银保监会发布《绿色信贷项目节能减排量测算指引》,为碳效益的测算提供了方法,同时为绿色信贷项目测算节能减排量提供基准。2021 年,中国人民银行发布《金融机构环境信息披露指南》对金融机构投融资业务的碳核算提出披露要求;同时发布《金融机构碳核算技术指南(试行)》(以下简称《指南》),为金融机构在范围三投融资业务的碳核算提供相应的参考,推动金融机构的碳核算试点。

整体来看,中国在 ESG 信息披露方面正逐步形成一套既符合国际趋势又具有中国特色的体系,随着监管政策的引导和行业标准的不断完善,企业正稳步提升 ESG 管理水平和信息透明度,形成可持续发展的良性循环。尽管我国在 ESG 数据标准的应用方面取得了一定进展,但仍与国际先进水平差距很大。这种差距不仅体现在标准制定的覆盖面和深度上,也表现在企业对这些标准的采纳程度和执行效果上。然而,差距的存在也意味着巨大的发展空间和潜力。加强标准制定的科学性和适用性,提高企业对 ESG 重要性的认识,以及加大对相关人才和技术支持的投入,可以加速缩小与国际先进水平的差距,推动我国 ESG 数据标准的应用向更广领域和更深层次发展。

ESG 信息披露标准在国际和国内的推广和应用,对推动企业的可持续发展具有重要意义。面对挑战,中国需要不断探索和完善建设适合国情的 ESG 数据标准体系,以实现经济社会的全面、协调和可持续发展。

3. 其他数据标准体系建设相关政策文件

近年来,国家层面高度重视数据标准体系建设,并出台了一系列政策、文件和会议内容,具体如下:

(1)《数字中国建设发展报告(2020)》强调加强数据标准体系建设,推动数据共享、开放和应用,提升数据质量,促进数字中国建设。2020 年 3 月中共中央、国务院印发的《关于构建更加完善的要素市场化配置体制机制的意见》提出推进数据要素市场化配置,加快培育数据要素市场,建立健全数据产权制度和数据交易规则,完善数据标准体系。

(2)2021 年 6 月 10 日通过、2021 年 9 月 1 日起施行的《中华人民共和国数据安全法》强调数据安全保护,明确数据分类分级保护制度,为数据标准体系建设提供法律框架。其要求建立数据安全管理制度,制定数据安全标准,规范数据处理活动,从法律层面为数据标准体系建设奠定基础,推动数据安全与合规发展。

(3)2021 年 10 月中共中央、国务院印发的《国家标准化发展纲要》,提出加强数字经济、数字社会、数字政府等领域的标准化建设,推动数据标准体系建设,提升数据标准国际化水平,将数据标准体系建设纳入国家标准化发展整体布局,推动数据标准与国际接轨。

(4)2021年12月国务院印发的《"十四五"数字经济发展规划》,提出加快构建数据要素市场规则,建立健全数据要素市场机制,推动数据标准化建设,完善数据质量标准和数据资源目录体系,将数据标准体系建设作为数字经济发展的关键支撑,促进数据要素流通和价值释放。

(5)2023年1月工业和信息化部等十六部门联合印发的《关于促进数据安全产业发展的指导意见》提出加强数据安全标准体系建设,推动数据安全技术创新和产业发展,提升数据安全产业供给能力。

(6)2023年6月国务院印发的《关于加强数字政府建设的指导意见》,强调加强数字政府数据标准体系建设,推动政务数据共享、开放和应用,提升政府数据治理能力。

这些虽然不是专门针对ESG数据标准体系建设而制定发布的政策文件,但是对于ESG数据标准体系建设提供了方向指引和政策支持。

二、ESG数据治理情况

ESG数据治理作为推动可持续投资和企业可持续发展的重要基础,已成为全球关注的焦点。良好的ESG数据治理不仅有助于企业提升透明度和管理水平,还能为投资者提供更准确的决策依据,推动资本向可持续领域流动。本部分分别探讨国际和国内层面的ESG数据治理情况。

(一)国际层面

国际上的数据治理应用普遍以立法为基础,旨在确保数据的安全、隐私保护和自由流通,但目前许多国家的法律仍在不断完善和推进中,以适应快速发展的数字经济和技术变革。全球对数据治理重要性的认识正在不断提升,相关法律框架也在持续更新。

1. 欧洲地区

欧盟建立了完善的法律框架,为数据治理保驾护航。欧盟于2016年4月14日通过《通用数据保护条例》(GDPR)以取代1995年的《计算机数据保护法》(Data Protection Directive,DPD),并于2018年5月25日起正式实施。GDPR的目的,一是保护自然人的基本权利和自由,特别是与个人数据处理和流通相关的权利,二是促进个人信息在欧盟境内的自由流通。GDPR的内容涵盖了数据主体权利的增强、数据保护官的职责、数据泄露通知要求、对儿童数据的特殊保护、数据主体的访问权和更正权、被遗忘权、数据携带权、反对权和自动化个人决策相关权利等方面。GDPR是欧盟数字领域的标杆,并影响着全球的数据保护立法和实践。

为了响应数字经济的发展和数据战略需求,欧盟理事会于2022年5月16日批准了《数据治理法案》(DGA),该法案在《欧盟官方公报》上公布20天后正式生效,并在15个月的宽限期后,自2023年9月起适用。DGA旨在通过增强对数据中介的信任和整个欧盟数据共享机制,提升数据的可用性,并为研究与创新服务和产品建立可信的数据使用环境。DGA的核心内容包括数据利他主义、数据中介的新商业模式、非个人数据的跨境传输等。DGA鼓励个人或公司出于共同利益自愿提供数据,并为数据共享奠定体制机制的基础,同时做好数据合规和隐私保护。

2023年11月27日由欧盟理事会正式通过《关于公平访问与使用数据的统一规则的条例》(The Regulation on Harmonised Rules on Fair Access to and Use of Data),也称《数据法案》(the Data Act),该法案于2024年1月11日正式生效,旨在推动数据的公平访问和使用,促进数据驱动的创新,并加强欧盟的数据主权和竞争力。该法案预计将在全球范围内产生外溢效应,影响全球企业的数据保护和数据利用方式,可能被其他国家借鉴并转化为相似的法律法规。

此外,欧盟还通过了《数字服务法案》(Digital Services Act,DSA)、《数字市场法案》(Digital Markets Act,DMA)等法案和条例,并发布了《欧洲数据战略》(A European Strategy for Data)等,为数据治理提供方方面面的支持。

2. 北美地区

与欧盟相比,美国国家层面与数据治理相关的立法则并没有那么顺利。2022年6月3日,美国参众两院提出《美国数据隐私和保护法》(The American Data Privacy and Protection Act,ADPPA)草案。作为第一个获得两党两院支持的美国联邦全面隐私保护提案,ADPPA旨在为个人数据提供全面的保护,并从国家层面创建一个强有力的框架。然而直到2023年1月,第117届国会结束前,议员们都没有时间正式审议ADPPA,到了第118届国会,ADPPA再次被提上议程,但由于存在争议,立法仍然未取得进展。

2024年4月7日,美国参议院商务、科学和运输委员会主席玛丽亚·坎特韦尔(Maria Cantwell)与能源和商务委员会主席凯茜·麦克莫里斯·罗杰斯(Cathy McMorris Rodgers)共同发布了《美国隐私权利法案》(American Privacy Rights Act,APRA)草案。这项法案旨在为美国公民提供一个统一的、全面的消费者数据隐私保护法,并为涵盖的数据设立保护标准。APRA草案已在2024年5月23日被小组委员会批准,但仍需通过审议才能成为法律,截至2025年6月,该法案仍未通过审议。

尽管全国范围的数据相关立法进展不顺,但美国对于部分群体、部分行业仍然有数据相关立法顺利通过并实施,且部分州也有州级相关立法。全国层面如《健康保险便携性与问责法》(Health Insurance Portability and Accountability Act,HIPAA)、《儿童在线隐私保护法》(Children's Online Privacy Protection Act,COPPA)、美国联邦贸易委员会在2024年1月11日发布的最新版《儿童在线隐私保护规则》的提案,州级层面如《加利福尼亚州消费者隐私法案》(CCPA),2020年通过并于2023年生效的《加利福尼亚州隐私权法》(California Privacy Rights Act,CPRA)对CCPA进行了升级和扩展,这些法律不仅扩大了对数据安全性和隐私的保护,也提高了数据处理的透明度要求。

在国际层面，欧盟和美国的数据合作，从 2000 年至 2015 年的《安全港协议》(Safe Harbor Agreement)，到 2016 年至 2020 年的《隐私盾协议》(EU-U. S. Privacy Shield)，再到 2022 年至今的《欧盟—美国数据隐私框架》(EU-U. S. Data Privacy Framework，DPF)，为美国处理跨大西洋数据传输提供了明确指导。

3. 大洋洲地区

澳大利亚政府于 2019 年 8 月通过了消费者数据权利(Consumer Data Right，CDR)法案，旨在让消费者更加安全地访问和控制自己的个人数据，并允许他们将这些数据共享给经过认证的第三方，该法案已在银行和能源行业中生效。2019 年 9 月，澳大利亚政府发布了《数据共享与公开立法改革讨论文件》(Data Sharing and Release Legislative Reforms Discussion Paper)，提出了新的公共部门数据共享机制。该文件将公共部门数据分为封闭数据、共享数据和开放数据三类，旨在保障隐私和安全的同时，促进数据的最大化利用，以支持智能高效的服务和公共问题的解决方案开发。2021 年 10 月 25 日，澳大利亚政府发布《在线隐私保护法案》(Online Privacy Protection Bill)的征求意见稿，截至 2025 年 6 月，未见正式法律发文。2021 年 5 月 6 日，澳大利亚政府宣布制定《国家数据安全行动计划》(National Data Security Action Plan)，旨在保护公民的数据，确保数据安全存储，防止数据被盗用、攻击或遭勒索，目前该计划仍然处于咨询讨论期间。

新西兰议会于 2020 年 6 月 20 日通过《2020 年隐私法》(Privacy Act 2020)，并于同年 12 月 1 日生效，替代了《1993 年隐私法》。该法案引入了更严格的数据保护规定，扩大了法律的域外适用范围，并赋予隐私专员更大的权力，包括发布合规通知和禁止跨境传输个人信息的能力。根据《2020 年隐私法》，如果组织遇到可能给任何人造成严重伤害的数据泄露，它们必须尽快通知隐私专员和受影响的个人，为此，新西兰政府推出了 NotifyUs 平台，组织确定发生数据泄露时，使用该平台向隐私专员报告泄露事件。

4. 亚洲地区

(1)日本

日本对数据治理的重视则体现在其战略制定上。2021 年 6 月，日本发布了"综合数据战略"(National Data Strategy)，欲完善数据"全生命周期"的制度安排，特别是在数据生态架构、数据信任体系以及数据跨境规则等关键领域欲做出具有日本特色的制度创新。为实施这一战略，日本于 2021 年 9 月成立了数字厅，负责推动日本数字社会的建设和数字化转型。在"综合数据战略"中，日本构建了一个"七层两要素"的数据治理架构："七层"指战略/政策、组织、规则、利用环境、合作平台(工具)、数据、基础设施；"两要素"指社会实施和业务改革、数据环境建设。

此外，日本对数据和隐私有着严格的保护，2003 年发布了《个人信息保护法》(Act on the Protection of Personal Information，APPI)，此后经过多次更新迭代，最新版本为 2020 年修订案，并于 2022 年 4 月 1 日生效。2016 年，日本还设立了日本个人信息保护委员会

(Personal Information Protection Commission，PPC)，对个人信息处理进行监管。2022 年 2 月 18 日，PPC 发布了《个人信息保护法合规要点》，以帮助中小企业应对《个人信息保护法》修订实施带来的合规压力。日本还提出了"可信赖的数据自由流动倡议"(Data Free Flow with Trust，DFFT)，其核心理念是构建一个多维体系结构，以促进政府之间、政府与企业以及企业之间的国际合作。

(2)新加坡

新加坡于 2012 年发布了《个人数据保护法》(Personal Data Protection Act，PDPA)，确立了个人数据保护的法律框架，并于 2013 年成立个人数据保护委员会(Personal Data Protection Commission，PDPC)负责监管。PDPC 不仅推动社会对数据保护重要性的认知，而且帮助企业建立符合 PDPA 要求的数据保护体系。PDPA 最近一次的修订是在 2020 年 5 月 14 日，修订内容包括加强机构问责、完善框架、强化个人对其数据享有的权利以及增加处罚力度等。

新加坡还于 2004 年启动了风险评估与地平线扫描(Risk Assessment and Horizon Scanning，RAHS)工具，用于处理政府安全问题、分析社交媒体、评估国民情绪，以应对社会和经济问题。此外，新加坡还采取了政府主导与社区高度自治相结合的模式，通过促进公共、私人和民间领域的协同治理合作，帮助全体公民，特别是数字弱势群体掌握数字技能和提升数字素养。例如，退休和高级志愿者计划(Retired and Senior Volunteer Programme，RSVP)的"银发信息站"，便是新加坡在数字协同、扩大社区包容上的实践。总之，新加坡正努力打造一个开放、安全、高效的数据环境，以促进其智慧国愿景的实现。

(3)印度

印度电子和信息技术部于 2011 年 4 月 11 日发布了《信息技术(合理的安全实践和程序以及敏感的个人数据或信息)规则》[Information Technology (Reasonable Security Practices and Procedures and Sensitive Personal Data or Information) Rules，2011]，简称"2011 规则"，旨在加强个人数据保护。然而，该规则较为简略，随后印度电子和信息技术部多次发布和更新个人数据保护法案。最新一次是在 2022 年 11 月 18 日，印度电子和信息技术部发布了《数字个人数据保护法案》(Digital Personal Data Protection Bill，DPDPB)，该法案旨在为个人数据的处理提供法律框架，以保护个人数据，并确保数据使用合规。印度电子和信息技术部还组成了专家委员会，2020 年 7 月发布并于当年 12 月修订了《非个人数据治理框架专家委员会的报告》(Report of the Committee of Experts on Non-Personal Data Governance Framework)，为印度如何管理非个人数据提供指导和建议。2012 年 2 月，印度内阁批准了《国家数据共享和可访问性政策》(National Data Sharing and Accessibility Policy，NDSAP)，以促进对印度政府拥有的可共享数据和信息的访问，并通过开放数据平台提供数据。2022 年 5 月，印度电子和信息技术部发布了《国家数据治理框架政策》(National Data Governance Framework Policy，NDGFP)草案，并计划设立印度数据管理办公室(India Data

Management Office，IDMO），负责制定数据收集、存储规则和管理数据集平台，该组织目前尚未成立。印度国家转型研究所于2020年8月发布了《数据授权和保护架构框架草案》（Data Empowerment and Protection Architecture，DEPA），提供一个可扩展和适应性强的数据治理框架，以促进数据的安全共享，并赋予个人使用其数据来改善生活的能力。

（二）中国层面

1. 中国香港

近年来，中国香港地区围绕着数据治理出台了一系列政策文件。为保护个人隐私信息安全，香港于1995年通过《个人资料（私隐）条例》［Personal Data（Privacy）Ordinance，PDPO］，并于1996年12月正式生效（个别条文除外），2021年，该条例进行了修订，以打击"起底"（即未经同意公开他人个人信息）行为。

香港特区政府创新科技及工业局于2023年12月18日发布了《香港促进数据流通及保障数据安全的政策宣言》，其中详细阐述了香港特区政府在数据流通和数据安全方面的管理理念和重点策略，并提出了18项具体行动措施。这些措施分布在五大方向：带领数字政府和优化数据治理、制定或更新政策指引及法规、加强网络安全保护、强化数字基建配套以及促进数据跨境流动。宣言提出全局性的数据治理理念和策略，旨在促进数据整合、应用、开放和共享，同时加强数据安全保障和设施规划，在确保数据安全流通的大原则下，让数据资源发挥最大效能。

国家互联网信息办公室、香港创新科技及工业局于2023年12月13日发布《粤港澳大湾区（内地、香港）个人信息跨境流动标准合同实施指引》，旨在建立粤港澳大湾区数据跨境流动的安全规则，促进数据跨境安全有序流动。

2024年12月，数字政策办公室推出数据治理专题网页，涵盖《数据治理原则》及相关策略、指引和技术标准，提出三项指导性数据治理原则：数据开放共享和应用需符合相关法规，保障个人隐私，且个人数据共享需获得适当授权；数据安全是数据开放共享的基础，需兼顾数据内容、分享流动和使用的安全保障；根据不同类别数据采用相应治理原则，平衡开放使用与保护规范。该专业还整合了数据政策、法例和指引、配套设施及数据安全保障等信息，供业界和市民参考。

2025年1月22日，中国人民银行等五部门联合印发《关于金融领域在有条件的自由贸易试验区（港）试点对接国际高标准推进制度型开放的意见》，提出在国家数据跨境传输安全管理制度框架下，探索统一的金融数据跨境流动合规口径，明晰跨境流动规则；支持试点地区金融机构依法向境外传输日常经营所需数据，建立"白名单"制度，推动重要数据识别和出境安全评估；研究制定金融领域数据分类分级规则标准，完善数据跨境安全保护。

2. 中国内地

在数字化转型的过程中，数据治理是其中的重要环节，能帮助企业、事业单位和政府机关等各类组织夯实数字基础，实现数据价值的最大化释放。近年来，各类组织对数据治理的应用都愈发广泛和深入,政府也出台了多项数据治理相关的重要政策文件。

2016年,国务院印发了《政务信息资源共享管理暂行办法》(国发〔2016〕51号)。2017年,国务院办公厅印发了《政务信息系统整合共享实施方案》(国办发〔2017〕39号),对政务信息系统整合清理和共享等提出了明确要求。为贯彻落实文件精神,进一步加快推动政务信息系统互联和资源共享,构建全国政务信息共享交换体系,全面清点梳理政府数据资产,实现数据的"可见、可查",在国务院办公厅、中央网信办、发改委等部门的领导下,国家信息中心承担建设了国家数据共享交换平台。该平台覆盖国家、省级、地市级三级,各级共享平台横向对接所辖区域政务部门业务系统、基础信息资源库、主题信息资源库及其他社会信息库,纵向通过级联系统与省级数据共享平台、地市级数据共享平台连通,形成横向联动、纵向贯通的数据共享交换体系,实现了跨层级、跨地域、跨系统、跨部门、跨业务的协同管理和服务。地方政府在数据产业发展方面也表现积极,不同地区呈现出梯度发展的格局,以北京、浙江、上海等地区为代表的"头雁"在数据创新应用、数据要素流通体系建立、数据资源体系完善等方面发挥了示范引领作用。数据治理被视为释放数据价值的基础性工作,其核心目标是提升数据质量、保障数据安全,并持续运营数据资产。

2021年9月1日起施行的《中华人民共和国数据安全法》,旨在规范数据处理活动,保障数据安全,促进数据开发利用,保护个人、组织的合法权益,维护国家主权、安全和发展利益。2021年11月1日起,我国开始施行《中华人民共和国个人信息保护法》,以保护个人信息权益,规范个人信息处理活动,促进个人信息合理利用。

2022年12月19日,《中共中央 国务院关于构建数据基础制度更好发挥数据要素作用的意见》(即"数据二十条")对外发布,其从数据产权、流通交易、收益分配、安全治理等方面构建数据基础制度,提出二十条政策举措。工信部2022年印发《企业数据管理国家标准贯标工作方案》(工信厅信发函〔2022〕81号),要求积极开展数据管理国家标准贯标试点,进一步加大《GB/T 36073-2018数据管理能力成熟度评估模型》(DCMM)贯标力度,更好地引导企业提升数据管理能力,规范数据资源管理,激发数据要素潜力,该方案得到了各省、自治区、直辖市的大力落实。

2024年8月国务院发布的《网络数据安全管理条例》强化数据处理全流程的安全管理制度,完善个人信息保护规则,优化重要数据安全管理,明确网络平台服务提供者的数据安全义务。

2024年9月国家发展改革委联合国家数据局、中央网信办、工业和信息化部、财政部、国家标准委发布了《国家数据标准体系建设指南》,提出到2026年年底基本建成国家数据标准体系,围绕数据流通利用、数据管理、数据服务等重点领域,制/修订30多项基础通用国家标准。该文件旨在通过标准化工作激活数据要素潜能,推动数字经济高质量发展。

2024年10月,中共中央办公厅、国务院办公厅印发《关于加快公共数据资源开发利用的意见》,推进公共数据资源开发利用,完善公共数据授权运营机制,推动政务数据共享和开放。

2024年12月,国家发展改革委等部门发布了《关于促进数据产业高质量发展的指导意见》,提出提高数据资源开发利用水平,推动数据流通交易,支持企业开展数据应用创新,提升数据技术创新能力,优化数据产业结构,到2029年,数据产业规模年均复合增长率超过15%。

2024年12月,财政部等部门印发了《数据资产全过程管理试点方案》,在中央部门、中央企业和地方财政部门开展试点,探索数据资产台账编制、登记、授权运营、收益分配等模式,推动数据资产纳入国有资产管理体系,完善数据资产管理标准。

2025年1月,国家发展改革委等部门印发了《关于完善数据流通安全治理 更好促进数据要素市场化价值化的实施方案》,旨在建立健全数据流通安全治理机制,促进数据要素合规高效流通利用。方案提出到2027年年底,基本构建规则明晰、产业繁荣、多方协同的数据流通安全治理体系,数据合规高效流通机制更加完善,治理效能显著提升。

除了以上官方发文外,由中国通信协会发布的《数据治理标准化白皮书(2021)》,由清华大学公共管理学院与中国电子信息行业联合会联合发布的《中国政务数据治理发展报告(2021)》,由未来数商联盟、浙江省数字经济学会、袋鼠云联合发布的《数据治理行业实践白皮书(2023)》,由艾瑞咨询、中新赛克、OceanMind联合发布的《2024中国企业数据治理白皮书》都体现了我国对数据治理的重视,以及我国在数据治理应用方面的长足进步。

全球ESG数据治理在近年来取得了显著进展,但在数据标准化、数据质量和技术创新等方面仍面临诸多挑战。各国政府和国际组织通过出台相关政策文件,推动了ESG数据治理的规范化和标准化。我国的数据治理应用也正快速向前推进,体现在政策引领、技术创新、产业生态优化等多个层面。在国家政策的支持下,数据作为新生产要素,正加速融入经济社会的各个环节,成为推动发展质量变革、效率变革、动力变革的重要引擎。

未来,随着技术的不断进步和国际合作的加强,ESG数据治理将朝着更加透明、高效和可持续的方向发展。企业和投资者应积极参与ESG数据治理的实践,共同推动全球可持续发展目标的实现。

三、典型案例

(一)中国建筑股份有限公司

1. 公司简介

中国建筑股份有限公司(股票简称:中国建筑,股票代码:601668.SH)是中国建筑集团有限公司下属上市公司。中国建筑的经营区域覆盖我国各省区市以及海外近百个国家和地区,业务布局涵盖房屋建筑、基础设施、地产开发、勘察设计以及新业务(绿色低碳、数字化等)五大板块,具有设计规划、工程建设、投资开发、运营管理、科技创新、设备制造全产业链优势。中国建筑积极践行"一带一路"倡议,持续服务国家创新驱动发展战略、制造强国战略、质量强国战略、乡村振兴战略、新型城镇化战略、区域重大战略、区域协调发展战略、主体功能区战略、可持续发展战略等重大战略，与多个重点省市、头部企业建立了战略合作伙伴关系，投资建设了城市更新、医疗教育、水务环保、新能源等领域众多代表性工程，打造了航空机场、高速公路、轨道交通、特大桥梁、港口航道、核电核岛以及新型基础设施等方面诸多经典项目，塑造了以中海地产为代表的地产品牌，形成了一大批具有民族特色和时代特征的优秀建筑设计作品，研发了众多引领行业的高端设备和建造技术并获得多个国家级奖项，推动了在数字化、绿色低碳等领域的产业转型并取得了丰硕成果。

中国建筑大力推广光伏发电、空气源热泵、地源热泵等清洁能源技术使用，为可持续发展提供了清洁能源的新选择。2022年，中国建筑旗下子企业中国海外发展有58%的新拿地项目在当地条件允许的情况下，采用太阳能、空气能等可再生能源。2023年，公司在水利环保、抽水蓄能领域持续发力，引导子企业创新模式，积极布局清洁能源、水务环保领域项目，全方位推动绿色发展。

中国建筑在披露ESG信息时，展现了其在数据标准和数据治理方面的卓越应用，不仅体现了公司对ESG理念的深刻理解和实践，也为其在行业内树立了典范。

2. 数据标准的建立与执行

中国建筑深知ESG信息披露的重要性，为此，公司制定了一套严格的ESG数据标准，以确保信息的准确性和可比性。这些标准涵盖了环境、社会和公司治理三个领域，其中包括碳排放、资源消耗、生物多样性保护、产品安全与质量、ESG信息披露及评级等多个方面。

在环境方面，中国建筑详细记录了各项环保指标，如能源消耗、水资源利用、废弃物处理等，并采用了国际通用的计量方法和单位，以确保数据的准确性和可比性。同时，公司还定期对各项环保指标进行监测和评估，以及时发现问题并采取措施改进。

在社会方面，中国建筑注重与利益相关者的沟通和互动，通过问卷调查、座谈会等方式收集大众的意见，以全面了解公司在社会责任方面的表现。同时，公司还建立了员工权益保护机制，确保员工的合法权益能得到保障。

在治理方面，中国建筑严格按照相关法律法规和公司治理原则进行信息披露，确保信息的真实、准确和完整。同时，公司还建立了健全的内部控制体系，加强对各项业务流程的监控和管理，以防止不当行为的发生。

3. 数据治理的实践与创新

在数据治理方面，中国建筑采取了多项创新措施，以确保ESG信息的准确性和可靠性。

首先，公司建立了完善的数据管理系统，实现了对各项ESG数据的集中管理和统一分析。通过该系统，公司可以实时监测各项ESG指标的变化情况，从而做出相关的决策和改进措施。

其次，中国建筑注重数据的透明度和可追溯性。公司建立了完善的数据披露机制，定期向公众发布ESG报告，详细披露公司在环境、社会和公司治理方面的表现和成果。同时，公司还建立了数据追溯机制,确保数据的来源清晰、准确,并可以追溯到具体的业务流程和负责人。

此外,中国建筑还积极采用新技术和方法来提高 ESG 信息披露的效率和准确性。例如,公司引入了大数据和人工智能技术,对各项 ESG 数据进行深度挖掘和分析,以发现潜在的风险和机遇。同时,公司还建立了智能监测和预警系统,实现对各项 ESG 指标的实时监测和预警,从而降低风险、减少损失。

通过实施严格的数据标准和数据治理措施,中国建筑在 ESG 信息披露方面取得了显著成果。公司的 ESG 报告多次获得国内外权威机构的认可和好评,公司的 ESG 评级也逐年提升。此外,中国建筑也在继续深化 ESG 理念在公司的实践和应用,进一步完善数据标准和数据治理体系。它不断加强与国际同行的交流合作,学习借鉴新型的 ESG 管理经验和技术方法,不断提升公司在 ESG 方面的表现水平。同时,公司还积极探索新的 ESG 信息披露方式和渠道,以更好地满足利益相关者的需求和期望。

(二)奥瑞金公司

1. 公司简介

奥瑞金科技股份有限公司(证券代码:002701 SZ)是中国领先的金属包装企业之一,于 1994 年在海南文昌创立,于 2012 年在深圳证券交易所上市,是首家在国内 A 股市场上市的金属包装企业。作为综合包装解决方案提供商,奥瑞金为各类快消品客户提供涵盖包装方案策划、以各类金属易拉罐为主的包装产品设计与制造、灌装服务、基于智能包装载体的信息化服务等一站式解决方案。公司已与百余家全球知名碳酸饮料、啤酒、功能饮料和国内知名茶饮料及食品企业建立起长期战略合作关系。公司搭建起可以辐射全国的金属包装制造、销售、服务网络。

公司 2021 年、2022 年、2023 年连续三年蝉联北京民营企业百强。2023 年,公司蝉联由中国包装联合会颁发的 2022 年度中国包装企业百强榜第 4 位、2022 年度中国包装企业百强金属包装企业首位。截至 2023 年年底,公司已在全国 16 个省、自治区、直辖市拥有五十余家制造基地,近百条国际领先的生产线和配套检验检测设备,年产能超百亿罐。

在当前社会对 ESG 关注日益增长的背景下,随着投资者和消费者对企业社会责任的重视,ESG 信息披露成为企业透明度的重要指标。对于奥瑞金这样的生物技术公司,良好的 ESG 表现不仅能够提升公司的品牌形象,还能吸引更多投资,促进可持续发展。在可持续发展时代背景下,奥瑞金打造以绿色、科技为核心的"第二增长曲线"。

奥瑞金深耕主业发展,坚持以金属包装为核心,不断整合升级的产业定力,展现了公司坚持创新驱动,积极拓展业务边界,赋能新技术、创造新价值的发展活力。奥瑞金秉持绿色发展理念,持续探索包装轻量化、节能低碳、金属包装循环利用的良好实践,呈现了奥瑞金积极促进金属包装全产业链联动,搭建循环利用体系,打造低碳、环保、节能、友好产业生态的主动作为;也充分体现了奥瑞金以人为本,以实际行动增强员工生活幸福感、获得感,积极回报社会,传递企业温暖的责任担当。

2. 数据标准的应用

在 ESG 信息披露中,数据标准的制定与实施至关重要。

奥瑞金公司采用了以下一系列行业公认的数据标准,以确保其信息的准确性、可靠性和可比性。

(1)全球报告倡议组织(GRI)标准:奥瑞金公司遵循 GRI 标准,通过这些标准,公司能够系统地识别并披露其对环境和社会的影响,确保信息对利益相关者具有实用价值。

(2)可持续会计准则委员会(SASB)标准:奥瑞金公司还参考 SASB 标准,特别是针对生物技术行业的具体要求。这些标准帮助公司聚焦于与财务绩效相关的 ESG 因素,从而使投资者更容易评估公司潜在的风险和机会。

(3)国际整合报告理事会(IIRC)框架:奥瑞金公司结合 IIRC 框架,强调战略、治理、业绩和前景之间的联系。这种整合报告方法使得 ESG 信息与公司的整体业务战略紧密相连,提高了信息披露的深度和广度。

3. 数据治理的实施

数据治理是确保 ESG 信息质量与合规性的基础。奥瑞金公司在数据治理方面采取了一系列措施,以提高数据的准确性、完整性和一致性。

(1)数据管理政策。公司制定严格的数据管理政策,明确各部门在数据收集、处理和报告过程中的职责。所有涉及 ESG 数据的员工都需要接受相关培训,以确保对数据治理标准的理解和执行。

(2)数据质量控制。奥瑞金实行数据质量控制机制,包括定期审计和评估。通过内部审核与第三方评估相结合的方式,奥瑞金确保 ESG 报告中披露的数据真实反映其 ESG 表现。这一过程不仅提高了数据质量,也增强了外部利益相关者的信任。

(3)数据透明度。为了增强透明度,奥瑞金在其年度报告和官方网站上公开发布 ESG 数据,同时解释 ESG 数据来源和计算方法。这种透明的信息披露方式能够有效回应投资者和公众对公司 ESG 表现的关注。

(4)信息技术系统。公司利用先进的信息技术系统收集和分析 ESG 数据,确保数据处理的高效性与准确性。通过建立综合数据平台,奥瑞金能够实时更新其 ESG 相关的数据,为决策提供更可靠的依据。

奥瑞金公司不仅注重数据的收集与披露,还积极监测和改进其 ESG 的绩效。公司设定了一系列 ESG 绩效指标,并定期评估其达成情况。这些 KPI 涵盖了环保、社会责任和公司治理等多个方面,帮助公司在不同领域进行目标管理和绩效评估。它还建立了利益相关者反馈机制,收集客户、员工、投资者等多方意见。这些反馈有助于公司了解外界对其 ESG 表现的评价,从而不断优化其策略和措施。基于绩效评估和利益相关者反馈,奥瑞金实施持续改进计划,以应对快速变化的市场需求和监管环境,确保公司在 ESG 领域的竞争优势。

奥瑞金公司在 ESG 信息披露中的数据标准和数据治理实践,不仅提升了自身的 ESG 能力,还增强了外部利益相关者的信任,进而为公司的可持续发展奠定了坚实的基础。

第四节 数据标准和数据治理问题分析

本节从 ESG 数据供应链和数据价值链的角度切入,基于 ESG 数据供应链和价值链的视角深入分析存在的数据标准、数据治理问题。

一、ESG 数据供应链

(一)ESG 数据供应链相关概念

1. ESG 数据供应链定义

ESG 数据供应链是指从 ESG 数据的产生、收集、处理到最终应用的全过程,涵盖了 ESG 数据的源头、中间环节和终端用户。ESG 数据供应链是指在供应链管理中,将环境、社会和治理三个维度的因素纳入数据管理和决策流程,以实现供应链的可持续发展和风险管理。ESG 数据供应链专注于环境、社会和治理的综合性的数据管理和运营体系,这一体系涵盖了整个 ESG 数据生命周期。它通过统一制定数据标准、管理数据质量、保障 ESG 数据全生命周期的安全,确保 ESG 数据的准确性、完整性和一致性。

2. ESG 数据供应链管理目标

ESG 数据供应链管理目标是实现 ESG 数据资源的有效管理和利用,支持对 ESG 信息的监测、评估和报告,促进可持续发展的决策制定,以及增强企业 ESG 表现的透明度和可问责性。通过管理 ESG 数据供应链,企业能够更好地响应利益相关方的需求,满足监管要求,并在推动社会、环境和公司治理方面发挥积极作用。

3. ESG 数据供应链管理核心

ESG 数据供应链管理核心在于将 ESG 指标与供应链的各个环节相结合,通过数据采集、分析和应用,推动供应链的可持续发展。例如,企业需要通过数据监测供应链中的碳排放、资源利用效率、员工权益保障、供应商治理结构等关键指标。它不仅关注传统的供应链效率和成本优化,还强调通过数据驱动的方式,提升供应链在环境、社会和治理方面的表现。

4. ESG 数据供应链的利益相关者

ESG 数据供应链涉及多个参与者,具体包括但不限于数据生产者、数据归集者/数据运营者、数据处理和分析者/数据运营者、数据使用者(投资者、监管机构、消费者和其他使用者)等。

(1)数据生产者。数据生产者也就是数据源头,包括企业自身和数据供应商。企业是 ESG 数据的直接产生者,企业需要披露自身的环境、社会和治理绩效数据。这些数据包括碳排放、能源消耗、员工福利、供应链管理等。数据供应商是企业供应链的重要组成部分，其 ESG 表现直接影响企业的整体 ESG 绩效。例如，宁德时代通过供应链 ESG 管理，要求供应商提供绿色生产数据，并确保其符合环保和社会责任标准。

(2) 数据归集者/数据运营者。数据归集者包括企业内部系统和第三方机构。企业通过自身的管理系统（如 ERP、CRM 等）收集和存储 ESG 数据。这些系统能够记录企业的运营活动、资源消耗、废物排放等信息，是企业 ESG 数据的第一归集者。第三方机构包括专业的 ESG 评级机构（如 Sustainalytics、MSCI）、认证机构（如 Intertek）和行业协会（如 RBA、SEDEX）。这些机构通过尽职调查、现场审核等方式收集企业的 ESG 数据，并提供评估报告。数据归集者也常常是数据运营者。

(3) 数据处理和分析者/数据运营者。数据处理和分析者包括企业自身、咨询机构和数据分析平台。企业自身需要对收集到的 ESG 数据进行整理和分析，以满足内部管理和外部披露的要求。例如，企业可以通过数据分析识别 ESG 风险和机遇，优化供应链管理。咨询机构和数据分析平台利用专业的工具和技术，帮助企业处理和分析 ESG 数据。例如，Intertek 提供的 ESG 供应链尽职调查评估项目，能够对企业的 ESG 绩效进行统计和分析。数据处理和分析者也常常是数据运营者。

(4) 数据使用者。除了企业自身，数据使用者还包括投资者、监管机构、消费者和员工、社区、非政府组织等其他利益相关方。投资者是 ESG 数据的主要应用者之一。他们通过分析企业的 ESG 表现，评估其长期投资价值。监管机构通过制定政策和标准，要求企业披露 ESG 数据。消费者越来越关注企业的 ESG 表现，特别是在环境保护和社会责任方面。ESG 数据可以帮助消费者做出更符合可持续发展原则的消费决策。其他利益相关方主要是指员工、社区、非政府组织等群体。这些群体通过 ESG 数据了解企业的社会和环境影响，从而对企业施加压力，促使其改善 ESG 绩效。

ESG 数据供应链上的各利益相关方相互依存，共同推动 ESG 数据的有效治理。企业作为数据生产者和使用者，需要与数据供应商、第三方机构和投资者等利益相关方密切合作，确保数据的准确性和透明度。同时，监管机构通过制定政策，规范 ESG 数据的收集和披露，保障市场的公平性和可持续性。投资者则通过市场机制，激励企业提升 ESG 表现。各利益相关方的互动不仅有助于提升企业的 ESG 管理水平，还能推动整个供应链的可持续发展，推动 ESG 数据资源的资产化、服务化、价值化。

5. ESG 数据供应链高效运作基础

(1) 统一的 ESG 数据收集和报告标准。推动建立统一的 ESG 数据收集和报告标准是实现 ESG 数据供应链高效运作的基础。统一标准可以提高 ESG 数据的一致性、可比性和透明度，支持企业的可持续发展，满足利益相关方的需求。

(2) 强有力的数据治理机制。加强数据治理是 ESG 数据供应链的重要保障，通过建立强有力的数据治理机制，企业可以提高数据的准确性和完整性，增强利益相关方的信心。

这不仅需要企业在技术、人员、流程和文化等方面进行投入和改进，也需要监管机构和行业组织的支持和指导。

（3）先进的技术支持。在技术方面，采用先进的数据分析技术可以显著提高ESG数据处理和分析的效率和效果。通过利用大数据和人工智能等技术，企业可以更好地理解和应用ESG数据，使ESG数据供应链更加完善。

（4）数据安全和隐私保护。加强ESG数据安全和隐私保护对于维护企业的声誉、遵守法律法规、保护相关方的利益至关重要，这有助于企业获取信任。推动ESG数据共享和协作是实现可持续发展目标的重要途径。建立数据共享平台、制定协作机制、促进数据流通和利用，可以最大化ESG数据的价值，促进技术创新和知识传播。这需要政府、企业、行业组织、服务商和国际机构的共同努力与合作。

（5）遵守监管和合规要求。企业的ESG数据供应链还需要遵守监管和合规要求。通过密切关注监管和合规动态，建立有效的管理制度和细则，并合理运用技术工具，确保ESG数据管理符合相关规定，这需要企业在战略规划、资源配置、员工培训等方面持续努力。随着ESG重要性日益提升，监管和合规要求将变得更加严格，企业还需要不断提升自身的合规管理能力。

（6）培养员工的ESG意识和执行能力。培养员工的ESG意识和执行能力也是企业完善ESG供应链的重要环节。通过系统的培训和教育，企业可以提高员工对ESG重要性的认识，增强他们在日常工作中处理ESG相关事务的能力。这需要企业在培训计划设计、资源投入、效果评估和激励机制等方面持续努力。

（7）加强ESG数据供应链各利益相关方的有效沟通。企业还应加强与ESG数据供应链各利益相关方的沟通。通过有效沟通，企业可以更好地了解和满足利益相关方的需求，这需要企业不断加强沟通策略、渠道和内容，并根据利益相关方的反馈进行改进。

综上所述，ESG数据供应链是一个复杂且动态的系统，涉及多个环节和参与者。统一标准和加强数据治理、采用先进技术、遵守监管合规要求、完善培训机制、与利益相关方充分沟通，可以提高ESG数据供应链的效率和效果，从而更好地支持企业的可持续发展和利益相关方的诉求。ESG数据供应链是将可持续发展理念融入供应链管理的重要实践，通过数据驱动的方式，提升供应链的环境、社会和治理表现，为企业和社会创造长期价值。

（二）ESG数据供应链视角的数据标准问题

从ESG数据供应链的视角来看，ESG数据标准是推动供应链可持续发展和提升数据质量的关键。ESG数据标准是指用于规范环境、社会和治理数据的采集、处理、披露和应用的一系列规则和框架，这些标准旨在确保数据的质量、透明度和一致性，从而支持企业及其供应链在可持续发展方面的决策。

从ESG数据供应链视角来看，ESG数据标准存在一些问题。

1. ESG 数据一致性和标准化问题

从全球来看,不同国家和地区的监管要求、行业标准以及企业自身的数据管理能力存在差异,不同国家和地区、不同行业和企业在 ESG 数据的收集和报告上可能采用不同的标准和定义,数据标准化不足导致 ESG 数据的格式、内容和质量参差不齐。例如,美国、澳大利亚等地区强调强制性披露原则,要求全体上市公司必须按期披露 ESG 报告,而中国则以自愿披露为主,这导致数据的一致性和可比性较差。

缺乏统一的国际 ESG 数据披露框架和标准,使得企业在披露 ESG 数据时存在较大的自由度和随意性。根据 Corporate Knights 杂志数据,2019 年新加坡交易所上市公司披露率就达到 45.9%,芬兰赫尔辛基证交所、西班牙马德里证交所、葡萄牙里斯本泛欧交易所的上市公司披露率也分别达 80.6%、77.7% 与 73.8%,而我国沪市和深市 A 股上市公司 ESG 报告披露率仅为 24.2% 和 16.6%[1],到 2022 年 A 股上市公司的 ESG 报告披露率也才刚突破 30%[2]这些数据之间的差距均证明了国际上 ESG 数据标准性和一致性的缺乏。此外,即使在同一组织内部,多平台、多系统的数据集合中,数据的一致性也难以得到保证,并可能进一步导致信息孤岛和数据分析困难。

2. ESG 数据时效性和可访问性问题

中研普华产业研究院发布的《2024—2029 年供应链管理产业现状及未来发展趋势分析报告》显示,中国供应链管理服务市场规模在不断扩大。2020 年中国端到端供应链管理服务行业规模已达到 922.5 亿元。[3] 此外,供应链数字化物流服务也呈现出快速增长的态势,2023 年中国供应链数字化物流服务规模达到 2.9 万亿元,同比增长 9.6%。[4]

在这样的情况下,对于数据使用者来说,数据信息的时效性和可访问性将直接影响 ESG 数据驱动决策的速度和质量,进而影响利益相关方之间的黏性。然而,实际操作中可能由于源数据采集质量、加工工作的并发性、加工环境饱和等因素影响,ESG 数据收集、处理和报告的延迟,进一步致使企业错失优化 ESG 表现的时机,并使利益相关方难以获得最新的企业 ESG 信息。此外,ESG 数据往往分散在不同的部门、不同的系统中,形成数据孤岛,这使得数据整合和访问变得更加复杂,而部分 ESG 信息的难以获取甚至缺失又进一步影响了 ESG 数据的可获得性,从而影响了企业 ESG 信息的披露质量。

3. ESG 数据面临的投资者信任度问题

投资者及其他一部分利益相关方对 ESG 的认知有限,这导致他们未能充分意识到

---

[1] Toy A. A. Heaps M. Yow, Laura Vayrynen. Measuring Sustainability Disclosure[R/OL]. https://www.corporateknights.com/wp-content/uploads/2021/08/CK_StockExchangeRanking_2020.pdf. 2025 年 6 月 18 日访问。

[2] 顾志娟. A 股 ESG 相关报告披露来突破 30% 金融行业披露率居榜首[N/OL]. 新京报. https://www.bjnews.com.cn/detail/1656338916168453.html, 2025 年 6 月 18 日访问。

[3] 中研产业研究院. 中国供应链管理行业市场现状分析及前景预测 2024[R/OL]. https://www.chinairn.com/news/20240708/163751801.shtml. 2025 年 6 月 18 日访问。

[4] 艾瑞数据. 中国供应链数字化行业报告[R/OL]. https://baijiahao.baidu.com/s?id=17947578789473429728&wfr=spider&for=pc. 2025 年 6 月 18 日访问。

ESG数据在投资及其他决策中的关键作用。这种认知上的不足,加之ESG数据披露的不一致性和不透明性,削弱了投资者和其他利益相关方对ESG数据的信任度。

此外,不同国家和地区对ESG理念的理解和重视程度存在显著差异,美国通过立法鼓励ESG投资,使2020年美国可持续投资资产总额突破17万亿美元,占美国专业化管理资产总额的近三分之一;澳大利亚也倡导机构投资者践行ESG投资理念,其负责任投资对标报告(Responsible Investment Benchmark Report,2019)显示,截至2019年年末,澳大利亚负责任投资市场资产规模为9 800亿美元,同比增长13%,主要的负责任投资策略为ESG整合,占全部管理资产的45%。[①] ESG投资作为一种新生事物,经过前几年的快速发展,近两年全球又兴起了"反ESG"的浪潮,意味着市场对ESG投资理念的再探索。产生这种现象最重要的一个原因是,近两年ESG投资策略的表现欠佳,导致投资者对ESG的热情有所降低。2023年年底,全球ESG基金缩水25亿美元,其中美国ESG缩水规模最大,为51亿美元。[②] 这种投资理念和投资行为的差异造成了全球范围内ESG数据的不可比性,会一定程度上影响投资者对ESG数据的信任。除此之外,在企业内部,管理层和员工对ESG数据价值的认识程度参差不齐,这种认知上的差异也可能阻碍企业在ESG数据管理方面的投入和执行,影响ESG数据质量,进而影响投资者对ESG数据的信任。

(三)ESG数据供应链视角的数据治理问题

近年来,随着数字经济的快速发展和企业数字化转型的推进,数据资源企业、数据技术企业和数据服务企业等多元经营主体不断涌现,推动了数据的采集、存储、分析和交易等业务的蓬勃发展。国家出台了一系列政策促进数据产业发展,如《关于促进数据产业高质量发展的指导意见》等,鼓励企业依法依规开发利用数据,培育数据资源企业,支持数据技术企业的创新投入。数据交易规则逐步完善,多元化数据流通交易方式不断探索,数据交易机构和平台的布局优化,推动了数据的合规高效流通。

与此同时,随着企业对ESG信息披露的重视,积累的ESG数据越来越多,ESG数据供应市场规模也不断扩大。从ESG数据供应链的视角来看,ESG数据治理是实现供应链可持续发展和风险管理的关键环节。ESG数据的质量和可靠性是影响数据治理效果的关键因素。ESG数据质量问题主要表现在数据不完整、不准确以及缺乏一致性等方面。ESG数据治理是指通过数据的采集、存储、处理、分析和共享,确保ESG数据的质量、透明度和合规性,从而支持企业及其供应链在环境、社会和公司治理方面的可持续发展。其核心目标是通过高质量的数据支持ESG决策,提升供应链的透明度和韧性。

从ESG数据供应链视角来看,ESG数据治理还存在一些问题。

---

① RIAA. Responsible Investment Benchmark Report 2019 Australia[R/OL]. https://impactarchitects.com/wp-content/uploads/2019/07/RIAA-RI-Benchmark-Report-Australia-2019-2.pdf. 2025年6月18日访问。

② 王军,孟则,ESG投资的再探索、中国现状及新发展方向[N/OL]. https://baijiahao.baidu.com/s?id=18109874700036013375&wfr=spider&for=pc. 2025年6月18日访问。

1. ESG 数据成本及分摊问题

若想提高企业 ESG 数据的准确性和数据处理的精准性，ESG 数据治理是根本。有效地采集、存储、处理、分析和共享 ESG 数据，需要大量时间、技术及人力成本。ESG 数据治理还需要具备专业技术和知识的员工甚至团队负责完成，也会增加企业的数据治理成本。ESG 数据供应链上积累的 ESG 数据量越多，需要采集、存储、处理、分析和共享的 ESG 数据链条越长，ESG 数据治理成本也将越大，链条上各环节成本的合理分摊将成为一大难题。

2. ESG 数据定价及价值转化问题

数据交易的快速发展，为数据供应商和数据服务商带来了新的商业契机，同时也对数据定价机制提出了新的挑战。例如，根据中国信息通信研究院发布的《数据要素交易指数研究报告（2023 年）》，我国有超过一半的数据交易平台的数据交易量不足 50 笔，超过 60% 的数据交易平台处于半停运状态。[1] 目前我国数据交易仍处于初级阶段，很大的原因在于数据产品定价困难，从而制约数据产品的交易，ESG 数据也不可避免地面临相同的问题。

ESG 数据虽具有重要价值，然而其价值难以按照传统经济学原理计量，影响 ESG 数据的交易和价值实现。一方面，交易过程中缺乏合理的定价方法，导致利益相关方难以准确评估 ESG 数据的价值，另一方面，如何将 ESG 数据转化为实际的商业价值和社会效益，是 ESG 数据治理需要解决的问题。

3. 与 ESG 数据治理相关的监管和合规问题

由于不同国家、地区和行业对 ESG 的监管要求存在显著差异，企业跨国家、跨地区、跨行业开展业务时，必须遵守复杂的法律法规、监管要求和行业标准。这种多样性和复杂性迫使企业必须投入巨大的资源来收集、处理、分析和上报符合所涉及国家、地区和行业要求的 ESG 数据，从而增加了企业的运营成本和合规风险。而各地政府和相关监管机构作为监督职能的承载主体，也面临确保 ESG 数据供应链正常、安全运转的挑战。以 2024 年第二季度企业 ESG 报告为例，各地政府和相关监管机构共监测到 1 720 家上市公司暴露出 ESG 风险，风险事件总计 6 052 起，风险指数为 5 012.1。从 ESG 维度看，社会维度的风险事件占比 47.8%，治理和环境维度的风险事件占比分别为 44.4% 和 7.8%[2]，这就意味着对 ESG 数据治理的监管仍存在很大的问题。

4. ESG 数据供应链的支持技术和基础设施问题

随着 ESG 数据量的激增和复杂性的提升，现有的支持技术和基础设施显示出了局限性。这种不足限制了 ESG 数据的流动性和可访问性，使得跨系统、跨部门、跨企业、跨行业、跨地区、跨国家的 ESG 数据流通遇到阻碍。缺乏统一的数据治理支持技术平台和基础设

---

[1] 中国信通院，贵州大学，贵州财经大学. 数据要素交易指数研究报告（2023 年）[R/OL]. https://www.caict.ac.cn/kxyj/qwfb/ztbg/202305/t20230530_425982.htm. 2025 年 6 月 18 日访问。

[2] 邹力. 2024 年第二季度上市公司 ESG 风险报告[R/OL]. 南方周末 CSR 研究中心. https://www.infzm.com/contents/277553. 2025 年 6 月 18 日访问。

施,不仅增加了 ESG 数据整合的复杂度,也影响了 ESG 数据的质量和一致性,从而对利益相关方的决策制定和风险管理造成了阻碍。

此外,据 2023 年 7 月 IBM 商业价值研究院发布的研报,通过一项对 22 个行业的 2 500 位高管的调查发现,数据和法规是 ESG 工作面临的首要业务挑战。在阻碍 ESG 发展的数据问题中,73%的高管认为需要大量的手动数据是最大的挑战,其他普遍性的困难还包括难以整合或处理数据、数据计算缺乏透明和难以跨品牌和地域映射数据。① 这表明在 ESG 数据整合与处理方面,企业的支持技术仍然不完善,仍需投入大量的人力和时间,且支持技术的不完善还可能导致数据安全和隐私保护措施的不充分,增加了 ESG 数据泄露和滥用的风险。

综上所述,ESG 数据供应链在推动企业和社会可持续发展方面具有重要作用,但也面临着数据标准、数据治理方面的一系列挑战。解决这些问题需要企业和其他利益相关方的共同努力。通过加强数据治理、提高数据质量、保护数据隐私、降低数据获取和分析成本、加强监管和合规、提升市场和投资者认知、完善技术和基础设施,ESG 数据供应链可以健康发展,实现各方的共同价值最大化。

二、ESG 数据价值链

(一)ESG 数据价值链构成

ESG 数据价值链是指从 ESG 数据的生成、收集、存储、处理、分析到应用的过程中,各个环节相互作用、相互依赖,共同创造价值的系统,此外,ESG 数据价值链中还贯穿着 ESG 数据的共享与交换、监管与合规、安全与隐私保护等重要组成部分。

1. ESG 数据生成

ESG 数据价值链的起点是 ESG 数据的生成,没有数据的生成,后续的所有环节都无法进行。

企业在日常运营中产生大量与环境、社会和治理相关的数据,如能源消耗、废物排放、员工福利、社会活动和董事会结构等信息。员工在日常工作中的活动和行为也会产生 ESG 数据,如员工满意度、健康与安全记录等。供应链上的供应商和合作伙伴也会产生与企业相关的 ESG 数据,如供应链的环境影响等。

2. ESG 数据收集

在生成原始数据后,需要通过数据收集环节将 ESG 数据集中起来。企业需要建立有效的内部数据管理系统,以收集和整合来自不同部门和业务单元的 ESG 数据。

除了企业自身,外部数据提供者,如政府机构、行业协会、非政府组织等也可能提供与

---

① 刘诗萌,ESG 信披面临数据困境:量化标准不断趋严,供应链排放最大数据难题[R/OL]. https://news.10jqka.com.cn/20240523/c658130437.shtml. 2025 年 6 月 18 日访问。

企业相关的 ESG 数据。传感器、物联网设备、移动应用等技术手段可以用于自动收集和传输 ESG 数据。

3. ESG 数据存储

收集到的 ESG 数据需要被有效地存储起来，以便后续处理和分析。数据存储过程中需要采取加密、访问控制等安全措施，以确保 ESG 数据的安全性和可访问性。

数据仓库是存储和管理大量 ESG 数据的关键基础设施。随着云计算技术的发展，越来越多的企业选择使用云存储服务来存储 ESG 数据。

4. ESG 数据处理

由于采集到的原始 ESG 数据可能包含噪声、错误或不完整的信息，因此需要进行数据清洗和预处理。这一环节包括去除重复数据、修正错误数据、统一数据格式等。ESG 数据经过处理，被转换为统一的标准格式，能提高其一致性和可比性。

5. ESG 数据分析

数据分析是 ESG 价值链中的重要环节。研究人员通过统计分析、机器学习等方法，对处理后的 ESG 数据进行深入分析，提取有价值的信息，以识别数据中的模式、趋势和关联。分析得到的结果需要被解释和转化为易于理解的内容，如图表和报告等，以便将分析结果应用于企业和利益相关方的决策。

6. ESG 数据应用

数据应用是 ESG 数据价值链的最终目的，将处理和分析后的 ESG 数据用于企业和利益相关方的决策支持，以实现价值最大化。企业不仅使用 ESG 数据分析结果来提升其可持续性表现和长期价值，还可以向其他利益相关方提供 ESG 数据，以吸引投资者、消费者和提升品牌形象。监管机构也可以通过企业的 ESG 表现，判断其是否满足合规要求。此外，ESG 数据还可以被转化为数据产品或服务，以满足市场需求。

7. ESG 数据共享和交易

数据产品和数据服务可以通过共享和交易进行流通，以满足市场需求，这是实现数据价值的重要环节。企业可以通过数据平台与其他企业、组织、交易所等共享 ESG 数据，或在合规的前提下进行 ESG 数据交易。

数据交易所或数据共享平台为 ESG 数据的共享或买卖双方提供一个安全、透明的交易或共享环境。企业也可以与其他企业开展数据合作项目，共同开发和利用 ESG 数据。

8. ESG 数据监管和合规

为了保障 ESG 数据价值链的顺利运作，确保数据使用的合规性，ESG 数据必须在满足法律法规和监管要求的前提下进行收集、存储、处理、流转和使用。政府部门和监管机构制定 ESG 数据相关法律和监管要求，并监督企业的 ESG 信息披露和数据的合规性。

行业组织和相关非政府机构通过制定行业指南和最佳实践，推动企业提高 ESG 数据的质量和披露水平。第三方法律顾问或内部企业合规团队也可以为企业提供关于 ESG 数据披露和合规的专业咨询和法律支持。

9. ESG 数据安全和隐私保护

在 ESG 数据价值链中，数据安全和隐私保护是不容忽视的。企业和相关平台通过加密、访问控制、数据备份等技术手段以及安全制度和安全岗位设置等管理手段来保护 ESG 数据的安全，保护 ESG 数据不被未经授权访问、泄露或滥用。同时，企业应遵守数据保护相关法规和监管要求，并在数据收集和处理过程中尊重数据主体的权利。

ESG 数据价值链的构成涵盖了从数据生成到应用的各个环节，涉及众多利益相关方。通过加强各环节的协调与整合，可以提高 ESG 数据的价值，促进企业的可持续发展并使利益相关方获益。

(二)ESG 数据价值链视角的数据标准问题

1. ESG 数据质量和可靠性问题

在 ESG 数据生成环节，由于 ESG 数据来源的多样性和内部管理的复杂性，各渠道生成的数据质量和可靠性都难以得到保障，因而从数据源头就可能存在偏差。尤其是通过自我报告的方式生成的 ESG 数据可能带有主观性，这直接影响了 ESG 数据的准确性，使得数据的内在价值和可信度受到质疑。此外，国际评级公司之间的 ESG 评级结果也存在显著差异。一项针对四家国际评级公司(MSCI、Refinitiv、Sustainalytics 和 RobecoSAM)的研究指出，这些评级结果之间的相关性平均只有 0.58[①]，评级结果之间达成契合的概率平均只有24%。[②] 这表明不同评级公司的 ESG 评级结果之间存在较大的差异性和不确定性。

2. 数据一致性问题

在 ESG 数据收集环节，多头领导导致 ESG 数据分散性的特征尤为突出。ESG 数据可能散落在企业的不同部门和业务单元以及相互孤立的系统中，缺乏集中化的管理和协调机制，形成数据孤岛。这不仅导致了数据的重复收集，还增加了数据整合的难度，"数出多门、数据打架"，基础数据的标准不一致、口径不一致、频度不一致、颗粒度不一致，导致多源数据的集成融合工作过程复杂且难度较大。

此外，不同企业和行业在 ESG 数据的收集和报告上采用的标准和格式各异，缺乏统一性，这使得跨企业或跨行业的 ESG 数据整合更为复杂，数据的质量和一致性难以得到保障，影响了数据的综合分析和应用。

(三)ESG 数据价值链视角的数据治理问题

ESG 数据治理需要强大的技术支持和数据管理能力。然而，许多企业和金融机构在技术应用和数据管理方面仍存在不足。

---

① 新浪财经 ESG 评级中心. 国内外 ESG 评级机构 ESG 评价结果的差异及原因分析[R/OL]. https://finance.sina.com.cn/esg/2023-09-22/doc-imznqthf5442738.shtml. 2025 年 6 月 18 日访问。

② 季宇正. ESG 评价的数据问题及建议[N/OL]. 澎湃新闻. https://www.thepaper.cn/newsDetail_forward_18180048. 2025 年 6 月 18 日访问。

1. 数据存储基础设施问题

在 ESG 数据存储环节,随着数据量的增长,企业必须投入更多的资源来构建和维护庞大的数据存储基础设施,这不仅涉及物理存储介质的扩展,还包括相关软件和技术支持的更新和相关人力资源投入,从而显著增加了软硬件成本和人力成本。

2. 数据隐私和安全保护问题

同时,ESG 数据中可能包含诸如员工个人信息、商业秘密等敏感信息,这些信息一旦发生未经授权访问、数据泄露或滥用,不仅会损害个体的隐私权益,还可能对企业的声誉和经营状况造成严重影响。因为网络环境下数据泄露的可能性在与日俱增,数据泄露的平均成本每年都在上升,这增加了企业在数据安全方面的担忧,尽管与数据保护和个人隐私保护等相关的法规相继推出,但企业存储 ESG 数据时的安全要求仍在进一步加强推进。

3. 专业技术问题

在 ESG 数据处理环节,专业人才的缺口和 ESG 数据的复杂性都给数据处理带来了挑战。

ESG 数据在收集过程中往往来自多个渠道,可能包含错误、重复或不完整的信息,这些问题的存在严重影响了 ESG 数据的准确性和可靠性。为了确保数据质量,必须进行细致的数据清洗工作,包括识别并纠正数据中的错误,去除重复项,填补缺失的信息。这一过程不仅需要专业的技术和知识,还需要对 ESG 概念和标准有深入的理解。对于缺乏相关技术能力和专业知识的企业来说,专业技术门槛可能会成为他们进行 ESG 数据处理的障碍。与先进的数据处理技术相比,传统的数据处理技术在处理大规模数据集时,处理速度明显更低。而采用先进的数据处理技术,如分布式计算和内存计算,可以显著提高数据处理速度,故在数据治理中,突破专业技术难题十分重要。

4. 分析和治理框架问题

在 ESG 数据分析环节,数据分析方法的多样性使得同一数据集可能通过不同的工具和方法得出不同的结论,这种多样性虽然为深入理解 ESG 数据提供了丰富的视角,但同时也增加了解读的难度。不同的分析师可能会根据他们选择的分析框架和工具,得出不同的见解和结论,这就需要在解读时更加谨慎和细致。此外,如果数据存在误差或不完整,或者分析方法不够科学,那么最终的分析结果可能缺乏准确性和客观性,从而影响基于这些结果做出的决策的有效性。部分企业在数据分析方面采用的方法和技术相对落后,无法充分利用大数据和人工智能等先进技术,导致数据分析效率低下,结果不准确。采用先进数据分析技术的企业,其业务决策效率会明显提升。

5. 数据应用受限问题

在 ESG 数据应用环节,尽管 ESG 数据的商业和社会价值认可度越来越高,但将这些数据有效应用并实现其价值的过程面临重重障碍。ESG 数据的应用场景通常受限,需要创新的方法和工具来挖掘其潜在价值。因为缺乏统一的 ESG 数据价值评估标准和方法,利益相关方在评估企业 ESG 表现时常常面临困难,评估的不确定性可能影响他们对企业 ESG 价值的准确判断,进而影响其决策。

此外,专业人才的缺乏限制了对 ESG 数据的深度应用,也制约了 ESG 数据价值链的创新和发展。企业普遍存在的数据孤岛问题大大限制了数据的跨部门共享和应用。故 ESG 相关的标准、技术和工具虽在不断发展,但如何将这些有效应用于实际业务场景,与现有业务流程的整合,并加强数据安全保护仍是一个挑战。

6. 数据共享和交易问题

在 ESG 数据价值链的数据共享和交易环节,一些因素阻碍了 ESG 数据的高效流通和价值实现。首先,ESG 数据的交易必然涉及数据价值评估,但缺乏统一和标准化的评估方法使得 ESG 数据价值难以计量,影响了 ESG 数据交易。其次,ESG 数据共享和交易过程中的信任和安全感难以建立,企业担心数据共享可能损害其商业利益,这种担忧源于数据的强互补性和使用效果的不确定性。再次,数据交易市场可能存在的诸多问题,包括交易机制的不透明以及数据权属的不明确,都可能阻碍 ESG 数据的有效流通。还有,在数据分析过程中,如果未采取安全措施,如访问控制、权限管理等,可能导致数据被未经授权地访问。

第五节 基于 ESG 数据供应链和数据价值链的解决方案

一、ESG 数据标准体系建设方案

(一)ESG 数据标准体系的建设目标

ESG 数据标准体系的建设目标主要聚焦于以下几个方面:

1. 实现国家在 ESG 方面的宏观战略目标

从宏观层面讲,ESG 数据标准体系建设的目标是围绕着国家宏观战略实施的。构建一个完善的 ESG 数据标准体系,对促进国家宏观经济的健康发展、提升国家在全球竞争中的软实力,以及推动社会整体的可持续发展具有重要意义。ESG 数据标准体系的建设有助于提高国家宏观经济决策的科学性和前瞻性,企业在 ESG 方面的数据越完整、越准确,就越有利于评估经济活动对环境的影响,预测社会发展趋势,以及识别潜在的治理风险,这为制定和调整宏观经济政策提供了坚实的数据支持。ESG 数据标准体系的建设还有助于推动国家产业结构的优化升级。企业在追求经济效益的同时,更加注重环境保护、社会责任和良好治理,这将促进绿色、循环、低碳的发展模式,有利于"双碳"目标的实现,并加快传统产业的转型升级,培育新的经济增长点。ESG 数据标准体系的建设还有助于提升国家的国际形象和竞争力,健全的 ESG 数据标准体系不仅能够展示国家对可持续发展的承诺,还能够吸引更多的国际资本和人才。此外,ESG 数据标准体系的建设有助于构建和谐社会,促进社

会公平正义,更好地监督企业行为,保护员工权益,促进社会资源的合理分配,提高人民群众的生活质量。

2. 响应国际可持续发展议程

从国际视角看,ESG 数据标准体系的建设方案是响应《2030 年可持续发展议程》中提出的 17 个领域的 169 项具体目标。该议程于 2015 年 9 月的联合国可持续发展峰会上由联合国全体成员国一致通过,体现了国家在全球治理中承担的责任和对全球环境、社会福祉的承诺。构建 ESG 数据标准体系,能够在全球范围内展示国家的可持续发展实践和成果,增强国际社会对国家的信任和认可,有助于国家在全球可持续发展议程中发挥更大的作用,更好地参与国际对话与合作,与其他国家分享经验和最佳实践,共同应对气候变化、资源短缺、社会不平等等全球性挑战。ESG 数据标准体系的建设还有助于为国际投资者提供可靠的信息,帮助他们识别和支持那些对环境和社会有积极影响的企业,从而推动资本向可持续发展领域流动。

3. 适应全球化和本地化需求

从具体落地和应用方面看,ESG 数据标准体系的建设目标之一是适应全球化和本地化需求,为利益相关方提供一个全球通用的且符合本地实际情况的评价体系,以评估企业的 ESG 表现。适应全球化需求意味着 ESG 数据标准体系需要与国际标准接轨,这有助于跨国公司在全球范围内统一披露其 ESG 表现,同时也为全球利益相关方提供了一个评估和比较不同国家、不同行业企业 ESG 表现的工具。适应本地化需求则强调 ESG 数据标准要充分考虑各地的特殊情况。由于文化、法律、政策和经济发展水平的差异,不同地区对 ESG 的理解和要求往往各不相同。因此,ESG 数据标准体系需要具有一定的灵活性,允许企业根据本地的实际情况报告其 ESG 表现,为本地利益相关方提供他们关心的信息。适应全球化和本地化需求还能促进不同文化背景下的企业和利益相关方之间的沟通与理解,加强国际社会在推动可持续发展方面的合作。

4. 增强 ESG 数据的透明度和可用性

ESG 数据标准体系建设的基本目标是增强 ESG 数据的透明度和可用性,这对于促进 ESG 信息共享、提高决策质量和推动市场健康及公平至关重要。增强 ESG 数据的透明度,要求企业在报告其环境、社会和治理表现时做到诚实、公开,从而使外部利益相关方能够清晰地评估企业的 ESG 表现。透明的 ESG 数据有助于揭示企业的真实表现,激励它们在 ESG 方面做出持续改进。提高 ESG 数据的可用性关注的则是数据的可访问性和用户友好性。建立标准化的数据收集、存储和报告机制,可以降低获取和分析 ESG 信息的难度和成本,进一步激发更多有关 ESG 的研究和创新,推动 ESG 领域的知识积累和实践发展。此外,增强 ESG 数据的透明度和可用性还能提升企业的受信任程度。当企业公开透明地报告其 ESG 数据时,它们展示了对社会责任的承诺和对外部监督的开放态度。这有助于建立企业与利益相关方之间的信任关系,降低信息不对称和道德风险,如"漂绿"等不诚实行为。

5. 提高 ESG 数据一致性和可比性

ESG 数据标准体系建设的核心诉求是提高 ESG 数据的一致性和可比性。ESG 数据的一致性意味着不同企业在报告其环境、社会责任和治理结构等方面的表现时，应遵循统一的规范和标准。ESG 数据的可比性强调了数据在不同企业或行业之间进行横向比较的能力。ESG 数据的一致性和可比性确保了利益相关方能够更清晰地识别不同企业在 ESG 方面的长处和短板，从而使得数据的解读和分析更为直观和准确。此外，提高 ESG 数据的一致性和可比性还有助于促进企业之间的良性竞争。当企业知道它们的 ESG 表现将被公开比较时，它们将更有动力在这些领域持续改进，进而促进整个行业乃至整个社会在可持续发展方面的进步。

总而言之，一个精心构建的 ESG 数据标准体系，对于实现宏观目标、促进国际合作、提高数据质量等方面都能精准地发挥作用，并为推动可持续发展提供坚实的支撑。

（二）ESG 数据标准体系的构成要素

ESG 数据标准体系需要包含以下构成要素：

1. 基础标准

基础标准为 ESG 数据标准体系的其他部分提供了遵循的原则和指南，以确保不同行业和企业组织之间能够对 ESG 数据标准达成统一的理解。基础标准包含术语标准、参考架构标准及分类和编码标准三个部分。

术语标准明确了与 ESG 相关的专业术语和定义。它用以指导企业在报告其 ESG 表现时使用共同的概念，有助于消除不同行业和企业组织之间在 ESG 概念理解上的差异，确保沟通和报告的一致性。

参考架构标准提供了 ESG 数据体系结构的高层框架。它定义了 ESG 数据的组织方式、处理流程和交互模式的指导原则。

分类和编码标准用以指导 ESG 数据的分类和编码，从而简化了 ESG 数据的整合和分析过程。

2. 数据标准

这里的数据标准是对狭义的底层 ESG 数据要素提供规范性指导，包括数据资源标准和数据交换共享标准两类。

数据资源标准涵盖了 ESG 数据元素、元数据、参考数据、主数据和数据模型等标准。数据元素是数据的最小可分割单位，其具有明确的数据类型和格式，是构成更复杂数据结构的基础。元数据是描述其他数据的属性的信息，它提供了关于数据的上下文、含义、来源、结构和质量等关键信息。参考数据是用于定义业务实体或概念的标准数据集，它为其他操作型数据提供上下文和含义。主数据是企业内用于关键业务实体的一致和共享的数据。数据模型是对数据结构、关系和规则的正式描述，它定义了数据的组织方式和数据之间的相互作用。

数据交换共享标准面向 ESG 数据流通相关技术、架构及应用进行规范，确保了 ESG 数据在不同系统和企业组织间的无缝交换和高度共享，它包括 ESG 数据交易和开放共享标准。数据交易标准确立了 ESG 数据交换的规则和流程，保障了 ESG 数据交换的安全性和合规性。开放共享标准则推动了 ESG 数据的透明度和可访问性，促进了 ESG 数据的价值最大化。

3. 技术标准

技术标准主要针对 ESG 数据通用技术进行规范，它涵盖了从 ESG 数据产生到归档、销毁的整个生命周期中的通用技术要求。它包括数据集描述标准、数据生存周期处理技术标准、数据开放与互操作技术标准、面向领域的数据技术标准四类。

数据集描述标准主要针对多样化、差异化、异构异质的不同类型的 ESG 数据建立标准的度量方法，帮助评估和保证 ESG 数据质量，并使其便于分析和相互比较。

数据生存周期处理技术标准覆盖了 ESG 数据从产生到归档、销毁整个过程的关键技术环节，它确保了 ESG 数据在生命周期的每个阶段都能得到恰当的处理，从而保障 ESG 数据的准确性、完整性和可用性。

数据开放与互操作标准是为了实现不同系统和平台间 ESG 数据的互联和互操作性，其包括不同功能层次系统之间的互联机制、不同技术架构系统之间的互操作机制，以及同质系统之间的互操作机制。此外，其还包括了通用数据开放共享技术框架的标准。它支持了 ESG 数据的流动性和可访问性，促进了 ESG 数据的共享和再利用。

面向领域的技术标准则是针对特定行业，如金融业、能源行业等的 ESG 数据技术要求。它考虑了不同行业的特殊性，为行业内的共性和专用 ESG 数据处理制定了具体要求，以满足特定行业的 ESG 数据管理需求。

4. 平台、工具标准

平台、工具标准主要针对 ESG 数据相关平台及工具产品进行规范，其不仅指导了 ESG 数据平台和工具的设计和开发，还为企业选择和评估相关产品提供了参考依据。它包括系统产品标准、数据库产品标准和测试标准。

系统产品标准专注于 ESG 数据系统产品的功能和性能要求，这些产品通常用于实现 ESG 数据全生命周期的处理。它们需要满足业内主流的技术规范，包括但不限于高效的数据处理能力、稳定性、可扩展性和用户友好性。系统标准确保了 ESG 数据系统产品能够适应不断变化的数据处理需求，同时保持可靠的性能。

数据库产品标准针对不同类型的数据库在 ESG 数据管理方面的功能和性能进行规范。它定义了数据库产品在 ESG 数据存储、查询效率、数据一致性、备份和恢复等方面的要求。

测试标准是指相关产品功能及性能的测试方法和要求。其为评估和验证 ESG 数据平台和工具的性能提供了标准化的流程和指标，确保了其在实际应用中的可靠性和有效性。

5. 治理与管理标准

治理与管理标准涵盖了 ESG 数据生命周期的各个阶段，它是企业实现 ESG 数据的高效采集、处理、分析、存储、应用和分享等的重要支撑，不仅有助于提升 ESG 数据治理和数据管理的专业性和系统性，还促进了 ESG 数据价值的最大化，为履行 ESG 责任提供了坚实的数据支持。治理和管理标准主要包括治理标准、管理标准和评估标准三部分。

治理标准的核心在于确立 ESG 数据治理的框架和流程，确保 ESG 数据治理工作与企业的战略目标和业务需求相一致。它包括但不限于 ESG 数据治理的政策、原则、角色和责任，以及 ESG 数据治理的过程与监督和审查机制。企业可以参考该标准制定清晰的 ESG 数据治理策略，保障 ESG 数据质量和安全性。

管理标准则主要面向数据管理模型、元数据管理、主数据管理、数据质量管理、数据目录管理以及数据资产管理等理论方法和管理工具进行规范，它细化了 ESG 数据管理的具体操作标准。

评估标准在治理标准和管理标准的基础上，提供了一套评估方法，用以衡量数据管理能力、数据服务能力、数据治理成效和数据资产价值，以帮助组织了解其 ESG 数据治理和管理实践的有效性，并识别改进的机会。

6. 安全和隐私标准

安全和隐私标准同样涵盖了 ESG 数据生命周期的各个阶段，主要包括应用安全标准、数据安全标准、服务安全标准、平台和技术安全标准四部分。这四部分构成了一个紧密相连、相互支持的体系，它们共同作用于 ESG 数据生命周期的每一个环节，确保了 ESG 数据的安全得到充分保护，在促进可持续发展的同时，可有效应对各种威胁和挑战。

应用安全标准专注于规范 ESG 数据应用过程中的安全问题，涉及其在应用过程中的各种安全防护措施，如权限管理。这些标准确保了 ESG 数据在各种应用场景下的安全使用，防止其被未经授权访问或滥用。

数据安全标准的关注点在于个人信息安全、重要数据安全以及跨境数据安全，包括对个人隐私的保护、敏感数据的加密存储以及跨境数据的安全传输等。其通过制定严格的 ESG 数据保护规则和技术要求，保障了数据主体的权益，确保了 ESG 数据不会被非法获取或泄露。

服务安全标准面向数据产品和解决方案的安全性进行要求，它要求 ESG 数据产品和服务提供商必须采取有效的安全控制手段，确保所提供的服务在安全性上达到一定的标准。

平台和技术安全标准则针对 ESG 数据相关平台的安全进行规范，包括但不限于对平台的访问控制、安全审计、漏洞管理以及技术防护措施等，以确保平台的稳定性和安全性。

7. 行业应用标准

行业应用标准是为满足不同行业特定需求而设计的，旨在促进 ESG 数据在特定行业内的有效利用。这些标准不仅覆盖了 ESG 数据在各行业间的共性，还深入特定行业的专有应用场景。企业通过对行业特性的深入理解和分析，不仅能够帮助其更好地实现其 ESG 目标，还能推动行业的可持续发展。行业应用标准主要包括通用领域应用标准和垂直行业应用标准。

通用领域应用标准关注 ESG 数据在通用领域应用时的共性问题，其为 ESG 数据的应用提供了一套普适的方法论和操作框架，确保了不同行业在应用 ESG 数据时能够遵循某些一致的规则。

垂直行业应用标准则针对特定行业的独特需求和特性，制定了更为详细和具体的应用标准。这些标准考虑了行业特有的业务流程、监管要求和数据特性，为行业内的 ESG 数据应用提供了专业化的指导。例如，在能源行业，可能需要重点关注碳排放数据的监测和报告；在金融行业，可能更注重客户隐私保护和数据安全性；而在政务领域，则可能侧重于数据的透明度和共享机制。

总之，ESG 数据标准体系（如图 2-1 所示）为企业提供了一套全面的指导原则和操作框架，确保了 ESG 数据的质量和安全性。参照该体系，企业能够更高效地收集、处理和报告 ESG 数据，并据此做出更有利于可持续发展的决策。此外，ESG 数据标准体系还促进了跨行业和跨领域的 ESG 数据整合与共享，加强了利益相关方之间的信任和沟通，推动了全社会的可持续发展。

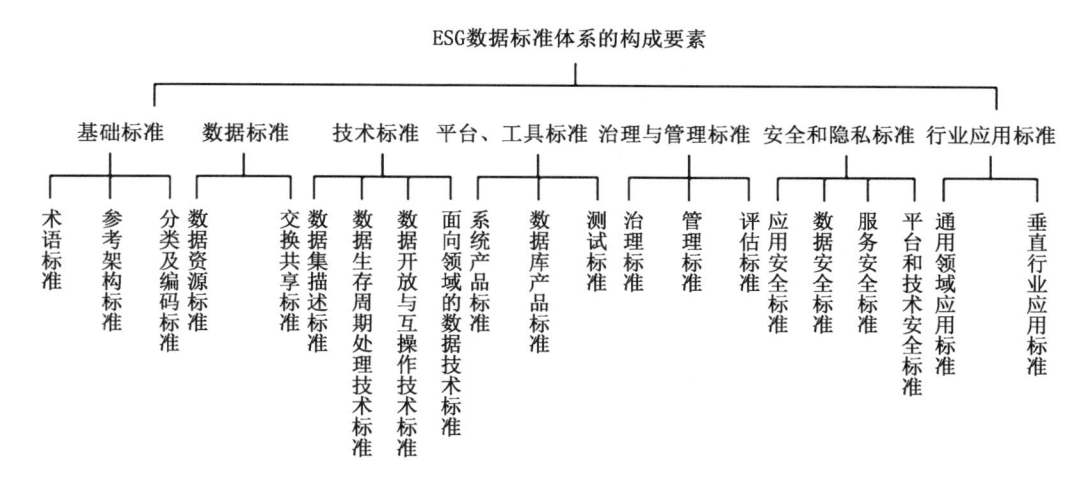

图 2-1 ESG 数据标准体系的构成要素

(三)ESG 数据标准体系的层级

1. 国家标准

国家标准是 ESG 数据标准建设的最高层次，一般是由国家标准化管理委员会或相关部委主导制定的，具有强制性和普遍适用性，旨在为企业提供一套统一的数据披露和报告框架，以确保 ESG 信息的准确性和可比性。

国家标准通常涵盖ESG数据的定义、分类、计算方法、披露要求和报告格式等方面。在环境方面，标准可能要求企业报告其碳排放量、能源消耗、水资源利用和废物处理等相关数据。在社会方面，标准可能关注员工福利、人权问题、社区贡献等关键指标。在公司治理方面，标准则可能强调透明、高效、独立的企业治理结构，以及防范公司内部腐败和不当行为的重要性。

国家标准的制定过程通常包括广泛征求意见、专家评审和公开发布等环节。在标准制定过程中，政府会积极听取企业、行业协会、社会团体和公众的意见，以确保标准的合理性和可操作性。同时，政府还会借鉴国际先进经验，结合中国国情，制定符合中国实际的ESG数据标准。

国家标准的实施有助于提升企业的ESG表现，增强投资者的信心，促进可持续发展和负责任的商业生态系统的构建。同时，国家标准的实施还有助于规范市场秩序，防止企业利用ESG信息进行虚假宣传或误导投资者。

2. 地方标准

地方标准是在国家标准的基础上，结合地方实际情况制定的具有地方特色的ESG数据标准。它可以充分结合当地的环境、社会和治理特点，制定符合区域特色的ESG数据标准，为地方企业的ESG信息披露提供更具针对性的指导。它具有地方性和灵活性，能够更好地适应不同地区的特点和需求。

地方政府和监管机构可以通过制定和实施ESG数据标准，加强对地方企业ESG行为的监管，推动企业提升ESG绩效，实现可持续发展。通过制定ESG数据标准，地方政府可以吸引更多关注ESG表现的投资者和企业，促进地方经济的绿色、低碳和可持续发展。地方ESG数据标准还可以作为全国ESG数据标准体系建设的重要组成部分，为全国ESG数据标准的完善和发展提供有益的探索和经验。在全球化背景下，地方标准还可以与国际ESG标准接轨，推动地方企业参与国际合作与竞争，提升国际影响力。

3. 行业标准

行业标准是由行业协会或专业组织制定的，针对特定行业的ESG数据标准。这些标准通常基于行业特性和行业实践，确保数据的收集、处理、披露和报告等环节都遵循统一的原则和要求。这不仅有助于提升数据的准确性和可比性，还能推动ESG数据标准体系的标准化与规范化发展。

不同行业在ESG方面面临的挑战和机遇各不相同，因此行业标准能够针对特定行业的实际情况，制定更具专业性和针对性的数据标准和要求。这有助于ESG数据标准体系更好地适应不同行业的特性和需求，提高体系的实用性和有效性，帮助不同行业领域化解挑战。

随着ESG领域的不断发展和行业实践的深入，行业ESG数据也会不断更新和增加。这就需要制定行业标准来及时反映行业的新变化和新要求，推动ESG数据标准体系不断迭代和优化。同时，行业ESG数据标准的制定和实施也有助于发现现有体系中的不足和缺陷,为体系的进一步完善提供有力支持。

行业标准还为监管机构提供了重要的参考依据,有助于加强对行业内企业 ESG 行为的监管和自律。通过制定和实施严格的数据标准和要求,监管机构可以更有效地监督企业的 ESG 表现,实现可持续发展。

4. 团体标准

团体标准往往由行业内的企业、协会、研究机构等共同制定,具有多样性和灵活性,能够更好地适应不同行业、不同规模企业的实际情况。这种多样性和灵活性有助于推动 ESG 数据标准体系的不断完善和更新,以适应不断变化的市场环境和企业需求。

团体标准在制定过程中,通常会充分考虑企业的实际操作能力和数据获取难度。因此,这些标准往往更加贴近企业实际,具有更强的可操作性和实用性。企业可以更容易地按照团体标准的要求进行数据收集、处理和披露,从而降低合规成本,提高 ESG 管理的效率和质量。

制定和实施团体标准,可以推动行业内企业加强自我管理,提升 ESG 绩效。同时,监管机构可以利用团体标准对企业进行更有效的监管和评估,确保企业合规运营,保护投资者和消费者的权益。

(四)ESG 数据标准体系建设计划

ESG 数据标准体系建设计划涵盖以下步骤:

1. 基础标准顶层设计与统筹协调

顶层设计与统筹协调是确保 ESG 数据标准体系科学性、系统性和有效性的基础。顶层设计是从宏观的角度出发,明确 ESG 数据标准体系的愿景、原则和框架,确保其与国家宏观政策、国际标准以及市场需求相一致。这需要政府部门、相关行业协会、企业以及专业研究机构等利益相关方的共同参与,群策群力,形成统一的指导思想和行动指南。统筹协调则是在顶层设计的指导下,对 ESG 数据标准体系建设过程中的资源配置、政策支持、技术路线、实施步骤等进行有效整合和协同推进。这涉及跨领域、跨行业、跨企业的沟通与合作,要求各方工作形成合力,避免资源浪费和重复劳动。同时,还需要建立相应的协调机制和平台,促进信息共享、经验交流和问题解决。

2. 相关政策与标准衔接

实现与相关政策和标准的紧密衔接,一方面是为 ESG 数据标准体系建设寻找参考依据,另一方面是确保其不违背现行法规政策、监管要求、行业标准。这需要对现行的与环境保护、社会责任、公司治理相关的法律法规、监管要求、行业标准等进行收集归纳和深入分析,识别与 ESG 数据标准体系可能相关的内容,确保 ESG 数据标准体系符合其要求,形成相互促进、相互支撑的良性互动。此过程还需要关注国际层面的 ESG 标准发展动态,通过国际交流与合作,推动国内 ESG 数据标准与国际标准接轨。此外,在与相关政策和标准衔接时,还需要考虑针对不同地区、不同行业、不同规模企业的法规政策和监管要求,制定差异化的标准,确保标准体系的广泛适用性和有效性。

3. 目标设定与需求分析

目标设定与需求分析是确保 ESG 数据标准体系建设方向明确、符合实际需求的关键环节。目标设定基于对国际趋势、国家宏观战略、行业发展、企业自身状况以及利益相关方期望的深入理解,明确 ESG 数据标准体系的整体和阶段性目标。这些目标应当是具体、可衡量、可实现、相关性强和有时限性的,即满足 SMART 原则。需求分析则要求全面识别和评估各利益相关方对 ESG 数据标准的需求,例如,监管机构对合规性的要求、企业对风险管理和价值创造的需求,以及社会对环境保护和社会责任的期望。需求分析也需要考虑不同地区、不同行业、不同规模企业的特殊性,确保 ESG 数据标准体系的普适性和灵活性。此外,目标设定与需求分析还应当包含对能力建设的规划,如人才培养、知识普及等,以确保有足够的专业人才支撑 ESG 数据标准体系的建设和运行。同时,也应当对预期的挑战和风险进行评估,制定相应的应对策略和预案。

4. 拟定初稿,征询意见,修订及细化

目标和需求确定后,则需要开始拟定 ESG 数据标准初稿,向各方征询意见,并根据各方反馈,对 ESG 数据标准进行修订及细化。在此阶段,专家团队基于前面步骤中确立的目标和需求,起草 ESG 数据标准初稿,这需要深入研究现有的最佳实践、国际标准和行业特定要求,确保 ESG 数据标准既符合现实要求,又能兼顾创新性。

拟定初稿后,需广泛征询各利益相关方的意见和建议,包括但不限于监管机构、相关行业组织、企业代表、投资者、学者等。专家团队通过问卷调查、座谈会、研讨会等多种形式,收集不同群体的反馈,了解他们对初稿的看法和修改建议,特别是对标准的可操作性和公平性的评价。

随后,根据各利益相关方反馈的意见,专家团队对初稿进行修订,提高标准的清晰度、准确性和实用性。修订过程中,可能需要多次迭代,每次都要确保充分考虑和吸收各方面的意见。细化工作则是对 ESG 数据标准的具体条款进行深入讨论,确保每一项要求都是明确无误、易于理解和执行的。

此外,ESG 数据标准的起草、修订和细化过程,还需进行技术审查和法律审查,确保标准的合规性、合理性和可执行性。同时,为了提高标准的国际化水平,还需要考虑如何与国际标准接轨,促进跨境交流与合作。

总之,ESG 数据标准的起草和修订,要求标准制定者具备开放的心态和灵活的思维,以确保最终形成的标准体系能够真实反映各方需求,得到广泛的认同和支持。

5. 定稿试行版标准,小范围试行,并逐步扩大试行范围

在完成了标准的起草和初步修订工作之后,下一步是将 ESG 数据标准定稿为试行版,并开始小范围试行。这一阶段的目的是验证试行版标准在实际应用中的可行性。试行版的发布是 ESG 数据标准从理论走向实践的关键一步。在小范围试行阶段,选择一些具有代

表性的企业作为试点,试点单位在行业特性、规模等方面应具有多样性,以便全面测试标准的适用性。试行过程中,试点单位将根据试行版标准开展 ESG 数据的收集、处理、报告等工作,并提供反馈。反馈信息将被用来评估标准的实施效果,识别标准中可能存在的不足。试行阶段也是一个教育和培训的过程,帮助参与试行的企业理解标准的要求,提升他们对 ESG 议题的认识和管理能力。

随着小范围试行的成功和经验的积累,试行范围将逐步扩大,涵盖更多行业,让更多的企业参与到试行中来。扩大试行范围可以帮助收集更广泛的数据和案例,进一步验证标准的普适性和稳健性,同时也可以提高社会对 ESG 数据标准的了解和接受度。

整个试行过程需要进行持续监测、评估和沟通,并根据试行结果不断调整和完善 ESG 数据标准,以确保其科学性、先进性和实用性。通过这一过程,ESG 数据标准体系将更加贴近实际需求,更具有指导性和操作性,为最终的全面实施打下坚实的基础。

6. 定稿正式版标准,教育培训,全面推广

在根据试行结果进行必要的修订之后,最终定稿正式版 ESG 数据标准,对利益相关方进行教育培训,并全面推广该标准。这一步骤是 ESG 数据标准从试行走向成熟并被广泛采纳的过渡。在这一阶段,基于试行阶段的反馈,专家团队将对试行版 ESG 数据标准进行最后的审查和微调,确保所有内容都经过实践的检验。正式版标准的定稿是一个综合性的成果,它融合了多方面的专业知识和实践经验,旨在提供一个明确、统一的框架,以指导组织在经济、环境和社会责任方面的数据报告和实践。

随后,为了确保正式版标准被广泛理解和正确应用,将开展一系列的教育培训活动。这些活动旨在提升利益相关方对 ESG 数据标准的认识,增强企业的执行能力。培训内容包括但不限于 ESG 数据标准的详细解读、报告工具和使用方法的介绍、案例分析等,通过培训,参与者可深入理解 ESG 数据标准的具体要求。

全面推广也是这一步骤的重要组成部分。经过全面推广的正式版 ESG 数据标准,将不再仅限于特定行业、特定企业,而是成为一个跨越不同领域、不同规模企业的框架,企业将遵循这套标准来指导其可持续性实践。这将促进全球范围内对 ESG 议题的统一理解和一致行动,加强企业与投资者、消费者、监管机构以及其他利益相关方之间的信任和沟通。这不仅有助于企业在市场竞争中获得优势,也有助于推动整个社会向更加可持续和包容的方向前进。

7. 持续监督评估,更新并维护标准

ESG 数据标准体系的正式定稿和全面推广并不是 ESG 数据标准体系建设的终点。在此之后,还需构建一个持续的监督评估机制,确保标准能够进行必要的更新和维护,以适应不断变化的环境、社会和经济需求。持续监督需要对 ESG 数据标准的实施效果进行定期和不定期的回顾和分析,收集来自企业、投资者、监管机构以及其他利益相关方的反馈信息。专家团队通过这种广泛的信息收集,可以识别 ESG 数据标准在实际应用中需要改进的

地方。

基于监督评估的结果,专家团队将适时更新ESG数据标准——可能是对现有条款的微调,以提高其可操作性或解决新出现的问题;也可能是对标准框架的重大修订,以反映新的研究成果、技术进步或政策导向。更新过程中,需要再次进行意见征询,确保利益相关方的意见能得到考虑。

标准的更新和维护还需要配套措施进行宣贯和辅助,包括但不限于提供持续的教育和培训,帮助企业理解最新标准的要求;提供指导和工具以支持标准的实施等。

8. 国家强制力保障实施

制定ESG数据标准体系建设的总体规划和政策框架,明确建设目标、路径和重点任务。出台相关法规和政策文件,为ESG数据标准体系建设提供法律保障和政策支持。组织制定ESG数据标准,包括环境指标、社会指标和治理指标等,确保标准的科学性、合理性和可操作性。建立ESG数据标准发布机制,及时向社会公布和更新标准,推动标准的广泛应用和实施。建立健全ESG数据标准的监管机制,加强对企业和第三方机构的监督和管理。开展ESG数据标准实施情况的评估和反馈,及时发现和解决问题,推动标准的持续改进和完善。

9. 地方落实与细化

根据国家层面的总体规划和政策框架,结合地方实际情况,制定具体的ESG数据标准体系建设实施方案。细化ESG数据标准的具体要求和指标,确保标准的可操作性和针对性。建立ESG数据标准信息平台,实现数据的共享、交流和利用。提供ESG数据标准相关的咨询、培训和技术支持服务,帮助企业提升ESG数据管理和披露水平。选择重点行业和领域开展ESG数据标准体系建设示范项目,形成可复制、可推广的经验模式。加强与国内外先进地区的交流与合作,引进和借鉴先进经验和技术,推动地方ESG数据标准体系的国际化发展。

10. 行业自律与规范

建立行业ESG数据标准自律组织,制定行业ESG数据标准规范,加强行业自律和诚信体系建设。推动行业内部ESG数据标准的统一和互认,提高行业整体的ESG数据管理和披露水平。结合行业特点和实际情况,制定行业ESG数据标准,包括行业特有的环境指标、社会指标和治理指标等。推动行业ESG数据标准的实施和落地,加强对行业企业和第三方机构的监督和指导。加强与行业内外相关方的交流与合作,共同推动ESG数据标准体系的完善和发展。参与国际ESG数据标准制定和交流活动,提升行业在国际ESG领域的影响力和话语权。

11. 团体宣传与培训

由行业协会、学术机构、第三方评估机构等组织制定ESG数据团体标准,满足行业内部特定群体的需求。推动团体标准与国家标准和行业标准的衔接和互认,提高团体标准的权威性和影响力。加强对ESG数据团体标准的宣传和推广,提高企业和投资者的认知度和参与度。开展 ESG 数据团体标准培训活动,提升企业和第三方机构的专业能力和水平。组织开展 ESG 数据标准相关的研究和创新活动,推动 ESG 数据标准体系的不断完善和发展。加强与国内外先进团体和机构的交流与合作,引进和借鉴先进经验和技术,推动团体 ESG 数据标准体系的国际化发展。

二、ESG 数据治理方案

(一)ESG 数据治理目标

ESG 数据治理包括以下目标:

1. 提升 ESG 数据资产价值

ESG 数据属于企业的无形资产,它不仅是企业经营的重要依据,也是投资者、消费者、监管机构等利益相关方决策的重要参考。ESG 数据治理旨在通过优化 ESG 数据的收集、存储、处理、分析、应用等过程,提升 ESG 数据资产的使用价值,使其能够更有效地为各利益相关方提供决策支持。

2. 确保 ESG 数据质量

ESG 数据的质量是构建企业责任和可持续性信誉的基石,它直接影响利益相关方对企业 ESG 表现的信任度和评价。高质量的 ESG 数据还能够为企业决策提供可靠的支持,帮助企业更好地识别和应对与 ESG 有关的风险与机遇。确保 ESG 数据的准确性、一致性、完整性和时效性是 ESG 数据治理的重要目标,为此,需要建立严格的 ESG 数据收集、验证和监控流程,从源头开始确保 ESG 数据的准确无误和完整,并在数据流转的每一个环节实施有效的控制措施。

3. 加强 ESG 数据安全和隐私保护

随着 ESG 数据的重要性日益增强,防止其受到未经授权的访问、篡改、泄露或滥用变得尤为关键,这也是 ESG 数据治理的核心目标之一。通过建立严密的安全措施、遵循隐私保护原则、实施持续的监控和审计,以及提高员工的信息安全意识,企业可以加强 ESG 数据的安全性和隐私保护,为企业的可持续发展和社会责任实践提供安全保障。

4. 保障 ESG 数据合规性

ESG 数据治理还要求企业遵守相关法律法规、监管要求和行业标准。这要求企业深入了解并持续跟踪与 ESG 相关的法律法规、监管要求和行业标准的变化,比如环境保护法、劳动法等。企业需要建立和完善相应的合规机制,确保所有 ESG 数据的管理和报告均在法律框架和监管要求内进行。合规性还要求企业关注国际性的 ESG 信息披露标准,如全球报告倡议组织(GRI)标准、ISSB 标准和 ESRS 等。除此之外,企业还应加强与监管机构和行业组织等的沟通和协作,以便及时调整自身的 ESG 数据治理策略。

5. 优化 ESG 数据管理流程

ESG 数据治理需要不断对 ESG 数据的管理流程进行优化,以构建一个高效、系统化且响应迅速的ESG数据管理体系,确保ESG数据的准确性、一致性、完整性和时效性,提高企业对ESG数据的掌控能力,从而更有效地支持决策制定、风险管理和战略规划。这要求企业不断审视和改进ESG数据管理实践,以适应不断变化的外部环境和内部需求。通过这一过程,企业能够提升ESG数据的价值,为企业的可持续发展和社会责任实践提供坚实的数据支持。

6. 应对新技术带来的机遇和挑战

随着大数据、人工智能、云计算等技术的发展,ESG数据治理需要不断更新其策略和方法,以应对新技术带来的机遇和挑战。这要求企业不仅要关注当前的ESG数据管理实践,还要有能力预见技术进步对ESG数据治理的深远影响。企业需要在保持敏锐的技术洞察力的同时,建立稳健的管理机制,营造创新文化氛围,以确保能够充分利用新技术提升ESG数据治理的效能,同时应对可能出现的风险和机遇。通过这种前瞻性的数据治理,企业能够在快速变化的技术环境中保持竞争力,并为可持续发展做出积极贡献。

通过实现这些目标,ESG数据治理将更好地支持企业在环境、社会和治理方面的决策和行动,推动可持续发展目标的实现。

(二)ESG数据治理框架

ESG数据治理框架是一个综合性的体系,它涉及ESG数据的整个生命周期,具体包含以下内容。

1. 概念界定

ESG数据治理框架首先要求对ESG数据治理的相关概念进行界定,明确其核心要素和应用范围。ESG数据治理不仅是一系列技术操作或流程,更是一种战略层面的决策和管理活动,涉及企业内外部的多个方面。在ESG数据治理框架中,概念界定是基础,它为后续的ESG数据治理活动提供了方向和依据。

2. 目标和原则

ESG数据治理需要确立清晰的目标和原则,以指导企业进行有效的ESG数据管理。ESG数据治理框架的目标设定是多维度的,为了实现目标,需要制定一套全面的ESG数据治理原则和策略,这些原则和策略将为ESG数据的收集、存储、处理、分析、共享和报告等活动提供指导。政策和原则的制定需要考虑企业的业务需求、风险偏好、法律要求和利益相关方的期望,以确保ESG数据治理的合规性和有效性。

3. 组织架构

企业只有建立了合理的组织架构,ESG数据治理活动才可能有效执行。组织架构中应明确ESG数据治理相关角色和各自的职责,如数据治理委员会、数据所有者、数据管理者和数据使用者等。组织架构的设计需要考虑企业的行业、规模、业务复杂性和数据治理的成熟度。此外,还需要建立相应的沟通机制和协作流程,以促进不同角色之间的信息共享和协同工作。组织架构的有效性需要通过持续的评估和优化来保证,企业需要定期审查和更新ESG数据治理的组织架构,以适应战略的变化和数据治理实践的发展。

4. 规章制度和流程

为了确保ESG数据治理能够合规、有序进行,企业需要制定完整的ESG数据治理规章制度。规章制度的内容包括但不限于ESG数据质量要求、数据访问控制和数据保护政策等。基于规章制度,还需进一步细化出标准化的ESG数据治理流程,其中包括但不限于ESG数据的识别、分类、评估、监控和改进等。规章制度和流程不仅为ESG数据治理的实施落地提供了明确的、可操作的指导和规范,还确保了ESG数据治理活动能够持续地适应企业的发展以及外部环境的变化。

5. ESG数据标准和分类

ESG数据标准和分类的核心任务是依据ESG数据标准体系,对ESG数据进行系统化的分类和标准化处理,以确保数据在企业内外部的一致性和可比性。ESG数据标准是一套定义数据格式、结构和质量要求的规则,它们为ESG数据的收集、处理和交换提供了统一的基准。ESG数据分类则是将ESG数据按照其特性、用途或重要性分组的过程。在实施ESG数据治理框架时,企业需要考虑ESG数据标准和分类的灵活性和适应性。随着内外部环境变化,ESG数据标准和分类可能需要调整和优化。企业应该建立相应的机制,以及时响应这些变化,并确保数据标准和分类始终能够满足组织的数据治理需求。

6. ESG数据质量管理

ESG数据质量管理是确保ESG数据准确性、完整性和一致性的核心要素。其首要任务是对ESG数据进行严格的验证和审核,以识别和纠正ESG数据中的错误和不一致。这包括对输入数据进行验证,确保它们符合预定的数据标准和格式,以及对现有数据进行定期审核,以识别可能随时间而产生的数据漂移或退化。数据清洗也是ESG数据质量管理中的关键环节,它涉及识别和处理ESG数据中的异常值、重复记录或不完整信息。为了有效地实施ESG数据质量管理,企业需要建立一套标准化的ESG数据质量控制流程,包括但不限于ESG数据质量评估、问题识别、问题解决和质量改进等步骤,还可以依赖先进的技术和工具,持续培训员工,为企业的ESG数据分析、决策制定和业务运营提供高质量的数据支持。

7. ESG数据安全和隐私保护

在ESG数据治理框架下,企业必须制定一系列措施来保护ESG数据免受未经授权访问、滥用、泄露或破坏。这包括实施数据加密技术来确保ESG数据在存储和传输过程中的安全性,以及建立访问控制机制来限制和监控对ESG数据的访问,并通过合理的ESG数据备份和恢复策略,确保在ESG数据丢失或系统故障时迅速恢复数据。此外,企业需要制定有效的ESG数据泄露预防和响应机制,以便在数据泄露事件发生时能够迅速采取行动,减轻影响并满足法律法规和监管要求。同时,还应实施定期和不定期的数据安全和隐私保护审计,通过持续的监控和评估,及时发现并解决ESG数据安全问题,提高数据保护的整体水平。此外，ESG 数据安全和隐私保护还需要与企业的整体信息安全管理和风险管理策略相结合，形成全面的防御体系。

8. ESG 数据生命周期管理

ESG 数据生命周期管理，涵盖了 ESG 数据从生成到销毁的整个周期。ESG 数据生命周期管理的目的在于确保 ESG 数据在整个生命周期内得到适当的处理和保护，以支持企业的业务需求、合规性要求和战略目标。企业需要确保 ESG 数据生成和采集遵循既定的标准和流程，以保证数据的质量和一致性。这包括对数据源的评估、数据收集方法的选择以及数据输入的准确性验证。ESG 数据还需要以安全、可访问和可维护的方式存储。这涉及选择合适的存储介质、实施数据分类和制定数据保留政策，以及数据备份和灾难恢复计划，以防止数据丢失或损坏。在使用阶段，企业需要对 ESG 数据进行有效的管理和利用。这包括数据的访问控制、数据的分析和报告，以及 ESG 数据在决策过程中的应用。ESG 数据的使用应符合数据治理政策，并能够为利益相关方决策提供支持。企业在共享和交易 ESG 数据时，必须遵守相关法规、监管要求和内部规章制度。这包括对数据接收方的评估、数据传输的安全性以及共享/交易后的数据使用监控。当 ESG 数据不再频繁使用，但仍需保留以满足法律或业务需求时，应进行数据归档。有效的 ESG 数据归档策略可以减少对主存储系统的依赖，降低成本，并确保 ESG 数据的长期可访问性。最后，数据销毁是整个 ESG 数据生命周期的终点。企业需要制定明确的 ESG 数据销毁政策，以确保过时或不再需要的 ESG 数据能够安全、合规地被删除。这包括彻底删除 ESG 数据、物理销毁存储介质，以及保留销毁记录。

在整个 ESG 数据生命周期中，企业还需要实施监控和审计机制，以确保各环节符合 ESG 数据治理框架的要求。通过全面的 ESG 数据生命周期管理，企业能够确保 ESG 数据的安全性、可用性和合规性。

9. 技术平台和工具

合理利用技术平台和工具，是实现高效、自动化和智能化 ESG 数据治理的技术保障，它不仅能够提高 ESG 数据治理的效率，还能够确保 ESG 数据治理活动与企业的业务需求和技术发展保持同步。为了使相关技术平台和工具得到合理利用，企业需要建立相应的技术架构，包括但不限于选择合适的技术解决方案、制定技术实施计划、培训技术人员和相关用户，以及持续监控和优化技术平台的性能。同时，组织还需要确保技术平台和工具的安全性和合规性，保护数据免受未授权访问。

10. ESG 数据监控与审计

监控与审计是确保 ESG 数据治理政策得到有效执行并持续优化的关键，其对于跟踪 ESG 数据的使用情况、识别潜在的问题、评估 ESG 数据治理活动的效果以及进行必要的调整至关重要。ESG 数据监控是对 ESG 数据使用情况的持续观察和记录，包括但不限于监控 ESG 数据访问、数据变更、数据共享和数据传输等活动。ESG 数据审计则是对 ESG 数据治理活动的系统性检查和评估，包括但不限于对 ESG 数据治理流程的合规性、数据访问控制的适当性、数据保护措施的充分性以及数据治理技术平台的性能等方面的评估。ESG 数据监控和审计的结果有助于 ESG 数据治理的持续改进，企业应该基于监控和审计的发现，定期评估 ESG 数据治理政策和流程的有效性，并根据需要调整。

11. 风险管理与合规性

风险管理与合规性是保障企业 ESG 数据治理活动合法、有效并降低潜在风险的要素，其要求企业不仅能识别和管理与 ESG 数据相关的风险，还要确保所有 ESG 数据治理活动都符合法律法规、监管要求和行业标准。风险管理的核心在于识别和评估 ESG 数据治理过程中可能遇到的风险，这些风险可能源自 ESG 数据的不准确性、不完整性、不安全性或未经授权的访问等。合规性检查则是确保 ESG 数据治理活动遵循所有相关法律法规、监管要求和行业标准的过程。企业建立强大的风险管理和合规性框架，有助于降低 ESG 数据治理相关的风险，确保数据安全，并提升企业对外部监管和其他利益相关方期望的响应能力。

12. 教育与培训

教育与培训是提升企业内外部对 ESG 数据治理重要性认识的关键措施。通过提供相关培训和教育，企业能够确保员工和利益相关方对 ESG 数据治理的概念、政策、流程以及最佳实践有更深入的理解，从而提升他们的 ESG 数据治理意识和能力。这种培训和教育不仅限于技术层面，还包括对数据治理原则和法规的理解，以及对数据伦理和责任的认识。培训内容应该涵盖 ESG 数据治理的基础知识，如 ESG 数据的定义、分类、生命周期管理，以及数据质量、安全性和合规性的要求等。此外，培训还应该包括 ESG 数据治理工具和技术的使用，数据分析技能，以及在日常工作中的应用方法。

13. 反馈机制与持续改进

反馈机制与持续改进对于确保 ESG 数据治理实践的适应性和有效性有其重要作用，其核心在于建立一个系统化的机制，以收集来自内外部的反馈，并根据这些反馈不断优化和改进 ESG 数据治理的各个方面。这要求企业建立开放的沟通渠道，鼓励员工和其他利益相关方提出他们的意见和建议，企业基于这些反馈意见以及监督评估的结果，识别 ESG 数据治理实践中的不足和改进机会。在此基础上，企业需要制定改进计划，这些计划可能包括更新 ESG 数据治理政策、优化 ESG 数据管理流程、升级 ESG 技术平台或制定更完善的员工培训计划。改进计划的实施应该明确责任分配、时间表和预期成果，以确保改进措施得到有效执行。ESG 数据治理框架中的反馈机制与持续改进是实现 ESG 数据治理实践不断完善和提升的动力，基于此，企业组织能够确保其 ESG 数据治理活动始终与最佳实践、业务需求和利益相关方的期望保持一致。

14. 国际标准与最佳实践

ESG 数据治理框架的构建和实施必须考虑到国际标准与最佳实践，以确保其先进性和全球兼容性。在全球化的商业环境中，企业可能需要跨越国界进行 ESG 数据的收集、处理和共享,这就要求其数据治理框架不仅要符合本土的法律法规和监管要求,还要与国际标准保持一致,以促进 ESG 数据的流动和互操作性。企业可以参考国际先进标准来设计和优化其 ESG 数据治理政策、流程和技术平台,还应该积极参与国际组织和标准机构的活动,与全球同行分享经验和知识,学习最佳实践,为 ESG 数据治理的国际合作做出贡献,以推动 ESG 数据治理的全球标准化,减少因地区差异而产生的合规风险和运营成本。

通过这些要素的整合和实施,ESG 数据治理框架将为企业提供一个全面、系统和可持续的 ESG 数据治理解决方案,支持其在环境、社会和治理方面的决策和行动,推动可持续发展目标的实现。

(三)ESG 数据治理推进计划

制定一个全面、系统的 ESG 数据治理推进计划,是确保 ESG 数据治理目标得以实现、ESG 数据治理框架得以有效落实的关键。以下是 ESG 数据治理推进计划的关键步骤。

1. 现状评估

推进 ESG 数据治理计划,首先要进行现状评估,其目的是为企业提供一个清晰的视角,以识别 ESG 数据治理的现状、存在的问题和潜在的改进机会。第一步是对现有 ESG 数据资产的彻底审查,了解其类型、来源、存储位置以及其质量,并评估其完整性、准确性和时效性,还需要检查已有数据处理流程的效率和效果,识别任何可能导致数据延迟、错误或不一致的瓶颈。评估过程中,企业还需要分析 ESG 数据如何被不同部门和团队所使用,以及数据如何支持决策制定和业务流程。

为了进行有效的现状评估,企业需要采用一系列工具和技术,如访谈、问卷调查和流程图等。评估结果应该被详细记录,并与关键利益相关方沟通,这将为企业提供一个基线,用于衡量 ESG 数据治理制定、落实和改进措施的效果,并指导未来的 ESG 数据治理策略和计划。

2. 目标设定

评估好现状之后,企业需要进行 ESG 数据治理的目标设定,并根据 ESG 数据治理的整体目标,制定一系列具体、可衡量、可实现、相关性强和具有时限性的目标,即 SMART 目标。这一过程不仅需要明确 ESG 数据治理的长远愿景,还需要将这些愿景细化为可操作的中短期目标,为此,企业需要根据现状评估的结果,确定 ESG 数据治理的关键领域和优先事项,并将这些领域转化为 SMART 目标。关键利益相关方应参与目标设定过程,并反馈其意见。企业还需要建立一个监控和评估机制,以确保目标的实施效果可以得到定期检查和反馈,并根据结果对目标进行调整。

3. 资源配置

在设定好 ESG 数据治理目标的前提下,需要进行资源配置,这涉及对人力、财力、技术和时间资源的识别、规划和分配,以支持 ESG 数据治理的各项活动和目标。首先,企业需要评估推进计划所需的人力资源,这包括确定关键角色和职责,如数据治理委员会、数据所有者、数据管理者和数据分析师等；需要时还应进行专业培训，以提升团队的数据治理能力和技术熟练度。财力资源的配置也很重要，企业需要计算 ESG 数据治理相关的成本，包括技术平台的采购、维护和升级费用，以及员工培训和外部咨询费用等，以确保 ESG 数据治理活动在资金上的可持续性。技术资源配置的重点在于 ESG 数据治理所需的技术和工具，例如数据仓库、数据分析平台和数据安全技术等，还需考虑技术的兼容性、可扩展性和未来的技术发展趋势。时间资源的配置涉及 ESG 数据治理活动的时间规划和里程碑设定。企业需要制定详细的时间表，明确各个阶段的开始和结束时间，以及关键任务和交付物的截止日期，以确保 ESG 数据治理活动按计划进行。

由于资源有限，企业还需要权衡资源的优先级，合理分配和优化资源的使用。这需要对不同需求进行评估和排序，以确保最关键的活动能够得到充足的支持。此外，资源配置还需要持续的监控和调整。随着 ESG 数据治理活动的推进和外部环境的变化，企业可能需要重新评估和调整资源配置，以确保资源的有效利用和数据治理目标的实现。

4. 策略、规章和流程制定

完成目标设定和资源配置后，需要着手对 ESG 数据治理策略、规章和流程的制定。企业应基于现状和目标，制定一套全面的策略和指导原则，确立 ESG 数据治理的规则和标准，以及具体流程和操作规程。首先是总体策略，这是对 ESG 数据治理的指导方针，需要数据治理委员会、IT 部门、审计与合规部门和业务部门等协同参与。其次是具体的 ESG 数据治理规章，包括 ESG 数据的所有权、责任、访问权限和使用限制等，也包括 ESG 数据质量控制、安全和隐私保护、共享和交易机制等重要内容。规章的制定需要确保 ESG 数据的准确性、完整性和合规性，并支持企业的战略目标。企业在确立 ESG 数据治理相关规章后，需进一步细化具体流程，明确 ESG 数据全生命周期的每一步操作，确保 ESG 数据治理得到有效落实。策略、规章和流程的制定是 ESG 数据治理推进计划中至关重要的环节。通过这一过程，企业能够从制度层面保障 ESG 数据治理体系的建设和落实。

5. 技术平台建设

有了制度保障后，企业还需要建设并优化与 ESG 数据治理相关的技术平台，以支持 ESG 数据的收集、处理、分析、存储、共享和报告等。企业需要对现有的技术基础设施进行评估，确定是否需要构建新的技术平台或对现有平台进行优化。在技术平台的建设过程中，需要选择合适的技术方案，包括但不限于选择能够支持 ESG 数据集成、数据清洗、数据转换和数据加载的工具，以及数据分析和报告工具，这些工具和技术的选择应基于其功能、性能、成本效益和与现有系统的兼容性。此外，还必须确保技术平台具备强大的安全措施，包括但不限于数据加密、访问控制、网络安全等，还需要定期进行安全审计和漏洞扫描，以防范潜在的安全威胁。技术平台需要具备高可用性、灾难恢复能力和数据备份机制，以减少系统故障和 ESG 数据丢失的风险。随着数据量的增长和业务需求的变化，还需要考虑技术平台的可扩展性，以适应未来的数据治理需求。随着技术的进步和需求的变化，企业需要定期和不定期更新技术平台，以保持其先进性和竞争力。

6. 培训和教育

完成制度建设和技术平台建设之后，需要通过教育和培训确保员工和必要的其他利益相关方了解制度规定和平台使用方法，这也是构建企业内外部对ESG数据治理深刻理解和高度认同的重要环节。企业可以通过举办研讨会和进行日常宣传活动，提升员工和必要的其他利益相关方对ESG数据治理重要性的认识，还需要对相关员工开展针对性的培训项目。培训项目应该涵盖ESG数据治理的各个方面，包括但不限于ESG数据的定义、分类、生命周期管理，以及数据质量、安全性和合规性等关键议题，培训内容还应该包括ESG数据治理工具和技术的使用，数据分析技能，以及其在不同业务场景中应用。

随着ESG数据治理实践的不断深入和内外部环境的变化，企业需要定期更新培训材料，引入新的教学方法和案例研究。通过持续学习，员工可以不断提高ESG数据治理能力，以应对新的挑战和机遇。为了确保培训和教育的效果，企业还需要建立评估和反馈机制。这包括对培训效果的评估，如通过测试和问卷调查来判断员工的数据治理能力；还包括鼓励员工反馈，以便不断改进培训和教育计划。

7. 实施执行

前面所有的铺垫都是为了确保ESG数据治理得到有效执行，将策略和规划转化为具体操作。实施执行阶段的核心是对ESG数据的全生命周期进行有效管理。从数据的采集、存储、处理、分析、共享到最终的归档或销毁，每一个环节都必须遵循既定的策略、规章和流程。

该环节起始于对ESG数据源的识别和评估，确保所收集的ESG数据的准确性。在数据采集阶段，组织需确保ESG数据的质量和完整性，通过标准化的数据收集方法来减少错误和偏差。数据存储阶段要求建立安全的存储系统，以保护ESG数据不被未授权访问或破坏，同时保证其可访问性和可恢复性。ESG数据的处理和分析阶段，需要利用先进的数据分析工具和技术，对ESG数据进行清洗、整合和分析，以提取有价值的信息。共享阶段则要求遵循之前制定好的数据共享政策和流程，确保ESG数据在不同的利益相关方之间安全、合规地流动。这包括对ESG数据访问权限的严格控制和对数据共享请求的审慎评估。最终，在ESG数据归档和销毁阶段，企业要根据规章制度，确定哪些数据需要长期保存，哪些数据可以安全销毁。

在实施执行阶段要根据规章制度落实适当的ESG数据质量管理措施，以确保ESG数据准确性、完整性和及时性，还需要确保ESG数据治理过程遵守相关的法律法规和监管要求，以及企业内部与信息安全管理和信息科技风险管理有关的制度。

8. 监督和反馈

为了确保ESG数据治理措施能够得到有效执行和持续优化，企业需要建立监督和反馈环节，以监控ESG数据治理活动的进展，评估其效果，后续根据反馈进行必要的调整。企业需要设立专门的监督团队,对ESG数据治理的执行情况进行定期和不定期检查,以便及时发现ESG数据治理过程中的偏差和问题。评估机制需要对ESG数据治理的效果进行量化分析,通过特定指标来衡量ESG数据治理活动的完成度。指标包括但不限于ESG数据的准确性、访问速度、数据泄露事件数量和等级等,以为企业提供评价ESG数据治理成效的量化依据。企业还需要识别和评估ESG数据治理过程中可能遇到的风险,包括数据泄露、数据滥用、技术故障等,并制定相应的风险管理策略和预案,以迅速响应事件,减少损失。企业还需要通过合规性检查确保ESG数据治理活动遵循相关法律法规、监管要求和行业标准。此外,还需要建立开放的沟通渠道,鼓励员工和其他利益相关方提供反馈。监督和反馈是一个持续的过程,企业需要定期回顾监督和评估机制的有效性,并根据内外部环境的变化调整。

9. 持续改进及创新

监督和反馈是为了确保对ESG数据治理机制进行持续的改进和创新,以保持其适应性和先进性。在持续改进的过程中,企业应该参考国际先进标准和实践,以提升ESG数据治理国际化水平,同时确保ESG数据治理活动与企业的战略同步。除此之外,还应关注新兴技术的发展,探索大数据、人工智能、区块链、云计算等技术在ESG数据治理方面的应用,以创新的方式提升ESG数据的价值。通过建立持续改进机制、参考国际标准、整合业务战略和探索创新应用,企业能够确保其ESG数据治理框架始终处于最佳状态,支持其在环境、社会和公司治理方面的长期目标和可持续发展。

以上ESG数据治理方案(如图2-2所示)的有序推进,能确保ESG数据的有效管理、合理使用和价值最大化,支持企业在环境、社会和治理方面的决策和行动,推动可持续发展目标的实现。

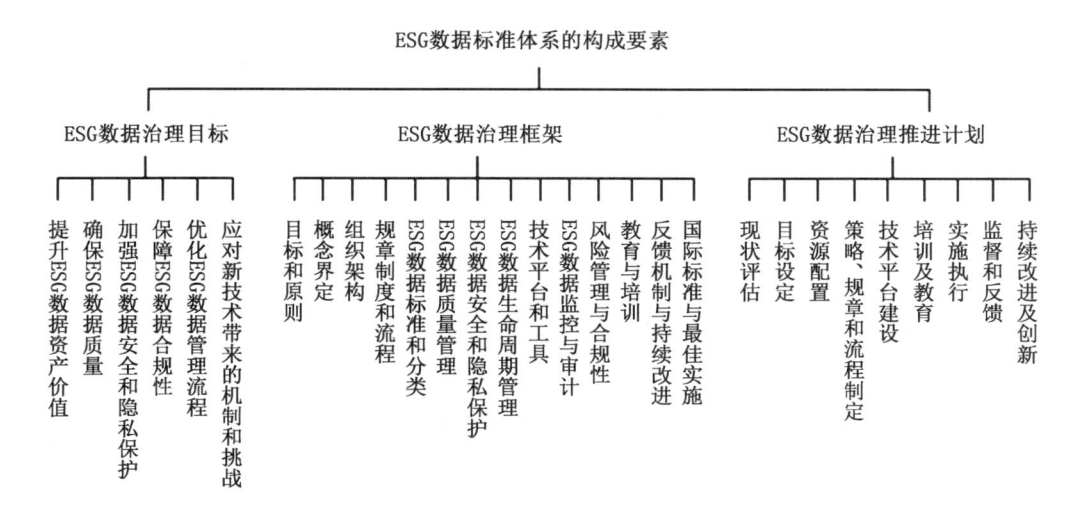

图2-2 ESG数据治理方案

三、ESG 数据标准体系建设和数据治理的协同推进

(一)ESG 数据标准体系建设和数据治理的相互影响分析

ESG 数据标准体系建设与数据治理是相互影响、协同推进的,其相互影响机制如图 2—3 所示。ESG 数据标准体系建设内容包括数据技术标准、数据资源标准、数据交换共享标准、基础标准、治理与管理标准、安全和隐私标准与行业应用标准等。

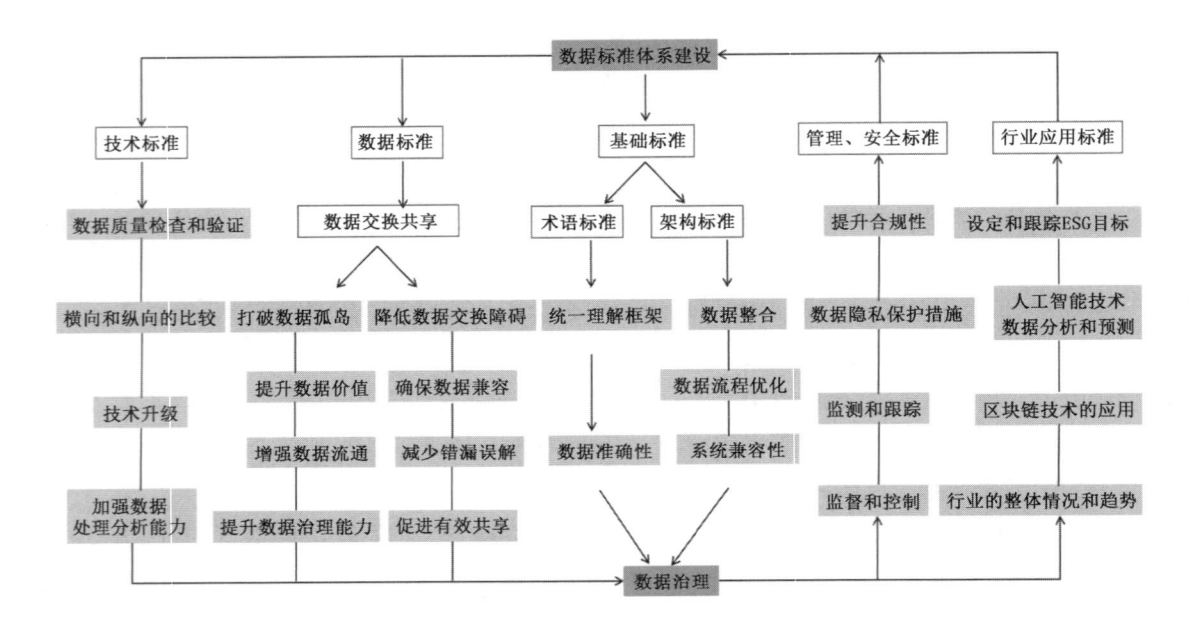

图 2—3　ESG 数据标准体系建设与数据治理相互影响路径

ESG 数据标准体系的术语和基础架构为数据治理提供了明确的要求规范和指导原则,从而确保 ESG 数据的一致性和准确性。ESG 数据标准体系资源共享的推进降低了因数据标准不一致而产生的风险和成本,并为不同企业之间的数据共享与交换提供了便利。ESG 数据标准体系中技术标准的存在加快了数字化转型,为数据治理打下了坚实的基础。而强大的数据治理能力通过监督、审查和反馈机制,保障了 ESG 数据标准体系治理与管理标准的有效实施,促进了 ESG 数据标准体系的持续优化和更新。数据治理可以不断深入挖掘 ESG 数据的价值,为 ESG 数据标准体系的发展提供经验和数据支持,推动数据标准体系中行业应用标准的实行。

1. ESG 数据标准体系基础标准对数据治理的影响

ESG 数据标准体系的基础标准包括术语标准和架构标准。

术语标准为企业内部和外部提供了统一的语言和理解框架,有助于各方对数据指标和概念有一致的认识,减少沟通障碍和误解。术语标准的制定确保了数据在采集、处理和报

告过程中的准确性和一致性,避免了因术语不清而导致的数据错误或遗漏。

ESG 数据标准体系中的架构标准,通过提供一套详尽的规范和参考架构标准,详细描述了 ESG 数据应遵循的具体要求,规定了数据的组织结构和存储方式,使得不同来源、不同格式的数据能够有效整合和对比,提高了数据的可用性和价值。架构标准还涉及数据的采集、处理、分析和报告等流程,通过优化这些流程,可以提高数据治理的效率和质量,确保数据的及时性和准确性。其还有助于确保不同系统之间的数据兼容性和互操作性,使得企业能够更好地利用现有的信息系统和数据资源,降低数据治理的成本和风险。

2. ESG 数据标准体系数据标准对数据治理的影响

ESG 数据标准是企业在进行数据治理时应参照的准则,它引导企业遵循行业内的最佳实践,从而在提升 ESG 数据质量的同时,也显著提高了数据管理的效率和效果。

通过遵循 ESG 数据标准,企业能够更加系统和科学地处理 ESG 数据,减少误差和疏漏,确保所披露的 ESG 信息的透明度和可信度,进而加强数据治理的专业性和规范性。而且 ESG 数据标准通常支持数据的交换和共享,这有助于打破数据孤岛,实现数据的互联互通,有助于企业更高效地利用数据资源,提升数据价值,增强数据的流通性。数据的交换和共享促进了企业与其他机构建立合作关系,共同利用数据资源,实现共赢。通过合作,企业可以获取更多的数据资源和技术支持,提升自身的数据治理能力和竞争力,它极大地降低了不同组织和企业间数据交换的障碍。通过共同遵循标准化的 ESG 数据定义、分类和格式,企业能够确保 ESG 数据的兼容性,从而使得 ESG 数据的流动变得更加顺畅,同时减少了因格式不一致或定义差异所导致的错漏和误解,有助于建立跨组织的信任,使得不同利益相关方都能够基于相同的数据理解做出决策。因此,ESG 数据标准体系对于促进数据的有效共享、加强跨组织协作以及提升整个社会的数据治理水平具有重要作用。

3. ESG 数据标准体系技术标准对数据治理的影响

ESG 数据技术标准要求企业采用统一的数据定义和格式,从而消除了数据歧义和误解。这些标准还规定了数据质量检查和验证的方法,确保数据的准确性和完整性。因此,遵循 ESG 数据技术标准可以显著提升数据治理中的数据质量水平。ESG 数据技术标准还要求企业按照统一的标准进行数据报告和披露,从而增强了不同企业之间 ESG 数据的可比性。这有助于投资者、监管机构和其他利益相关者更准确地评估企业的 ESG 表现,并进行横向和纵向的比较。ESG 数据技术标准推动了数据的标准化处理,包括数据采集、存储、分析和报告等环节。这有助于企业建立统一的数据管理流程和规范,提高数据处理的效率和准确性,并且在数据治理中,标准化处理是确保数据质量、提升数据价值的关键环节。ESG 数据技术标准的发展还推动了相关技术的创新和升级。这要求企业在数据治理中积极采用新技术和新方法,提高数据处理和分析的能力,从而助力企业更好地应对 ESG 挑战,提升 ESG 管理的整体水平。

4. 数据治理对 ESG 数据标准体系管理、安全标准的影响

在 ESG 数据标准体系落地实施的过程中，有效的数据治理构成了确保标准得以遵守和执行的坚实基础。数据治理通过制定和执行严格的数据管理规范，确保 ESG 数据的准确性、完整性和时效性。而准确、透明的 ESG 数据有助于投资者、监管机构和社会公众更好地了解企业的 ESG 表现，从而对 ESG 数据的全生命周期进行监督和控制，为 ESG 数据的治理、安全性和合规性提供保障。数据治理还有助于企业识别、评估和管理 ESG 相关的风险和机会，从而制定更加科学合理的 ESG 战略和目标。通过数据治理，企业可以监测和跟踪 ESG 目标的实现情况，及时调整策略，确保 ESG 目标与业务发展的协同；且数据治理提升了 ESG 数据的准确性和透明度，进而增强了 ESG 报告的可信度。

此外，数据治理通过制定和执行严格的数据隐私保护措施，确保个人隐私数据不被未经授权地访问、使用或泄露。数据治理还关注数据的存储、传输和处理过程中的安全性，防止数据被篡改、破坏或丢失。数据治理的实践经验和教训也有助于推动安全隐私标准的制定和完善。通过数据治理，企业可以了解当前安全隐私标准的不足和漏洞，为标准的修订和完善提供有益的参考，并提升企业对安全隐私标准的合规性，降低因违反安全隐私标准而面临的法律风险和声誉风险。

5. 数据治理对 ESG 数据标准体系行业应用标准的影响

数据治理有助于推动 ESG 行业应用标准的统一。通过制定和执行统一的数据标准和定义，企业可以确保 ESG 数据的可比性和一致性，降低数据差异带来的风险。数据治理为 ESG 行业应用标准的制定提供了丰富的数据支持。通过收集和分析大量 ESG 数据，企业可以了解行业的整体情况和趋势，为标准的制定提供科学依据。数据治理要求企业公开 ESG 数据，增强数据的透明度，从而接受利益相关者的监督和检验；其通过区块链技术的应用进一步确保了 ESG 数据的不可篡改性，提升了数据的可信度。

数据治理技术的应用可以优化 ESG 行业应用标准的制定流程。例如，利用人工智能技术进行数据分析和预测，可以帮助企业更准确地识别 ESG 风险和机遇，为标准的制定提供更有针对性的建议。数据治理还为企业设定和跟踪 ESG 目标提供了有力支持。通过定期收集和分析 ESG 数据，企业可以了解自身的 ESG 表现，并与设定的目标进行对比，从而制定改进措施。良好的 ESG 表现可以提升企业的品牌形象和市场竞争力，推动企业更好地展示自身的 ESG 成果和贡献，从而吸引更多的投资者和消费者，并使企业在行业中站稳脚跟。

综上所述，ESG 数据标准体系的建设和数据治理相互作用、相互促进。二者的相互影响，使得 ESG 数据的质量得以提高，流动更为顺畅，且增强了数据的可访问性。同时，这也为 ESG 数据的深入分析和应用提供了坚实保障，使其能够更好地支持决策制定、风险管理和战略规划。最终，二者的协同推进提高了 ESG 数据管理的效率和效果，并增强了 ESG 数据在企业乃至整个社会可持续发展中的价值。

（二）ESG 数据标准体系建设和数据治理协同推进的策略

为了促进 ESG 数据标准体系建设和数据治理的协同推进，需要采取一系列策略。其核

心目标是提高 ESG 数据的质量,从而为决策提供坚实的数据支持。需促进 ESG 数据的分享,打破信息孤岛,增强不同企业之间的协作,从而推动整个社会的可持续发展。这不仅涉及技术层面的创新,如大数据和人工智能等技术的应用,也涉及政策和法规的制定,以及跨部门、跨行业、跨地区、跨国家的合作。只有各方通力协作,才能促进 ESG 数据标准体系建设和数据治理的协同推进,共同构建一个开放、透明、高效的 ESG 数据生态系统。

1. 明确 ESG 数据定义和分类,制定全面 ESG 数据标准

为了实现 ESG 数据标准体系的建设和数据治理能力的协同推进,首先应该统一 ESG 数据的定义和分类,确保利益相关方对 ESG 数据形成一致的理解,这有助于减少 ESG 数据解释上的歧义,提高 ESG 数据的一致性和可比性。在此基础上,可以制定和实施全面的 ESG 数据标准。理想状态下,该标准不仅要与国际最佳实践相一致,还需具备足够的灵活性,以适应不同国家和地区的要求。

2. 建立 ESG 数据治理框架,并构建持续改进机制

为了更好地与 ESG 数据标准体系建设协同推进,需要建立全面的数据治理框架。这个框架必须明确数据治理的责任分配、流程设计和控制措施,确保 ESG 数据的质量和安全性得到保障。完善的数据治理框架能从整个生命周期的维度,保障 ESG 数据的准确性、完整性和合规性。同时,为了确保 ESG 数据标准体系能够持续适应不断出现的新情况,建立持续改进机制至关重要。完善的数据治理流程能持续监控 ESG 数据标准的实施效果,并基于实际应用中收集到的数据进行分析和反馈,以便按需修订已有的 ESG 数据标准。这种持续优化过程不仅有助于提升 ESG 数据标准的适应性,而且可促进数据治理实践的不断成熟和完善。

3. 推动 ESG 数据标准国际化,促进跨国、跨地区、跨行业的合作

对于 ESG 信息披露,不同国家和地区有着各自的法规和标准,因此,理想的 ESG 数据标准应有能力跨越国界,得到国际社会的广泛认可和遵循。一方面,这样可以确保 ESG 数据在全球范围内的一致性和通用性,促进国际贸易和投资,同时给跨国公司的 ESG 数据管理提供便利;另一方面,这样可以促进跨国、跨地区、跨行业的合作,通过建立合作机制,加强不同国家、地区和行业在 ESG 数据标准体系建设和数据治理实践方面的交流和协调,汇聚各方经验,在全球范围内形成协同效应,构建一个更加开放、包容、高效的 ESG 数据管理体系。

4. 通过数据共享平台和协议,促进 ESG 数据共享和交换

要顺利实现 ESG 数据标准体系建设和数据治理的协同推进,就需要通过建立数据共享平台和制定相应的数据交换协议,打破信息壁垒,实现不同组织和企业之间的数据流通与合作。这一切的基础是建立合理的访问控制措施和严格的数据使用政策,同时提供清晰的数据文档、使用指南和支持服务,以确保用户能够轻松地找到、理解和使用数据。此外,促进 ESG 数据共享和交换还需要在组织文化和政策层面努力,鼓励开放的数据共享精神,建

立信任和互利的合作关系。

5. 合理利用新技术,提高效率并加强 ESG 数据安全和隐私保护

合理利用现代技术能够显著提高数据治理的效率和效果。大数据和人工智能等技术,可以使 ESG 数据收集、处理和分析过程实现自动化,提高数据处理的速度和准确性,同时通过先进的算法和模型提供深入的分析和预测。此外,还能通过技术手段确保 ESG 数据在收集、处理和共享的每一个环节的安全性和可靠性。例如,可通过加密技术保护 ESG 数据不被未经授权访问,可通过区块链技术保障 ESG 数据的完整性和不可篡改性。这些措施可以增强各利益相关方对 ESG 数据的信任度,保护个人和企业及组织的权益,同时满足监管合规的要求。

6. 加强培训和教育,确保 ESG 数据标准和数据治理得到有效执行

加强培训和教育的核心在于提升企业内部员工以及外部利益相关方的认知和实践能力,这样 ESG 数据标准和数据治理措施才能够在各个层面得到有效落实。此外,加强培训和教育还能够促进企业文化的发展,形成一种重视 ESG 数据质量和数据治理的氛围。这不仅可以激励员工在日常工作中主动寻求符合 ESG 标准的解决方案,积极报告和解决数据治理过程中遇到的问题,还能加强利益相关方之间的沟通和协作,建立起共同理解框架,为跨部门、跨组织、跨地区、跨国界的 ESG 数据管理提供支持。

以上策略不仅能够确保 ESG 数据标准体系和数据治理能力的协同推进,而且能够显著提高 ESG 数据的整体质量和管理效率,支持企业做出更加明智、可持续和负责任的决策。

第六节　研究结论

一、结论和启示

(一)主要结论

本研究的目的是深入探讨 ESG 信息披露的数据标准体系建设、数据治理框架的构建以及两者的协同推进策略。围绕这一目标,本研究基于数据供应链和数据价值链理论,首先对 ESG 数据供应链的概念进行清晰的界定,识别 ESG 数据供应链中的利益相关方及其对 ESG 数据的具体诉求,从 ESG 数据供应链视角讨论数据标准问题和数据治理问题。然后,本研究深入分析 ESG 数据价值链的构成,从 ESG 数据价值链视角讨论数据标准问题和数据治理问题,分析这些问题的存在可能会如何影响 ESG 数据的质量,进而影响利益相关方的决策。最后,本研究提出了 ESG 数据标准体系建设方案和 ESG 数据治理方案,分析了 ESG 数据标准体系建设和数据治理的相互影响机制,探讨了如何基于 ESG 数据供应链和数据价值链协同推进 ESG 数据标准和数据治理体系建设。

研究表明,ESG 数据标准体系的建设与数据治理之间存在显著的正向相互影响,两者

的协同发展对于提升 ESG 数据的质量和安全性具有重大意义。构建全面、开放、与时俱进的 ESG 数据标准体系和 ESG 数据治理方案，可以更好地支持 ESG 数据的有效管理和利用，并确保数据治理活动与企业的战略目标和业务需求相一致。ESG 数据标准体系的建设和数据治理方案的制定不仅是技术层面的任务，更是战略层面的决策。二者的协同推进是优化完善 ESG 数据供应链和数据价值链的关键。建立和完善 ESG 数据标准体系，能够为 ESG 数据治理提供坚实的基础和明确的指导，而有效的 ESG 数据治理又能够促进 ESG 数据标准体系的实施和执行，形成良性循环。这种协同推进不仅有助于提升 ESG 数据治理的效率和效果，还能够增强企业对内外部变化的适应能力和市场竞争力，支持其在环境、社会和公司治理方面的可持续发展。

(二)启示和建议

结合 ESG 数据标准和数据治理的研究结论，得出以下启示和建议。

1. 制定与国际接轨的 ESG 数据标准

随着全球化的不断深入，企业面临着跨国界、跨地区、跨行业和跨文化的 ESG 数据交换与合作。但由于文化的差异，美国、欧盟等主张强制披露，而我国主张自愿披露，造成了国际上 ESG 数据披露的差距。因此，应建立一套与国际接轨的 ESG 数据标准，以反映全球对环境保护、社会责任和公司治理的共识。在制定 ESG 数据标准时，应充分考虑不同国家和地区的法律法规、监管要求、行业特点和文化差异，以适应不同的应用场景。其最终目标是建立起一套既符合国际规范又适应本土需求的 ESG 数据标准体系，为企业在全球范围内的 ESG 数据治理和合作提供坚实的基础。

2. 建立和完善 ESG 数据联动机制

目前，市场上虽存在大量的 ESG 数据提供商和评级机构，但他们的数据来源、评估方法和标准各不相同。这导致 ESG 数据质量参差不齐，投资者和消费者难以获得准确、全面的 ESG 信息，且数据孤岛现象严重，不同企业和机构之间的数据标准和格式不一致，导致 ESG 数据难以实现跨领域、跨行业的共享和联动。这使得 ESG 数据的价值无法得到充分发挥，也限制了企业在 ESG 方面的改进和提升。建立和完善 ESG 数据联动机制是推动企业可持续发展的重要策略，其核心在于 ESG 数据与信贷、评级等多个环节的相互促进和协同，旨在激发企业在 ESG 信息披露方面的主动性和积极性，进而提升企业的整体 ESG 表现。通过 ESG 数据与信贷、评级等的紧密联系，金融机构和投资者可以更准确地评估企业的 ESG 表现，从而做出更明智的决策，评级机构可以得出更公正、客观、透明的企业评级。企业倾向于通过高质量的 ESG 信息披露，获取资本市场青睐、降低融资成本、提高市场竞争力。通过多方共同努力，可促进企业可持续发展和资本市场繁荣稳定。

3. 引入更多先进技术手段加强 ESG 数据治理

由于数据采集和处理方法的差异，以及 ESG 数据披露的不完整性和不准确性，ESG 数据质量往往参差不齐，这会极大影响投资者、消费者和监管机构对企业 ESG 表现的准确评估。因此,随着企业运营和市场环境的变化,ESG 数据需要不断更新,以保持其时效性和准确性。然而,传统技术支持下的数据收集和更新方式往往效率低下,难以满足实时性需求。国内外监管机构对企业的 ESG 信息披露也提出了越来越高的要求。企业需要确保其 ESG 数据符合相关标准和法规,以避免出现合规风险。而先进技术手段能有效帮助企业提高 ESG 数据披露质量和处理效率。如果大数据、人工智能等先进技术手段能得到有效应用,企业有可能实现 ESG 数据的自动化收集和测算,这不仅减轻了人工处理数据的压力,还能够自动识别和纠正数据中的错误和不一致,显著提高 ESG 数据的准确性。利用先进技术,企业还可能更深入地挖掘 ESG 数据的价值和其背后的趋势,从而为决策提供更加科学的依据,并帮助企业建立起更为高效的 ESG 风险管理机制,最终实现可持续发展的目标。

4. 推广 ESG 理念,强化公众认知

可持续发展已成为全球共识,ESG 理念作为衡量企业可持续发展的重要标准,与全球可持续发展趋势高度契合。ESG 数据的有效应用,离不开 ESG 理念的推广和公众对 ESG 重要性的认知。企业不仅要追求经济效益,还要积极履行社会责任,故推广 ESG 理念、强化公众认知非常有必要。

国家层面的引导和支持是推广 ESG 理念的关键。政府制定相关法律、政策和监管要求,不仅能够为企业提供明确的指导和规范,还能够向公众传达 ESG 的重要性和紧迫性。政府可以出台相关政策引导和监管企业的 ESG 实践,推动 ESG 理念在更广泛的领域落实和深化。各类媒体在推广 ESG 理念中也扮演着重要角色,可以通过新闻报道、专题节目、公益广告等形式,将 ESG 理念传达给更广泛的受众。此外,企业和机构可以发布 ESG 报告和指南,向公众展示其在 ESG 方面的努力和成果,引导公众关注和支持 ESG 实践。也可通过开展 ESG 培训和交流活动,提升企业和投资者的 ESG 意识和能力,推动 ESG 理念在更广泛的范围内应用和推广。总之,推广 ESG 理念需要社会各界的共同努力和协作,各方通过合作,能更有效地整合资源、协调行动,逐步提升公众对 ESG 的认知,形成全社会共同推动可持续发展的良好氛围。

5. 加强政策支持,完善监督管理

法律法规和监管要求具有强制力,可以更好地推动企业在 ESG 数据治理方面的合规性。这需要国家层面出台更加明确和具体的 ESG 数据治理相关法规和监管要求。政策制定者还应当考虑到不同地区、行业和企业规模的特殊性,制定差异化的要求,以确保政策的公平性和可行性。监管机构也应当对企业 ESG 数据治理进行有效的监督和评估,并建立有效的沟通机制,帮助企业理解监管要求,提高 ESG 数据治理的质量和效率。通过政策优化、监管强化和企业自律,我们可以逐步建立起一个更加成熟和完善的 ESG 数据治理体系,为推动可持续发展做出积极贡献。

6. 培养数据人才,加强团队建设

随着 ESG 领域的不断发展,新的数据技术和方法不断涌现。培养数据人才,能够推动企业不断探索和应用新的数据技术和方法,推动 ESG 领域的创新与发展。同时,加强团队建设,能够汇聚不同专业背景的人才,形成专业合力,以共同应对 ESG 领域的复杂问题。这不仅可以提升团队成员之间的沟通能力和协作效率,确保 ESG 工作的顺利开展,还有助于在企业内部培养 ESG 文化。团队成员的共同努力和示范引领,可以推动企业全体员工更加关注 ESG 问题,形成积极向上的 ESG 氛围。

各利益相关方应加强数据人才的培养和引进,提高数据团队的专业素养和创新能力;应建立数据治理和数据管理的专业团队,负责数据标准的制定、实施和推广工作。高校或相关机构应设置 ESG 相关专业或课程,培养具备 ESG 知识和数据分析能力的专业人才。各利益相关方可以与高校或培训机构合作,根据自身的 ESG 需求定制人才培养方案;并通过内部培训、外部引进等方式,提升员工的 ESG 数据分析和应用能力。

7. 加强数据安全防护

数据安全关系到国家安全战略、行业的可持续发展和公众的隐私安全。数据安全问题不仅会使各利益相关方面临行政处罚,还会带来财务和名誉的损失。隐私和数据安全目前是各利益相关方面临的主要 ESG 风险之一,且会影响企业的整体 ESG 评级结果。这就需要企业加强数据的安全防护措施,遵守国内外数据保护规定,确保数据处理的合法性。

各利益相关方应建立完善的数据安全框架,包括数据的识别、保护、检测、响应和恢复机制,确保数据安全管理的全面性。如企业可以通过设立数据审查委员会,评估企业的数据风险,审查使用个人数据的产品和服务,强化合规管理。应加强员工培训,以提升员工的数据安全意识和技术能力,并运用先进的数据加密、数据脱敏等技术手段,保护数据在传输和存储过程中的安全性,防止数据泄露和滥用。同时,应制定数据泄露应急预案,确保企业在数据泄露事件发生时能够迅速响应,及时采取措施以控制损失。

以上建议旨在为企业、政策制定者、行业组织等各利益相关方提供参考。通过以上措施,各利益相关方将能够更好地应对 ESG 信息披露和数据治理方面的挑战,提升可持续发展能力,构建一个更加透明、负责任和可持续的商业环境。

二、研究不足和展望

(一)研究的局限性

本研究存在以下不足之处:

首先,本研究仅采用了规范研究的方法,探讨了 ESG 数据标准和数据治理的理论框架,在实证研究和案例分析方面存在较大的不足。实证研究的不足意味着本研究提出的 ESG 数据标准体系和数据治理框架的有效性和适用性仍有待进一步探讨。案例分析的不足也会一定程度影响研究结论的实用性和指导性。概念性的讨论有一定的启发性,但在转化为实际操作时可能会遇到各种挑战和困难。

其次,本研究尽管提到了人工智能、大数据、区块链、云计算等前沿技术的应用,但对其具体应用缺乏深入的实操分析,未能充分展开其在实际 ESG 数据标准和数据治理中的具体应用和操作流程。这种浅层的讨论方式,限制了对这些技术在 ESG 数据标准和数据治理领域中应用潜力的全面理解和发挥。

再次,ESG 数据标准和数据治理不仅与财务管理和商业实践相关,还涉及环境科学、社会科学、法学以及数学等多个领域。本研究忽视跨学科视角,未能充分考虑到这些领域之间的相互作用和影响。对于跨学科、跨领域探讨的不足,限制了本研究对 ESG 数据标准和数据治理深层次问题的认识和解决。

最后,ESG 相关课题尽管在近年来受到了越来越多的关注,但本研究还只是对现有 ESG 信息披露标准进行了相对较为全面的梳理和解读,简单分析了企业整体数据治理框架,还缺乏 ESG 数据标准体系和数据治理框架在不同行业、不同地区、不同时间尺度上应用的长远视角。

(二)研究展望

针对未来的研究,本书有以下几点展望:

首先,未来的研究可以在本研究的基础上拓展和深化,进一步探讨如何将 ESG 数据标准和数据治理的理论框架具体落地实施,以满足不同企业和行业的实际需求。一方面,可以通过实证研究收集和分析 ESG 相关数据,验证理论的有效性,探索不同情境下的适用性;另一方面,可以通过案例研究深入分析具体的实践问题,为 ESG 数据标准和数据治理的实践应用提供更加有力的支持和指导。

其次,未来研究可以深入探索大数据、人工智能、区块链、云计算等技术如何更有效地服务于 ESG 数据标准和数据治理相关工作。随着理论的发展、技术的不断成熟和应用场景的拓展,未来将有机会在实际中验证这些技术在 ESG 数据标准和数据治理领域的实际效果和潜在价值。

再次,未来可以采用跨学科的研究方法,结合环境科学、社会科学、法学、数学等多个领域的理论和实践,以便更全面地理解和解决 ESG 数据标准和数据治理中的复杂问题。跨学科合作可以从不同角度审视问题,综合运用各学科的专业知识和技术手段,针对现有问题提出更为全面和创新的解决方案,还可以促进不同领域间的知识交流和融合,激发新的研究思路和方法。

最后,未来可以持续跟踪观察,来评估长期环境变化和社会变迁对 ESG 数据标准和数据治理的影响。这一过程不仅涉及 ESG 数据治理的技术层面,还涉及政策制定、市场响应、企业战略等多个层面的互动。这需要建立起长远的视角,通过回顾和前瞻来跟踪和分析变化趋势,还可以进一步在此基础上分析得出合理的解决方案,通过优化数据治理来使各个层面的互动进入长期的良性循环。这种持续的、多维度的研究可以为 ESG 信息披露的数据标准和数据治理的持续改进提供坚实的理论和实践基础,促进企业和社会各界对可持续发展目标的深入理解和积极参与。

参考文献

[1] 安小米,郭明军,魏玮,等.大数据治理体系:核心概念、动议及其实现路径分析[J].情报资料工作,2018(1):6—11.

[2] 曹晨.我国上市公司ESG信息披露的规范困境及疏解[J].黑龙江金融,2024(5):17—20.

[3] 陈一洪.商业银行数据治理:体系框架与实施路径[J].南方金融,2024(4):89—99.

[4] 冯波,司冠华.国际主流ESG信息披露标准进展及对金融机构的影响[J].可持续发展经济导刊,2023(Z2):28—33.

[5] 高歌.ESG信息披露需建立全球统一标准[N].中国会报,2022—05—27:12.

[6] 郭珺妍,刘欢,高惠文.国内外ESG信息披露标准与实践研究[J].质量与认证,2024(3):34—38.

[7] 黄世忠,叶丰滢,王鹏程,等.中国可持续发展披露准则制定的策略选择[J].财会月刊,2023,44(11):3—7.

[8] 黄世忠,叶丰滢.我国制定气候相关披露准则面临的十大挑战及应对[J].财务研究,2023(3):3—10.

[9] 黄世忠,叶丰滢.《气候变化》的披露要求与趋同分析[J].财会月刊,2022(9):3—8.

[10] 黄世忠,叶丰滢.《战略与商业模式》的披露要求与趋同分析[J].财会月刊,2022(7):3—7.

[11] 黄建伟,陈玲玲.国内数字治理研究进展与未来展望[J].理论与改革,2019(1):86—95.

[12] 黄亮,付德志,苟凡.面向多业态集团的企业数据治理共享思路及框架[J].网络安全技术与应用,2024(10):53—56.

[13] 韩芳."双碳"背景下上市公司ESG信息披露现状研究[J].产业创新研究,2023(1):156—158.

[14] 韩明月.数字化转型背景下能源电力企业非财务绩效评价研究[D].广东财经大学,2023.

[15] 贾琛.健全商业银行公司治理[J].中国金融,2024(9):27—28.

[16] Khan B.ESG报告鉴证:确保数据可靠性的必要环节[J].董事会,2020(5):50—53.

[17] 刘文情.我国上市公司ESG信息披露现状与质量提升路径研究[J].现代营销(下旬刊),2023(9):95—97.

[18] 鲁洋.大数据背景下企业财务管理的挑战与变革[J].老字号品牌营销,202(18):129—131.

[19] 梁宇,郑易平.全球数据治理的现实困境与中国方案的实践进路[J].昆明理工大学学报(社会科学版),2023,23(6):105—114.

[20] 莫菲.高校ESG信息披露:标准、法治与数字化[J].中国电化教育,2024(4):120—128.

[21] 明欣,安小米,宋刚.智慧城市背景下的数据治理框架研究[J].电子政务,2018(8):27—37.

[22] 齐飞,任彤.可持续信息披露标准的国际实践与启示[J].中国注册会计师,2023(8):116—122.

[23] 阚天舒,王子玥.数字经济时代的全球数据安全治理与中国策略[J].国际安全研究,2022(1):130—158.

[24] 孙忠娟,郁竹,路雨桐.中国ESG信息披露标准发展现状、问题与建议[J].财会通讯,2023(8):9—14.

[25] 屠光绍.构建顺应全球趋势和适合中国国情的可持续信息披露标准[J].中国银行业,2022(9):18—

21，8.

[26]陶弈成，龙圣锦.商业银行环境信息披露的价值目标、现实困境与监管路径[J].金融与经济，2023(8)：69—77.

[27]王鹏程，孙玫，黄世忠，等.两项国际财务报告可持续披露准则分析与展望[J].财会月刊，2023，44(14)：3—13.

[28]王鹏程，黄世忠，范勋，等.制定中国可持续披露准则若干问题研究[J].财会月刊，2023，44(15)：11—22.

[29]王锡锌.个人信息可携权与数据治理的分配正义[J].环球法律评论，2021，43(6)：5—22.

[30]吴沈括.数据治理的全球态势及中国应对策略[J].电子政务，2019(1)：2—10.

[31]吴信东，董丙冰，堵新政，杨威.数据治理技术[J].软件学报 2019，30(9)：2830—2856.

[32]徐雅倩，王刚.数据治理研究：进程与争鸣[J].电子政务，2018(8)：38—51.

[33]徐天一.跨境电商企业ESG信息披露质量提升研究[D].商务部国际贸易经济合作研究院，2024.

[34]颜佳华，王张华.数字治理、数据治理、智能治理与智慧治理概念及其关系辨析[J].湘潭大学学报(哲学社会科学版)，2019，43(5)：25—30，88.

[35]张宁，袁勤俭.数据治理研究述评[J].情报杂志，2017，36(5)：129—134，157.

[36]张康之.数据治理：认识与建构的向度[J].电子政务，2018(1)：2—13.

[37]张明英，潘蓉.《数据治理白皮书》国际标准研究报告要点解读[J].信息技术与标准化，2015(6)：54—57.

[38]张一鸣.数据治理过程浅析[J].中国信息界，2012(9)：15—17.

[39]张鲜华，王斌.数字化转型、ESG表现与全要素生产率[J].重庆工商大学学报(社会科学版)，2024(9)：1—15.

[40]张文魁.数据治理的底层逻辑与基础构架[J].新视野，2023(6)：63—71.

[41]智环宇.我国上市公司ESG信息披露问题分析与优化措施研究[J].中国商论，2024，33(13)：164—168.

[42]郑大庆，黄丽华，张成洪，等.大数据治理的概念及其参考架构[J].研究与发展管理，2017，29(4)：65—72.

[43]郑大庆，范颖捷，潘蓉，等.大数据治理的概念与要素探析[J].科技管理研究，2017，37(15)：200—205.

[44]郑庆茹，韩谷源，刘妍，等.国内外ESG体系比较分析与经验借鉴[J].金融纵横，2022(7)：65—73.

[45]Alexander Y. Digital Transformation：Exploring Big Data Governance in Public Administration[J]. Public Organization Review，2022，24(1)：335—349.

[46]Ahmed，Essia R，Alabdullah，Tariq TY，& Akyurek，Mustafa. Management of Innovations in the Environmental，Social，and Governance Scores and Sustainability Performance Through ESG Disclosure：Evidence from Emerging Markets[J]. Marketing and Management of Innovations，2023，14(4)，69—83.

[47]Chen，Jo-An. Choosing to "Look Up"：The Case for a Single，Mandated Climate Change Disclosure Framework[J]. Boston College Law Review，2024(64)：179—218.

[48]Clarissa Valli Buttow，Sophie Weerts. Managing Public Sector Data：National Challenges in the

Context of European Union's New Data Governance Models[J]. Information Polity,2023(1):1—16.

[49]Fairfax, Lisa M. Dynamic Disclosure: An Exposé on the Mythical Divide Between Voluntary and Mandatory ESG Disclosure[J]. Texas Law Review,2022,101:273—337.

[50]Guliana, Gabrielle B. The States are the Answer to Requests for a Specific ESG Disclosure Mandate, Not the SEC… Yet[J]. University of Toledo Law Review,2023,54(2):263—294.

[51]Harper Ho, Virginia. Modernizing ESG Disclosure[J]. University of Illinois Law Review, 2022(1):279—355.

[52]Kotsantonis, Sakis, George Serafeim. Four Things No One Will Tell You About ESG Data[J]. Journal of Applied Corporate Finance,2019,31(2):50—59.

[53]Khaledi A, Karimmian Z & Mohammadi M. A Framework for Analyzing Data Governance at The National Level Using Meta-Synthesis[J]. Public Management Researches,2023,16(59):167—192.

[54]Mallin, Kaileigh. Government-Mandated ESG Disclosure: It's Not Easy Being Green[J]. Houston Law Review,2024,61(4):855—880.

[55]Mahoney, Paul G and Julia D Mahoney. "ESG"Disclosure and Securities Regulation[J]. Regulation, Fall 2021:10—12.

[56]Marais F ,Lugt D V T C ,Mans-Kemp N . Mainstreaming Environmental, Social and Governance Integration in Investment Practices in South Africa: A Proposed Framework[J]. Journal of Economic and Financial Sciences,2022,15 (1):e1—e13.

[57]Madelyn Antoncic. Uncovering Hidden Signals for Sustainable Investing Using Big Data: Artificial Intelligence, Machine Learning and Natural Language Processing[J]. Journal of Risk Management in Financial Institutions,2020,13(2):106—113.

[58]Mohammadali Faezirad, Abolfazl Khoshnevisan. Leveraging the Potential of Soft Systems Methodology to Trigger Data Governance Policy-Making in the Banking Industry[J]. Journal of Systems Thinking in Practice,2023,2(1):56—70.

[59]Nadya Purtova, Gijs van Maanen. Data as an Economic Good, Data as a Commons, and Data Governance[J]. Law, Innovation and Technology,2024,16(1):1—42.

[60]Nazar R M & Hidayanto A R. Rancangan Data Governance Menggunakan Panduan Data Management Body of Knowledge (DMBOK): Studi Kasus PT XYZ[J]. Syntax Literate, 2024,9(3):1671—1689.

[61]O'Hare, Jennifer. Don't Forget the "G" in ESG: The SEC and Corporate Governance Disclosure[J]. Arizona Law Review,2022(64):417—461.

[62]Ralf Barkemeyer, Georges Samara, Stefan Markovic,Dima Jamali. Publishing Big Data Research in Business Ethics, the Environment and Responsibility: Advice for Authors[J]. Business Ethics, the Environment & Responsibility,2023,32(1):1—3.

[63]Ryan C. Meaningful data products: Custodians Enhance Their Solutions[J]. Journal of Securities Operations & Custody, 2022,14(2):133—141.

[64]Soh Young In, Dane Rooke, Ashby Monk. Integrating Alternative Data (Also Known as ESG Data) in Investment Decision Making[J]. Global Economic Review,2019,48(3):237—260.

[65]Steve MacFeely, Angela Me, Haishan Fu, Malarvizhi Veerappan, Mark Hereward, David Passarelli, Friederike Schüür. Towards an International Data Governance Framework[J]. Statistical Journal of the IAOS,2022(38):703—710.

[66]Schmuck Matthias. Cultivating Data Observability as the Next Frontier of Data Engineering: A Path to Enhanced Data Quality, Transparency, and Data Governance in the Digital Age[J]. Journal of Public Administration, Finance and Law,2023(30):212—224.

[67]Soňa Karkošková. Data Governance Model To Enhance Data Quality in Financial Institutions[J]. Information Systems Management,2023,40(1):90—110.

[68]Yan S. Data Governance in China's Platform Economy [J]. China Economic Journal,2022,15(2):202—215.

第三章 影响力核算方法论[①]

第一节 影响力核算:连接企业价值与社会价值的有益探索

一、引言

目前,全球范围内声称将环境、社会和治理(Environment, Social and Governance, ESG)因素纳入投资决策的 ESG 投资资金管理规模已经超过 30 万亿美元。[②] 然而,为了实现可持续发展目标,联合国预测发展中国家每年仍然面临 4 万亿美元的融资缺口。[③] ESG 投资真的能拯救地球吗?这是《经济学人》杂志 2022 年 7 月刊出的一篇社论提出的拷问。[④] 超过 30 万亿美元资金管理规模的 ESG 投资对应对气候变化、缩小贫富差距产生了多少正面影响?拥有较高 ESG 评分的企业[⑤],对人类和自然环境产生了较大的正面影响吗?相反,ESG 评分较低的企业,例如特斯拉,产生的影响就一定较小吗?这些质疑反映了人们的两个期盼:一是希望更多资本流入可持续发展领域,创造真正的社会价值;二是希望获得更加可靠、可比、可验证和一致的信息,来考察企业和投资对社会和环境产生的影响。

经济学将企业行为对人类社会及自然环境的影响称为外溢性(Externality)[⑥],ESG 领域又习惯称为影响力(Impacts)。长期以来,大家可以通过财务报表考察一家公司的企业价值,但考察一家公司的社会价值、外溢性或影响力却常常缺乏信息。

2022 年成立的国际影响力估值基金会(International Foundation for Valuing Impacts,

---

[①] 本章第一节、第三节和第四节由张为国、贝多广和胡煦撰写,第二节由薛爽和董德尚撰写。第一节到第四节主要内容依次发表在《财会月刊》2023 年第 19 期、2025 年第 1 期、2024 年第 13 期和 2024 年第 7 期。

[②] 参见 Bloomberg 报道,https://www.bloomberg.com/company/press/esg-may-surpass-41-trillion-assets-in-2022-but-not-without-challenges-finds-bloomberg-intelligence,2023 年 7 月 8 日访问。

[③] 参见 https://unctad.org/publication/world-investment-report-2023,2023 年 7 月 8 日访问。

[④] 参见 ESG: Three letters that won't save the planet,2023 年 7 月 8 日访问。

[⑤] 例如,德国电子支付公司 Wirecard 在财务造假东窗事发之前,其 ESG 评级要好于亚马逊,https://www.ft.com/content/c1fd5ed0-e3f1-4c54-91f7-f0ad5a10af9a,2023 年 7 月 15 日访问。

[⑥] 也常翻译为外部性,指的是未被企业内部化的对外的影响。

IFVI)的主要工作即开发一套全球适用的影响力核算方法论,用来衡量和评估企业对人类社会和自然环境产生的影响,并将影响力货币化,通过披露影响力信息,推动企业和投资者做出对人类和环境有正面影响的决策,从而改善利益相关者的福祉。这项工作对引导更多资本流入可持续发展领域具有一定的推动作用。IFVI成立之后,经过一年多的努力,于2023年8月16日发布了《一般方法论1号:影响力核算概念框架》(General Methodology 1: Conceptual Framework for Impact Accounting)(征求意见稿)(简称《一般方法论1号》),公开征询各方意见。[①] 已有不少文献对可持续信息披露相关国际准则做了详尽的介绍(黄世忠,2022;王鹏程等,2023),但对影响力核算方面的国际前沿发展介绍得相对较少。[②] 为了填补这一空缺,本章将从IFVI的成立背景、组织结构、方法论整体框架、《一般方法论1号》的主要内容及争议焦点五个方面介绍IFVI影响力核算方法论开发工作,最后就我国应如何借鉴提出了若干建议。

二、IFVI的成立背景

IFVI于2022年7月12日成立,它的使命是在全球范围内推动影响力核算在财务分析、资产配置、公司内部决策中的应用。[③] 为此,IFVI将开发相关的方法论和估值方法,开展支持影响力核算所需的研究,进行所开发方法论的测试,提升企业、投资者和政策制定者对影响力信息披露可行性和重要性的认识,提升影响力核算的市场接受度。

IFVI的工作是前期相关机构工作的延续,其中主要包括三个方面的背景。(1)2021年,英国在担任七国集团(G7)轮值主席国期间设立了影响力工作组(Impact Task Force, ITF)[④],并发布了四个专题研究报告,其中包括一份关于提升影响力信息透明度、完整可靠性和协调一致性的报告。这份报告建议G7以及其他国家把影响力信息强制披露作为最终目标。设立IFVI即是推动实现G7影响力工作组提出的关于影响力信息披露的相关建议。(2)全球可持续信息披露逐步从准则林立走向相对统一,特别是国际财务报告准则基金会(IFRS基金会)在2021年11月第26届联合国气候变化大会上宣布成立国际可持续准则理事会(ISSB),旨在制定可持续信息披露的全球基线准则,并于2023年6月发布了首批2项准则。2023年7月欧盟委员会也颁布了首批12项可持续报告准则。IFVI所开发的影响力核算方法论以后既能被这些可持续披露准则制定机构采用,也能被企业、投资者、公共部门采用。(3)影响力度量和管理(Impact Measurement & Management, IMM)领域货币化估值技术的进一步发展,特别是哈佛商学院影响力加权账户(Impact-Weighted Accounts, IWA)项目开展的研究工作,为IMM和影响力投资描绘了一个更具野心的图景:如果企业

---

① 参见 https://ifvi.org/impact-accounting-methodology,2023年7月8日访问。
② 张为国等(2022)对七国集团影响力工作组2021年发布的关于提升影响力信息质量的相关报告做了详细介绍。
③ 参见 https://www.hbs.edu/news/releases/Pages/IFVI-IAWI.aspx,2023年7月8日访问。
④ 参见张为国等(2022)对七国集团影响力工作组的介绍。

能像编制财务报告一样编制影响力账户,那么投资者便有了更加可靠、可比的数据,并可根据这样的数据优化投资决策。IFVI 是在 IWA 等项目基础上建立起来的非营利机构,它将在 IWA 项目前期成果的基础上开展工作,包括 IWA 项目已经发布的影响力度量框架、方法论和测试数据。

(一)G7 影响力工作组关于影响力信息披露的主要建议

2021 年 12 月,G7 影响力工作组发布了四个专题研究报告:总报告《兑现承诺:动员规模化私营资本为人类与地球做贡献》、第一专家组报告《投资更美好的世界要求影响力的透明度、完整可靠和协调一致》、第二专家组报告《动员机构资本以实现可持续发展目标和公正转型(概要版)》、第二专家组报告《动员机构资本以实现可持续发展目标和公正转型(完整版)》。

在总报告中,工作组写道:"目前投资决策依据的信息是不完整的。"[①]我们应该努力实现这样一个世界:在这个世界中,这些决策取决于风险、回报和影响力。出于这个原因,G7 影响力工作组呼吁将影响力信息强制披露作为最终目标,实现这一目标必须以更高的透明度、统一的全球标准和强有力的机制为基础,以确保数据和分析的完整可靠性。IFVI 把这一愿景视为其机构使命。

第一专家组报告《投资更美好的世界要求影响力的透明度、完整可靠和协调一致》提出了九项建议[②],其中与 IFVI 成立背景有关的主要有两个方面。

1. 关于提升影响力信息透明度的建议

G7 影响力工作组建议,为了实现可持续发展目标并加速转变资本市场参与者的行为,应当将影响力信息披露作为强制性要求。但在强制性披露要求出台之前,应当鼓励自愿披露、提升自愿披露意识。工作组特别指出,企业应当尝试使用并推动改进影响力货币化估值方法,可以参考哈佛商学院 IWA 项目、欧盟透明项目(the Transparent Project)、价值平衡联盟(Value Balancing Alliance,VBA)以及价值核算网络(Value Accounting Network)的相关工作,用货币单位对影响力做合理估值。

2. 关于加强影响力信息披露准则之间协调的建议

可持续信息披露框架林立,国际社会要求不同报告框架之间加强协调、提升可比性一致性的呼声越来越强烈。就此方面,G7 影响力工作组的建议是:(1)支持建立可持续信息披露全球基线准则至少涵盖影响企业价值的社会和环境因素,具体而言全球基线准则指的是 ISSB 制定的相关披露准则;(2)与此同时,应当立刻制定涉及更广泛利益相关者利益的影响力信息披露准则。

IFVI 把推动实现上述两方面建议作为其工作目标。首先,IFVI 继承了哈佛商学院

---

① 参见 https://www.impact-taskforce.com/reports/,2023 年 7 月 15 日访问。
② 参见 https://www.impact-taskforce.com/reports/,2023 年 7 月 15 日访问。

IWA 项目的研究知识产权，并与 VBA 建立了合作关系，共同开发全球适用的影响力核算方法论，推动影响力货币化估值在财务分析、资产配置、公司内部决策中的应用。其次，IFVI 支持 ISSB 制定的可持续信息披露全球基线准则，并希望自身开发的影响力核算方法论能被 ISSB 和欧盟等可持续披露准则制定机构所采用。可见，IFVI 的工作方向与 G7 影响力工作组在 2021 年 12 月提出的建议有着紧密的联系。

(二)全球可持续信息披露准则的发展趋势

经过三十多年的发展，可持续信息披露准则相继涌现，包括全球报告倡议组织(GRI)、可持续会计准则委员会(SASB)、气候披露委员理事会(CDSB)、国际整合报告理事会(IIRC)、气候相关财务信息披露工作组(TCFD)等机构提出的报告框架。然而，准则林立也带来不少问题。从披露主体的角度而言，使用不同的报告框架导致信息冗余，增加了披露负担。从信息使用者的角度而言，基于不同报告框架披露的信息存在不可比和不一致的问题，造成了使用困扰。因此，建立可持续信息披露全球基线准则的呼声越来越高。

响应国际社会的期盼，IFRS 基金会在 2021 年 11 月第 26 届联合国气候变化大会上宣布成立 ISSB，并随后合并了 CDSB、IIRC、SASB 等机构，为制定高质量的可持续信息披露全球基线准则奠定了基础。2023 年 6 月 26 日，ISSB 正式发布了首批 2 项准则，即《国际财务报告可持续披露准则第 1 号——可持续相关财务信息一般要求》(IFRS S1) 和《国际财务报告可持续披露准则第 2 号——气候相关披露》(IFRS S2)。随后，2023 年 7 月 31 日，欧盟委员会正式发布第一批 12 项《欧洲可持续发展报告标准》(ESRS)，其中包括两项通用准则，即《一般要求》(ESRS 1) 和《一般披露》(ESRS 2)。这些事件标志着全球可持续信息披露从准则林立逐步走向相对统一(黄世忠，2022)。

但是，因为 ISSB 制定的准则与欧盟的准则在理念上存在差异[①]，可持续信息披露准则是否走向统一，还有待观察。其中最为核心的差异在于 ISSB 准则以服务投资者为导向，采用财务重要性确定披露事项，只考虑对企业价值有影响的可持续发展事项。然而，欧盟发布的准则以服务多元利益相关者为导向，采用双重重要性原则，不仅考虑对企业有影响的社会和环境因素，还考虑企业活动对社会和环境产生的影响，即影响力重要性。

IFVI 的影响力核算方法论开发工作建立在 ISSB 和欧盟准则基础之上。后文将会看到，IFVI 于 2023 年 8 月 16 日发布的《一般方法论 1 号》部分内容采用了 IFRS S1 和 ESRS 1 的相关规定。

(三)影响力货币化估值技术

作为 ESG 投资策略之一，影响力投资追求主动解决社会和环境问题，主动创造正面且可度量的影响力。[②] 因此，影响力度量和管理是影响力投资领域的一项重要内容。根据全

---

① 参见黄世忠(2022)对 ISSB 准则和欧盟准则理念差异的详尽分析。
② 参见全球影响力投资网络(Global Impact Investing Network，GIIN)对影响力投资的定义，https://thegiin.org/impact-investing，2023 年 7 月 15 日访问。

球影响力投资指导组织（Global Steering Group for Impact Investment，GSG）创始主席罗纳德·科恩（Ronald Cohen）在其著作《影响力投资：商业和资本助力可持续发展》中的介绍，目前影响力度量与管理的方法已经多达 150 多种。[①] 现在的问题可能不是企业和投资者缺乏影响力度量的工具，而是不同机构使用不同的方法，造成影响力信息不可比。另外，不同可持续发展议题下的影响力信息，即便使用了定量指标，但由于计量单位不一，也不一定具有可比性。例如，种植 100 棵树和提供 100 个贫困地区女性就业岗位，哪个产生的正面影响更大？因为影响力信息缺乏可比性，资产管理者在配置资产时很难比较不同基金产生的影响力。[②] 这个问题在一定程度上限制了影响力投资的发展。

如果有一种通用方法可以将企业活动产生的影响力用货币度量，企业就像披露财务指标一样披露其产生的影响力，那么投资者便有了更加可靠、可比的数据，可根据回报、风险、影响力三个维度制定投资决策。这样的愿景似乎颇具野心，能实现吗？100 年前的人们可能也不敢想象，100 年以后全球范围内的企业已经使用相对统一的财务会计准则来度量企业的资产、负债、收入和费用。[③] 人类知道如何完备地定义投资风险可能也不超过 60 年。[④] 或许，让全球大多数企业使用相对统一的方法度量其影响力，这样的愿景也是可以憧憬的。

在这些愿景的感召下，不少机构尝试开发影响力货币化估值技术。其中包括哈佛商学院 IWA 项目。IWA 项目的研究成果让大家看到，影响力货币化是可能的，也是有用的。例如，2020 年 IWA 研究团队发布了一项成果[⑤]，测算了上千家企业 2010—2019 年经营活动对环境产生的影响，包括因为排放温室气体、排放污染物质和使用水资源产生的影响，并把这些影响换算成货币价值，加总之后得到了各家企业对环境的总影响。这些数据让我们看到，有些企业一年对环境产生的负面影响可能超过其当年的营业利润。比如 IWA 研究团队发现，美国航空公司 2019 年经营活动对环境产生的负面影响超过 48 亿美元，是其 2019 年营业利润的 132%，换言之，考虑了这一负面影响后，该公司营业利润将为负数。按 IWA 项目的方法测算得到的企业环境影响力数据，还可以帮助我们了解哪些企业对环境更友好。比如，经 IWA 研究团队测算，喜力啤酒公司 2019 年生产经营活动对环境造成的负面影响约为 2.3 亿美元，占其同期营业利润的 5.61%，而 2019 年百威啤酒公司对环境造成的负面影响约为 3.3 亿美元，占其同期营业利润的 26.51%（见表 3—1）。可见，不论是绝对数量还是相对水平，百威啤酒公司似乎对环境更不友好。这些影响力信息简单易懂，为政策

[①] 参见 Cohen(2020)的研究。

[②] 影响力经济基金会报告"Impact-Weighted Accounts Framework：Overview"中比较了两个投资基金的影响力信息披露，https://impacteconomyfoundation.org/wp-content/uploads/2023/03/IWAF-Summary-Impact-Economy-Foundation.pdf，2023 年 7 月 15 日访问。

[③] 参见 Rouen 和 Serafeim(2021)的研究，https://www.cesifo.org/DocDL/CESifo-forum-2021-3-serafeim-rouen-impact-weighted-financial-accounts-a-paradigm-shift.pdf，2023 年 7 月 15 日访问。

[④] 以 Rothschild 和 Stiglitz(1970)中的方法计算。

[⑤] 参见 https://www.hbs.edu/impact-weighted-accounts/Documents/corporate-environmental-impact.pdf，2023 年 7 月 15 日访问。

制定和/或监管、投资者和消费者决策提供了有用的信息。

表3—1　哈佛商学院 IWA 项目：部分啤酒公司的环境影响力（2019年度，折现率为3%）

公司名称	环境影响力（亿美元）	环境影响力占营业利润的比例（%）	环境影响力占销售收入的比例（%）
百威	－3.3	－26.51	－4.94
嘉士伯	－1.2	－7.74	－1.16
喜力	－2.3	－5.61	－0.86
朝日	－1.2	－6.66	－0.65

注：负号表示净影响为负，数据来源于 Freiberg 等（2021）的研究。表 3—3 同。

除了环境影响力，IWA 项目还开发了另外两个度量框架：一个用于度量企业对员工、劳动力市场产生的影响力，另一个用来度量企业产品或服务对社会、消费者、环境产生的影响力。在产品影响力度量方面，考虑行业差异，IWA 项目提出了一个适用于不同行业的统一框架，并在航空、石油、化工、食品、通信、消费金融、供水等多个行业做了测试。

除了哈佛商学院 IWA 项目，其他机构也为推动影响力货币化估值技术的进步做出了贡献。VBA 与影响力经济基金会（Impact Economy Foundation，IEF）也在同一时期先后提出了影响力货币化估值方法，并开展了企业试点工作。

IFVI 将在哈佛商学院 IWA 项目、VBA、IEF 等相关工作的基础上开发全球适用的影响力核算方法论，是前期工作的延续与进一步发展。

三、IFVI 的组织结构

为了推动实现 G7 影响力工作组关于影响力信息强制披露的愿景，2022 年 7 月 12 日，在哈佛商学院 IWA 项目的基础上成立了 IFVI。2023 年 1 月，IFVI 和 VBA 宣布建立合作关系，联手开发通用的影响力核算方法论。IFVI 主持方法论的开发工作，VBA 牵头方法论在企业和投资界的测试工作。两家机构携手开展营销、宣传和市场推广工作。

目前，IFVI 的理事会由 25 位行业专家组成，IFVI 理事长由 GSG 创始主席罗纳德·科思担任。理事会成员包括 G7 影响力工作组主席尼克·赫德（Nick Hurd）、荷兰财政部原部长及国际会计准则理事会（IASB）原主席汉斯·胡格沃斯特（Hans Hoogervorst）、哈佛商学院 IWA 项目的主要学术负责人乔治·塞拉菲姆（George Serafeim）教授、IFRS 基金会原首席执行官亚埃尔·阿尔莫格（Yael Almog）、影响力投资机构阿斯塔诺尔创投（Astanor Ventures）执行合伙人兼联合创始人埃里克·阿尔尚博（Eric Archambeau）[ISSB 主席伊曼纽尔·费伯（Emmanuel Faber）是阿斯塔诺尔创投的合伙人]、影响力管理项目（Impact Management Project）原首席执行官克拉拉·巴比（Clara Barby）（自 2020 年起，她协助 IFRS 基金会创建 ISSB）、VBA 原主席和创始成员董善励（Saori Dubourg）、美国联邦储备委员会原副主席罗杰·弗格森（Roger Ferguson）、SASB 原首席执行官珍妮·吉洛特（Janine

Guillot)、美国证券交易委员会原委员艾里森·赫伦·李(Allison Herren Lee)、IASB 原创始理事及美国财务会计准则委员会(FASB)原主席罗伯特·赫兹(Robert Herz)、IIRC 原主席康纳·基奥(Conor Kehoe)、韩国标准协会主席兼首席执行官姜明秀(Myung-soo Kang)等。本文作者之一张为国教授也是 IFVI 理事会成员。

据统计,IFVI 理事会 25 位成员中,有 12 位成员参与了 G7 影响力工作组的工作。IFVI 与 G7 影响力工作组的渊源由此可见一斑。IFVI 理事会下设若干专门委员会,张为国教授担任应循程序监察委员会主席、利益攸关者委员会成员。理事会主席、首席执行官等专家组成 IFVI 执委会,张为国教授现为执委会成员。

2023 年 4 月,IFVI 成立估值技术与从业者委员会(Valuation Technical & Practitioner Committee,VTPC)。该委员会的任务是指导、验证和批准 IFVI 开发的影响力核算方法论。VTPC 由 18 位来自不同地区和国家具有不同职业背景的专家组成。VTPC 主席由哈佛商学院教授乔治·塞拉菲姆担任。本章的另一位作者贝多广教授现为该委员会成员。在影响力核算方法论开发的全生命周期,VTPC 成员将扮演重要角色,其主要职责包括:(1)规划。批准通过影响力核算方法论开发工作计划。(2)开发。指导影响力核算方法论的开发。(3)公示。投票通过影响力核算方法论的征求意见稿。(4)批准。投票通过影响力核算方法论终稿。

VTPC 将通过组织召开季度会议的方式监督、指导影响力核算方法论的开发。当 VTPC 就某一方法论文件达成普遍一致意见时,VTPC 将投票决定是否公开发布这一方法论文件的征求意见稿。需要获得 VTPC 简单多数的批准才能公开发布方法论的征求意见稿。2023 年 8 月 16 日,IFVI 发布经由 VTPC 投票批准发布的《一般方法论 1 号》。在本号文件征求意见期结束以后,即 2023 年 10 月 16 日之后,VTPC 将对收到的意见函进行审阅,并指导方法论的修订与正式发布。

四、方法论整体框架

IFVI 和 VBA 正在开发的影响力核算方法论由以下三个层次的方法论构成。

(一)一般方法论

一般方法论建立影响力账户的体系和概念要素,包括影响力信息的目的、使用者、质量特征、基本概念、影响力重要性以及计量和估值方法。一般方法论为开发通用议题和特定行业方法论提供指南。

(二)通用议题方法论

通用议题方法论为可持续发展通用议题层面的影响力计量和估值指南。企业影响力账户中特定主题相关的影响力,根据影响力重要性确定。本层次方法论可跨行业使用。

(三)特定行业方法论

特定行业方法论为特定行业层面的影响力计量和估值指南。企业影响力账户中特定行业相关的影响力,也根据影响力重要性确定。需特别指出的是,VTPC 明确,仅当无法开发跨行业的通用议题方法论时,才开发特定行业方法论。这与 ISSB 对特定行业准则的定位不同,而与 IASB 制定国际会计准则的思路一致。

本次公示的《一般方法论 1 号》作为一般方法论的第一部分,阐明了影响力核算的主要目的,定义了关键术语及概念。

除了已颁发的《一般方法论 1 号》,IFVI 当前正在开发的方法论有以下四个:(1)《一般方法论 2 号》。这份文件计划包括两个方面的内容。第一部分是关于计量和货币化估值方法的通用指南以及使用这些方法的基本原则。第二部分将继续开发基础概念,希望回答什么是价值,哪些价值将会纳入影响力核算系统这一核心问题。(2)首份环境议题的通用议题方法论:温室气体排放影响力核算。(3)首份社会议题的通用议题方法论,即充足工资影响力核算。(4)首份特定行业方法论,即医药行业产品(或服务)对消费者的影响力核算。

五、《一般方法论 1 号》的主要内容

《一般方法论 1 号》确立了方法论中的关键概念、定义与原则,由五部分组成,并附有一个术语表作为附录。正文第一部分"简介"引入了方法论特有的三个概念:影响力核算、影响力账户以及影响力信息。这三个概念构成了影响力度量和评估的基石。第一部分还提出了影响力核算的长期愿景,提供了方法论架构的基本组成部分。第二部分"方法论的目的与应用"阐述了方法论的逻辑起点,即构建影响力核算系统、编制影响力账户以及生成影响力信息的最终目的。第二部分还说明了影响力账户的编制者与影响力信息的使用者。第三部分"影响力信息的质量特征"规定了影响力信息应当符合的质量特征,包括相关性、真实反映、可比性、可验证性和可理解性等。第四部分"影响力核算的基本概念"系统地定义了方法论中使用的关键概念,包括影响力、影响力路径、货币化估值、价值链和利益相关者等概念。第五部分"影响力重要性和影响力账户的编制"列出了编制影响力账户的基本步骤,包括与影响力识别和衡量相关的步骤。

(一)影响力核算的长期愿景

IFVI 长期愿景是开发一个全球适用的影响力核算系统,用于衡量和评估企业、项目等主体对人类和环境产生的影响。企业管理者和投资者可以使用该方法论编制影响力账户,用货币单位记录企业对人类和环境产生的重大的正面和负面影响。在整个方法论中,影响力账户与影响力加权账户同义。前缀"加权"容易让人产生某些影响要比另一些影响更加重要的误解,因此 IFVI 技术人员在本版征求意见稿中删去了前缀"加权",但方法论中讨论的影响力账户实质上是影响力加权账户相关工作的延续。"加权"也有"调整"影响力后的营业利润、利润率、每股净资产等指标的含义。

影响力账户用于生成影响力信息,包括但不限于出于披露目的而分类和汇总的影响力、衡量和评估影响力的假设、数据和方法的补充说明,以及影响力背景的定性描述。影响

力信息的使用者包括企业的管理者、投资者以及受企业影响的其他利益相关者。和通用财务报告中的财务信息一样，影响力信息为企业管理者和投资者提供决策信息。方法论认为影响力信息为可持续发展议题之间以及可持续发展议题与财务议题之间的综合分析提供了数据支持。

方法论规定，在编制影响力账户时，应当采用影响力重要性视角来确定将哪些影响纳入企业的影响力账户。一项企业对人类和环境产生的影响被识别、度量和评估之后，只要该影响对受影响的利益相关者或人类社会而言是重大的，其就应该被纳入影响力账户，不论该影响是否触发或可能触发对该企业的重大财务影响。方法论中提到的影响力货币化估值是从受影响的利益相关者或整个社会的角度进行的，而不是从企业的角度进行的。

影响力的衡量与评估是基于估计、判断和模型，而不是基于对事实的精准描述。因此在估计影响力时，可能会出现误差。针对这一情况，为了回应潜在的质疑，本节援引了 IFRS S1 中的相关内容[①]，即使测量存在很高的不确定性，也不一定会妨碍影响力账户提供有用的信息。此外，方法论也承认影响力评估方法有很多种，货币化估值技术只是其中的一种，其他方法可以作为影响力核算系统的补充。相较于其他影响力评估方法，货币化估值技术的优势是通过一种标准化的方式推动影响力度量和管理的进一步普及与应用，并让不同企业产生的影响力信息更具可比性。

（二）方法论的目的与应用

编制影响力账户并生成影响力信息的目的是为评估企业、项目等主体的可持续发展绩效提供决策信息。这些信息对企业管理者和投资者了解与可持续发展相关的风险和机遇是有帮助的，但生成影响力信息的最主要目的是推动企业做出对人类和环境有正面影响的决策，从而改善受影响的利益相关者的福祉。

方法论中的可持续发展绩效是指企业、项目等主体在减少负面影响和增加正面影响方面的有效性。此定义与 ESRS 1 中相关规定[②]有共同之处。ESRS 1 指出，在确定特定主体披露的有用性时，企业应考虑指标是否提供了"减少负面结果和/或增加正面结果"的信息。

虽然企业是本方法论最主要的适用主体，但是一个业务部门（如一个汽车制造商的电动车业务分部）、一个项目（如政府和民间企业以某种合作方式共同开发的一个污水处理项目）同样可以使用本方法论衡量自身行为的影响力。因此，方法论将这些适用主体统一称作"主体"（Entity）。

影响力账户的编制者可以是主体本身，也可以是外部投资者。这与通用财务报告不同，通用财务报告有明确的财务信息编制者，即主体本身。IFVI 技术人员做出这样安排的原因在于，影响力信息编制和披露的制度基础设施仍在建设中，不明确规定影响力账户的

---

① 来自 IFRS S1 第 79 段的相关内容。
② 来自 ESRS 1 附录 A 第 3 段 AR3 的相关内容。

编制者可为未来的发展预留出空间。取决于制度基础设施的发展状况，未来至少存在两种可能的情形：一种是由主体编制并公开披露的影响力报表；另一种是由投资者利用公开披露的可持续发展相关信息编制的影响力账户。从外部角度编制影响力账户可能会因数据可得性而导致潜在的限制。

影响力信息的主要用户包括以下三类：(1)主体的管理者，包括高级管理人员，财务、风控和可持续发展等部门的管理者，用来支持并购、投资、销售、采购、员工薪酬和绩效管理、产品研发等方面的公司管理决策；(2)现有或潜在的投资者、贷款人和其他债权人，用来评估主体的可持续发展绩效和企业价值，支持投资决策；(3)受影响的其他利益相关者，用来支持与消费、就业、采购和政策制定等相关的决策。

(三)影响力信息的质量特征

影响力信息的质量特征用于指导影响力核算所有步骤，包括影响力账户的编制和影响力信息的披露。这些特征直接改编自 ESRS 1 和 IFRS S1，包括两个基本质量特征，即相关性和真实反映，以及三个用于增强影响力信息质量的特征，即可比性、可验证性和可理解性。实际上，ESRS 1 和 IFRS S1 也借鉴了 IASB 所制定的概念框架中有关财务报告质量特征的内容。

1. 相关性

在通用财务报告中，确定财务信息相关性的主要标准是信息影响用户决策的能力。然而，在影响力核算中，这不是唯一标准。影响力信息是否相关由以下三个原则确立：(1)影响信息用户的决策能力；(2)公开披露的需要以及向受影响的利益相关者负责的需要；(3)对受影响利益相关者的影响的重要程度。虽然方法论的目标是生成对企业管理者和投资者决策有用的信息，但影响力信息与公共利益高度相关。一项实际发生的影响对受影响的利益相关者有多重要，取决于该影响的严重程度；一项潜在可能发生的影响的重要程度，除了和该影响的严重程度有关，也和影响发生的可能性有关。一项影响的严重程度主要从三个方面来判断：(1)规模，即负面影响或正面影响引起人们福祉变化的程度，以及影响持续的时间；(2)范围，即负面或正面影响的波及范围，包括地理范围与人群数量；(3)不可补救性，即负面影响可以补救的程度。

2. 真实反映

影响力信息应当如实反映其意在反映的影响的实质内容，确保信息完整、中立和无错误。ESRS 1 和 IFRS S1 在解释真实反映这一质量特征时，明确要求在不确定的情况下，既不应当夸大正面信息或低估负面信息，也不应当低估正面信息或夸大负面信息，即保持中立性。然而，为了避免影响力粉饰，《一般方法论 1 号》采用了谨慎性原则，即在不确定的情况下，影响力账户的编制者应默认避免夸大正面影响和低估负面影响。

3. 可比性

当同一主体不同时期的影响力信息以及不同主体之间的影响力信息，特别是具有类似活动或在同一行业内运营的主体的影响力信息可以比较时，那么该影响力信息具有可比性。

4. 可验证性

当信息本身或者用于推导该信息的依据可以被证实时，该影响力信息具有可验证性。可以通过使用可验证的输入信息以及提供用于衡量和评估影响力的假设、数据、方法，来提升影响力信息的可验证性。

5. 可理解性

当影响力信息清晰、简洁时，其就易于理解。

(四)影响力核算的基本概念

方法论中最为关键的概念包括影响力、影响力路径、货币化估值以及影响力归因。这些概念的定义主要改编自或参考了影响力管理项目的相关工作成果。

1. 影响力

在本方法论中，影响力是指一个组织造成的人类福祉或自然环境某一方面的变化。影响力可以是实际的或潜在的、有意的或无意的、积极的或消极的。该定义采用了以人类为中心的视角。如果企业的经营活动对自然环境产生了影响，只要该影响与人类福祉无关，即便自然环境本身存在内在固有价值，也不在本方法论考虑的影响力核算范围之内。做出这一规定主要是因为衡量自然环境内在固有价值存在局限性。但方法论也指出，在未来可能的情况下，可以考虑把与人类福祉无关但对自然环境有影响的影响力纳入衡量的范围。

2. 影响力路径

为了增强实用性，方法论未来将提供标准化的影响力路径。通用议题方法论和特定行业方法论将以影响力路径的形式发布。因此，《一般方法论1号》提供了影响力路径及其相关概念的定义。影响力路径描述了一系列连续的因果关系，把主体的活动与其产生的影响联系了起来。按照因果关系，影响力路径依次由五个部分组成：输入、活动、输出、结果和影响力。输入指的是该主体为其活动所利用的资源与业务关系。活动指的是主体的一切行动。输出指的是主体活动的直接结果，包括主体的产品、服务和任何副产品。结果是指由主体的行为以及外部因素导致的人们体验到的福祉水平或自然环境状况。结果用于描述受输入、活动和输出影响的人们福祉的一个或者多个维度。结果用来描述所产生的状态或者条件，而影响力指的是该状态或者条件的变化。

3. 参考情景

影响力路径末端是结果和影响力。结果描述的是状态，而影响力描述的是状态的变化。计算变化，就需要参照物。参考情景即为影响力计算的参照物，它指的是假设在没有主体活动的情况下发生的一组活动和相关结果，它假设主体的活动以及任何类似的替代品都不存在。方法论规定应当向影响力信息用户披露影响力路径的参考情景。

4. 货币化估值

在本方法论中，货币化估值指的是以货币价值表示的对经历影响的人们的相对重要性、价值或有用性的估计。因此,本方法论是从受影响的利益相关者的角度评估影响力。

5. 价值链

本方法论中关于价值链的定义,参考了 ESRS 1,分成上游、自有业务和下游三个层次。本方法论包括所有三个价值链层面的影响力。影响力账户中的自身经营范围与通用财务报告中报告主体的经营范围一致。主体的直接影响是由主体自身运营造成或促成的影响;间接影响是通过其在上游和(或)下游价值链中的业务关系与主体自身运营、产品或服务直接相关的影响。

6. 利益相关者

本方法论中关于利益相关者的定义改编自 ESRS 1。在本方法论中,受影响的利益相关者是指其福祉受到或可能受到主体活动及其整个价值链业务关系影响的个人或者群体。利益相关者常见的类别包括政策制定和/或监管部门、商业伙伴、社会组织、雇员、工会、消费者、客户、投资者、本地社区、弱势人群、非政府组织和供应商。

7. 报告时期与应计影响力核算

方法论未强制规定主体衡量其影响力的时间段,但规定特定时间段的影响力账户应该反映与该时期主体活动相关的所有影响力,即使这些影响已经在之前时期实现或者可能在未来时期实现。应计影响力核算描述了主体相关活动发生期间对受影响利益相关者的影响。

8. 影响力归因

一个主体可以对影响承担全部或者部分责任。影响力的归属应该考虑主体的责任。对此,《一般方法论 1 号》做出了两项重要决定。首先,一个主体将全部影响纳入其影响力账户,并不排除与该影响相关的另一个主体将全部或者部分影响纳入其影响力账户。这样可能会导致整个价值链影响力的重复计算。这种方法类似于《温室气体核算体系》(The GHG Protocol)的相关规定,导致范围三排放量的重复计算。但这种方法与影响力经济基金会影响力加权账户概念框架中的"影响力守恒"原则形成了鲜明对比,该原则规定所有主体的影响力贡献之和应代表社会的总影响力。本方法论采用前一种方法,因为据此可提供有关主体价值链责任的完整信息,并符合与可持续发展相关的披露要求。其次,《一般方法论 1 号》指出影响力归因将在通用议题方法论和特定行业方法论中进一步发展。

(五)影响力重要性和影响力账户的编制

方法论指出,编制影响力账户应当考虑采取以下四个步骤:(1)了解与所考虑主体的活动和业务关系相关的可持续发展背景;(2)通过借助相关议题和行业的研究、利益相关者和专家来识别影响力;(3)通过衡量和评估已识别的影响力来了解它们的重要性;(4)通过应用影响力重要性视角来确定将哪些影响力纳入影响力账户。具体流程见图 3—1。

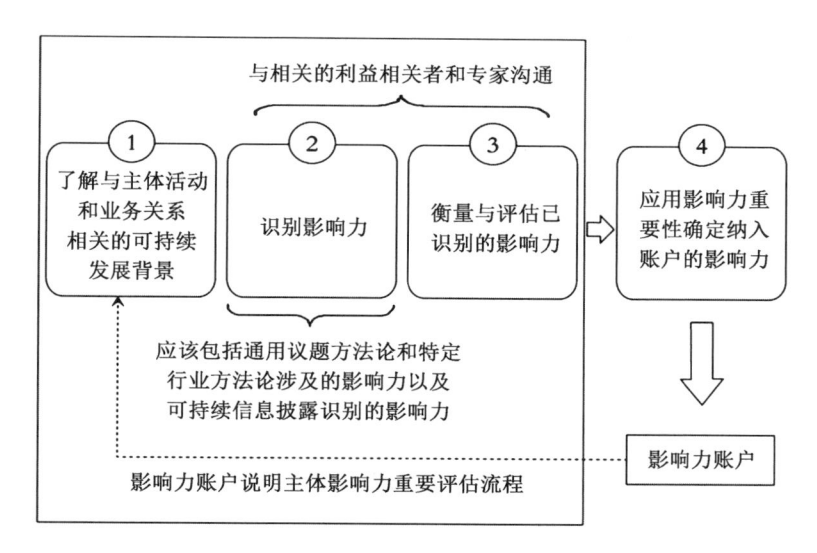

注：本图为《一般方法论 1 号》中的图 3 "The preparation of impact accounts"。

图 3—1　方法论规定的影响力账户编制流程

1. 了解可持续发展背景

为了解与主体活动和业务关系相关的可持续发展背景，方法论规定应该考虑以下三个方面：(1)与主体活动和业务关系相关的经济、环境和其他社会议题；(2)主体有责任遵守的权威政府间规定；(3)主体有责任遵守的法律法规。

2. 识别影响力

影响力账户编制者可以将标准化影响力路径作为识别影响力的起点，但标准化影响力路径并不能穷尽所有影响力，编制者还应该考虑可持续发展相关披露中识别的影响力以及主体定期影响力重要性评估流程中确定的影响力。方法论还提供了一个示例表格（见表 3—2），帮助编制者从受影响的利益相关者群体和价值链环节两个维度来识别影响力。这个表格的每一行表示一个特定的利益相关者群体，一共有五类群体：自然、消费者与终端用户、雇员与其他工人、政府与监管部门和本地社区。表格的每一列表示价值链的一个特定环节，一共有三大环节，即上游、自有业务和下游，下游环节又分成三个子环节，分别为分销、使用和产品生命周期结束。这样，表格有 25 个(5×5)条目。

表 3—2　　　　　　　　　　方法论提供的影响力识别工具

利益相关者群体类别	价值链环节				
	上游	自有业务	分销	使用	产品生命周期结束
自然					
消费者与终端用户					
雇员与其他工人					
政府与监管部门					
本地社区					

注:本表为《一般方法论 1 号》中的图 4"Example of a materiality map for impact identification"。

3. 衡量和评估已识别的影响力

方法论规定,应该根据通用议题方法论和特定行业方法论中包含的标准化影响力路径来衡量和评估已确定的影响力。编制者还需要衡量和评估标准化影响力路径未包含的影响力,此时应该确保:(1)使用影响力路径的方法;(2)衡量和评估影响力符合影响力信息的质量特征;(3)在适用的情况下使用方法论提供的影响力度量和评估方法。

4. 应用影响力重要性视角

影响力重要性是编制影响力账户的充分基础。对一个特定主体而言,一项影响力不论其是否具有财务重要性,只要该影响力对特定主体而言是相关的,就应当纳入影响力账户。在本方法论中,影响力重要性被定义为影响力信息相关性特征特定于主体的方面。通过将影响力重要性描述为"特定于主体",《一般方法论 1 号》要求编制者评估影响力是否与该主体相关。方法论并未强制规定必须考虑的影响力,也未为影响力重要性设定统一阈值,而是将这项工作交由编制者根据特定主体的情况裁决。另外,方法论还规定了影响力重要性适用的范围,包括主体活动造成的直接影响,以及通过业务关系与其自身运营、产品或服务直接相关的间接影响。

六、争议焦点

在制定《一般方法论 1 号》的过程中,IFVI 技术人员、VTPC 成员在如下三个方面进行了较多的讨论。

(一)谨慎性原则

《一般方法论 1 号》预公开文件采用的是中立性原则:既不应该夸大正面影响或低估负面影响,也不应该低估正面影响或夸大负面影响。然而,经过商议讨论,本次发布的《一般方法论 1 号》明确规定:在存在不确定性的情况下,影响力账户编制者应该避免夸大正面影响和低估负面影响,主要是为了避免编制者粉饰影响力。一名支持此决定的 VTPC 成员认为,通用财务报告概念框架中蕴含着潜在的谨慎性,尽管没有明确定义谨慎性。例如,考虑到财务报告编制者和使用者之间存在信息不对称问题,国际会计准则对收入和损失的确认采取了不同的处理方法。另外,这名 VTPC 成员还指出,影响力信息披露的监督和质量保障机制还不完善,有必要在当前这个阶段通过明确规定谨慎性原则来避免影响力粉饰。但是也有 VTPC 成员提出反对意见,认为谨慎性原则和真实反映原则本身是矛盾的。明确规定谨慎性原则将影响通用议题和特定行业方法论开发中在一些关键问题上的决定。比如,在核算温室气体排放影响时,如果企业没有披露范围三温室气体排放,方法论可能需要为影响力账户编制者提供一个估算框架,通常的做法是利用行业平均水平估计该企业范围三温室气体排放。按照这种做法,行业里范围三温室气体排放超过平均水平的企业,可能有动机不披露范围三,以此来粉饰其负面影响。根据《一般方法论 1 号》中规定的谨慎性原则,温室气体排放影响力核算方法论可能不应当提供一个基于行业均值的方法估算范围三温室气体排放。又比如,在核算温室气体排放影响时,折现率是一个关键参数,它将温室气体排放对后代福祉产生的影响折算到现在。不同的折现率取值对影响力核算结果具有较大的影响。例如,上文提到哈佛商学院 IWA 项目对啤酒生产商环境影响力的测算,表 3-1 中展示的结果是在折现率取值为 3% 时计算得到的。如果折现率取值为 0%,计算结果将会发生很大变化(见表 3-3)。那么方法论需要如何规定折现率的选择呢?如果不做规定,企业可能会采用不同取值,从而导致影响力信息不可比。谨慎性原则可能会影响方法论对折现率做出的规定。

表 3—3   折现率对啤酒公司环境影响力测算的影响(2019 年度)

公司名称	环境影响力(亿美元)		环境影响力占营业利润的比例(%)	
	折现率=3%	折现率=0%	折现率=3%	折现率=0%
百威	-3.3	-4.6	-26.51	-37.64
嘉士伯	-1.2	-2.4	-7.74	-16.05
喜力	-2.3	-5.1	-5.61	-12.42
朝日	-1.2	-3.0	-6.66	-16.30

(二)以人类为中心的价值取向

关于应该以什么样的立场定义影响力,在开发方法论之初没有做出明确规定。在《一般方法论 1 号》预公开文件版本中才确立了以人类为中心的立场,即不考虑对自然环境内在固有价值有影响但是对人类社会福祉没有影响的事项。本次发布的《一般方法论 1 号》没有改变以人类为中心的价值取向,但是补充了一句:在未来可能的情况下,可以考虑与人类社会无关但是对自然环境有影响的影响力。这主要是因为多名 VTPC 成员建议考虑仅对自然环境内在固有价值有影响的事项。

(三)关于影响力重要性的定义

《一般方法论1号》没有对哪些影响力应该纳入影响力账户做出统一的强制性规定,也不针对影响力重要性设定统一的阈值。方法论将这项工作交给影响力账户编制者,根据报告主体的具体情况来确定。虽然部分VTPC成员对这个决定表示支持,但是也有成员表示担忧——如果不做强制性规定,如何确保影响力信息的可比性呢?但是IFVI技术人员认为通用议题方法论和特定行业方法论将会提供标准化影响力路径,在一定程度上提升可比性。

七、对我国的借鉴意义

我国是社会主义市场经济国家。社会主义制度决定了党和国家的基本治国理念、政策、措施要尽可能强调社会价值和广大人民的长期利益。我国通过高速公路、高铁、陆海空交通枢纽、巨型水利设施、电网等基础设置建设,促进社会经济的快速均衡发展;通过扶贫、乡村振兴、西部开发、对口帮助少数民族地区建设等,缩小沿海—内地、城乡、少数民族和其他地区的生活差异;通过不断加大教育和医疗投入、保障女性的教育和就业机会、反腐倡廉、严厉打击各种犯罪活动等,保障社会安定、团结与和谐。

作为市场经济的体现,我国在过去约30年中也强调通过各种政策措施,促进企业提高经济效益,强调保护股东利益。但在激发巨大市场活力、促进经济高速发展的同时,我们也付出了较大的代价。我们迫切需要重新审视发展模式,重塑投资模式。

在新发展理念的引领下,我国社会责任投资(Socially Responsible Investment,SRI)的氛围正在形成。越来越多的机构和个人开始关注投资对环境与社会的影响,开始意识到投资不能以牺牲生态环境为代价,换取一时的财务回报;开始探索如何通过投资激发科技创新活力、创造共享价值;开始强调进一步通过投资维护社会公平正义,促进区域协调发展,全面推进乡村振兴,增进全体人民福祉,实现共同富裕,向着建设美丽中国、幸福中国的目标前进。

为了让社会责任投资从理念变成行动,需要在资金供给方、中介机构、资金需求方之间建立共同语言,防止"使命漂移",推动形成一个被广泛接受和认可的评价度量体系,科学、客观地衡量投资的社会与环境影响,并进行货币化核算。我们应通过评价度量体系,实现社会价值与财务目标的权衡,实现不同投资项目之间社会与环境影响的比较,实现不同利益相关者之间利益的协调。

IFVI正尝试开发这样一套全球适用的影响力核算方法论,其在2023年8月16日发布的《一般方法论1号》是首份公开征求意见的方法论文件。这些方法论是否能被国际社会广泛接受并提供决策有用的信息,还有待观察。我国政策制定和/或监管部门、企业、投资机构及其他利益相关者应该关注IFVI的工作,推动形成兼顾国际和我国经验的社会责任投资评价度量体系,以利于吸引各种资金更多地投向减少环境污染等负外溢性、缩小地区间经济和社会差别等具有正外溢性的项目,促进企业价值和社会价值、股东利益和广大相关方利益的有机结合,实现企业和整个社会的可持续发展。

不仅如此,我国投资界、商业界还应该积极参与国际对话,针对 IFVI 制定的方法论提出来自中国的意见与建议。而这些国际对话,应该建立在研究和实践的基础之上。我国领先的投资机构、商业企业可以参考国际主流的影响力核算方法论尝试编制影响力账户,结合我国实际情况,在试验与实践的基础上,逐步形成既体现中国特色,又与国际接轨的本国影响力核算方法论,为全球社会责任投资的发展提出中国方案、做出中国贡献。

我国各相关专业的学术界也应密切关注相关动向,研究相关理论和方法问题,进行模拟和案例研究,积累智慧和培养相关人才,为推动发展理念和模式的转变,恰当处理企业价值和社会价值的关系做出贡献。

第二节　IFVI 影响力核算:《一般方法论 2 号》

一、引言

2022 年成立的国际影响力估值基金会(IFVI)的目标是制定一套全球适用的影响力核算方法论,用来衡量和评估企业对人类社会和自然环境产生的影响。与可持续信息披露准则不同,影响力核算是将企业行为对社会和环境的影响力货币化,使不同维度、不同性质、不同量纲的影响具有可比性。

IFVI 的影响力估值方法论包括三个层次(见图 3－2),第一层次为一般方法论,第二层次为通用议题方法论;第三层次为特定行业方法论。需特别说明的是,仅当无法开发跨行业的通用议题方法论时,才开发特定行业方法论。截至 2024 年 10 月,IFVI 发布的一般方法论(General Methodology,GM)有两个,GM1 已正式颁布,GM2 为征求意见稿(Exposure Draft,ED);发布的通用议题方法论有四个:环境议题方法论(Environment Methodology,EM)2 个,其中温室气体排放核算方法论已正式颁布,水的消耗核算方法论为征求意见稿;发布的社会议题方法论(Social Methodology,SM)也有 2 个,分别是关于恰当工资和执业健康与安全,目前都是征求意见稿。第三层次的特定行业方法论(Industry-specific Methodology,IM)正在进行的是产品影响力核算框架,还处于 pre-ED 阶段。关于 GM1、EM1、SM1 的介绍,可分别参考张为国等(2023)、胡煦等(2024a,2024b)的研究。

2024 年 2 月 24 日,IFVI 发布了《一般方法论 1 号:影响力核算概念框架》(下文简称《一般方法论 1 号》)。

《一般方法论 1 号》包括五个部分,分别定义了方法论中的基本概念和核算过程中涉及的关键概念,明确了方法论的目的、影响力信息质量特征、影响力重要性以及编制相关账户的步骤。其中,第一部分对影响力核算、影响力账户以及影响力信息的定义构成了影响力

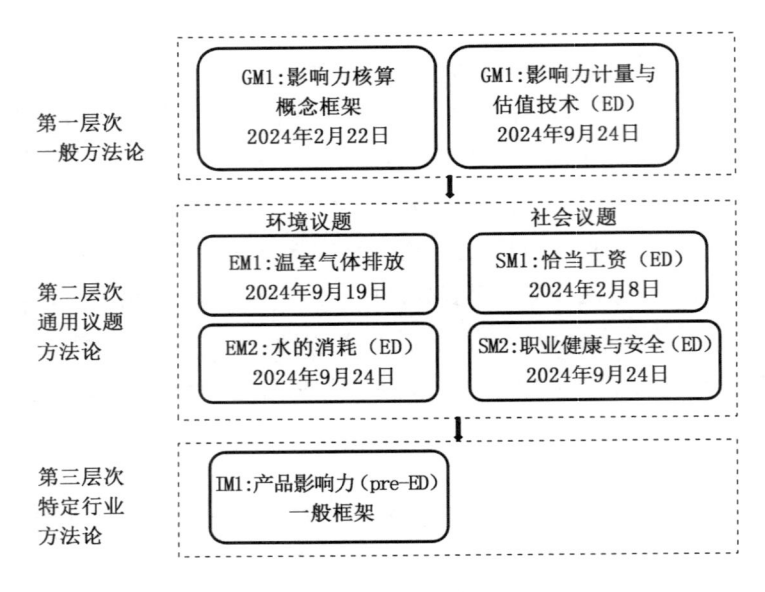

```
                    ┌─────────────────┬──────────────────┐
                    │ GM1:影响力核算  │ GM1:影响力计量与 │
第一层次            │    概念框架     │  估值技术（ED）  │
一般方法论          │  2024年2月22日  │  2024年9月24日   │
                    └─────────────────┴──────────────────┘
                    ┌──环境议题───────┬──社会议题────────┐
                    │ EM1:温室气体排放│ SM1:恰当工资（ED）│
第二层次            │  2024年9月19日  │  2024年2月8日    │
通用议题            ├─────────────────┼──────────────────┤
方法论              │ EM2:水的消耗(ED)│SM2:职业健康与安全(ED)│
                    │  2024年9月24日  │  2024年9月24日   │
                    └─────────────────┴──────────────────┘
                    ┌─────────────────┐
第三层次            │IM1:产品影响力(pre-ED)│
特定行业            │    一般框架     │
方法论              └─────────────────┘
```

图 3—2　截至 2024 年 10 月 IFVI 影响力方法论制定进展

度量和评估的基石。第二部分"方法论的目的与应用"阐述了方法论的逻辑起点，即构建影响力核算系统、编制影响力账户、生成影响力信息的最终目的以及影响力信息的使用者。第三部分规定了影响力信息应当符合的质量特征，包括相关性和真实反映两个基本质量特征，以及可比性、可验证性和可理解性三个增强性质量特征，这与国际会计准则理事会制定的《财务报告概念框架》(Conceptual Framework for Financial Reporting, 2018)对财务信息质量特征的要求基本相同，差异之处是财务信息增强性质量特征除了上述三个以外，还多了一个及时性。第四部分"影响力核算的基本概念"系统地定义了核算过程中涉及的关键概念，包括影响力、影响力路径、货币化估值、价值链和利益相关者等。第五部分"影响力重要性和影响力账户的编制"列出了编制影响力账户的基本步骤。张为国等(2023)对《一般方法论 1 号》进行了详细介绍与讨论。

《一般方法论 1 号》仅给出了影响力核算的基本概念、定义和原则，没有涉及具体的计量方法和如何将影响力货币化。2024 年 9 月 24 日，IFVI 发布了《一般方法论 2 号：计量与估值技术》(General Methodology 2: Impact Measurement and Valuation Techniques, 下文简称《一般方法论 2 号》)的征求意见稿。除了第一部分的简介外，根据《一般方法论 1 号》定义的影响力路径(Impact Pathway)，《一般方法论 2 号》在其第二部分中阐明了对数据的要求、影响力驱动因素(Data Requirement and Impact Drivers)，第三部分是对(影响)结果的定义和影响力的计量(Defining Outcomes and Measuring Impacts)，第四部分阐述了影响力货币化的方法(Monetary Valuation)。

二、《一般方法论 2 号》的目标

《一般方法论 2 号》第一部分为简介，明确了制定本方法论的目的是阐明影响力核算中，计量和估值所需的数据要求和方法，不同方法所依据的框架、协议和标准。其重申了《一般方法论 1 号》中提出一般方法论与通用议题和行业特定方法论之间的关系，即一般方法论中的任何内容都不能凌驾于通用议题方法论或行业特定方法论。这一点与国际会计准则理事会制定的《财务报告概念框架》和具体准则之间的关系保持了一致。一般方法论的目的是为通用议题方法论和行业特定方法论的开发提供指导和透明度。在没有发布通用议题方法论和行业特定方法论的情况下，影响力账户的编制者可以使用一般方法论为相关通用议题和行业编制影响力路径。

简介部分还明确对影响力计量和估值过程应建立在影响力路径的逻辑之上，具体分为三个步骤（见图 3—3）：第一步是识别数据要求与影响力驱动因素，第二步是定义结果与计算影响力，这两个步骤都在影响力路径内。第三步位于影响力路径之外，是将影响力货币化，即影响力估值。影响力计量和估值的三个步骤是相互关联的，其中一个步骤中做出的决定可能会影响其他步骤，因此在一个步骤中选择计量或估值方法时，要综合考虑这一步骤中的选择对其他步骤中的数据要求和可用方法的影响，以确保整体的影响力信息符合信息质量特征的要求。

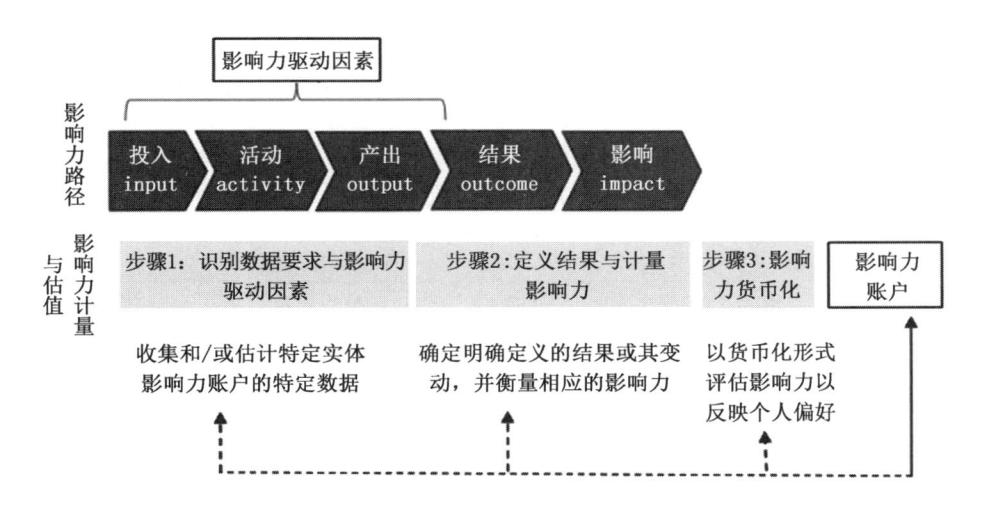

图 3—3 步骤 1、步骤 2 及步骤 3 描述了影响力账户的计量及估值过程

三、数据要求与影响力驱动因素

(一)数据要求

影响力驱动因素是指实体的投入和输出，这些投入和输出会导致结果并造成或促成影

响。为了编制影响力账户,需收集实体的特定数据。这些数据建立了实体活动与被计量的影响力之间的联系。影响力驱动因素建立了这些联系。影响力驱动因素相关数据可能来自企业内部,也可能来自外部的价值链。因此,数据收集通常需要实体多个内部部门之间以及企业外部的业务伙伴之间的协调。当存在数据缺口时,可以使用建模技术来估计数据。

(二)数据收集和来源

首先,对数据的要求是与管辖区或国际标准要求的可持续性相关披露尽可能保持一致。其次,用于量化影响力驱动因素的数据可以是原始数据,包括从价值链内的客户或供应商收集的数据,来自会计信息系统的内部和/或报告的数据,直接测量的数据等;也可以是二手数据,比如来自审计和认证的数据,使用建模技术得出的估计数据,政府或政府间组织的统计数据或报告,行业、贸易团体或劳工组织数据,过去的评估,以及同行评审和灰色文献;等等。除非原始数据不可用或二手数据质量高于原始数据,否则实体内部的原始数据是首选的数据来源。

(三)数据估计技术

当存在数据缺口或数据质量不能满足要求时,可以用建模技术来估计,即可以使用原始数据和/或二手数据来估计实体自身运营和价值链的影响力驱动因素。征求意见稿提供了六种量化影响力驱动因素的常用技术,分别为外推数据法(Extrapolate Data)、混合法(Hybrid Approaches)、投入产出法(Input-output Models,IO)、生命周期估计法(Life Cycle Assessment,LCA)、物质流分析法(Material Flow Analysis)和生产率建模法(Productivity Modeling)(见表3—4)。

表3—4　　　　　　　　　　　　数据估计技术

方　法	说　明
外推数据法	指的是特定于一项活动的数据,并经过调整以更能代表正在研究的另一项活动
混合法	主要结合生命周期评估(LCA)和投入产出模型(IO)的不同估算技术,以利用两种方法的优势
投入产出法(IO)	表示不同部门或经济体之间的相互依赖关系
投入产出法(IO)	量化表格中每个货币单位的影响力驱动数据
生命周期估计法(LCA)	评估产品或服务在其生命周期的各个阶段(从材料领取到生命终止)对环境或社会的影响
物质流分析法	估计特定系统内材料从初始提取、加工到处置过程中的流量和存量
物质流分析法	可根据流程图估计影响力驱动数据
生产率建模法	通过评估资源使用效率来分析系统和/或实体的投入和产出之间的关系

注:根据《一般方法论2号》中的图2制作。

1. 外推数据法

外推数据法是指针对实体某项活动而制定的数据,经过调整、放大或定制,使其更能代表另外一项活动。外推数据可能需要调整,以确保与特定应用相关。

2. 混合法

混合法结合了不同的建模技术,主要是生命周期估计法(LCA)和投入产出法,以利用不同方法的优势并克服其局限性。当结合 LCA 和 IO 建模时,可以将 LCA 的详细流程分析与 IO 模型的经济范围相结合。与其他建模技术一样,混合法在应用于特定实体时可能会导致不准确。由于二手数据来自行业平均数,它们可能无法捕捉实体特定的特征、流程或技术,因此可能需要调整以确保与特定用途的相关性。

3. 投入产出法

IO 模型是一种定量的宏观经济模型,它代表国家经济不同部门或不同地区经济之间的相互依赖关系。在 IO 模型中,一个部门和地区的需求单位会引发其他部门和地区的需求。IO 模型提供了一种计量经济学方法来对整个价值链进行建模。IO 数据模型的结果反映的是行业平均水平,可能需要调整以确保其与实体的具体应用相关。

4. 生命周期估计法

LCA 和社会生命周期评估(S-LCA)是用于评估产品或服务在其生命周期的各个阶段(从材料提取到报废,包括处置、回收和再利用)对环境或社会的影响。LCA 模型和数据库提供商提供了大量标准模型和数据集,反映输入到输出或成果的转化。这些标准数据集可能有助于估计与给定商品、服务或业务流程相关的影响驱动因素。数据库提供商提供的数据集涉及特定的地理、时间和技术条件。编制者在应用数据衡量特定影响驱动因素之前,应考虑基本假设的适用性。

5. 物质流分析法

物质流分析法在一定的系统内,通过追踪系统中特定物质从提取到加工再到处置过程,估计物质的流量和存量。物质流分析可用于根据底层建模技术和流程图估算产出。该技术侧重于与环境主题相关的产出,通常为 LCA 数据集构建基础数据。物质流分析通常很复杂,需要大量数据,因此其应用起来需要大量资源。

6. 生产率建模法

生产率建模法是指通过估算资源利用效率来分析系统或实体的投入与产出之间关系的方法。该方法可用于估算生产过程的环境产出,包括排放和废物产生。生产率建模法的结果可能存在很大的测量不确定性,因为它们基于行业报告或政府统计数据。因此,其得出的结果可能需要调整以确保与特定应用相关。

(四)数据收集要考虑的因素

在选择数据源或选择建模技术估计数据时,应遵循如实反映这一质量特征要求,来确保影响力驱动因素完整、中立、无误。对如实反映的理解应因情况而异。例如,在整个价值链中估算的二手数据可能比从业务合作伙伴收集的原始数据更完整。再如,数据来源或建模技术的选择不应导致过分强调积极或消极影响,以确保影响信息是中性的。当然,数据,特别是估算数据,不需要在各个方面都完全准确,只要估算值明确,输入合理且可支持即可。每种数据源和建模技术都有其局限性和适用程度。当有多种数据源或建模技术可用时,应结合可比性、可理解性和可验证性的增强性质量特征来决定可用的选项。例如,应考虑整个价值链中最常用和最广为接受的建模技术,以增强影响力信息的可比性。最常用的技术也可能由于广泛使用而具有最大限度的可理解性与可验证性。

四、结果的定义与影响力的计量

(一)影响力计量基础

影响力计量的目的是了解人类福祉的变化。在方法论中,可通过明确定义结果并用结果的变化来计量实体活动对利益相关者产生的影响。简言之,影响力就是结果的变化。通过吸收同行的研究并评估数据的可得性,《一般方法论2号》中提供了使用实体影响力驱动因素数据计算福祉变化的最佳可行方法。在许多情况下,影响力账户的编制者不能直接测量结果或收集人类福祉数据,而是依靠标准化影响力路径。

影响力的计量和评估可以降维成单一的值,即每单位影响力驱动因素的成本。例如,碳的社会成本量化了温室气体排放的影响,涵盖了碳排放带来的自然环境变化,并将其货币化。该模型的输出是实体排放的每公吨二氧化碳当量的成本。

(二)人类福祉在影响力核算中的作用

路径图中的"结果"和"影响"可以从人类福祉和自然环境的各个方面或维度来定义。鉴于衡量"自然"的内在价值存在困难,《一般方法论2号》中的影响力是通过人民的福祉来衡量的。影响可分为对人类的直接影响或通过自然环境变化对人类的间接影响。目前的方法论只考虑最终会对人类福祉产生影响的自然环境的影响。对自然环境的影响通常先描述自然的各个方面,然后再与人类福祉联系起来。自然环境状况与人类福祉之间的联系应存在潜在的因果关系。可见,《一般方法论2号》对影响力的定义范围采用了人类中心主义的原则。

(三)人类福祉的定义

就方法论而言,人类福祉被定义为幸福、快乐、健康或富足的生存或生活状态,即包括精神愉悦或物质充足两个方面。人们的幸福感是一个复杂的现象,要评估幸福感,需要一个包含多个影响人们生活质量的因素的综合框架。

人类福祉不同于经济学中的效用,效用指的是在给定约束条件、信息和资源的情况下,个人或群体从产品或服务中获得的收益或价值。个人的福祉是一个动态的、比效用更包罗万象的概念,随着时间的推移,它会受到从产品和服务中获得的收益和/或成本的影响。

(四)人类福祉的框架

由于理解的不同,人类福祉的框架也五花八门。《一般方法论2号》中用于呈现人类福祉的框架来自经合组织(OECD)。该框架建立在经合组织、其他国际组织、各国政府和研究人员在衡量社会进步方面所做的大量工作的基础上。该框架通过不同维度来描述结果,提供了具有一定颗粒度的框架来衡量人类福祉。该框架整合了影响力管理中使用的概念,例如"资本",这里的资本是指与未来福祉相关的、被实体影响和转移的资源或关系。

经合组织的人类福祉框架共有15个维度,其中11个维度描述了当前幸福感或福祉,4个维度描述了与未来幸福感或福祉相关的基础资源(见图3—4)。通过将福祉划分为现在和未来两个部分,该框架将权衡人类福祉的跨期影响考虑在内。

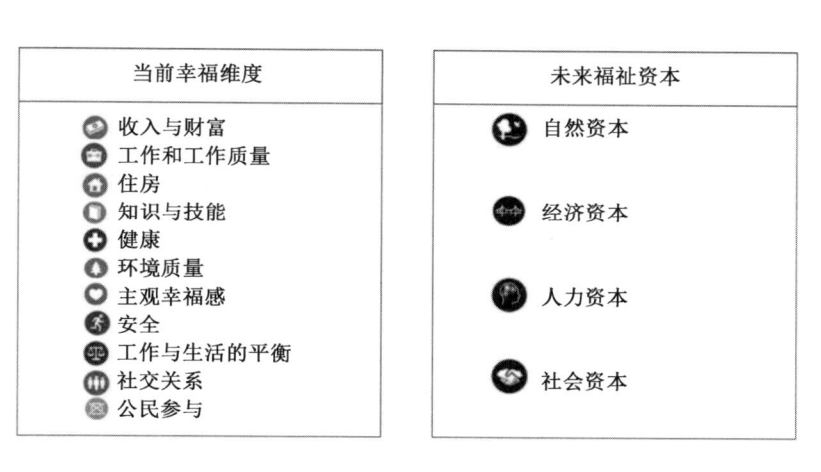

当前幸福维度	未来福祉资本
收入与财富 工作和工作质量 住房 知识与技能 健康 环境质量 主观幸福感 安全 工作与生活的平衡 社交关系 公民参与	自然资本 经济资本 人力资本 社会资本

注:根据《一般方法论2号》中的图4制作。

图3—4 OECD的人类福祉衡量框架

经合组织福祉框架在《一般方法论2号》中的作用是帮助识别和明确界定"结果"的含义。如图3—5所示,实体通过影响其利益相关者的当前福祉以及通过创造和消耗资本来促进社会福祉。从图3—4和图3—5可知,结果可能与当前福祉的一个或多个维度以及未来福祉的一个或多个资源有关。一个实体的活动可能会对当前福祉的某个维度产生影响,而不会对未来福祉的资源产生影响,反之亦然。《一般方法论2号》指出,OECD的人类福祉框架中的维度并非详尽无遗,因此,在主题和行业特定方法论中可以考虑影响人们生活的其他因素。每个维度都同等重要,在确定和定义结果时应予以考虑。此外,维度与维度可能相互关联,不一定相互排斥。维度之间可能存在联系,即一个维度的变化会导致另一个维度的变化。例如,住房维度的满意度可能导致健康结果的改善和主观幸福感的提高。因此,划分维度的目的是增强对影响力的理解,而不是刻意将影响分为完全离散的类别。[①]

[①] 原文用"perfectly discrete",作者认为用"perfectly uncorrelated"可能更准确。

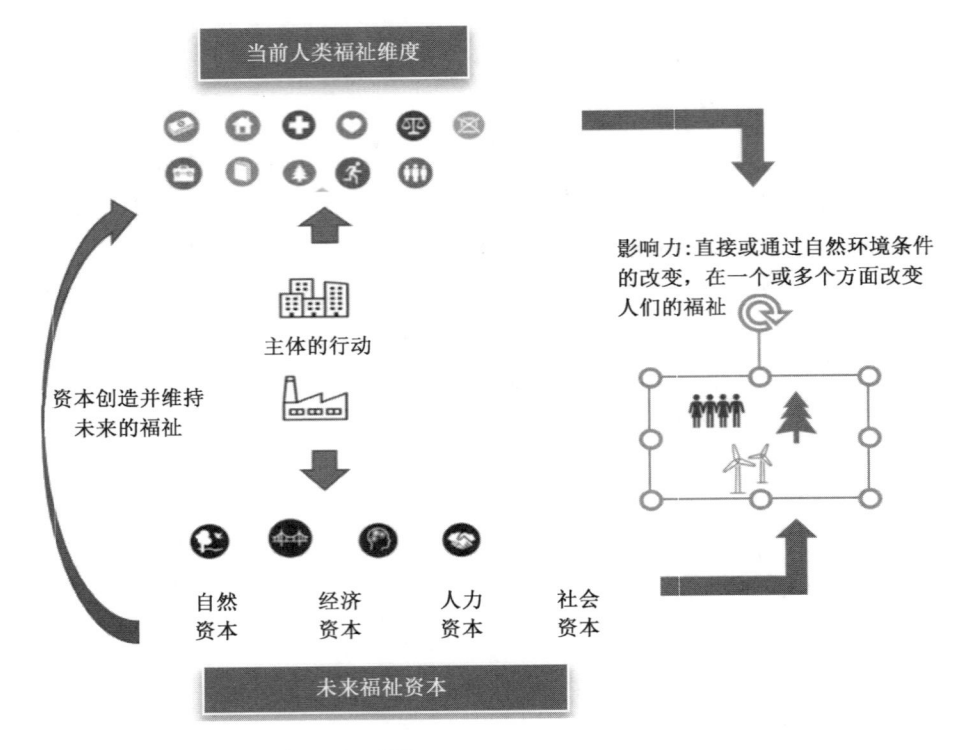

注：根据《一般方法论2号》中的图5制作。

图3—5 当前人类福祉与未来福祉资本

(五)明确定义的结果

影响力路径可能包含一个或多个与方法论陈述中涵盖的可持续性主题相关的结果。影响路径中的每个结果都应被明确定义。要对结果进行明确定义,需要识别受影响的利益相关者以及由于实体活动对这些利益相关者的福祉产生影响的维度。当结果影响当前福祉的环境质量维度或未来福祉的自然资本维度时,还需要在结果与人类的福祉之间建立联系。《一般方法论2号》特别指出,结果也可以由人权定义。《一般方法论2号》没有就人权维度进行讨论,但指出结果与人权相关的实例会在通用议题和行业特定方法论中建立。

识别和定义结果的过程是公正报告的保证。虽然影响力驱动因素将影响与实体联系起来,货币估值再进一步将影响转换为可比的货币单位,但明确定义结果的过程决定了影响力的范围。为了提供公正的报告,与可持续发展主题相关的所有重大结果都应包含在影响力路径中。在判断明确定义的结果所产生的影响力是否具有实质性时,应遵循相关性这一基本原则,即只要与利益相关者的决策相关,就应纳入影响力路径。具体应考虑以下因素。

1. 人类福祉的维度

在判断福祉的某个维度是否应被纳入明确定义的结果时,应考虑相关性的质量特征。

特别是相关性的第一个视角是对利益相关者影响的重要性。影响可能是实际的影响,也可能是潜在的影响。实际影响的重要性基于其严重性,而潜在影响的重要性基于其严重性和可能性。严重性基于影响的规模、范围和不可补救性。关于规模、范围和不可补救性,《一般方法论1号》中有相关定义,此处不再赘述。随着影响重要性的增加,福祉也变得更重要。

2. 受影响的利益相关者

在确定是否应将受影响的利益相关方的明确结果纳入影响路径时,适用相关性的质量特征。此时需要考虑分离度:分离度是指实体是否通过其活动直接与利益相关者互动或间接与利益相关者建立联系。分离程度(Degree of Separation)越高,受影响的利益相关者群体就越不相关,影响力信息对用户决策的有用性就越低。当实体无法影响导致不同结果的决策时,与距离实体较远的利益相关者相关的影响力信息对决策的帮助就越小。更大程度的分离会减少利益相关者对透明度和(信息披露)责任的需求。

为了避免使用者的疑问,《一般方法论2号》特别提及自然界在影响力核算中被视为沉默的利益相关者。另外,受影响的利益相关者还可能是整个社会,即一个地区或全球社会的所有成员。当整个社会是受影响的利益相关者时,影响往往可以明确地与一个实体联系起来。例如温室气体排放对整个社会有影响,对某个具体的实体也有影响。从影响实质性的角度来看,这增加了它们的相关性。《一般方法论2号》也指出,在其他情况下,以下因素可能会降低影响整个社会的结果的相关性:比如影响整个社会的冲击可能是由一系列分散的因素引起的,这可能会降低重要性评估的可靠性;对整个社会造成影响的活动在透明度和责任方面难以识别,比如当所关注的结果属于政府或政策制定者的职权范围时。

(六)影响力计量方法

《一般方法论2号》中的计量过程是指计量明确定义的结果相对于默认的参考情景的变化程度。指标(Indicator)用于衡量某一时点的成果。指标和度量(Metric)这两个词经常互换使用。对指标的反复测量可以得到福祉在一段时间的变化。福祉的变化包括客观福祉变化和主观福祉变化。一般采用有形指标来衡量客观福祉各个维度的变化,这些没有捕捉的并非受影响个体的直接体验,因此只是幸福感的替代指标。客观福祉指标可用于测量主观幸福感之外的当前福祉在各维度上的变化和未来福祉资源。衡量主观福祉需通过个人调查报告获得的指标直接地反映受影响个体的感受。此类评估反映了人们对幸福感的内在判断,通常包括三个不同的方面:一是对生活的评价,指对一个人的生活或其中某些特定方面的反思性评价。最常用的指标是"整体生活"或类似的总体概念。人们也可能对其生活的特定方面进行评估,例如他们的健康或工作。二是情感,是特定感觉或情绪状态的测量指标,通常参考特定时间点进行测量。情感至少可分为积极情感和消极情感。积极情感指标捕捉积极的情绪,如幸福、快乐和满足的体验;消极情感捕捉不愉快的情绪状态,如悲伤、愤怒、恐惧和焦虑。三是幸福感,又称心理幸福。幸福感超越反思性评价和情绪状态,而注重生活的意义和目的,或良好的心理功能。

各种客观和主观福祉指标均存在局限性,在选择指标时,需要考虑这些局限性。客观福祉指标不能反映福祉的多面性,可能需要多个指标来捕捉受影响的各个方面。此外,当客观福祉指标跨维度汇总时,可能会出现重复计算,因为客观福祉指标并非完全不离散。客观福祉衡量指标也不能反映受影响利益相关者的直接体验。主观幸福感的局限性主要来自测量误差。比如回顾性回忆过程可能会误导人们对其幸福感的长期评估。当人们回顾过去的经历时,他们可能会表现出峰终效应(Peak end Effects),即他们的评价主要基于所经历的最强烈和最后的情感。再如,自我报告可能会受到瞬时情绪和一次性情况(如天气和日常事件)的影响,从而影响信息的可比性。最后,幸福感的含义可能因人们的文化、人口和语言差异而有所不同,从而导致回答主观幸福感问题时的反应方式也各不相同。这种反应方式的差异可能会扭曲被调查者的回答。这种情况下,很难区分真正的主观幸福感与对量表使用的解释或不同群体的偏见。不过,过去二十年的大量证据支持了主观幸福感测量的有效性。为降低上述因素的影响,经合组织也提供了建议和指导方针,例如扩大数据样本,对自述调查采用一致性调查设计等。

(七)选择影响力计量方法时需考虑的因素

计量明确结果的变化是一项复杂工作,会因主题而异。计量结果的变化既可以只使用上述两种影响力计量方法(客观福祉和主观福祉)中的一种,也可以结合使用这两种方法。这两种方法可以相互补充,从不同角度评估福祉的不同方面。经合组织建议通过客观和主观措施来计量福祉,并认为福祉的许多方面本质上都是主观的。当然,使用单一方法也可能适合目的,并能如实地反映影响力。

所选指标应合理解释福祉的基本维度。如实反映的信息质量特征是确保所选指标能够完整、中立、无误地反映底层幸福感维度。对如实反映的理解不能是机械的,其应用对于每种情况都是独一无二的。例如,当福祉的多个维度受到影响时,主观幸福感指标可以通过捕捉综合因素,更完整地计量生活环境中各种不同变化的影响。客观指标则可以纳入更广泛的积极和消极影响,这有助于确保影响力信息是中性的。《一般方法论2号》特别指出,福祉变化的计量不需要完全精确以避免错误。比如在某一福祉指标能够提供更完整影响力信息的情况下,可以允许更高程度的测量不确定性。

当多种计量方法可供选择时,信息可比性、可验证性和可理解性的质量特征可帮助编制者做出选择。例如,应考虑最常用于反映福祉维度的指标,以便提高影响力信息的可比性。编制者在为方法论中尚未开发的主题制定影响路径时,应披露选择影响测量方法的理由。

五、货币化核算

(一)影响力会计中的货币化核算

《一般方法论2号》第三部分介绍了如何衡量实体活动带来的影响,以及这些影响给人类福祉带来的变化。货币化核算与影响力测量是相互独立的两个过程,货币化核算旨在通过价值因子将这些福祉变化转化为货币价值，以更直观反映福祉变化对于受影响利益相关者的价值。《一般方法论2号》第四部分概述了各种货币化核算方法及其应用，其目标是提高核算方法的可比性和透明度。

（二）货币化核算的基础

货币化核算本质上十分复杂，需要建立假设并使用代理指标。货币化核算并不存在单一普适的方法，相反，有十分多样的核算方法，编制者可以根据具体情景及数据可用性来进行选择。

核算的一个重要基础是人们的偏好能够揭示某个议题的相对重要性、价值或有用性。影响力会计中的货币化核算利用个人或群体的偏好来评估福祉变化的价值，并为相对重要性构建一致且可比较的评估。作为核算结果的货币价值旨在反映某一时点人们的偏好，而非福祉的固有价值。

偏好程度可以通过人们的支付意愿（Willingness To Pay，WTP）或接受意愿（Willingness To Accept，WTA）来表达。支付意愿是指人们为了获得商品或服务，或避免不合意的后果而愿意支付的最高金额；接受意愿是指人们为了放弃合意后果或忍受不合意后果而愿意接受的最低金额。理论上，对于相同的结果，个人的支付意愿和接受意愿应该得出相同的货币结果（尽管在现实中常常出现分歧），《一般方法论2号》默认使用支付意愿来描述偏好表达。

人们的偏好是市场经济的基础，但市场价格仅仅是货币化核算的起点。在影响力会计中，很多情景下衡量福祉的指标可能与市场商品或服务没有明显关联，因此需要使用相关的核算方法来评估非市场商品或服务的价值，例如直接询问人们的偏好，或使用统计方法推断人们的偏好等；在一些情景下，衡量福祉的指标与市场商品或服务直接相关，但这也并不意味着直接使用市场价格就是最佳的核算技术，因为市场并不总是能充分衡量福祉的变化。

特别需要指出的是，捕捉及评估侵犯人权及人类健康相关的商业关系与实体活动非常关键，但将其进行货币化核算并不意味着为人权或人类健康定价。生命和人权是无价的，不能像市场商品一样交易。《一般方法论2号》试图在尊重人类生命和人权不可估量价值的同时，提供一种货币化核算这些影响的方法，以便各利益相关方更直观方便地考量这些因素。这种方法与国际组织关于货币化核算的指导原则一致，并以《一般方法论1号》为基础。

（三）总经济价值

总经济价值（Total Economic Value）的概念源自环境经济学领域，该领域将环境商品的总经济价值分解为三个类别：使用价值、选择价值和非使用价值。在本方法论中，总经济价值指的是人们从环境商品以及市场和非市场商品或服务中获得的所有类型价值的组合。一个价值因子在多大程度上能够捕捉到总经济价值，取决于其所使用的不同核算方法。

理论上讲，人们的支付意愿衡量了总经济价值，不同人的支付意愿会因其偏好和收入的不同而有所不同。在一个完美的数据环境中,可以通过评估每个个体的支付意愿并将它们相加,来作为受影响利益相关者群体的福祉变化的总经济价值。在实践中,受影响利益相关者群体或人们的平均支付意愿通常是最可用的衡量标准。

支付意愿与可交易商品或服务的市场价格是不同的概念。市场价格等于边际消费者的支付意愿,并且低于所有非边际消费者的支付意愿。换句话说,市场价格并没有考虑到受影响利益相关者所拥有的部分经济价值,特别是他们愿意支付的金额与他们支付的市场价格之间的差异,这种差异被称为消费者剩余。

选择和评估特定影响的核算方法,需要从两个视角考虑总经济价值:

(1)当福祉指标与商品或服务直接相关,且商品或服务的所有使用和非使用价值都已被捕捉,无论商品的实际或未来使用情况如何,人们都会对商品赋予价值。

(2)考量捕捉受影响利益相关者群体中每个个体的支付意愿的程度。当市场价格被用作价值因子时,这个视角尽可能包含了支付意愿与市场价格之间的差异,同时也关照了不同利益相关者群体所受影响程度在经济价值上的差异。

为了确保公允列报,价值因子应该捕捉足够的经济价值以提供真实反映。当然,《一般方法论2号》也指出反映总经济价值有时是困难的。在某些情况下,给福祉变化的每个方面赋予货币价值是不可行的。

(四)核算方法

作为影响力路径的最后一步,有多种方法对实体的影响进行货币化核算,每种方法都有其优势和劣势。表3—5对影响力会计中最常用的方法进行了总结。

表3—5 不同货币化核算方法简介及其优缺点

技术	描述	优点和缺点
成本法	使用补偿损害、从负面影响中恢复或缓释风险所花费的成本衡量影响力价值	优点 ● 数据由观测得到而非基于假设 ● 只需较少的资源和时间 缺点 ● 只提供了总经济价值的下限估计 ● 部分价值因子仅适用于特定情景
市场法	使用观测到的市场价格(货物、服务、资产)衡量影响力价值	优点 ● 非常容易观测且反映了真实决策结果 ● 只需较少的资源和时间 缺点 ● 只反映了消费者边际支付意愿 ● 如果市场被扭曲,市场价格是不真实的

续表

技术	描述	优点和缺点
显示性偏好法	衡量"隐性市场"的价值,包括享乐定价和旅行费用法	优点 ● 通过观测真实的购买行为对非市场商品进行定价 ● 评估支付意愿并捕捉总经济价值 缺点 ● 所需的数据可得性较差 ● 需要一些前提假设 ● 捕捉了使用价值和非使用价值,但它们无法被分解
声明偏好法	创造一个假设市场并询问人们的偏好,包括条件估值法和选择实验	优点 ● 捕捉了使用价值和非使用价值,且可以对两种价值进行分解或加总 ● 评估支付意愿并捕捉总经济价值 缺点 ● 结果受反馈偏差的影响
主观幸福感估值法	基于人们自主报告的幸福感对非市场商品或服务进行货币化估值	优点 ● 基于实际而非假设的经验 ● 不受反馈偏差的影响 缺点 ● 相对较新的技术,了解较少 ● 在分离收入与非市场商品/服务对主观幸福感的影响时面临挑战

注:根据《一般方法论2号》的图6制作。

1. 成本法

成本法使用补偿损害、从负面影响中恢复或缓释风险所花费的成本衡量影响力价值。此类方法的优点是不依赖于假设性场景,而是使用来自实体、公共来源或可观察的补偿或修复成本的数据,且消耗的资源和时间更少。成本法的缺点是只提供了总经济价值的下限估计,特定的基于成本的方法还可能产生受限于特定情境的价值因子,这降低了它们在广泛场景中的应用性。

2. 市场法

市场法使用观测到的市场价格(货物、服务、资产)来衡量影响力价值。当福祉指标与市场商品、服务或资产直接相关时,此方法最为适用;当福祉指标与市场商品、服务或资产不直接相关时,市场价格可以作为合理的代理指标使用。此类方法的优点是它反映了真实个体的行为,具有高度的可观察性,且消耗的资源和时间更少。该方法的缺点是它只反映了边际消费者的支付意愿,并且仅提供了经济价值的下限估计。需指出的是,外部性、信息不完全、不完全竞争、税收、补贴等因素可能会扭曲市场价格,进而导致市场价格无法真实反映边际消费者的支付意愿。

3. 显示性偏好法

显示性偏好法将人们在现有市场中显露出对商品或服务的偏好作为隐性市场的替代

品。此类方法通过观察价值差异和人们在现实世界中的选择行为来核算非市场商品或服务的价值。价值因子通常使用计量经济学分析和大数据来推导。

有两种常用的显示性偏好法：

(1)享乐定价法(Hedonic Pricing Method)。分析相同的商品或服务之间的价格差异，以分离出非市场方面的价值。例如，可以通过分析相同房屋之间的价格差异，来评估诸如污染、噪声、犯罪或教育设施等方面的价值；通过分析劳动力市场中的工资差异，来评估人类健康风险的价值(如发病率和死亡率)。

(2)旅行成本法(Travel-Cost Method)。考虑影响个人访问和旅行成本的因素，来估计娱乐或休闲场所(如河流、公园、森林)的价值。数据收集通常会持续较长时间以考虑季节性影响，同时还需收集社会经济数据，以控制年龄、性别、教育和家庭状况等因素。

显示性偏好法的优点是，可以通过观察到的真实行为和购买来推断非市场商品和服务的价值，使得价值因子可以基于实际决策来反映所核算的福祉；同时，显示性偏好法还核算了人们的支付意愿，这意味着它可以捕捉到总经济价值。显示性偏好法的缺点是所需数据可能不易获得，且依赖一定的假设；同时，显示性偏好法虽然捕捉了使用价值和非使用价值，但无法将两者分开。

4. 声明偏好法

声明偏好法创造假设市场，并通过问卷调查问询个人的偏好，让受访者在特定影响和金钱之间权衡，进而核算受访者对特定结果的支付意愿或接受意愿。

常用的声明偏好法包括以下两种：

(1)条件价值评估法(Contingent Valuation)。设计问卷向个人呈现详细的假设场景，让他们购买或放弃某种商品或服务。问卷通常包括人口统计特征、社会经济特征以及受访者决策原因等相关问题。

(2)选择实验法(Choice Experiment)。设计问卷让个人在两个假设的商品或服务之间做出一系列选择，进而对商品或服务的特定属性进行评估。问卷对每种商品或服务都有详细描述，其中某些特征有所不同，包括需要支付的价格或提供的金额，以此为基础通过统计分析来评估商品或服务的每个特征的具体价值。

声明偏好法的优点在于它可以同时或分别捕捉使用价值和非使用价值——它是唯一能够区分使用价值和非使用价值的核算方法。声明偏好法还测量了个人的支付意愿，这意味着可以捕捉总经济价值。声明偏好法的缺点是结果容易受到反馈偏差的影响；同时，在回答声明偏好法问卷时，受访者可能难以在有限的时间内给出真正充分权衡后的选择。

5. 主观幸福感估值法

主观幸福感估值法基于人们自我报告的幸福感来估算非市场商品或服务的货币价值。此类方法选取某一非市场商品或服务(如环境质量)，计算产生同等主观幸福感影响所需的收入变化。使用此类方法计算所得出的价值因子可以解释为：在缺少某些非市场商品或服务时，为保持主观幸福感不变所需的金额。

主观幸福感估值法的优点在于它基于实际而非假设的经验，不需要对个人偏好的理性做出假设，并且不受反馈偏差的影响；该方法也测量了个人的支付意愿，意味着可以捕捉到总经济价值。主观幸福感估值法的主要缺点是它相对较新，在其框架下，收入与非市场商品和服务都可能对主观幸福感产生影响，但该方法难以对其进行区分；同时，虽然理论上该方法可以捕捉非使用价值，但在实务中识别反映非使用价值非常困难。

（五）选择核算方法的考量

针对特定的影响路径，应选择一种能够最为精确地捕捉利益相关者所受影响偏好的核算方法，且该方法应保持如实表达的基本定性特征。在此基础上，还应进一步考虑可比性、可验证性、易理解性，以确保影响力信息对使用者是决策有用的。

在实践中，以下定性特征是选择恰当核算方法的主要考虑因素，在做选择时需要在不同的因素之间权衡。

（1）总经济价值。价值因子应尽可能多地捕捉利益相关者所受影响的全部经济价值。当价值因子更充分反映个体支付意愿，以及当福祉指标与商品或服务相关且更全面反映了使用价值和非使用价值时，价值因子就更加完整。当价值因子充分反映了经济价值时，使用这些价值因子编制的影响力账户更有可能对影响力提供全面的评估，从而增强不同实体间影响力信息的可比性。

（2）确定性。价值因子应基于尽可能大的确定性反映个体偏好。核算的不确定性来自所使用的估算方法，当个体的偏好可直接观察时，价值因子的确定性就增强了。例如市场价格是可观察的，当市场价格产生自运作良好的市场时，就能提供更高的确定性。

（3）代理质量。价值因子应作为偏好的高质量代理解释。当使用市场法或成本法，且使用代理商品或服务用来解释影响时，这一标准最为适用。代理变量需要对其所代表的福祉维度提供实质性解释。高质量的代理变量能够增强对影响力信息的如实反映，降低影响力信息的偏误，提高影响信息的可理解性。

（4）常用且被接受。在所有其他条件都相同的情况下，应选择与相关行业实践及最新学术研究一致，并且频繁用于评估各个主题的影响力的核算方法，以增强影响力信息的可比性和可理解性。同时，在一些情景下，新的方法能够提供更真实的表现，因此开发新的方法对于影响力会计的进步也是非常必要的。

选择影响力核算方法需要在上述因素之间权衡，同时还要考虑与特定情况相关的其他因素。影响力货币化核算方法将根据不同主题和行业来制定。如果使用者要为方法论尚未覆盖的行业及主题开发影响路径，则应披露选择某种核算方法的理由。

（六）价值转移和货币调整

价值转移（也称为效益转移）是指将现有研究中的经济价值度量应用于不同环境的过程，并根据空间、时间和其他情景差异适当调整。可以通过开发转移函数，并控制相关变量,将特定地点和情景的价值结果转移到其他地点和情境。

空间价值转移适用于将特定国家、地区、社会经济群体或人口群体的经济价值调整以适用于其他环境。调整地理差异时,可以进行国家级或省/州级的调整。重点是要考虑不同地点的物理和环境条件,并控制收入水平和不平等程度。

时间价值转移需要考虑两类与时间相关的价值转换:

(1)随时间变化的价值(Value over Time)。随着结果及相关偏好的变化,价值也会随时间改变。例如,当累积的碳排放水平已经很高时,额外单位的温室气体排放会造成更大的损害。

(2)随时间变化的价格(Price over Time)。由于价格通胀,名义价值系数的实际价值会随时间变化。在准备影响力账户时,价值因子应以基准年份价格表示。

开发价值因子的研究可能使用各种货币,应使用一致的数据源进行货币汇率换算,汇率及其来源应向影响力信息的使用者披露。

(七)社会贴现

影响力核算描述的是实体相关活动发生期间的影响,这些影响可能在先前已经实现或在未来才能实现。当实体活动的影响发生在未来时,应使用社会贴现率将其转换为现值。

社会贴现率衡量社会成本和收益随时间变化的速率。它植根于跨期权衡的经济学理论,用于分析个人在当前储蓄和未来消费之间的偏好。社会贴现率尝试回答这样一个问题:社会放弃当前的一个单位福祉,应在未来以什么样的比率得到补偿。

确定社会贴现率的主要方法称为拉姆齐规则(Ramsey Rule),定义如下:

$$社会贴现率 = \delta + \eta \times g$$

其中,δ 通常被解释为纯时间偏好率,较高的值反映了对当前福祉比对未来福祉更强的偏好;η 描述了消费与福祉之间的关系,是随着消费增加,额外单位福祉价值的变化程度;η 乘以消费增长率 g,代表了一种财富效应,即随着财富增加,个人对未来消费的重视程度降低。

在准备影响力账户时,使用拉姆齐规则确定社会贴现率,以将所有未来的影响转换为现值。方法论中的社会贴现率旨在保持一致性和可比性,但也可能随时间调整,如果在特定行业或特定主题中使用的社会贴现率不同,则需要提供详细的理由。

在确定社会折现率时,需要考虑:在同一世代之内(Intra-generation)应将 δ 设定为明显大于零的值,因为自然状态下,个体表现出对当前消费更强的偏好;跨世代之间(Inter-generation)应将 δ 设定为零,以避免假设当前一代的福祉比未来各代的福祉更有价值。在目前的阶段,方法论中暂未考虑社会折现率中收益的不确定性或消费增长率的不确定性,这些主题可能会作为未来的发展方向探索。

六、关于《一般方法论 2 号》的讨论

(一)人类中心主义:现世代 VS 未来世代

影响力货币化本身必然基于人类价值观。因此,方法论明确提出影响力核算价值取向是人类中心主义的,即"当结果影响当前福祉的环境质量维度或未来福祉的自然资本维度时,还需要在结果与人类的福祉建立联系"。这里的"人类"应该包括现世代人类和未来世代人类,因此需要明确"现世代"和"未来世代"之间的关系。可持续发展之所以被关注,是因为人类天然的短视弱点。比如,通过当下人类的支付意愿反映的生物多样性的短期价值较为有限,但生物多样性对未来世代的人类可能有巨大价值。《一般方法论 2 号》试图用"社会折现率"来体现"现世代"不同时间点的价值关系,采用对"未来世代"的价值不进行折现来解决不同世代人类福祉之间的矛盾。但在做价值判断时,对未来人类福祉价值的判断仍然需要基于现代人视角,现代人完全可以通过对未来赋予一个较低的价值来实现当下多消费或多排放的目的。

(二)社会贴现率的确定

《一般方法论 2 号》中确定社会贴现率的主要方法称为拉姆齐规则。拉姆齐规则是经济学中的概念,通常指在政府征税时,为了使税收引起的效率损失最小化,应使不同商品税率的确定遵循逆弹性法则,即对需求弹性小的商品征高税,对需求弹性大的商品征低税。其核心思想在于,在保证一定税收收入的前提下,通过合理设置税率结构,尽量减轻对经济行为的扭曲,从而降低税收带来的效率损失。《一般方法论 2 号》中的拉姆齐规则与上述含义不同。这一命名很容易引起歧义。

另外,方法论中给出的社会贴现率表达式中有三个参数,被定义为纯时间偏好的 δ 较好理解,与传统金融学中的折现率基本理念一致。描述消费与福祉之间关系的 η 和代表消费增长率的 g,有些让人费解。首先,既然是社会贴现率,应从社会、地区或群体的层面确定 η。但因为社会或群体中,每个个体消费的总量存在显著差异,每增加一单位产品或服务的消费所增加的福祉,与群体中具体的消费个体相关。比如,增加一辆车的消费,如是已经有车的人,福祉的增加应该小于本来没有车的人得到一辆车时增加的福祉。所以,η 可能难以确定。其次,消费增长率 g 和 η 的关系没有进行描述。从逻辑上看,g 和 η 之间存在明显的关联,即增长率越高,消费越多,η 应该越小。再次,可持续发展本身是为了避免人类的短视行为,要求人类应具有长期主义。折现的方法似乎又回到了原点:贴现率越高,代表从现代人的视角来看,自己未来的福祉越不重要。

(三)总经济价值的构成

《一般方法论 2 号》中多次引用总经济价值的概念,并在附录 C 中详细介绍了概念的框架。方法论正文中将总经济价值划分为使用价值、非使用价值、选择价值,但附录 C 中(参

见图 3—6)显示,选择价值与使用价值及非使用价值并非并列关系。从定义上来看,选择价值实际上也是使用价值,只不过是其未来的使用价值。因此,将总经济价值分为使用价值和非使用价值,将选择价值置于使用价值之下可能更为合理。此外,非使用价值包括存在价值、利他价值(Altruistic Value)和遗赠价值。存在价值的描述为"Knowledge of continued existence of a resource, independent of its use",利他价值的描述为"Knowledge of continued existence of a resource by others in current generations",遗赠价值的描述为"Knowledge of passing on resources to future generations"。其中,存在价值和利他价值之间如何区分,利他价值中提到的"others"包括哪些主体,都不是很清晰。

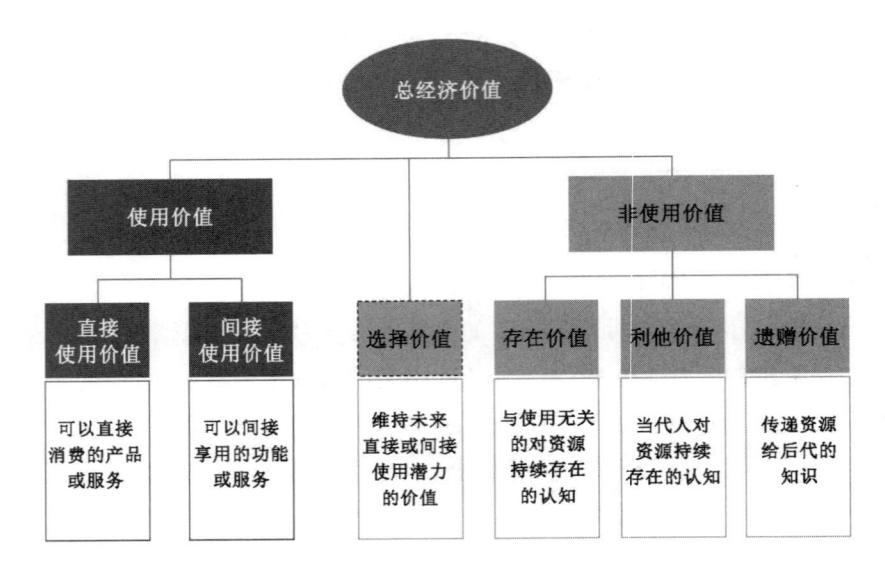

注:根据《一般方法论 2 号》中的附件 C 制作。

图 3—6　总经济价值框架

(四)人类福祉的概念边界需要更加明确

《一般方法论 2 号》第 45 段对明确定义的结果(Well Defined Outcome)的定义是受影响利益相关者各个维度福祉的变化(包括现在的和未来的)。此段的最后提及了人权,但表达的意思比较模糊。人权的概念是否包括在 OECD 的人类福祉框架中呢?从《一般方法论 2 号》的表述看,似乎答案是否定的,OECD 框架中的安全、社会关系、公民参与、主观幸福感等似乎与人权高度相关,因此相关的概念边界也需要更加明确。

第三节　国际影响力估值基金会方法论：温室气体排放影响的核算

一、引言

由于人类相关活动,大气中的二氧化碳(CO_2)浓度已经从工业化前的 280ppm 上升至约 420ppm。大多数温室气体排放来自能源、交通、物理和化学加工过程中化石燃料的燃烧。大气中温室气体浓度上升导致地表温度升高、降水规律变化、海平面上升、海洋酸化,并导致极端气候事件发生的频率和严重性提高。人类活动排放的温室气体深刻地改变着地球的物理环境,并将直接影响人类社会。例如,气候变化将增加人类死亡和流离失所的概率、加剧传染病的暴发、恶化粮食供应系统、导致沿海地区洪水泛滥并破坏基础设施等。为了避免灾难的发生,人类正在行动,努力将升温幅度控制在 1.5℃以下,并决心在未来的 20～30 年实现温室气体净零排放目标。

实现雄心勃勃的净零排放目标需企业参与。企业气候信息披露准则相继出台,通过推动企业披露温室气体排放信息,让企业将气候相关风险和机遇纳入经营决策,并督促企业积极采取减排行动。如国际可持续准则理事会(ISSB)于 2023 年 6 月 26 日正式发布了首批两项准则,即《国际财务报告可持续披露准则第 1 号——可持续相关财务信息一般要求》(IFRS S1)和《国际财务报告可持续披露准则第 2 号——气候相关披露》(IFRS S2)。

国际影响力估值基金会(IFVI)在发布了一份影响力核算一般方法论后,于 2024 年 2 月 8 日发布了《温室气体排放方法论》[The Greenhouse Gas(GHG) Emissions Topic Methodology]征求意见稿。这份文件发布的目的是提供一套方法论,用于衡量企业温室气体排放对人类福祉的影响,并将该影响货币化(用货币单位度量),然后通过披露影响力信息,推动企业和投资者等做出对应对气候变化有正面影响的决策。

IFVI 于 2022 年 7 月 12 日成立,它的使命是在全球范围内推动影响力核算在财务分析、资产配置、公司内部决策中的应用。为此,IFVI 将开发相关的方法论和估值方法,开展支持影响力核算所需的研究,对所开发方法论进行测试,深化企业、投资者和政策制定者等对影响力信息披露可行性和重要性的认识,提升影响力核算的市场接受度。方法论的开发工作由 IFVI 下设估值技术与从业者委员会(VTPC)全权负责。关于 IFVI 成立的背景和治理结构参考张为国等(2023)的研究。

IFVI 正在开发的影响力核算方法论由以下三个层次的方法论构成:其一,一般方法论。该方法论建立影响力账户的体系和概念要素,包括影响力信息的目的、使用者、质量特征、基本概念、影响力重要性以及计量和估值方法。一般方法论为开发通用议题和特定行业方法论提供指南。其二,通用议题方法论。该方法论为可持续发展通用议题层面的影响力计量和估值指南。企业影响力账户中特定主题相关的影响力,根据影响力重要性确定。本层次方法论跨行业使用。其三，特定行业方法论。该方法论为特定行业层面的影响力计量和估值指南。企业影响力账户中特定行业相关的影响力，也根据影响力重要性确定。需要特别指出的是，VTPC 明确，仅当无法开发跨行业的通用议题方法论时，才开发特定行业方法论。

2024 年 2 月，IFVI 正式发布了《一般方法论 1 号：影响力核算概念框架》（简称《一般方法论 1 号》）。该文件作为一般方法论的第一部分，阐明了影响力核算的主要目的，定义了关键术语及概念。IFVI 于 2024 年 2 月 8 日发布了两份通用议题方法论征求意见稿，分别是《恰当工资方法论》（Adequate Wage Topic Methodology）和《温室气体排放方法论》。这两份文件征求意见期结束以后，即 2024 年 4 月 30 日之后，VTPC 将对收到的意见函进行审阅，并指导方法论的修订与正式发布。

现有文献对影响力核算做了一定的介绍。如张为国等（2022）介绍了 G7 影响力工作组的相关工作；吕颖菲和刘浩（2023）介绍了哈佛商学院影响力加权账户项目的相关工作；张为国等（2023）介绍了 IFVI 发布的《一般方法论 1 号》的相关内容；胡煦等（2024）介绍了 IFVI《恰当工资方法论》（征求意见稿）的相关内容。但现有文献对温室气体排放核算的讨论较少。为了填补这一空缺，本节将介绍 IFVI《温室气体排放方法论》的主要内容以及争议焦点，并就我国应如何借鉴提出若干建议。

二、《温室气体排放方法论》的主要内容

《温室气体排放方法论》（征求意见稿）正文由五个部分组成。第一部分"简介"阐述了制定《温室气体排放方法论》希望实现的目标，并介绍了气候变化议题的相关背景，给出了方法论中的主要概念及定义，最后界定了讨论边界与基本假设。第二部分"影响力路径"介绍了企业排放温室气体对人类社会产生影响的逻辑路径。根据 IFVI 已经发布的《一般方法论 1 号》，影响力路径是衡量影响的框架，用于厘清企业活动与人类福祉变化之间的因果关系。第三部分"影响力驱动因素度量"主要介绍了计算温室气体排放影响所需的数据以及相关要求，并讨论了本方法论与《欧洲可持续发展报告标准》（ESRS）、ISSB 国际财务报告可持续披露准则、全球报告倡议组织（GRI）标准等相关准则的兼容性，为账户编制者处理数据缺口与误差等问题提供了指引。第四部分"结果、影响与估值"给出了计算温室气体排放影响的具体公式，并介绍了计算公式中关键变量的确定方法。第五部分"未来发展"讨论了方法论可以进一步完善与优化的方向。

（一）目标、定义与基本假设

1. 目标

《温室气体排放方法论》提供了一套方法论，用货币单位衡量和评估企业（或其他类型主体）排放温室气体对人类社会产生的负面影响。《温室气体排放方法论》是 IFVI 开发的影响力核算方法论体系中若干通用议题方法论中的一个。作为方法论体系的一部分，该方法论旨在帮助影响力账户编制者准备企业在温室气体排放方面的影响力信息,并帮助编制者依此判断该影响是否为重要影响,影响重要性应该依照《一般方法论 1 号》中的相关规定确定。《温室气体排放方法论》建议,影响力账户编制者应该尽可能全面遵循本方法论的要求以准备企业温室气体排放相关的影响力信息,任何与方法论背离之处都应向信息使用者披露。

温室气体指的是大气中吸收并发射红外辐射的气体,这些气体可以捕获热量并向地球表面发射热量。二氧化碳是一种重要的温室气体。

2. 定义

《温室气体排放方法论》使用的关键概念包括温室气体(Greenhouse Gases,GHG),范围一、二和三温室气体排放(Scope 1,2,and 3 Emissions),二氧化碳当量(CO_2 Equivalents),碳排放社会成本(Social Cost of Carbon,SCC),折现率(Discounting/Discount Rate)。这些概念的定义如下。

(1)温室气体。任何吸收大气中红外辐射的气体。温室气体包括但不限于 CO_2、甲烷(CH_4)、一氧化二氮(N_2O)、氢氟碳化物(HFC)、全氟化合物(PFC)、六氟化硫(SF_6)和三氟化氮(NF_3)。温室气体的定义与《温室气体核算体系》一致。CO_2 和 CH_4 尤为重要,分别占全球温室气体排放量的 79% 和 12%。

(2)范围一、二和三温室气体排放。特定主体的直接和间接温室气体排放分类。范围一排放指的是报告主体拥有或控制的业务所产生的温室气体排放;范围二排放指的是报告主体消耗的电力、蒸汽、供暖或制冷产生的排放;范围三排放指的是报告主体价值链中发生的不包括在范围二排放内的所有间接排放,包括上游排放和下游排放。

(3)二氧化碳当量。根据不同温室气体的全球变暖潜值(Global Warming Potential,GWP),将不同温室气体排放量换算成与二氧化碳温室效应相当的统一计量单位。

(4)碳排放社会成本。在其他条件不变的情况下,增加一公吨二氧化碳当量温室气体排放,对全人类福祉造成的边际损失的折现值(Nordhaus,1992;Nordhaus,2017)。

(5)折现率。为了使不同时间(年份)收到或支出的货币金额或事物具有可比性,需要将未来的收入或支出转化为当前的价值。折现率是将未来货币金额折算成现时价值时用的比率。

3. 基本假设

《温室气体排放方法论》设定的基本假设如下:

(1)方法论是从全人类的角度考虑温室气体排放产生的影响,而不是从特定利益相关群体的角度考虑温室气体排放的影响。

(2)方法论考虑整个价值链的温室气体排放,包括上游、自身经营活动、下游。其中,自身经营活动的温室气体排放核算应与财务报告的范围一致。由于测量上下游温室气体排放存在困难,可考虑使用模型测算。

(3)方法论认同《温室气体核算体系》中企业对其上下游排放承担全部责任的思想。基于价值链上下游物理或经济关系,通过划分与排放相关的投入或产出并确定与企业相关的部分,将温室气体排放归因于企业。纳入价值链温室气体排放意味着同一价值链中的企业间会发生重复计算,但这样做有助于加深各相关方对温室气体排放负面影响的认识,并共同努力减少排放,但不会导致单个企业影响力账户中的重复计算。

(4)方法论目前不考虑任何形式的碳抵消项目,也不考虑任何可再生能源证书和其他通过自身行为避免或减少碳排放的方式。

(5)由于温室气体排放迅速混合在大气中,并且其社会影响是全球性的,因此影响的空间边界包括整个地球。

(二)影响力路径

根据 IFVI《一般方法论 1 号》,通用议题方法论和特定行业方法论的一个重要思路是方法论以影响力路径的形式发布。影响力路径是衡量影响的框架,用于厘清企业活动与人们福祉变化之间的因果关系。按照因果关系,影响力路径依次由五个部分组成:输入、活动、输出、结果和影响。

在《温室气体排放方法论》中:"输入"是所使用的能源和资源;"活动"是使用能源和资源而产生温室气体的方式,包括固定源燃烧、移动源燃烧、工艺排放和逸散性排放,简称排放源;"输出"是温室气体,包括二氧化碳(CO_2)、甲烷(CH_4)、一氧化二氮(N_2O)、氢氟碳化物(HFC)、全氟化合物(PFC)、六氟化硫(SF_6)、三氟化氮(NF_3)和其他不太常见的温室气体;"结果"是温室气体排放导致的地球物理环境的改变,包括平均气温上升、降水模式变化、海平面上升和极端天气事件发生频率上升;"影响"是自然环境的改变将对人类社会造成的影响,包括人类健康和福祉水平的下降、劳动力和劳动生产率的损失、能源需求的增加、对建筑环境的破坏、生态产品(例如食物和木材)供给的减少以及生态系统调节服务的减少。图 3-7 描绘了温室气体排放影响力路径。

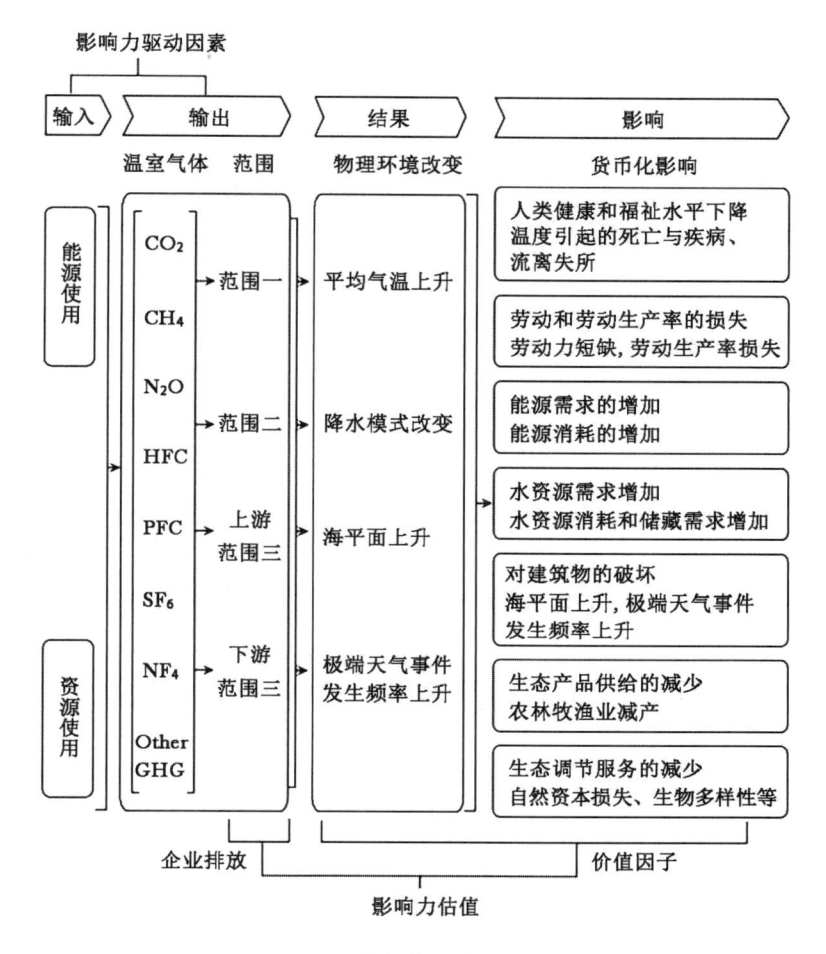

图 3—7 温室气体排放影响力路径

(三)影响力驱动因素的度量

1. 数据要求

影响力驱动因素指的是影响力路径中提到的输入和输出,主要包括企业能源和资源使用情况以及温室气体排放量。核算温室气体排放是计算温室气体排放影响的基础。温室气体排放总量,包括范围一、二和三排放量。因为《温室气体核算体系》将排放量分配给企业的方式符合《一般方法论 1 号》中的相关要求,按照《温室气体核算体系》测量的所有三个范围的排放均完全归属于该企业。

温室气体排放量需要利用政府间气候变化专门委员会(Intergovernmental Panel on Climate Change,IPCC)最新全球变暖潜值(GWP)数据,将所有温室气体转换为二氧化碳当量(CO_2e)。所有温室气体排放数据均应以公吨二氧化碳当量为单位。为了保证影响力账户信息颗粒度,排放数据应分为 4 个不同的类别:范围一、范围二、上游范围三和下游范围三。本方法论推荐按照《温室气体核算体系》来指导编制者计算温室气体排放量。

根据 IFVI《一般方法论 1 号》的要求,影响力账户编制者应当提供必要的补充说明或定性描述,这包括但不限于温室气体排放核算的关键假设、处理数据缺失的方法、实现减碳目标的进展,以及遵守地球边界(Planetary Boundaries,人类社会安全运行的环境极限)和阈值(Thresholds)的相关情况。地球边界是 2009 年提出的概念,旨在定义人类社会可以安全运行的环境极限。越过一个或多个地球边界可能是有害的,甚至是灾难性的,因为跨越阈值将引发地球系统性的环境变化。地球边界通常包括 9 个方面:气候变化(主要指的是大气中二氧化碳浓度的上限)、海洋酸化、平流层臭氧消耗、对全球磷和氮循环的干扰、生物多样性丧失率、全球淡水利用量、土地系统变化、气溶胶负荷以及化学污染。

2. 与其他报告准则的关系

核算温室气体排放影响所需数据与下列报告准则的披露要求一致:《欧洲可持续发展报告标准第 E1 号——气候变化》《国际财务报告可持续披露准则第 S2 号——气候相关披露》以及全球报告倡议组织《GRI 305:排放(2016)》。

《欧洲可持续发展报告标准第 E1 号》E1－6 第 41 段规定企业应披露以下内容:(1)范围一温室气体排放总量;(2)范围二温室气体排放总量;(3)范围三温室气体排放总量;(4)温室气体排放总量。第 45、46 和 48 段指出温室气体排放量应以公吨二氧化碳当量为单位。

IFRS S2 中,在"气候相关指标"部分第 29 段规定:"主体应披露其在报告期内产生的绝对温室气体排放总量,以公吨二氧化碳当量表示,也分类为:(1)范围一温室气体排放量;(2)范围二温室气体排放量;(3)范围三温室气体排放量。"

全球报告倡议组织的《GRI 305:排放(2016)》则在披露 305－1(范围一)、305－2(范围二)和 305－3(范围三)中要求企业报告每个范围内的"温室气体总排放量",而且也要求以公吨二氧化碳当量为单位。

3. 数据来源、差距和不确定性

报告编制者应努力以完整、中立且无误的方式测量温室气体排放量,包括如实反映所有价值链活动的排放量。在实践中,成本或数据可得性等障碍可能会限制编制者全面测量范围一、二和三排放,必要时可使用估算等替代方法来计算全部范围的温室气体排放量。根据《温室气体核算体系》,编制者应优先考虑符合下面条件的方法:(1)直接测量温室气体排放量而不是根据经营活动数据(如燃料升数)估算温室气体排放量;(2)利用来自公司价值链内特定活动的原始数据而不是二手数据;(3)考虑尽可能高质量的数据来源。

根据《温室气体核算体系》,高质量数据源应考虑:(1)技术代表性。数据与所使用的技术相符吗?(2)时间代表性。数据是否代表活动的实际时间或时长?(3)地域代表性。数据是否反映了活动的地理因素?(4)完整性。数据在统计上是否能代表活动?(5)可靠性。数据集或来源可信吗?

当估算需要辅助数据时,可以使用环境扩展输入输出(Environmentally-Extended Input Output,EEIO)模型和基于过程的模型。测算温室气体排放时会出现不确定性。编制者应报告定性不确定性,并在可能的情况下报告定量不确定性。这些可以包括但不限于敏感性分析或概率分布。

(四)结果、影响与估值

1. 计算公式

根据温室气体影响力路径,"结果"是温室气体排放造成的自然环境改变,而"影响"则是这些自然环境变化造成的人类福祉变化。本方法论将碳排放社会成本用作"价值因子",将企业温室气体排放量这一结果转化成温室气体排放对人类福祉造成的影响。

温室气体排放影响,记作 GHG Value$_{Total}$,应参照以下公式计算:

$$\sum_{scope=1,2,3}(Em_{scope} \times V_f) = GHG\ Value_{Total} \qquad (1)$$

其中,Em_{scope} 指的是特定范围的温室气体排放,包括范围一、范围二、上游范围三和下游范围三,V_f 指的是价值因子。式(1)可以表示为以下四个变量的和:

$$Em_{scope1} \times V_f = GHG\ Value_{scope1} \qquad (2)$$

$$Em_{scope2} \times V_f = GHG\ Value_{scope2} \qquad (3)$$

$$Em_{scope3up} \times V_f = GHG\ Value_{scope3up} \qquad (4)$$

$$Em_{scope3down} \times V_f = GHG\ Value_{scope3down} \qquad (5)$$

需要注意的是,因为温室气体排放对人类福祉产生的是负面影响,$GHG\ Value_{Total}$ 为负值。在式(1)至式(5)中,价值因子 V_f 是相同的。

2. 价值因子的确定

本方法论使用碳排放社会成本计算价值因子。碳排放社会成本指的是每公吨二氧化碳当量的温室气体排放对人类社会福祉造成的损失的折现值。本方法论考虑采用两类模型来估计碳排放社会成本,分别是温室气体影响价值估计模型(Greenhouse Gas Impact Value Estimator,GIVE)和数据驱动的空间气候影响模型(Data-driven Spatial Climate Impact Model,DSCIM)。这两类模型均属于气候变化综合评估模型(Integrated Assessment Models,IAM)类别。根据美国环保局(Environmental Protection Agency,EPA)于2023年年末发布的研究报告,这两类模型是在众多IAM中比较领先的。GIVE模型由未来资源组织(Resources for the Future,RFF)、加州大学伯克利分校和其他八家机构联合开发。DSCIM则由气候影响实验室(Climate Impact Lab)开发。

RFF是一家独立的、非营利性研究机构,总部位于美国华盛顿特区,成立于1952年,其使命是通过公正的、不带偏见的经济研究和政策参与来改善环境、能源和自然资源决策。气候影响实验室是一家非营利性组织,于2016年由芝加哥大学能源政策研究所、加州大学伯克利分校、荣鼎集团(Rhodium Group)和罗格斯大学发起设立,其使命是衡量和传达气候变化对人类的影响,以促进做出有效决策。目前,该实验室由25名气候科学家、经济学家、计算专家、研究人员、分析师和学生组成。

为了结合 GIVE 和 DSCIM 模型的优势,《温室气体排放方法论》使用这两类模型给出的碳排放社会成本的算术平均值计算价值因子。2023 年和 2024 年温室气体排放的价值系数分别为每公吨二氧化碳当量 236 美元和 239 美元。这两个值均根据通货膨胀调整为与 2023 年美元价值可比的货币度量单位。

与其他 IAM 一样,GIVE 和 DSCIM 由四个模块组成。一是"社会经济模块",给出对未来人口、GDP 和温室气体排放等变量的预测。二是"气候模块",利用"社会经济模块"的温室气体排放作为输入,给出描述气候系统变化的变量,包括气温变化、二氧化碳浓度变化、海平面上升幅度等。三是"损失模块",以气候系统变化作为输入,给出这些变化对农业、人类健康、能源消耗等方面的影响,进而转化为经济损失。四是"折现模块",将未来的经济损失累加起来并折算为当前的价值,从而得出碳排放社会成本的估计值。

(1) 社会经济模块。GIVE 和 DSCIM 均利用未来资源组织开发的模型(称为 RFF-SP)对人口、GDP 和二氧化碳排放进行预测,预测值远至 2300 年。并且,RFF-SP 考虑了多种因素导致的不确定性,包括未来技术进步和减排政策,其不仅提供点估计,还提供区间估计。根据 RFF-SP 对人口的点估计,全球人口将逐年增加,直至 2100 年达到峰值 110 亿人,随后将逐年递减。根据 RFF-SP 对 GDP 的点估计,全球人均 GDP 年增速在 2100 年以前相对稳定,将保持在 1.6% 左右的水平;2100—2200 年,全球人均 GDP 年增速将逐渐下降,在 2200 年左右趋于稳定至 1.1% 的水平。根据 RFF-SP 对二氧化碳排放的点估计,全球二氧化碳排放将在 2050 年达到峰值,然后逐年下降,逐步趋近净零排放。

(2) 气候模块。GIVE 和 DSCIM 都利用有限振幅脉冲响应(Finite Amplitude Impulse Response,FAIR)模型 1.6.2 版本来确定气候响应,包括全球气候系统和碳动力学,但是使用了不同的模型预测海平面变化。

(3) 损失模块。GIVE 和 DSCIM 在测算气候变化所引起的经济损失时都先通过测算不同领域、地区受到的损失再加总获得整体的损失。但是,GIVE 和 DSCIM 在损失模块的测算方法上存在一些差异。GIVE 纳入四种损失:温度引起的死亡,额外能源支出,农业生产率损失以及包括土地、资本损失和死亡在内的海岸相关影响。而 DSCIM 除了上诉四类损失,还纳入了劳动生产率损失。除此之外,GIVE 和 DSCIM 在各类损失的测算上也有差异。表 3—6 汇总了 GIVE 和 DSCIM 在损失模块上的差异。

表 3—6　　　　　　　　　　GIVE 和 DSCIM 模型在损失模块上的差异

模型	GIVE	DSCIM
温度引起的死亡	先利用文献上的一项研究,估计了温度增加 1℃对多种死亡风险(例如心血管、呼吸系统、胃肠道等)的影响;再利用美国环保局提供的 1990 年统计寿命价值(Value for Statistical Life)480 万美元将温度对死亡率的影响货币化;最后按 2020 年美元价值调整	先使用 40 个国家 1990—2020 年区域层面的数据得出温度和死亡率之间的关系;再利用美国环保局提供的 1990 年统计寿命价值将温度对死亡率的影响货币化,并调整为 2019 年美元
额外能源支出	先利用全球变化分析模型(Global Change Analysis Model)得到气候变化引起的温度变化对国家层面电力支出的影响;再通过将额外能源支出乘以公用事业服务价格,将国家层面的能源支出货币化;最后,通过比较国家层面 GDP 与全球 GDP 的相对情况,将额外能源支出扩展到全球层面	先利用国际能源署(International Energy Agency, IEA)世界能源平衡数据集 1971—2010 年间 146 个国家的电力和其他燃料使用情况,得到气候变化对全球能源消耗的影响的估计;再通过两个数据源将该影响货币化——当前的电力成本利用 IEA《2017 年世界能源展望》提供的分地区数据,其他燃料成本则从国际应用系统分析研究所(International Institute for Applied Systems Analysis, IIASA)情景探索数据库得到
农业生产率损失	通过 Moore 等(2017)的研究来确定气温上升对农业产量冲击的影响;利用 1 010 份已发表文章萃取气候变化对玉米、水稻、小麦和大豆产量的影响,并利用全球贸易分析项目(Global Trade Analysis Project, GTAP)一般均衡模型将这些影响货币化;该模型全面跟踪全球双边贸易流量,并对所有国民经济体的商品生产和消费进行建模	分析气温变化对六种主要作物(玉米、小麦、水稻、大豆、高粱和木薯)产量的影响。这些作物约占全球作物热量生产的三分之二。农业损害通过纳入农业适应经济学来货币化
海岸相关破坏	通过海岸影响和适应模型(Coastal Impacts and Adaptation Model, CIAM)度量海岸相关的损失,该模型度量与各类洪水损害适应策略相关的成本以及海平面上升对区域海岸线的影响。海岸相关影响通过动态交互式脆弱性评估(Dynamic Interactive Vulnerability Assessment, DIVA)数据库货币化	度量海平面上升对沿海洪水的影响。海岸相关损失通过 DSCIM-Coastal v1.0 建模平台货币化,该平台纳入了与以下方面相关的成本:淹没、基础设施/人口撤退、建设/维护、湿地、死亡率及海平面上升造成的实物损失
劳动生产率损失	无此模块	劳动生产率损失由温度升高和劳动力损失之间的关系来表示,以劳动力负效用来衡量。气温升高导致建筑、农业、交通运输等需要户外工作的行业的工人工作时间减少。抵消劳动力负效用所需的补偿性工资增长将被用来影响货币化

(4)折现模块。当前的碳排放将对未来子孙后代造成影响,因此需要将其未来长期影响折算为当前的价值。GIVE 和 DSCIM 都采用了拉姆齐公式得到动态随机折现率:

$$r_t = \rho + \eta g_t \tag{6}$$

其中,r_t 是 t 时刻的折现率,ρ 是时间偏好,η 是边际效用弹性,g_t 是人均消费增长率。

GIVE 和 DSCIM 模型均将近期目标折现率设定为 2%,再通过校准(Calibration),得到 ρ 和 η 的取值,分别为 0.2% 和 1.24%。如果将近期目标折现率设定为其他值,ρ 和 η 的取值将会发生变化。

基于 GIVE 模型的测算结果,研究人员于 2022 年在《自然》杂志发表了一篇题为《多方面证据表明二氧化碳排放社会成本应该更高》(Comprehensive Evidence Implies a Higher Social Cost of CO_2)的文章(Rennert et al.,2022)。DSCIM 模型的理论框架和相关实证研究,经过了同行评审,发表在《自然》《经济学季刊》和《科学》等学术杂志上。

(五)未来发展

基于现有科学研究,《温室气体排放方法论》提出了企业温室气体排放影响力路径和影响力评估方法,但还存在一些挑战,比如企业披露范围一、二和三排放的能力仍可能不足。又比如,碳排放成本如何准确估计、是否存在被低估或被高估的情况。方法论未来可以优化的方面包括:一是新的方法和工具可以让更多机构完整、准确地核算范围一、二和三排放量;二是碳排放社会成本测算模型的改进;三是制定严格的框架将温室气体抵消和碳信用纳入影响力核算;四是进一步将地球边界和雄心勃勃的净零排放目标纳入碳排放成本的测算模型。

三、争议焦点

IFVI 技术人员对《温室气体排放方法论》征求意见稿着重希望获得的反馈有两个方面:一是关于碳排放社会成本这一价值因子的设定;二是关于范围三排放的核算。

(一)碳排放社会成本

方法论建议将碳排放社会成本作为价值因子,计算温室气体排放对人类社会造成的负面影响。具体而言,按照方法论的建议,企业 2023 年每公吨二氧化碳当量温室气体排放对人类社会造成的损失为 236 美元。这个数值来自两个最新开发的气候变化综合评估模型,即 GIVE 和 DSCIM。方法论认为,这两个模型是碳排放社会成本测算领域最前沿的进展。即便如此,方法论认为每公吨二氧化碳当量 236 美元的价格仍然低估了碳排放社会成本,因为仍然有一些气候变化造成的损失还没有纳入模型。

关于碳排放社会成本的设定,主要有下面两个争议点。一是为什么选择 GIVE 和 DSCIM? 方法论主要参考美国环保局的推荐,这两个模型在测算气候变化造成的损失方面有明显的进展。但是反对者表示,一个国家政府的推荐可能不应设为全球标准。二是 GIVE 和 DSCIM 两个模型给出的碳排放社会成本估计值是在一定的假设条件下得到的。其中,动态折现率的设定最为关键。折现率的设定对最终得到的碳排放社会成本估计值有较大影响,但是方法论只选择了一种动态折现率的设定。具体而言,如果将近期目标折现率设为方法论采用的 2%,GIVE 和 DSCIM 得到的 2020 年碳排放社会成本均为每公吨二氧化碳当量 190 美元(以 2020 年美元计价)。但是当近期目标折现率设为 1.5% 时,GIVE 和

DSCIM 得到的 2020 年碳排放社会成本将分别为每公吨二氧化碳当量 310 美元和 330 美元（以 2020 年美元计价）。当近期目标折现率设为 2.5% 时，GIVE 和 DSCIM 得到的 2020 年碳排放社会成本分别为每公吨二氧化碳当量 120 美元和 110 美元（以 2020 年美元计价）。所以，有一种声音表示，如果方法论推荐将折现率设定为 2%，那么应当提供更多解释。

（二）范围三排放的核算

与主流的可持续报告准则一致，方法论将范围三排放纳入了温室气体排放核算，这主要是因为范围三排放非常重要。但是，方法论也认识到许多企业在核算范围三排放时仍然面临挑战，所以方法论鼓励企业使用估算等替代方法计算范围三排放，与此同时其也给出了选择估算方法时应该遵循的原则。方法论区分了上游范围三排放与下游范围三排放。有人对这样的处理表示赞同。通常而言，企业对供应链上游机构具有一定的影响力，可能推动减排，而企业对价值链下游机构的影响有限，所以区分上下游排放具有合理性。另外，受多种因素影响，企业范围三排放的测量存在较大误差，且缺乏指导，区分上下游排放有利于提升影响力信息的透明度。

四、借鉴建议

根据以上对《温室气体排放方法论》的介绍和分析，笔者认为我国应至少在如下三方面予以借鉴或采取行动。

（一）加强企业碳排放信息披露

气候相关信息披露要求逐步趋严。国际贸易中的"绿色壁垒"相继涌现。这些都对我国企业，特别是"走出去"企业，提出了更高的碳排放信息披露要求以及更高的碳足迹管理要求。根据普华永道中国携手 CDP 全球环境信息研究中心发布的《2023 年中国企业 CDP 披露分析报告》，2023 年全球有 23 292 家企业在 CDP 平台披露了其环境相关表现，其中中国参与 CDP 气候变化相关环境信息披露的企业为 3 439 家（包含港澳台地区），与 2022 年相比增长了约 26%。在 3 400 多家参与 CDP 气候信息披露的中国企业中，78% 的企业披露了范围一排放，62% 的企业披露了范围二排放，39% 的企业披露了范围三排放，披露的范围三排放中来自采购商品和服务产生的碳排放占比仅为 24%。由此可见，我国企业范围三排放的信息披露还需进一步加强。企业碳排放核算与气候信息披露，是企业制定科学碳目标、积极参与减碳行动的基础，也是推动"碳达峰""碳中和"目标实现的必要之举。

（二）推动企业碳排放核算标准国内外融合

国际上主流的可持续报告准则要求温室气体核算依照《温室气体核算体系》提供的核算方法。本节讨论的方法论亦是如此。然而，我国企业对《温室气体核算体系》比较陌生（黄世忠和叶丰滢，2023a）。自 2013 年起，国家发展改革委陆续发布了 24 个行业企业温室气体排放核算方法与报告指南，为企业核算和报告温室气体排放提供了依据。但是这些指南与《温室气体核算体系》在口径和具体做法上仍然存在一定差异（黄世忠和叶丰滢，2023b）。其他国家也有与《温室气体核算体系》存在不同程度差异的本国标准。因此，需要研究应否以及如何使我国企业碳排放核算标准与《温室气体核算体系》及其他国家的相关标准协调趋同，以利于提升各国企业碳排放信息的国际可比性，进而使国际化经营企业在复杂的竞争环境中立于不败之地，也为评估各国和全球碳目标进展提供更扎实的基础。

(三) 加强碳排放社会成本的自主研究

IFVI《温室气体排放方法论》建议 2023 年的碳排放社会成本为每公吨二氧化碳当量236 美元。有人表示这样的碳价对于我国企业而言过高，不利于动员企业披露温室气体排放，特别是范围三的排放。也有人质疑，目前主流的气候变化综合评估模型，包括本方法论采用的模型，是否可以代表全球处于不同发展阶段国家的情况。例如，折现率的设定是否反映了全球实际利率水平。对于我国而言，参与国际对话，应该自主研发气候变化综合评估模型，加强碳排放社会成本测算的自主研究。

第四节　国际影响力估值基金会方法论：员工工资影响的核算

一、引言

享有体面的生活水平是职工的一项基本权利。然而截至 2020 年，全球范围内仍然有10 亿人的工资收入无法支持他们过上体面的生活，甚至不够支付必要的生活开支，包括食物、用水、住房、教育、医疗保健、交通、服装和其他基本需求。这 10 亿人包括了全球三分之一的雇员和一半以上的小农户。即便是大型上市公司，其中也有不少公司没有支付员工恰当的工资。一些监管机构和国际组织试图通过推动工资相关的信息披露和企业承诺来帮助解决这一问题。

2023 年 7 月欧盟委员会颁布了首批 12 项《欧洲可持续发展报告标准》（ESRS），包括 4项社会议题的准则，分别是《ESRS 第 S1 号——自有劳动力》《ESRS 第 S2 号——价值链中的工人》《ESRS 第 S3 号——受影响的社区》和《ESRS 第 S4 号——消费者和终端用户》。其中，ESRS S1-10 披露要求规定：企业应披露其劳动力中的所有员工是否都按照适用的基准获得了恰当的工资；如果没有，企业需要披露这些员工分布在哪些国家，以及在这些国家的员工中没有获得恰当工资员工的比例。虽然 ESRS S2 未对企业价值链上员工的恰当工资情况做出定量披露要求，但要求企业披露其是如何识别和管理工作条件（包括是否支付恰当工资）对价值链员工的影响的。

2018—2021 年国际劳工组织开展了一项研究工作，试图构建一套指标和方法，帮助政府机构和社会组织了解工人和其家庭的基本生活需要，以便加强政府部门和社会组织在谈判和设定恰当工资水平上的能力，从而改善正规和非正规经济中工人的生活水平。

2017年联合国全球契约组织启动了全球供应链体面工作行动平台（The Action Platform on Decent Work in Global Supply Chains），旨在建立一个由尊重劳工权利的企业、全球契约地方网络（Global Compact Local Networks）和合作伙伴组成的联盟，致力于通过供应链改善全球劳动人民的工作条件。其中，恰当工资是体面工作的一个重要方面。

2024年2月，国际影响力估值基金会（IFVI）正式发布了《一般方法论1号：影响力核算概念框架》（简称《一般方法论1号》）后，其于2024年2月8日发布了第二个方法论文件，也是第一个通用议题方法论文件即《恰当工资方法论》（The Adequate Wages Topic Methodology）征求意见稿（简称《恰当工资方法论》）。该方法论提出的目的是提供一套方法来衡量企业支付工资对员工福祉的影响，并将该影响货币化，其通过披露影响力信息，推动企业和投资者做出对员工工资报酬有正面影响的决策，改善员工福祉，让更多的人可以通过自己的努力过上体面的生活。

现有文献对影响力核算做了一定的介绍，但有关员工工资方面的问题讨论较少。为了填补这一空缺，本节将从IFVI发布《恰当工资方法论》的背景及其主要内容以及争议焦点来解释该方法论，最后就我国应如何借鉴该方法论提出若干建议。

二、背景

IFVI于2022年7月12日成立[关于IFVI成立的背景见张为国等（2023）的研究]，它的使命是在全球范围内推动影响力核算在财务分析、资产配置、公司内部决策中的应用。为此，IFVI将开发相关的方法论和估值方法，开展支持影响力核算所需的研究，进行所开发方法论的测试，提高企业、投资者和政策制定者对影响力信息披露可行性和重要性的认识，提升影响力核算的市场接受度。

目前，IFVI的理事会由25位行业专家组成，IFVI理事长由全球影响力投资指导组织（GSG）创始主席罗纳德·科恩担任。本节作者之一张为国教授是IFVI理事会成员。2023年4月，IFVI成立估值技术与从业者委员会（VTPC）。该委员会的任务是指导、验证和批准IFVI开发的影响力核算方法论。VTPC由18位来自不同地区和国家的具有不同职业背景的专业人士组成。VTPC主席由哈佛商学院教授乔治·塞拉菲姆担任。本节的另一位作者贝多广教授现为该委员会成员。

IFVI正在开发的影响力核算方法论由一般方法论、通用议题方法论和特定行业方法论三个层次构成。第一，一般方法论建立影响力账户的体系和概念要素，包括影响力信息的目的、使用者、质量特征、基本概念、影响力重要性以及计量和估值方法。一般方法论为开发通用议题和特定行业方法论提供指南。第二，通用议题方法论为可持续发展通用议题层面的影响力计量和估值指南。企业影响力账户中特定主题相关的影响力，根据影响力重要性确定。本层次方法论可跨行业使用。第三，特定行业方法论为特定行业层面的影响力计量和估值指南。企业影响力账户中特定行业相关的影响力，也根据影响力重要性确定。应特别指出的是，VTPC明确，仅当无法开发跨行业的通用议题方法论时，才开发特定行业方法论。

《一般方法论1号》作为一般方法论的第一部分，阐明了影响力核算的主要目的，定义了关键术语及概念。IFVI于2024年2月8日发布了两份通用议题方法论征求意见稿，分别是《恰当工资方法论》和《温室气体排放方法论》征求意见稿。这两份文件征求意见期结束以后，即2024年4月8日之后，VTPC将对收到的意见函进行审阅，并指导方法论的修订，然后正式发布。

三、《恰当工资方法论》的主要内容

《恰当工资方法论》的正文由五个部分组成。第一部分"简介"阐述了制定该方法论希望实现的目标，并介绍了工资议题的相关背景，给出了该方法论中的主要概念及其定义，最后界定了讨论边界与基本假设。第二部分"影响力路径"介绍了企业支付员工工资对员工福祉产生影响的逻辑路径。根据IFVI已经发布的《一般方法论1号》，影响力路径是衡量影响的框架，用于厘清企业活动与人们福祉变化之间的因果关系。第三部分"影响力驱动因素度量"主要介绍了计算工资影响所需的数据以及相关要求，并讨论了该方法论与ESRS的兼容性，最后为账户编制者处理数据缺口与误差等问题提供了一定的指引。第四部分"结果、影响与估值"给出了计算工资影响的具体公式，并介绍了计算公式中关键变量的确定方法。第五部分"未来发展"讨论了该方法论可以进一步完善与优化的方向。

（一）目标、定义与基本假设

1. 目标

《恰当工资方法论》提供了一套方法，用货币单位衡量和评估企业（或其他类型主体）支付工资对员工个人福祉产生的正面或负面影响。企业支付劳动报酬，为员工提供了收入来源。员工获得多少工资，将对其个人福祉产生影响。如果员工获得的工资不足，则将无法支付必要的生活开支。

据《恰当工资方法论》介绍，联合国于1948年通过的《世界人权宣言》第23条确立了恰当工资的重要性，该条款称："每个工作的人都有权获得公正和有利的报酬，确保自己和家人享有人的尊严，并在必要时通过其他社会救助手段予以补充。"但是截至2020年，全球范围内仍然有10亿人的薪酬无法支持他们过上体面的生活。这些人因为收入不足而付出了沉重代价。

《恰当工资方法论》是IFVI开发的影响力核算方法论体系中若干通用议题方法论中的一个。该方法论旨在帮助影响力账户编制者准备企业在员工工资报酬方面的影响力信息，并帮助编制者依此判断该影响是否为重要影响。但如何使用该信息比较和评价不同企业在员工工资报酬方面的可持续发展绩效表现，超出了该方法论讨论的范畴。该方法论建议，影响力账户编制者应该尽可能全面遵循方法论要求，任何与方法论背离的地方都应向

信息使用者披露。

2. 定义

在《恰当工资方法论》中,"工资报酬"指的是:"能够以金钱表示并通过双方协议或者国家法律或法规确定的报酬或收入,无论如何指定或计算,均应根据雇主就已完成或将要完成的工作或者已提供或将要提供的服务与受雇人员签订的书面或非书面雇用合同。"该定义借鉴了国际劳工组织在工资保护公约中对工资的定义。

《恰当工资方法论》讨论的企业支付工资对员工个人福祉产生的影响包括两类:"薪酬影响"(Remuneration Impact)和"生活工资缺口影响"(Living Wage Deficit Impact)。任何金额的工资都是员工的收入,并直接提升他们的福祉。这类影响是"薪酬影响"希望刻画的,它反映的是工资对员工福祉产生的正面影响,无论企业支付的工资金额是多少、是否恰当。在收入边际效用递减的假设下,工资每增长一单位,所带来的员工福祉增加,即相应的"薪酬影响",随工资增加而递减。然而,赚取工资并不能保证工资金额足够支持员工支付必要生活开支。这类影响是"生活工资缺口影响"希望刻画的,它反映的是因为工资低于"生活工资"水平、工资不恰当对员工福祉产生的负面影响。该方法论要求影响力账户编制者应当分别计算这两类影响。

《恰当工资方法论》特别强调,对于员工的界定范围,不仅包括企业自身雇用的员工,也包括其价值链上的员工。企业自身雇用的员工不仅包括签署了正式劳动合同的直接雇员,还包括非直接雇用人员,例如企业使用的外包员工。考虑价值链上的员工符合国际规范和相关报告准则的要求。但是,该方法论也承认,获取价值链上员工工资数据存在较大挑战。当数据不可得时,可以使用模型和估计,该方法论第三部分将为此提供指引。

另外,《恰当工资方法论》在计算工资影响时假设的参考情景(Reference Scenario)为:在企业没有提供工作机会的前提下,员工没有其他就业机会,也没有获得政府财政支持或其他社会救助。按照《一般方法论1号》的要求,企业支付员工工资对员工福祉产生的影响应该是相较于参考情景下员工福祉的额外变化情况。因此,该假设将在工资影响计算公式中得以体现。该假设并非适用于所有现实场景,因此《恰当工资方法论》第五部分"未来发展"讨论了进一步完善的方向。

《恰当工资方法论》不讨论工作条件中非工资方面的影响(例如员工健康与安全),也不讨论薪酬平等与公平的问题,以及工资所产生的更广泛社会影响。

《恰当工资方法论》使用的主要概念包括"生活工资""生活工资基准""生活工资基准提供商""工资总额""福利""主观幸福感"和"拐点"。该方法论强调,这些概念的定义与行业最佳实践和权威来源保持一致。例如,对生活工资的定义与全球生活工资联盟(Global Living Wage Coalition)给出的定义一致;对福祉的定义与影响力管理平台(Impact Management Platform)给出的定义一致,并与经合组织(OECD)福祉框架兼容。

一是生活工资(Living Wage)。生活工资是"员工在特定地区每个标准工作周所获得的报酬,足以为员工及其家人提供体面的生活。体面的生活包括食物、水、住房、教育、医疗保健、交通、衣服以及应对突发事件的准备之类的其他基本需求"。生活工资在概念上不同于法定最低工资。《恰当工资方法论》定义的恰当工资是指等于或高于生活工资的工资。二是生活工资基准(Living Wage Benchmark)。生活工资基准是对特定地区生活工资的定量估计。三是生活工资基准提供商(Living Wage Benchmark Provider)。基准提供商是计算一个或多个地区的生活工资基准的组织或部门。《恰当工资方法论》第三部分"影响力驱动因素度量"提供了选择生活工资基准应满足的具体标准。四是工资总额(Gross Wage)。工资总额是与当地生活工资基准进行比较的数量,以确定员工工资是否低于、等于或高于生活工资。工资总额包括基本工资、部分现金福利、奖金和实物福利。工资总额不扣除任何法定扣除额,包括个人所得税等。五是福祉(Well-Being)。福祉是指一种生活过得不错的状态。根据经合组织福祉框架,个人的福祉包含11个方面:收入和财富、工作和工作质量、住房、健康、知识和技能、环境质量、主观幸福感、安全、工作与生活的平衡、社会关系和公民参与。六是主观幸福感(Subjective Well-Being)。经合组织福祉框架中的主观幸福感是指"良好的心理状态,包括人们对自己的生活做出的各种积极和消极的评价,以及人们对其经历的情感反应"。该定义参考了经合组织对主观幸福感的定义。七是拐点(Inflection Point)。《恰当工资方法论》假定,工资达到一定水平以后,每单位工资增长所带来的"薪酬影响"随工资增长而变小。这些特定的工资水平即为该方法论定义的拐点。

3. 基本假设

以上即为《恰当工资方法论》在第一部分"简介"的主要内容。然而,本节发现该方法论使用的一些关键假设并未在第一部分阐明,只在附录D中有所介绍,如果不在此处做出说明,可能对理解第三部分中提出的数据要求和第四部分的计算公式造成阅读障碍。为此,特别指出以下的一些关键假设。

(1)在定义"薪酬影响"和"生活工资缺口影响"时,《恰当工资方法论》采用了比较宽泛的概念,即工资对员工福祉的影响。但后文将会发现,在具体度量时,该方法论考虑的是工资对员工主观幸福感的影响,并且主观幸福感是用"生活满意度"度量的。需要注意的是,主观幸福感只是经合组织福祉框架中的11个方面之一。该方法论附录D讨论了采用这一假设的理由与局限性。

(2)《恰当工资方法论》在第一部分已经提到了收入边际效用递减假设。后文将会看到,这一假设具体表现为:工资每增加一单位,其对员工生活满意度的提升幅度随工资增长而递减,即工资与生活满意度之间的关系如图3-8中曲线U所示,曲线的斜率随工资的增加而减小。更进一步会发现,在具体度量时,该方法论采用了一个分段线性函数近似表示图3-8所示的曲线U,并且这个分段函数有两个拐点,工资水平超过第二个拐点以后,生活满意度将不会因为工资增加而提升。

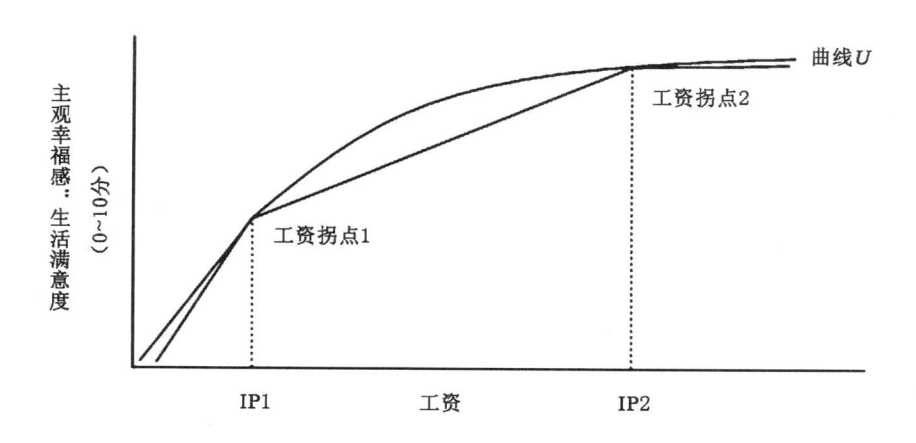

图 3—8 主观幸福感与工资的关系

(二)影响力路径

根据 IFVI《一般方法论 1 号》,通用议题方法论和特定行业方法论的一个重要概念或环节是影响力路径。影响力路径是衡量影响的框架,用于厘清企业活动与人们福祉变化之间的因果关系。按照因果关系,影响力路径依次由五个部分组成:输入、活动、输出、结果和影响。

在《恰当工资方法论》中,"输入"是企业使用员工提供的劳动力。"输出"由两部分构成,一部分是"薪酬",另一部分是"生活工资缺口"。"薪酬"指的是企业支付给员工的工资总额。当工资总额低于员工所在地生活工资基准时,就形成"生活工资缺口",它指的是员工工资与当地生活工资基准的差距。恰当工资影响力路径中的"结果"是员工主观幸福感。"影响"则是企业支付工资引起的员工主观幸福感的变化。方法论考虑两类影响,即上文提到的"薪酬影响"和"生活工资缺口影响",并强调薪酬影响和生活工资缺口影响应分开处理,以便对影响进行更细致的分析。图 3—9 描绘了恰当工资影响力路径。

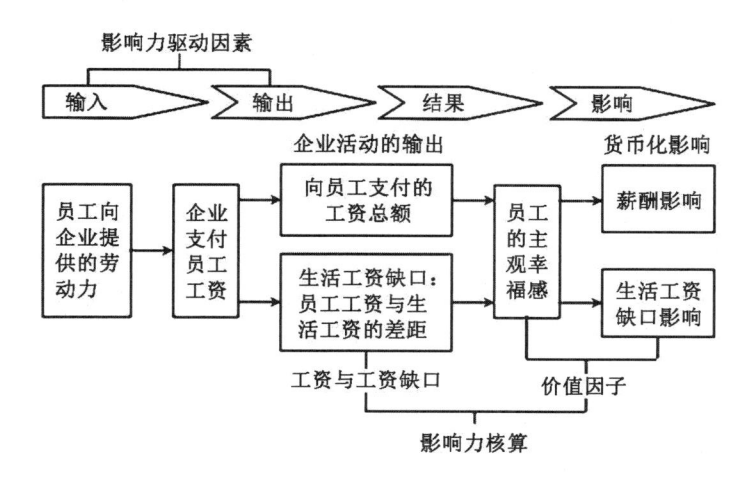

图 3—9 恰当工资影响力路径

(三)影响力驱动因素度量

1. 所需数据

影响力驱动因素指的是影响力路径中提到的"输入"和"输出",主要包括工资、生活工资缺口等变量。这些变量的度量是计算工资影响的基础。度量所需的数据可以按照数据来源分成两部分:一部分是由企业提供的数据,另一部分是其他来源的数据。企业提供的数据包括七小类,分别是:(1)工资总额低于生活工资基准的员工数量(A类员工数量);(2)工资总额等于或高于生活工资基准但是低于工资拐点1的员工数量(B类员工数量);(3)工资总额等于或高于工资拐点1但是低于工资拐点2的员工数量(C类员工数量);(4)工资总额等于或高于工资拐点2的员工数量(D类员工数量);(5)A类员工群体的平均工资总额;(6)B类员工群体的平均工资总额;(7)C类员工群体的平均工资总额。

方法论要求:账户编制者需要对企业雇用的员工和企业价值链上的员工分别提供以上七类数据;还需要针对雇用员工和价值链员工,按照员工居住地分别计算各国员工的以上七类数据。在数据条件允许的前提下,还应该考虑同一个国家不同地区员工的以上七类数据。如果企业雇用的员工分布在三个国家,那么企业需要就这三个国家分别提供以上七类数据;如果企业价值链员工分布在十个国家,那么企业需要就这十个国家分别提供以上七类数据。表3—7提供了一个所需数据的示例。

表3—7　　　　　　需要从企业和其他来源获得的数据(按国家/地区分类)

企业自身的人力			
所需数据	国家1	国家2	国家3
由企业提供的数据			
工资总额低于生活工资基准的员工数量(A类员工数量)			
工资总额等于或高于生活工资基准但是低于工资拐点1的员工数量(B类员工数量)			
工资总额等于或高于工资拐点1但是低于工资拐点2的员工数量(C类员工数量)			
工资总额等于或高于工资拐点2的员工数量(D类员工数量)			
A类员工群体的平均工资总额			
B类员工群体的平均工资总额			
C类员工群体的平均工资总额			
其他来源数据			
生活工资基准			
工资拐点1			
工资拐点2			

续表

企业价值链上的人力			
所需数据	国家 1	国家 2	国家 3
由企业提供的数据			
工资总额低于生活工资基准的员工数量（A 类员工数量）			
工资总额等于或高于生活工资基准但是低于工资拐点 1 的员工数量（B 类员工数量）			
工资总额等于或高于工资拐点 1 但是低于工资拐点 2 的员工数量（C 类员工数量）			
工资总额等于或高于工资拐点 2 的员工数量（D 类员工数量）			
A 类员工群体的平均工资总额			
B 类员工群体的平均工资总额			
C 类员工群体的平均工资总额			
其他来源数据			
生活工资基准			
工资拐点 1			
工资拐点 2			

来自其他来源的数据主要有三类：生活工资基准、工资拐点 1、工资拐点 2。方法论对账户编制者如何选择生活工资基准提出了具体要求。关于工资拐点的设定，方法论要求账户编制者使用方法论附录 B 提供的数据。

2. 关于计算工资总额的要求

方法论规定了平均工资总额的统计口径，主要参考了 Anker 方法。以下是方法论提供的计算平均工资总额的基本步骤：

第一，工资总额应当包括基本工资、部分现金福利和奖金、部分实物福利。工资中可纳入的现金组成部分包括：基本工资和生活成本调整补助、住房补贴、交通补贴、一年中一次或多次支付的非产出性奖金（例如第 13 个月薪水、生日奖金、节假日奖金等）、留才奖金、探亲津贴、出勤津贴、子女津贴、产出/激励奖金以及利润分配时的现金奖励。工资中可纳入的非现金组成部分包括：住房和公用设施（例如家庭用水或用电）、免费提供或以优惠价格出售的餐食、上下班交通（以及周末从农村到城镇的交通）、托儿所、员工子女学校、托儿所或学校用餐、法律不要求且与工伤无关的医疗服务、商业医疗保险、在其他诊所和医院治疗所支付的医疗费用、前往医院/其他医疗服务机构的交通、儿童教育援助、奖学金、带薪病假或假期，以及去世员工丧葬费用。

第二，不应当减去任何法定扣除，例如个人所得税。

第三，标准化为全职等效（Full-Time-Equivalent，FTE）员工的工资。例如，对于按小时计酬的兼职工人，工资可以通过将小时工资乘以 FTE 员工每年的工作时数来计算。参照 ESRS 披露要求 S1-10，平均工资总额不应包括学徒和实习生赚取的工资。

第四，除以员工总数量。

第五，平均工资总额应该换成一定的货币单位（如美元）计价，以便与方法论中其他参数的计量单位保持一致。

以上是方法论关于如何计算工资总额给出的说明。这个说明是非常必要的，因为工资报酬的表现形式多种多样，哪些可以纳入，哪些不应纳入，需要制定一定的规则。这为影响力账户编制者提供了指引，确保依照方法论生成的信息可比、可靠。与此同时，在使用其他来源提供的工资数据时也应该了解其统计口径，例如哪些部分应纳入工资计算、工资是否经过 FTE 标准化处理、FTE 的定义以及实物福利的处理。关于工资总额的计量，本节特别指出下面几点：

(1)方法论在正文部分没有明确工资总额是以周、月还是年计量。根据方法论附录 B 提供的工资拐点数据，笔者猜测方法论暗含的假设是工资总额以年计量。

(2)方法论在正文第三部分第二十七段介绍的是平均工资总额计算方法，因此第四步要求除以员工总数量。然而，笔者认为企业需要计算每位员工的工资总额，再依据 A、B、C、D 四类员工的数量分别计算每类员工的平均工资总额。

(3)方法论主要参考了 Anker 方法来确定工资的现金与非现金组成部分，并在附录 C 详细列出各部分种类以及算作工资的条件。这里特别需要强调几处容易被忽视的细节。Anker 方法就哪些报酬、福利可以算作工资，并与生活工资基准比较，确立了一些基本原则。根据这些原则，产出/激励奖金、利润分配奖金、带薪病假和其他带薪假期通常情况下不算作工资，只在特殊情况和条件下才算。例如，根据 Anker 方法，原则上工资应该只包括那些确定会发放给员工的部分，由雇主随意或自行决定的工资、福利和奖金因为不确定性太高不应该包括在内，如雇主自行决定在盈利年度结束时向员工发放的奖金。所以根据年度利润派发的奖金原则上不应算作工资，除非这部分奖金已经事先确定。又比如，根据 Anker 方法，原则上工资应该只包括员工在正常工作时间按照正常工作强度获得的收入，加班工资、节假日加班补贴均不包括，需要加班才能获得的绩效奖金也不应当算作工资。企业有时设定的绩效目标过高，员工只有加班才能完成。但是 Anker 方法也意识到在不少发展中国家绩效奖金是员工重要的收入来源，如果大部分员工都能获得绩效奖金并且不需要加快工作节奏或加班，在这样的条件下绩效奖金应算作工资。再比如，根据 Anker 方法，假期、年假和病假原则上不算作工资，因为这些假日并没有为员工带来额外的可支配收入。但是对于按日结算的员工而言，带薪休假直接增加了他们的实得工资，因此应当算作工资。

(4)关于实物福利的处理，方法论虽然在正文中列出了可以纳入的种类，并在附录 C 就各种类介绍了算作工资的条件，但与 Anker 方法比照，仍然不完整，这会对影响力账户编制者统计非现金部分的工资造成障碍。比如，方法论没有介绍如何将实物福利换算成货币价值。方法论也未强调企业为员工提供的实物福利应该满足的最低标准,例如住宿、餐食应当达到的最低标准。同时,方法论也没有列举明确不能算作工资的实物福利。例如,Anker方法明确指出企业在工作场所为员工提供的服装、用具、饮用水均不算作工资,为季节性短期工提供的集体宿舍也不应算作工资。如果在这些方面方法论不提供明确指引,将对使用者造成困扰,影响信息质量。

(5)方法论要求工资总额标准化为FTE员工工资,并提到小时工工资的标准化方法,但没有提到全职员工的FTE标准化问题。笔者认为这里需要引起注意。假设有甲、乙两家企业,甲企业员工每周工作时长通常为40小时,而乙企业员工每周工作时长通常是60小时。又假设甲企业员工工资为6 000元/月,而乙企业员工工资为8 000元/月。这些工资数据在没有FTE标准化之前是不可比的。假设FTE的定义是全职员工每周工作时长为40小时,那么乙企业员工实际是1个人做了1.5个FTE员工的工作,因此乙企业员工工资FTE标准化后应该约为5 333元/月(8 000元/月除以1.5)。

(6)虽然方法论要求工资总额做FTE标准化处理,但是并未提到A、B、C、D类员工数量是否应该以FTE为单位计算,即没有明确在统计各类员工数量时是按人头计算还是按对应的全职等效员工数量计算。笔者认为,如果工资总额做了FTE标准化处理,各类员工数量的统计也应该以FTE为单位计算。

方法论在附录C详细列出可以算作工资的种类以及条件。内容见表3—8。

表3—8　　　　　　　可以纳入工资计算的现金与非现金组成部分

可以纳入工资计算的现金组成部分	
种类	纳入条件
基本工资和生活成本调整补助	
住房补贴	
交通补贴	
非产出性奖金(年内支付一次或多次)	按比例获得每月金额
留才奖金	行业层面,使用平均值
探亲津贴	行业层面,当金额随距离和/或家庭规模而变化时,使用平均成本或价值
出勤津贴	行业层面,使用平均金额;或用实得百分比调整
子女津贴	行业层面,使用平均值
产出/激励奖金	在标准工作时间内以正常工作节奏赚取的收入可以纳入;需要加班以达到最低目标的,不应该纳入
利润分配时的现金奖励	仅在事先确定的情况下才可以纳入,例如基于去年的业绩结果,并提供给大多数员工时

续表

可以纳入工资计算的非现金组成部分	
种类	纳入条件
住房和公用设施（例如家庭用水或用电）	条件体面时可以纳入；扣除共付额；最高工资的15%；排除季节性工人的住房，因为他们仍然需要全年住房
餐食	扣除共付额
免费提供或以优惠价格出售的餐食	扣除共付额
上下班交通（以及周末从农村到城镇的交通）	安全时可以纳入
托儿所	行业层面，使用平均值
员工子女学校	行业层面，使用平均值
托儿所或学校用餐	如果由雇主支付，则包括在内；行业层面，使用平均值
法律不要求且与工伤无关的医疗服务	确定由雇主承担的单位员工成本
商业医疗保险	扣除共付额
在其他诊所和医院治疗所支付的医疗费用	确定由雇主承担的单位员工成本
前往医院/其他医疗服务机构的交通	工作以外的问题可以纳入；确定由雇主承担的单位员工成本
儿童教育援助、奖学金等	仅当许多员工的子女获得此福利时才包括在内
带薪病假或假期	如果员工工资按日结算，则包括在内
去世员工丧葬费用	如果被视为保险，则可以包含在内

3. 关于选择生活工资基准的要求

编制者选择的生活工资基准应当满足以下列出的"必备条件"，在可能的情况下建议采用满足"首选条件"的生活工资基准。"首选条件"不是强制要求满足的条件。如果编制者选择的基准满足"必备条件"但不符合"首选条件"，应披露这样做的原因。具体见表3-9。

表3-9　　　　生活工资基准需要满足的必备条件与建议满足的首选条件

维度	必备条件	首选条件
数据来源	基于实地研究、在线调查、国家统计数据或基于这些来源建模的数据。数据对生活工资基准所指向的地区具有代表性。数据收集方法、定义明确且透明	除了在线生活成本调查，还使用其他数据源
家庭规模	基准是根据以家庭为导向的生活工资定义来计算的，而不是根据个人。家庭规模是根据实际生育率或特定地区的平均家庭规模数据估算的	—

续表

维度	必备条件	首选条件
每个家庭的FTE工作人员数量	生活工资基准假设每个家庭有一名工薪人员,或根据特定地区的就业率估算每个家庭的工人数量,并调整为FTE。FTE的标准工作周应符合集体谈判协议或最低工资法规中规定的各个国家/地区的正常工作时间。根据国际劳工组织公约和建议书,每周最多有48小时工作时间	优先考虑假定每个家庭配备一名工人的生活工资基准
生活成本项目	生活工资基准考虑以下成本类别:食品、住房、医疗保健、教育、家庭用品、通信、交通、个人护理以及针对意外情况的适度准备金	优先考虑额外考虑儿童保育费用的生活工资基准
生活工资总额调整	根据特定地区的法定工资扣除额来确定生活工资总额。法定扣除额包括所得税、社会保障/社会保险、养老金/公积金、伤残保险、失业保险、政府医疗保险和工会会费。生活工资不需要针对特定人群的法定扣除额(例如贷款偿还、子女抚养费和赡养费)和工资中的自愿扣除额(例如自愿健康保险或养老金缴费)进行调整	—
地理特殊性	生活工资基准至少在国家层面上进行了定义。生活工资考虑了用于定义家庭结构、每个家庭的FTE和生活工资总额调整的国家级统计信息	优先考虑使用颗粒度更细的地理特征来定义生活工资的基准,特别是在当地生活工资明显偏离全国平均水平的地区
利益冲突	生活工资基准不存在固有的利益冲突	
透明度	账户编制者应披露基准提供商的名称、所使用基准的地理和时间范围,以及基准提供商的方法如何满足以上列出的标准	
更新	生活工资基准每年通过通货膨胀情况进行调整。基准最少需要每5年更新一次	

方法论提供了满足上述条件的生活工资基准。表3—10列出了这些基准。例如,Anker方法已于2015年在上海、深圳、苏州、杭州、郑州、成都六个城市完成了生活工资基准研究,并根据通货膨胀和工资扣除的变化逐年更新上述六个城市城镇地区的生活工资基准。比如,Anker方法公布2023年上海城镇地区生活工资基准为5 114元/月、深圳为3 719元/月、苏州为4 543元/月、杭州为5 030元/月、郑州为3 612元/月、成都为3 166元/月。

表 3—10　　　　　　　　　　　方法论提供的生活工资基准示例

满足必备条件的生活工资基准	是否满足首选条件	备注
《影响力评估典型家庭方法论》（Valuing Impact Typical Family Methodology）	不	影响力评估（Valuing Impact）这家机构提供的全球生活工资数据库（2022）提供了 217 个国家和地区的四类家庭的生活工资基准。四类家庭包括：典型家庭（Typical Family）、标准家庭（Standard Family）、单身（Single Individual）、单亲工作家庭（Single Working Parent Family）。该数据构建方法以 Anker 和 Anker（2017）的研究为参照依据。数据可以从以下网站获得：https://www.valuingnature.ch/post/global-living-wage-dataset-2022
《影响力评估单亲工作典型家庭方法论》（Valuing Impact Single Working Parent Typical Family Methodology）	是，因为包括针对一名工薪人员家庭的方法	
《安克完整方法论》（Anker Full Methodology）	是，因为使用了在线生活成本调查以外的数据源，并考虑到了同一个国家不同地区的差异	据全球生活工资联盟介绍，截至 2020 年 6 月，使用 Anker 方法的有质量保证的生活工资基准研究已在 23 个国家的 40 个地点完成
《安克参考值》（Anker Reference Values）	是，因为使用了在线生活成本调查以外的数据源，并考虑到了同一个国家不同地区的差异	Anker 参考值是基于对迄今为止已进行的 40 项有质量保证的 Anker 方法生活工资和收入研究的回归分析得到的。该回归分析得到的模型参数估计用于预测发展中国家的生活工资，而无需进行有质量保证的 Anker 方法生活工资或生活收入基准研究；Anker 参考值区分农村和城市地区，通常为每个发展中国家分别提供农村和城市的生活工资基准，但是与 Anker 基准研究不一样，Anker 参考值不会为同一个国家不同城市提供生活工资基准
《工资指标基金会典型家庭方法论》（Wage Indicator Foundation Typical Family Methodology）	是，因为使用了在线生活成本调查以外的数据源，并考虑到了同一个国家不同地区的差异	工资指标基金会（Wage Indicator Foundation）提供的生活工资数据涵盖 165 个国家 2 621 个地区，数据来自以下网站：https://wage-indicator.org/salary/living-wage
《公平工资网络典型家庭方法论》（Fair Wage Network Typical Family Methodology）	是，因为包括育儿费用，并考虑到了同一个国家不同地区的差异	公平工资网络生活工资基准方法论可以在下面的网站找到：https://fair-wage.com/living-wage-methodology

4. 关于工资拐点的确定

方法论要求工资拐点使用附录 B 提供的数据。上文提到，方法论使用分段线性函数近似表示工资与生活满意度之间的关系。该分段线性函数有三段，包含两个分段节点，即工资拐点 1 与工资拐点 2。根据方法论附录 D 的介绍，工资拐点 1 的选择参考 Jebb 等（2018）的研究。该研究发现，家庭年收入达到一定水平以后，生活满意度不再随着收入的增长而提升，其分别估计了全球 9 个地区的收入饱和点（Satiation Points）。这 9 个地区分别是：西欧、东欧、澳大利亚与新西兰、东南亚、东亚、拉丁美洲、北美、中东北非、撒哈拉以南非洲。方法论将这项研究得到的以上 9 个地区收入饱和点视作对应国家工资拐点 1 的估计，不在上述 9 个地区的国家使用全球收入饱和点估计工资拐点 1。例如，该研究发现在东亚地区，平均来看，当家庭年收入超过 11 万美元以后，生活满意度达到饱和，即生活满意度不再随收入增长而提升。方法论附录 B 提供的数据显示，当员工在日本、中国、韩国时，工资拐点 1 应设定为 11 万美元/年。又如，该研究发现全球收入饱和点是 9.5 万美元/年。附录 B 显示，当员工在塔吉克斯坦时，工资拐点 1 应当设定为 9.5 万美元/年。这里需要特别指出的是，如图 3—8 所示，工资超过拐点 1 以后，生活满意度仍然随工资增长而提升。对于使用收入饱和点估计工资拐点 1 的理由，方法论的解释是：因为是否存在收入饱和点在学术界还有争议，所以选择一个折中的办法。

方法论将工资拐点 2 设定为工资拐点 1 的 4 倍。当工资超过工资拐点 2 后，方法论假定员工生活满意度不再随工资增加而提升。方法论没有对这样的设定提供过多的解释。

5. 与其他报告准则的兼容性

方法论与欧盟 ESRS S1 和 ESRS S2 的披露要求保持一致并对其进行了扩展。ESRS 披露要求 S1-10 规定，企业应披露其劳动力中的所有员工是否都按照适用的基准获得了恰当的工资；如果没有，企业需要披露这些员工分布在哪些国家，以及在这些国家的员工中没有获得恰当工资员工的比例。这符合《恰当工资方法论》第 26 段中的数据要求。具体而言，按照第 26 段的要求，可以将"其自身劳动力中工资低于恰当工资的百分比"乘以该企业的劳动力规模，以确定工资低于生活工资的员工人数。欧盟 ESRS S1-10 第 AR73 段列出了企业可以使用的生活工资基准，比方法论接受的基准更广泛。

欧盟 ESRS 披露要求 S1-6 规定，企业应描述其员工队伍中员工的主要特征，包括企业员工的规模以及地理分布。根据方法论第 26 段的要求，这两个数据点均可用于计算特定国家/地区工资低于生活工资的员工数量。

欧盟 ESRS S2 关于企业价值链员工的相关披露只做了定性要求，不提供满足方法论要求的定量数据指标。

6. 关于处理数据不可得问题的原则

方法论要求账户编制者应努力以完整、中立且无误差的方式衡量工资和工资缺口，并如实反映价值链员工的工资和工资缺口。方法论承认，从供应商或下游活动获取工资数据可能具有较大挑战，特别是在特定地区或非正规部门。为了应对这一挑战，方法论建议必要时使用投入产出模型等方法估计。

方法论还指出，在收集工资总额中的实物福利数据时，也可能会面临挑战。如果无法获得实物福利数据，编制者应采用谨慎的度量方式，在计算工资总额时只考虑基本工资和现金奖金。

(四)结果、影响与估值

1. 计算公式

表3-11列出了计算"薪酬影响"和"生活工资缺口影响"所涉及的变量。企业对各类员工产生的薪酬影响分别根据下列公式计算。

表3-11　　　　　工资影响计算公式中涉及的所有变量

变量名称	变量表达式	解释	数据来源
薪酬影响 A	Remuneration Impact$_A$	对A类员工产生的薪酬影响总和	根据式(1)计算
薪酬影响 B	Remuneration Impact$_B$	对B类员工产生的薪酬影响总和	根据式(2)计算
薪酬影响 C	Remuneration Impact$_C$	对C类员工产生的薪酬影响总和	根据式(3)计算
薪酬影响 D	Remuneration Impact$_D$	对D类员工产生的薪酬影响总和	根据式(4)计算
薪酬影响	Remuneration Impact	对所有员工产生的薪酬影响总和	根据式(5)计算
生活工资缺口影响	Living Wage Deficit Impact	对员工产生的生活工资缺口影响	根据式(6)计算
员工数量 A	Workers$_A$	A类员工数量	企业(或影响力核算主体)提供
员工数量 B	Workers$_B$	B类员工数量	企业(或影响力核算主体)提供
员工数量 C	Workers$_C$	C类员工数量	企业(或影响力核算主体)提供
员工数量 D	Workers$_D$	D类员工数量	企业(或影响力核算主体)提供
平均工资 A	Wage$_A$	A类员工平均工资总额	企业(或影响力核算主体)提供
平均工资 B	Wage$_B$	B类员工平均工资总额	企业(或影响力核算主体)提供
平均工资 C	Wage$_C$	C类员工平均工资总额	企业(或影响力核算主体)提供
工资拐点 1	IP1	工资拐点1	方法论提供,见征求意见稿附录B
工资拐点 2	IP2	工资拐点2	方法论提供,见征求意见稿附录B

续表

变量名称	变量表达式	解释	数据来源
价值因子	Value Factor	用于将工资、工资缺口换算成影响力货币价值的因子	方法论提供测算逻辑以及全球136个国家或地区对应的价值因子，见征求意见稿附录B和附录D
调减系数 (Diminution Multiplier)	DM	当工资超过工资拐点1但不到工资拐点2时，每单位工资增长造成的员工生活满意度提升程度在价值因子的基础上的调减系数	方法论提供，见征求意见稿附录B和附录D
生活工资基准	Living Wage	生活工资基准	外部数据
收入福祉效用 (Well-being Utility of Income)	WUI	每单位收入增加所带来的福祉效用提升，在本方法论中，福祉效用具体为主观幸福感，而主观幸福感又具体指的是生活满意度	方法论提供，见征求意见稿附录B和附录D
单位福祉提升的货币价值	WELLBY	每单位福祉提升的货币价值	方法论提供，见征求意见稿附录B和附录D

$$Remuneration\ Impact_A = Workers_A \times Wage_A \times Value\ Factor \quad (1)$$

$$Remuneration\ Impact_B = Workers_B \times Wage_B \times Value\ Factor \quad (2)$$

$$Remuneration\ Impact_C = Workers_C \times IP1 \times Value Factor \\ + Workers_C \times (Wage_C - IP1) \times Value\ Factor \times DM \quad (3)$$

$$Remuneration\ Impact_D = Workers_D \times IP1 \times Value\ Factor \\ + Workers_D \times (IP2 - IP1) \times Value\ Factor \times DM \quad (4)$$

企业对员工造成的薪酬影响总和为对A、B、C、D四类员工产生的薪酬影响之和，即：

$$Remuneration\ Impact = Remuneration Impact_A + Remuneration\ Impact_B \\ + Remuneration Impact_C + Remuneration\ Impact_D \quad (5)$$

企业对员工造成的"生活工资缺口影响"按照下面的公式计算：

$$Living\ Wage\ Deficit\ Impact = Workers_A \times (Wage_A - Living Wage) \times Value\ Factor \quad (6)$$

关于上面的计算公式，做出以下几点解释。

第一，上文提到，方法论假设的参考情景为：在企业没有提供工作机会的前提下，员工没有其他就业机会，也没有获得政府财政支持或其他社会救助。企业支付员工工资对员工福祉的影响是相较于参考情景的员工生活满意度的额外变化。在计算薪酬影响的式(1)至式(4)中，因为在参考情景下员工收入为0，员工获得的工资总额即为其收入的增长部分。但是，关于参考情景的假设是否与生活工资缺口影响计算式(6)暗含的假设一致，笔者认为有待商榷。如果在计算生活工资缺口影响时假定的参考情景为员工收入为0，那么工资收入低于生活工资基准为什么会对员工福祉产生负面影响？笔者猜测，式(6)隐含的假设为：计算生活工资缺口影响时的参考情景是员工收入等于生活工资，所以当员工实际获得的工资低于生活工资时，这对员工福祉产生了负面影响。

第二，上文提到，"薪酬影响"为企业支付员工工资对员工福祉产生的正面影响，而"生活工资缺口影响"是工资不足对员工福祉产生的负面影响。从式(1)至式(6)可以看出，薪酬影响为正数，而生活工资缺口影响为负数，因为A类员工工资低于生活工资基准。

第三，从式(1)至式(6)的实质内容来看，笔者认为，不论是薪酬影响还是生活工资缺口影响，均指的是企业对每位员工产生的影响之和。因为方法论使用分段线性函数近似工资和生活满意度之间的关系，所以企业对每位员工产生的影响之和可以使用员工数量、平均工资等变量计算，结果不受影响。如果用 w_i 表示员工 i 的工资，式(1)至式(4)可以重新表示为：

$$Remuneration\ Impact_A = \sum_{i \in A}(w_i \times Value\ Factor) \tag{7}$$

$$Remuneration\ Impact_B = \sum_{i \in B}(w_i \times Value\ Factor) \tag{8}$$

$$Remuneration\ Impact_C = \sum_{i \in C}[IP1 \times Value\ Factor + (w_i - IP1) \times Value\ Factor \times DM] \tag{9}$$

$$Remuneration\ Impact_D = \sum_{i \in D}[IP1 \times Value\ Factor + (IP2 - IP1) \times Value\ Factor \times DM] \tag{10}$$

第四，如图3—8所示，工资与生活满意度的关系用分段线性函数近似。当工资低于工资拐点1时，直线斜率即为收入福祉效用；当工资超过工资拐点1但不超过工资拐点2时，直线的斜率变小，等于收入福祉效用WUI乘以调减系数DM。当工资超过工资拐点2时，笔者认为式(4)暗含的假设为斜率为0，即工资增加不再提升生活满意度。下文将会看到，价值因子等于收入福祉效用WUI乘以单位福祉提升的货币价值WELLBY。

第五，如果一个企业的员工分布在多个国家，则应针对每个国家单独计算式(1)至式(6)，因为价值因子、工资拐点1、工资拐点2和生活工资基准因地理位置不同而异。在针对每个国家单独计算式(5)后，可以对各个国家的薪酬影响进行求和。同样，在针对每个国家计算式(6)后，可以将各国的生活工资缺口影响相加。但是薪酬影响和生活工资缺口影响不应相加。

2. 关于价值因子的设定

上文看到，价值因子的作用是将工资、生活工资缺口换算成对员工生活满意度的影响，并将该影响用货币单位表示。因此，可以将价值因子分解成两个部分的乘积，即收入福祉效用与单位福祉提升的货币价值之间的乘积：

$$Value\ Factor = WUI \times WELLBY \tag{11}$$

在本方法论中，收入福祉效用指的是在工资还未达到工资拐点1之前，每单位工资的增加所带来的生活满意度的提升。生活满意度用来衡量员工的主观幸福感。方法论采用经合组织的度量方法，生活满意度刻画了人们主观上对个人生活总体情况的满意程度，取值

0～10 分,分数越高表明越满意。因此,收入福祉效用的计量单位是"得分/美元"。

每个人的收入福祉效用 WUI 受很多因素的影响,比如个人偏好、收入水平、市场价格等。但是实证分析受限于可得的数据,方法论假定同一个国家的人的收入福祉效用 WUI 大致相当。为了得到收入福祉效用 WUI 的值,方法论引用了《2023 世界幸福报告》中的研究结果。该报告利用盖洛普世界调研(Gallup World Poll)获取的 2005—2022 年全球 156 个国家(或地区)民众生活满意度调研数据,分析了能够解释不同国家(或地区)民众生活满意度的六个因素,其中包括人均 GDP。根据该报告的实证分析,在给定其他因素相同的情况下,人均 GDP 越高,民众生活满意度越高。具体而言,假设有两个国家,除了人均 GDP 不一样,其他方面完全一样,那么这两个国家民众平均生活满意度的差距和这两个国家人均 GDP 自然对数之差呈线性关系。假设用 u_i、u_d 分别表示国家 i、d 某年份民众平均生活满意度,用 w_i、w_d 分别表示国家 i、d 对应年份人均 GDP。那么,在其他因素完全一样的情况下可得到如下计算公式:

$$u_i - u_d = \Delta u_i \approx \beta \times (\ln w_i - \ln w_d) \tag{12}$$

其中,β 是《2023 世界幸福报告》回归分析得到的估计值,国家 d 是一个假想基准国家,而 Δu_i 是国家 i 相较于基准国家民众平均生活满意度可以被人均 GDP 解释的变化。《2023 世界幸福报告》提供了 137 个国家(或地区)2020—2022 年民众生活满意度三年平均值相较于基准国家可以被人均 GDP 解释的变化的具体数值 Δu_i,以及 2020—2022 年这些国家(或地区)人均 GDP 的三年平均值。图 3—10 为根据这些数据绘制的散点图。其中,将假想基准国家设定为世界上最不幸福的国家;在这个国家,人均 GDP 最低、预期寿命最低、慷慨程度最低、腐败最多、自由最少、社会支持最少。具体而言,在这个假想基准国家,w_d 设定为样本内所有国家(或地区)中 2020—2022 年人均 GDP 平均值的最小值。

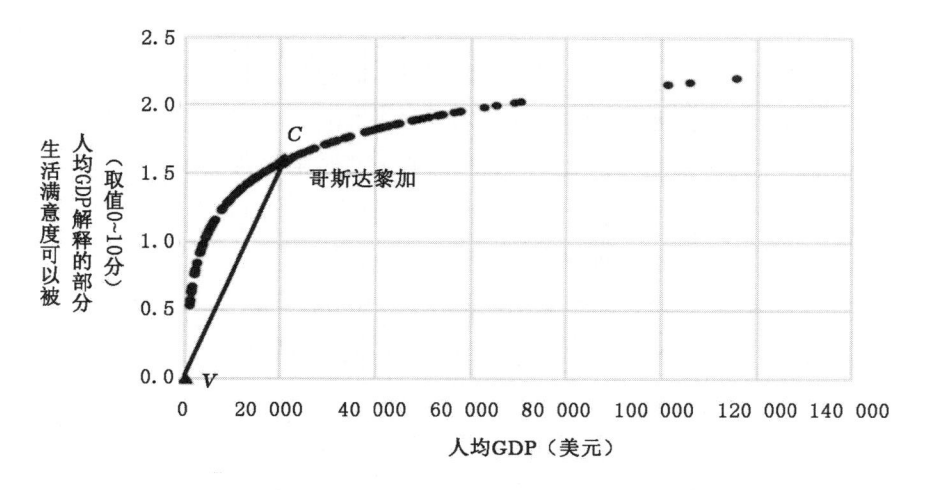

图 3—10 《2023 世界幸福报告》中人均 GDP 与生活满意度之间的关系

本方法论假设式(12)也可以用来解释一个人工资增加对其生活满意度的提升,并规定居住在国家 i 的民众的收入福祉效用按照下面的公式计算:

$$WUI_i = \Delta u_i/(w_i - w_d) \tag{13}$$

其中,Δu_i 即为图 3—10 中的各点纵坐标的值,w_i 即为各点横坐标的值。因此,国家 i 对应的收入福祉效用即为图 3—10 中标识出来的斜率。以哥斯达黎加为例,其在图 3—10 中对应的点为点 C,企业员工在哥斯达黎加的收入福祉效用为直线 VC 的斜率。点 V 为假想基准国家对应的点,其纵坐标的值为 0,横坐标的值为 w_d,即样本内所有国家(或地区)中 2020—2022 年人均 GDP 平均值的最小值。

按照上述方式,方法论附录 B 提供了 136 个国家或地区的收入福祉效用的值。企业应该根据员工所在地选择对应的收入福祉效用。

关于收入福祉效用的设定,有几点需要说明。

(1)计算收入福祉效用时使用的收入(或工资)基准为《2023 世界幸福报告》中定义的假想基准国家,该报告将其称为反面理想国(Dystopia),其人均 GDP 为 251 美元。这与方法论假定的"参考情景员工的基准收入为 0"并不一致。

(2)按照方法论的假定,当工资在工资拐点 1 以下时,使用收入福祉效用计算每单位工资增加所带来的生活满意度提升。按照这样的逻辑,笔者认为,在使用式(13)测算收入福祉效用时,人均 GDP,w_i 应该小于工资拐点 1,但是根据方法论附录 B 提供的数据发现,爱尔兰、卢森堡、新加坡 2020—2022 年人均 GDP 三年平均值要高于方法论提供的这三个国家对应的工资拐点 1。假定工资拐点 1 的选择是正确的,那么这三个国家按照式(13)计算得到的收入福祉效用是收入超过收入饱和点以后的收入效用。

(3)根据上述方法,两个人只要在同一个国家,且工资水平都不超过工资拐点 1,无论两个人工资水平差距多大,都选用同一个收入福祉效用。在收入差距不大的国家,这样的近似处理似乎是可以接受的,但是在收入差距很大的国家,这样的处理是否合理有待商榷。

(4)《2023 世界幸福报告》中使用的人均 GDP 数据是经过购买力平价(Purchasing Power Parity)和通货膨胀调整后的人均 GDP,即考虑了各国物价水平有差异以及每年物价水平有变化。可见,式(13)等号右边分母的单位,严格来说不是现价美元。这就意味着收入福祉效用的单位并不是"得分/现价美元",然而方法论要求所有工资数据按照名义汇率调整为美元计价。这样的处理可能带来一定的误差。比如,某企业 2024 年因为物价上涨上调了员工的名义工资,按照方法论提供的计算公式,企业对员工产生的正面薪酬影响在 2024 年有所提升,但实际上可能并未提升员工的福祉水平。又如,某企业员工分布在中国和美国,假定中国员工的名义工资低于美国员工,但中美员工工资购买力相当,按照方法论提供的公式计算这家企业对中国员工产生的薪酬影响,则存在被低估的可能。

单位福祉的货币价值 WELLBY 指的是生活满意度每提高 1 分的货币价值。方法论直接引用了英国财政部在绿皮书(the Green Book)中提供的建议,WELLBY 为 13 000 英镑每人每年。假设一项政策能够使得人们的生活满意度提升 0.2 分每人每年,那么受该政策产生的个人福祉变化的货币价值是 2 600 英镑每人每年(0.2×13 000)。方法论强调,所有国家所有人统一使用相同的 WELLBY 值。

3. 关于调减系数的设定

当工资超过工资拐点 1 以后,价值因子需要调减。在确定调减系数的值时,方法论有两个重要假设:其一,收入边际效用函数的弹性为一个常数,即不随收入增加而变化,记为 $\varepsilon>0$,并且收入边际效用函数是一个负幂函数,即 $c \times wage^{-\varepsilon}$,其中 c 为一个常数,$wage$ 为工资水平;其二,无论在哪个国家,工资拐点 2 均是工资拐点 1 的 θ 倍,其中 θ 为 4。在这样的假设下,无论价值因子的值是多少,无论工资拐点 1 的值是多少,调减系数一定满足下面的表达式:

$$DM=(1-\theta^{-\varepsilon+1})/[(\theta-1)\times(\varepsilon-1)] \quad (14)$$

可见,调减系数只与 ε 和 θ 的取值有关。方法论参考已有文献,将收入边际效用弹性设定为 $\varepsilon=1.26$。从方法论附录 B 可以发现,任何一个国家的调减系数均为 0.39。

(五)未来发展

《恰当工资方法论》的基础之一是主观幸福感的全球调研数据。随着数据的完善和数据质量的提升,未来改进的机会仍然存在。企业在收集整个价值链中的工资和实物福利数据时可能面临障碍。未来可以考虑将投入产出模型等估计方法作为《恰当工资方法论》的补充材料。生活工资基准的全球可用性、质量和可比性将逐步提升,未来有可能采用更加简化的方法来选择生活工资基准。目前《恰当工资方法论》使用的参考情景为:在企业没有提供工作机会的前提下,员工没有其他就业机会,也没有获得政府财政支持或其他社会救助。未来在这个方面还需要进一步优化。

四、争议焦点

在制定《恰当工资方法论》的过程中,IFVI 技术人员、VTPC 成员在如下三个方面进行了较多的讨论。

(一)方法论是否应该考虑薪酬影响

《恰当工资方法论》征求意见稿考虑了两类工资影响,一是"薪酬影响",二是"生活工资缺口影响"。"薪酬影响"是企业支付给员工工资对员工福祉产生的正面影响,无论工资是否恰当;"生活工资缺口影响"是工资不足对员工福祉产生的负面影响。有些 VTPC 成员表示,如果企业支付的员工工资低于生活工资基准,对员工福祉产生了负面影响,在这样的情况下,为什么还存在正面的薪酬影响?笔者认为,产生这样的疑问有一定的道理。通过考察方法论给出的工资影响计算公式,笔者发现计算"薪酬影响"与"生活工资缺口影响"时假定的参考情景可能不同。换句话说,衡量企业工资影响的参照系是不一样的。在计算"薪酬影响"时,方法论假定在参考情景下员工工资为 0,所以不论企业支付的工资具体是多少,都对员工产生了正面的影响。但是在计算"生活工资缺口影响"时,笔者认为方法论隐含的假定是:在参考情景下员工工资为生活工资基准。所以,当员工工资低于生活工资基准时,企业对员工福祉产生了负面影响。但是,IFVI 技术人员认为"薪酬影响"和"生活工资缺口影响"相对独立,两类影响都考虑可以为后续的分析提供更多的信息。也有 VTPC 成员表示,不考虑"薪酬影响"不利于推动企业开展影响力核算。

(二)收入边际效用递减

方法论假设,每单位收入增加所带来的福祉提升,随收入增加而递减。这个经济学假设本身没有引起过多的争议,争议焦点在于"收入饱和点"的假设。方法论引用了 Jebb 等(2018)的研究结果。该研究发现,当收入达到一定水平后,人们的生活满意度不再随收入增加而提升。不少 VTPC 成员表示收入饱和点不符合现实情况,也不符合方法论的理论假设。IFVI 技术人员表示,目前学术界对是否存在收入饱和点也未达成共识。因此,《恰当工资方法论》征求意见稿采取了折中的办法:工资超过"收入饱和点"(工资拐点 1)后,收入边际效用变小。

(三)方法论应否使用主观幸福感度量员工的福祉

一名 VTPC 成员对使用主观幸福感度量员工福祉表示反对。IFVI 技术人员认为,主观幸福感作为一个综合性的度量指标,可以用来刻画工资变化对个人生活经历和幸福感多个维度的综合影响。将主观幸福感作为度量指标,也得到了多个政府和经合组织的大力支持。过去 20 多年的实证研究也验证了主观幸福感作为福祉衡量指标的有效性,特别是生活满意度。但是,IFVI 技术人员也承认,这一度量指标存在局限性。

五、对我国的借鉴意义

(一)员工工资议题应当引起足够重视

在我国,有多少人工资不足以维持体面的生活?2023 年我国居民人均可支配收入中工资性收入为 22 053 元,即 1 838.75 元/月。假定中位数小于平均数,那么这意味着超过一半以上的居民工资性收入低于 1 838.75 元/月。这些人群的收入足够支付必要的生活开支吗?这取决于他们生活在什么地方,以及他们是否还有其他收入来源。因为缺乏相关数据,很难做出严谨的判断。但是低收入人群的生活质量确实值得关注。他们不仅工资低,可能还面临作业环境差、时间长、不稳定的问题。推动经济社会高质量发展、实现共同富裕,需要让这些人通过自己的努力也能过上体面的生活。

不仅如此,企业可持续信息披露要求越来越高。2024 年 2 月初,上海证券交易所、深圳证券交易所、北京证券交易所同时发布了上市公司可持续发展报告指引征求意见稿。虽然该指引未对企业是否支付恰当工资提出了披露要求,但是 ESRS S1 和 ESRS S2 已经对企业是否支付其自身员工及其价值链上员工恰当工资做出了明确的披露要求,这可能会对一些中国企业带来披露压力。

(二)我国应当积极参与国际方法论的开发与制定

《恰当工资方法论》征求意见稿规定工资应该通过名义汇率换算成美元计价,然而方法论提供的收入福祉效用数据实际上已经考虑了各国物价差异和通货膨胀。依照这样的方式,可能会低估企业在我国雇用员工对员工福祉产生的正面影响。假设某企业员工分布在中美两国,美国员工的工资为10万美元/年,中国员工的工资具有相等的购买力,假设为40万元/年。但是按照方法论的规定,中国员工的工资需要使用名义汇率换算成美元计价,约为5.6万美元。如果基于5.6万美元/年的工资数据计算该企业对中国员工造成的薪酬影响实际上是低估了,应该使用10万美元/年计算,因为价值因子中的收入福祉效用考虑了购买力平价,计量单位并不是现价美元。由此可见参与国际方法论制定的重要性。

我国经济总量大,劳动人口基数大,各种行业和工种的强度、复杂度对劳动力知识能力的要求差异较大,各地生活水平差异也很大。对于如何将员工工资影响方法论运用于如此条件下的中国,理论界和实务界都需要广泛深入的研究,也需要采用这一方法论进行测试,以找到既符合国际通行理论和标准,又适合中国国情的工资影响力核算方法论,使由此而产生的数据具有一定的说服力,也有利于各方面做出判断与决策。

(三)应用企业创造"共享价值"的理念看待员工工资

关于员工工资的议题,可能存在一些反对意见。比如,有人质疑提高员工工资是不是等于增加了企业的用工成本?同时也降低了中国企业的竞争力?又如,政府干预劳动力市场会不会适得其反?原本可以获得就业机会的低收入人群,因为存在最低工资限制,导致失业?如果劳动力市场符合经济学中的充分竞争假设,政府干预工资确实会扭曲市场。但是,如果充分竞争假设不成立,是否需要解决市场失灵问题,让收入较低的人群能够过上体面的生活?我国逐步迈入老龄化社会,中国企业的国际竞争力应该着眼于廉价的劳动力吗?是不是应该考虑投资员工的个人发展,提高他们的技能,进而提升他们的人力资本?这样的劳动力是不是更具竞争优势?

在传统理念下,常常把企业的利益或者股东的利益与社会对立起来,这是"分蛋糕"的思维。但是,有没有一种可能,企业提高员工工资,让他们过上体面的生活,不仅提升了他们的福祉,也提升了他们的工作效率,最终使企业受益?这是把蛋糕做大的思维,是"共享价值"理念的体现。企业开展员工工资影响核算,是创造共享价值的基础。

(四)加强不同领域实务、规则制定和理论研究者之间的交流

《恰当工资方法论》征求意见稿讨论了工资、生活工资、生活工资缺口等概念,以及与生活工资基准可比的工资测算细节,也讨论了工资拐点、收入福祉效用、价值因子等在工资影响力核算中起到关键作用的变量。这些概念对于会计、财务报告实务、准则制定等领域的研究人员而言,可能都比较陌生,但其对于劳动工资实务、规则制定和福利经济学领域的研究者而言却可能是常见的。因此,需要加强不同领域实务、规则制定和理论研究者间的交流,以加深对这一方法论的理解,共同参与国际规则制定,并携手开发兼顾国际通行方法和本国实际的工资影响方法论,促进企业和社会的可持续发展。

参考文献

[1]黄世忠. 可持续发展报告体系之争——ISDS 与 ESRS 的理念差异和后果分析[J]. 财会月刊,2022(16):3—10.

[2]王鹏程,孙玫,黄世忠,叶丰滢. 两项国际财务报告可持续披露准则分析与展望[J]. 财会月刊,2023(14):3—13.

[3]张为国,薛爽,王浩宇. 从 G7 影响力工作组报告看可持续披露的发展趋势[J]. 财会月刊,2022(3):3—10.

[4]Cohen R. Impact: Reshaping Capitalism to Drive Real Change[M]. New York: Random House, 2020.

[5]Freiberg D, Park D G, Serafeim G, Zochowski R. Corporate Environmental Impact: Measurement, Data and Information[Z]. Harvard Business School Accounting & Management Unit Working Paper, 2021.

[6]Rothschild M, Stiglitz J. Increasing Risk: I. A Definition[J]. Journal of Economic Theory, 1970(3): 225—243.

[7]Rouen E, Serafeim G. Impact-Weighted Financial Accounts: A Paradigm Shif[J]. CESifo Forum, 2021(3): 20—25.

[8]张为国,贝多广,胡煦. 影响力核算:连接企业价值与社会价值的有益探索[J]. 财会月刊,2023,44(19):3—11.

[9]胡煦,贝多广,张为国. 国际影响力估值基金会方法论:温室气体排放影响的核算[J]. 财会月刊,2024,45(13):3—9.

[10]胡煦,贝多广,张为国. 国际影响力估值基金会方法论:员工工资影响的核算[J]. 财会月刊,2024(7):3—14.

[11]黄世忠,叶丰滢. 我国制定气候相关披露准则面临的十大挑战及应对[J]. 财务研究,2023a(3):3—10.

[12]黄世忠,叶丰滢. 温室气体核算和报告标准体系及其焦点问题分析[J]. 财会月刊,2023b(3):7—13.

[13]吕颖菲,刘浩. 影响力货币化及其实现路径——基于哈佛影响力加权账户[J]. 财会月刊,2023(21):62—68.

[14]张为国,贝多广,胡煦. 影响力核算:连接企业价值与社会价值的有益探索[J]. 财会月刊,2023(19):3—11.

[15]Nordhaus W D. An Optimal Transition Path for Controlling Greenhouse Gases[J]. Science, 1992(5086): 1315—1319.

[16]Nordhaus W D. Revisiting the Social Cost of Carbon[J]. Proceedings of the National Academy of

Sciences,2017(7):1518—1523.

[17]Rennert K,Errickson F,Prest B C,et al. Comprehensive Evidence Implies a Higher Social Cost of CO_2[J]. Nature,2022(7933):687—692.

[18]Anker R,Anker M. Living Wages around the World:Manual for Measurement[M]. Cheltenham,UK:Northampton Edward Elgar Publishing,2017.

[19]Jebb A T,Tay L,Diener E,Oishi S. Happiness,Income Satiation and Turning Points around the World[J]. Nature Human Behaviour,2018(1):33—38.

[20]Kramer M R,Porter M. Creating Shared Value[M]. Boston,M. A. :FSG,2011.

第四章　可持续信息鉴证与资本市场定价效率：H 股折价的证据[①]

第一节　引言

在金融全球化的背景下，双重甚至多重上市使得公司可以在不同的资本市场中融资，充分利用不同市场的优势以吸引更广泛的投资者、获得更多的融资机会、分散来自单一市场的政治或经济风险。长期以来，中国香港资本市场以其国际金融中心的地位、成熟的市场监管环境以及便利的融资条件吸引了不少在 A 股上市的公司同时赴港上市。但值得关注的是，同一公司发行的 A 股和 H 股虽同股同权，但 A 股和 H 股的价格长期存在较大差异。对此，已有文献分别从政策制度差异（胡章宏和王晓坤，2008；曹红辉和刘华钊，2009；谭小芬等，2017）、两地投资者间的信息不对称（Chakravarty, et al., 1998）、投资者结构差异（Ma，1996；Mei, et al., 2005）和流动性差异（Kadlec and McConnell，1994）等角度进行了深入研究。对于降低 A 股市场和 H 股市场的价格差异，交易的互联互通曾被寄予厚望。但我国在出台"沪港通"（2014 年 11 月）和"深港通"（2016 年 12 月）实现两市互联互通后，H 股折价并没有随着资金跨境投资便利性的提升而逐渐缩小，甚至有进一步拉大的趋势（见图 4—1）。因此，深入研究 H 股折价现象不仅在学术上有助于我们理解跨境市场中的信息不对称对资本市场定价效率的影响，还能为优化资本市场效率相关的政策部署提供理论指导，促进两地资本市场的协同发展。

随着可持续发展理念的不断深入，越来越多的投资者及利益相关方将企业的可持续发展信息与表现作为重要的决策依据（Kruger, et al., 2023；Giglio, et al., 2023；Li, et al., 2023）。在此背景下，全球各主要资本市场监管方对上市公司可持续发展信息披露也愈发重视，近年来纷纷出台了各类监管政策来鼓励或督促企业披露相关信息。根据 Wind 数据库统计，2023 年，我国全部 A 股上市公司中有 2 169 家公司（占比约为 40.6%）自愿披露了

[①] 本章由薛爽、陈嵩洁和吴富中撰写。

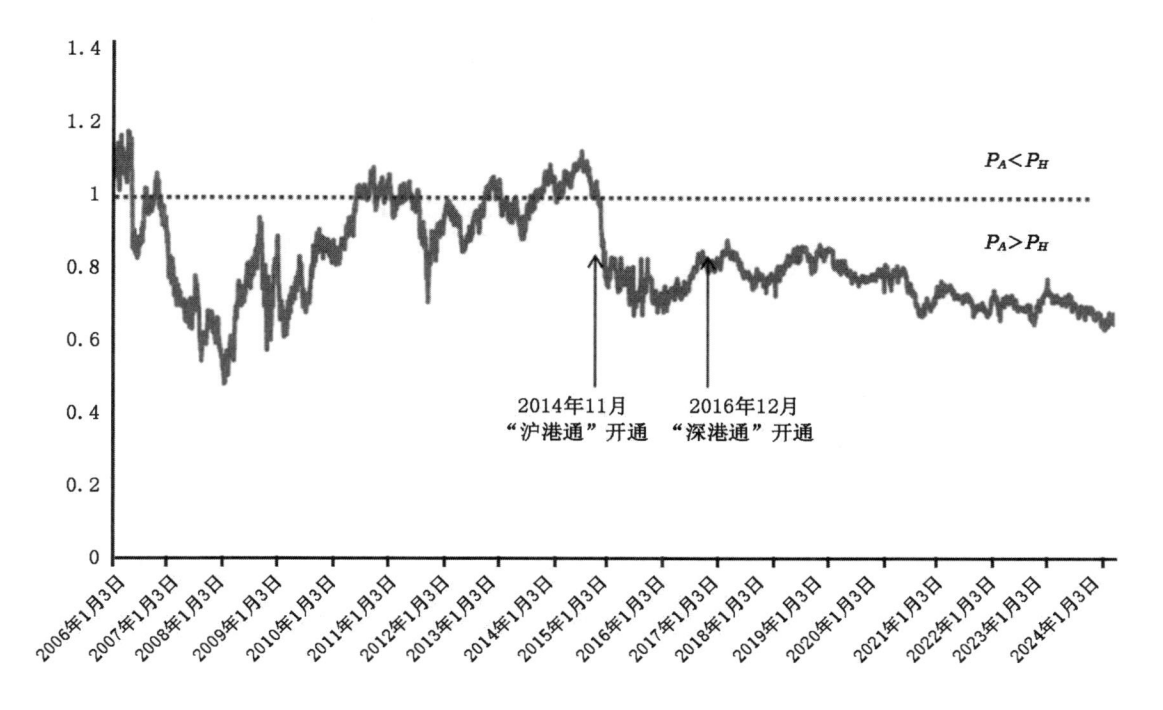

图 4—1 2006—2023 年 H 股折价指数变动趋势

数据来源：Wind。

可持续发展报告。在港交所"不披露就解释"的半强制披露政策监管下，A＋H 股上市公司 2023 年的可持续发展报告披露率已达到 100%。然而，由于缺少统一的披露准则和有效的外部监管，可持续发展信息的真实性、完整性、可比性、可靠性和可理解性难以得到保障。相较于财务信息在定价中的作用，可持续信息对定价影响的研究还远未达成共识，比如，Christensen 等（2022）发现可持续信息缓解信息不对称的作用相对有限，甚至可能进一步增加信息分歧度。鉴证①作为独立的第三方增信机制，或是改善公司可持续信息环境、降低 A 股与 H 股投资者信息不对称的有效手段。综上，本节试图回答的问题是：在可持续信息披露缺乏统一标准的现实条件下，投资者如何使用可持续信息，可持续信息的第三方鉴证是否重要，哪些鉴证特征对定价效率的影响更为显著？对这些问题的回答有助于我们探索提高可持续信息价值相关性的路径。

要检验可持续信息披露或鉴证的价值相关性，A＋H 股公司是一个比较理想的样本：一方面，A＋H 股公司可持续信息披露和鉴证的比例较高，另一方面，中国内地和中国香港两地市场对同一只股票的定价长期存在差异（见图 4—1）。本书选取 2017—2022 年同时在 A 股和 H 股上市的公司作为研究对象，探究可持续信息披露与鉴证对股票在不同市场上定价

---

① 根据国际审计与鉴证准则理事会对可持续信息鉴证业务的定义："鉴证服务提供方就某个鉴证对象依据鉴证工作准则陈述一个结论，用以增强除了对象责任方以外的预期使用者对该鉴证对象产出结果的信任程度。"

效率的影响。现有文献在探讨可持续信息披露或鉴证对定价效率的影响时面临一定挑战（Zhang,et al.,2023;Khandelwal,et al.,2023）：由于难以确定"正确"的股票价格，无论可持续信息对股价是否有影响或者有何种影响，都难以评估可持续信息披露或鉴证是否能够提高市场定价效率。但如果公司在多地上市，因信息不对称在不同市场的定价存在差异，而可持续信息的披露或鉴证可以缓解信息不对称时，通过分析同一公司在不同地区价格的相对变化，可以更有效地检验信息披露对定价效率的影响。基于这一逻辑，A＋H股公司中，因为公司的经营在内地，与A股投资者相比，H股投资者处于信息劣势，而提升信息披露质量可以缓解H股投资者的信息获取或解读的劣势。本节采用H股相对于A股的折价作为被解释变量，研究可持续信息披露或鉴证对H股折价进而对定价效率的影响。

研究结果显示：(1)可持续信息披露对缓解H股折价幅度的作用不显著，但可持续信息鉴证则显著降低了H股相对于A股的折价幅度；(2)相对于其他机构提供的鉴证，由会计师事务所提供的鉴证服务能够更显著地降低H股折价幅度；(3)当鉴证报告明确指出鉴证范围、环境信息鉴证比例较高或行业实质性议题鉴证比例较高时，H股折价幅度将显著降低；(4)当ESG分歧度更高、内外部治理水平较差，绿色创新和绿色投入多、可持续指标变动幅度较大时，可持续信息鉴证对H股折价幅度的影响更显著。

本研究贡献有以下方面：(1)拓展了可持续鉴证经济后果的研究。首次检验了可持续信息鉴证对降低市场分割造成的信息不对称的重要作用。信息披露是降低信息不对称的必要条件，但非充分条件。在可持续信息的可比性和可靠性都较低的情况下，相关信息的披露对于降低H股折价没有显著影响，但第三方鉴证的增信作用对缓解两地投资者间的信息不对称，进而对降低H股折价幅度则有显著影响。(2)进一步检验发现相较于其他类型的独立鉴证机构，会计师事务所的增信作用更强；鉴证范围和鉴证对象（环境信息、实质性议题等）对H股折价有显著影响。这些发现对上市公司确定可持续信息鉴证的范围与对象有重要参考价值，对监管方制订可持续信息鉴证准则及监管政策亦有重要启示。(3)本节揭示了资本市场对可持续信息鉴证公司的"正反馈"机制，可激励公司强化可持续发展理念与行动，吸引更多企业进行可持续信息的鉴证，助力我国经济的高质量发展。

本章余下部分安排如下：第二节首先介绍可持续信息鉴证现状，并在理论分析基础上提出假说；第三节是研究设计；第四节报告实证分析结果；第五节为研究结论与启示。

第二节 可持续信息鉴证现状、理论分析及假说发展

一、A＋H股公司可持续信息鉴证现状

目前，我国内地及香港地区虽对可持续发展报告鉴证没有强制性要求，但随着可持续发展理念和利益相关方关注的加强，规模较大的跨境上市公司面临的可持续信息披露压力

相对较大,部分企业主动寻求第三方鉴证来提高可持续信息的可靠性。如图 4－2 所示,在披露了可持续发展报告的样本中,A＋H 股上市公司鉴证比例从 2017 年的 20% 迅速攀升至 2022 年的 30.56%。

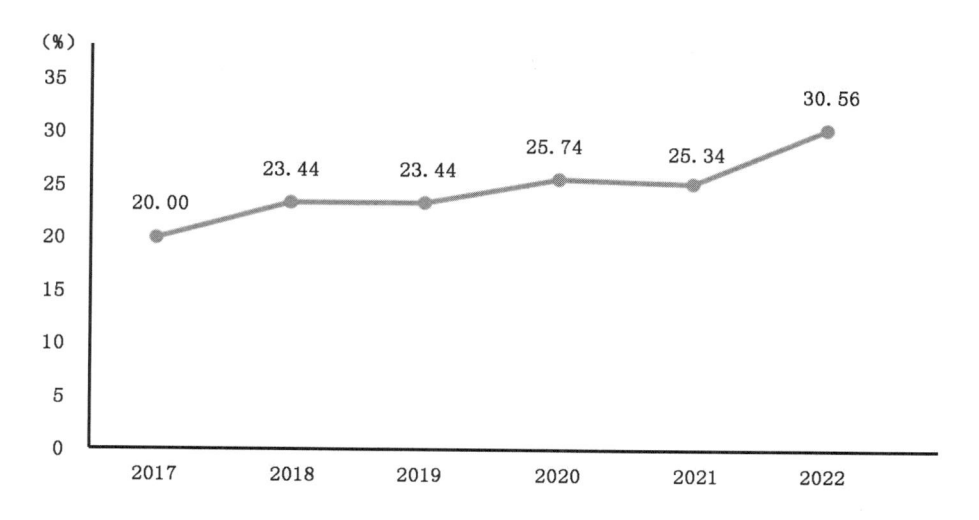

图 4－2 2017—2022 年 A＋H 股公司可持续信息鉴证比例

此外,目前为上市公司提供可持续信息鉴证服务的机构主要为四大会计师事务所和其他第三方鉴证机构。其他鉴证机构主要包括 SGS 通标标准技术服务有限公司、TüV 南德认证检测(中国)有限公司、中国香港品质保证局等。由图 4－3 可得,2017—2022 年会计师事务所承接了过半 A＋H 股上市公司鉴证业务,但其市场占有率却有逐年下滑的趋势。

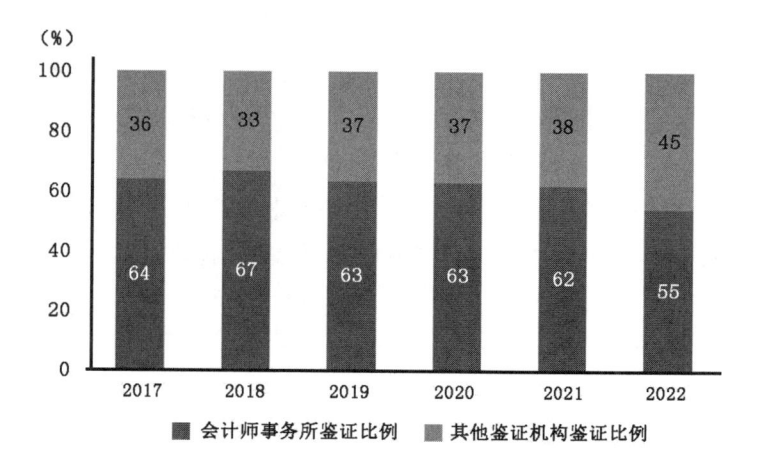

图 4－3 ESG 报告由会计师事务所鉴证的比例

近年来,除了在数量上有所增加,我国可持续报告鉴证在质量上也有较大提高(陈涛和沈洪涛,2015)。鉴证服务提供方在鉴证报告中是否明确了鉴证范围在某种程度上反映了鉴证质量及鉴证报告的严谨性。如图4—4所示,在2022年鉴证的样本中,仅有52%的样本披露了鉴证范围,其中会计师事务所鉴证的样本中,这一比例为75%,其他鉴证机构鉴证的样本中,这一比例仅为25%。由此可见,由于接受严格的外部监管与行业自律要求,会计师事务所出具鉴证报告时更为严谨(Huggins,et al.,2011;Simnett,2009;陈涛和沈洪涛,2015)。

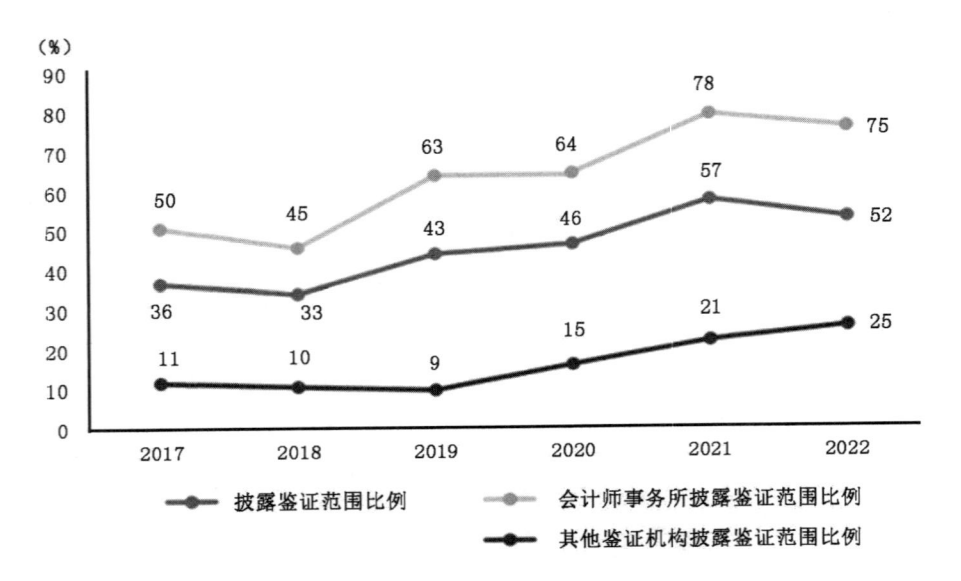

图4—4 披露鉴证范围的比例

在披露了鉴证范围的样本中,主要是对定量指标的鉴证。以2022年A+H股上市公司为例,其平均对27个定量指标进行了鉴证。鉴证指标数量最多的是中国电信,其对90个定量指标都进行了鉴证。图4—5分别就可持续信息的三个维度即环境(E)、社会(S)和治理(G)方面经过鉴证的指标数量进行了统计:以2022年为例,A+H股上市公司平均对9个E相关指标、17个S相关指标和1个G相关指标进行了第三方鉴证。2022年中国石油聘请普华永道对其16个可持续相关定量指标进行了鉴证,包含了9个E相关指标和7个S相关指标,具体鉴证指标见表4—1。

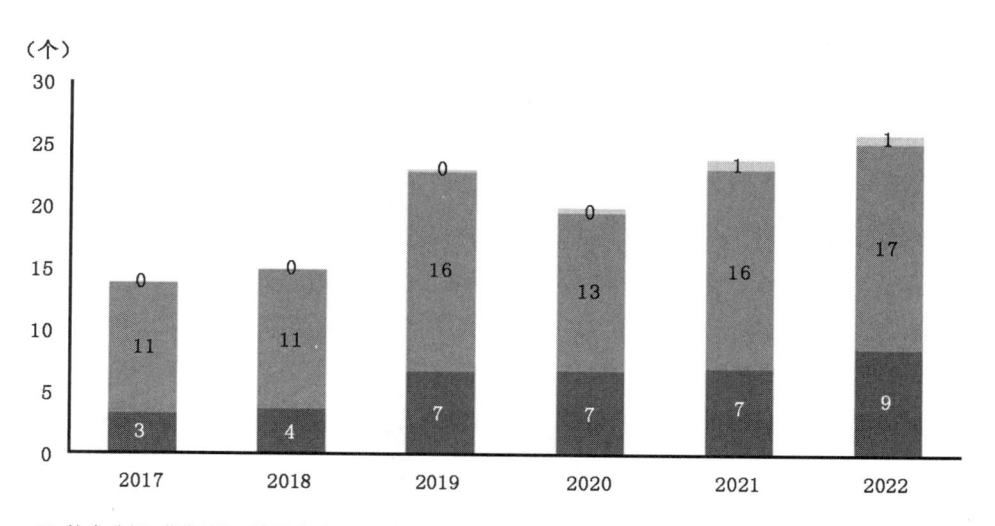

图 4-5　ESG 报告中经鉴证的 E、S、G 指标数量

表 4-1　　　　　　　中国石油 2022 年鉴证报告覆盖的定量指标

鉴证指标	鉴证指标分类
温室气体排放总量(百万吨二氧化碳当量)	E
直接温室气体排放量(范围一)(百万吨二氧化碳当量)	E
间接温室气体排放量(范围二)(百万吨二氧化碳当量)	E
化学需氧量(COD)排放量(万吨)	E
氮氧化物(NOx)排放量(万吨)	E
能源消耗总量(万吨标准煤)	E
节能量(万吨标准煤)	E
新鲜水用量(万立方米)	E
节水量(万立方米)	E
事故死亡率(人/百万工时)	S
总事故率(起/百万工时)	S
因工死亡人数(人)	S
接触职业病危害员工职业健康体检率(%)	S
员工人数(万人)	S
女性管理人员占公司员工总数比例(%)	S
员工流失率(%)	S

不同行业对于不同可持续性议题的重视程度存在系统性差异(Eccles and Serafeim,

2013；Khan，et al.，2016)。可持续会计准则委员会(SASB)经过多年的市场调研与研究，针对每个行业设计了最可能对该行业内企业造成财务实质性影响的可持续发展议题，并对每个议题下的披露指标提供了详细的指引。本节基于附录1所示的SASB行业重要性地图，将披露了鉴证范围的A＋H股公司鉴证指标按照重要性进行了划分，统计结果见图4—6。以2022年为例，A＋H股上市公司平均鉴证了5个非实质性指标，21个实质性指标。

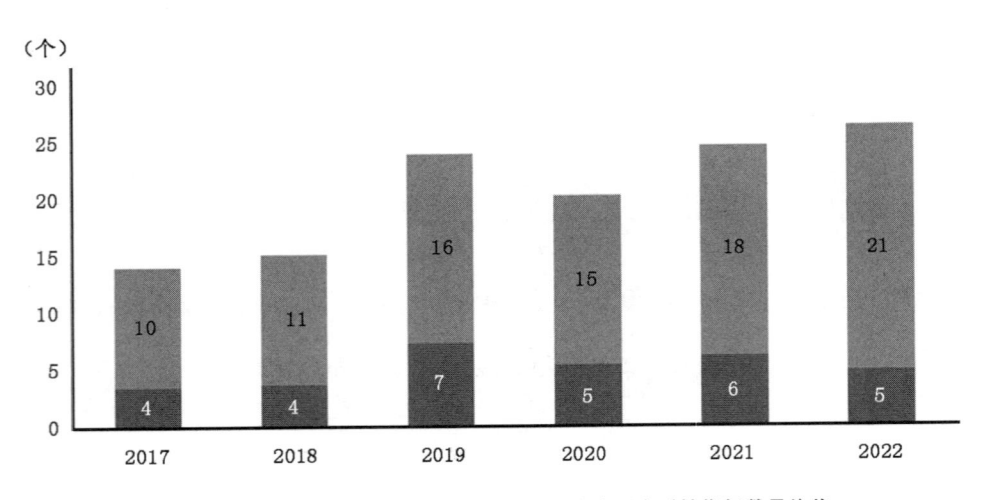

图4—6　ESG报告中经鉴证的具有行业重要性的指标数量

二、理论分析与假说发展

H股折价是指同一公司的H股股票价格相对于A股股票价值的折价幅度。根据经济学中的一价定律，在无交易成本的情况下，同一商品在不同市场应具有相同价格。因此，在高度有效和完全竞争的市场中，交叉上市的公司所发行的同类股票在不同市场上的价格应趋于一致。现实中，尽管"沪港通"和"深港通"在一定程度上实现了两市互联互通，A股和H股仍存在显著价差(见图4—1)。"本地偏差"(Local Bias)中的信息理论认为地理距离(Coval and Moskowitz，1999；Nieuwerburg and Veldkamp，2009)、会计准则(Bradshaw and Miller，2004)和文化(Grinblatt and Keloharju，2001)等方面的差异使得境外投资者面临较高的信息成本，导致境外投资者由于信息劣势而感受到更高风险，在对同一股票进行估值时，打了更大的折扣。相较于H股投资者，A股投资者在获取、处理及验证上市公司信息方面具备天然的本地优势：(1)信息获取优势。由于语言、文化和地理的接近，A股投资者能够以更低成本从新闻报道、实地调研、管理层沟通等渠道获取本国或本地上市公司相关信息并验证其真伪。例如，Korniotis和Kumar(2013)发现本地投资者可以通过社交网络、信息泄露以及内部人等渠道以较低成本获取本地公司的信息。(2)信息理解与处理优势。出于对中国特殊制度背景、传统文化以及法律法规的深入理解，A股投资者对于上市公司可持续发展策略、业务模式以及其与当地利益相关者之间的关系有着更为准确的把握。例如 Bae 等（2008）发现，居住在当地的分析师对该地企业的盈余预测比没有居住在当地的分析师的预测更为准确。Du 等（2014）同样发现，跟踪在美国上市的中国公司的美国分析师中，华裔分析师比非华裔分析师能够提供更准确的预测。基于以上分析，可以推断相比 A 股投资者，处于信息获取或理解劣势的 H 股投资者将会感受到更高的风险，在下面的股利折现模型中，体现为 $r_H > r_A$，即 $P_{Ht} < P_{At}$。

$$P_{At} = \frac{D_{t+1}}{r_A - g} \tag{1}$$

$$P_{Ht} = \frac{D_{t+1}}{r_H - g} \tag{2}$$

$$\frac{P_{Ht}}{P_{At}} = \frac{r_A - g}{r_H - g} \tag{3}$$

更进一步，已有研究认为 A 股和 H 股投资者关于可持续信息的不对称可能是导致 H 股折价的重要原因之一（Deng, et al., 2021）。随着可持续发展理念逐渐深入人心，国内外知名基金公司都发行了 ESG 相关主题的基金，其他类型投资者也越来越多地将公司的可持续信息作为投资决策中所考虑的关键因素之一（Kruger, et al., 2023; Giglio, et al., 2023; Li, et al., 2023）。当公司在可持续行为或信息披露方面存在缺陷时，其将面临负面舆情、价值链伙伴的压力以及行政处罚等，导致较大的尾部风险。以碳排放指标为例，随着未来环保监管力度的逐步加强，那些在碳排放方面表现不佳的公司可能因违规而面临行政处罚，甚至停工停产，使得投资者蒙受重大损失。由上述永续增长股利折现模型（1）至模型（3）可知，可持续信息披露或鉴证会降低 H 股投资者感知到的风险 r_H，这一变化使得 H 股相对于 A 股的折价幅度下降。当然，仅披露可持续信息也可能不会有效降低 H 股投资者感知到的上市公司风险，反而会增加不同信息使用者对于公司可持续发展表现的分歧度（Christensen, et al., 2022）。原因在于，区别于传统财务信息，可持续发展报告中包含了大量定性数据（Lu, et al., 2023；彭雨晨，2023），这些定性信息首先为信息使用者留有大量主观判断空间，增加了信息使用者额外的信息处理成本；其次，即使报告中包含了一定的定量数据，也多为可比性较差的非货币化数据，为投资者提供的决策相关信息增量相对有限；最后，也是更重要的，由于外部监管和统一披露准则的缺失，上市公司"为披露而披露"的可持续信息质量的可靠性和可比性较差，信息治理水平也参差不齐。加之可持续信息与传统的财务信息不同，各类信息之间并不存在严密的钩稽关系，数据之间难以形成闭环进行交叉验证，识别信息真实性的难度更大，企业利用可持续信息披露进行"漂绿"的成本更低。综上，可持续发展报告的增量信息对信息劣势方的决策有用性很大程度上取决于这些信息的质量，第三方鉴证对可持续信息有重要的增信作用。

我们认为经过第三方鉴证的可持续信息可以有效降低两地投资者的信息不对称。一方面，可持续信息鉴证对外具有信息认证作用。第三方鉴证机构的独立性和专业性提高了可持续信息的可靠性和可信度(Casey and Grenier,2015；Fuhrmann,et al.,2017；Ballou,et al.,2018),有助于处于信息劣势方的 H 股投资者更好地识别和管理相关风险,缩小两地投资者的信息验证成本差异。此外,可持续信息鉴证采用的标准通常为 ISAE3000/3410,或 AA1000(Manetti and Giacomo,2009)。企业为了使得相关信息顺利通过相关审计程序的检验,会更多采用通用性强的标准披露可持续相关信息,降低 H 股投资者的信息处理成本,有利于消除两地投资者对于同一信息的理解分歧。另一方面,可持续信息鉴证对内具有治理监督作用。可持续信息鉴证服务提供者通常会在鉴证过程中帮助公司审视其可持续披露信息系统,协助其进行优化和完善,使得公司在信息收集、整理和披露方面更加全面、系统、可核实与可追溯,提高可持续信息的准确性和可验证性(Hummel,et al.,2019；陈嵩洁等,2024),降低上市公司利用可持续报告进行"漂绿"的可能性。另外,主动寻求第三方鉴证的行为也侧面反映了公司高管对可持续行动的认可与支持,从而在战略层面上更好地改善企业的行动与信息环境(王霞和徐晓东,2016)。

综上,我们认为独立第三方鉴证可以通过对外的信息认证作用和对内的治理监督两个渠道缩小 A 股和 H 股投资者有关可持续信息获取差异和信息理解差异,降低两地投资者的信息不对称程度,从而降低 H 股相对于 A 股的折价(见图 4—7)。综上,提出本节的假说：

H1:其他条件相同时,经过第三方鉴证的可持续信息可以降低 H 股相对于 A 股的折价幅度。

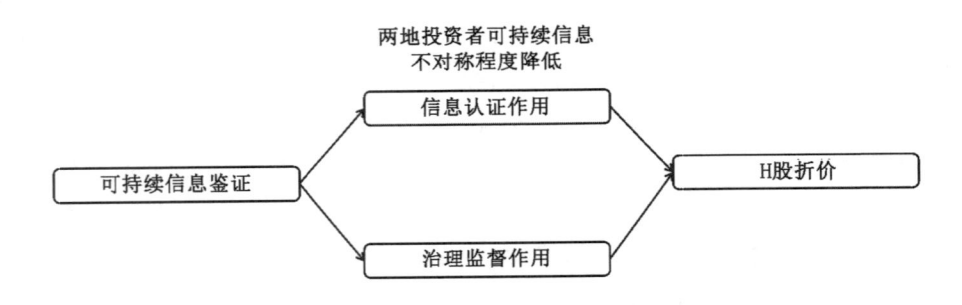

图 4—7 可持续信息鉴证对 H 股折价影响的路径

第三节 研究设计

一、样本选择及数据来源

为了检验假说 1,并避免"沪港通"和"深港通"开通与否对结果产生的影响,笔者采用 149 家 A+H 股上市公司从 2017 年到 2022 年的数据作为初始样本。在剔除其他主要变量缺失的数据之后,获得756个公司—年度观测值。其中,披露了年度可持续发展报告的样本为736个。本节的股票交易数据来自 Wind 数据库,可持续相关数据通过查阅公司公告手工搜集获得,其他公司特征数据来自 CSMAR 数据库。为避免极端值影响,对所有连续变量进行了上下1%水平缩尾处理。

二、变量定义

(一)H股折价

参考宋军和吴冲锋(2008)的研究,采用汇率换算后的 A 股收盘价减去 H 股收盘价的差与 A 股收盘价的比值来衡量每个交易日 H 股折价。上市公司的可持续发展报告一般与年度报告同时披露,即在下一年度的4月30日前披露。因此,我们计算该年度5月1日至12月31日所有交易日的年均 H 股折价。具体计算过程见式(4)。

$$HDiscount_{j,t+1} = \frac{1}{T}\sum_{d=0}^{d=T} \frac{(P_{A,d,t+1} - P_{H,d,t+1}/I_{d,t+1})}{P_{A,d,t+1}} \tag{4}$$

其中,$P_{A,d,t+1}$ 和 $P_{H,d,t+1}$ 分别代表了上市公司 $t+1$ 年4月30日后第 d 个交易日 A 股和 H 股的价格,$I_{d,t+1}$ 表示当天的人民币兑港币的汇率,T 为 $t+1$ 年4月30日到12月31日的交易天数。

(二)可持续披露指标

我们从巨潮资讯网、披露易及上市公司官网手工搜集了2017—2022年度所有 A+H 股上市公司的可持续发展报告/ESG 报告/社会责任报告(下文统称为"可持续发展报告")。如果公司单独披露了可持续发展报告,则 ESGDiscl 为1,否则为0。若可持续发展报告中披露了由独立第三方提供的鉴证报告,则 ESGAss 取1,否则取0。若当年上市公司的可持续发展报告由会计师事务所提供鉴证服务,则 Accounting 取1,否则为0。如果鉴证报告详细说明了鉴证范围以及对哪些数据进行了鉴证,则 ESGScope 取1,否则为0。笔者还分别统计了鉴证报告中关于环境(E)、社会(S)和治理(G)指标的鉴证数量,用各指标的鉴证数量除以披露的总鉴证指标数量分别得到了 ENum、SNum 和 GNum 三个子维度的变量。最后,笔者根据 SASB 行业实质性议题地图(见附录)将鉴证指标重分类为行业实质性议题和非实质性议题,并用各指标的鉴证数量除以披露的总鉴证指标数量分别得到了 Material 和 Immaterial 两个维度的变量。

(三)其他控制变量

参考宋顺林等(2015)、曹玲玲和何春艳(2016)、谭小芬等(2017)的研究,笔者对公司规模(Size)、净资产收益率(ROE)、营业收入增长率(Growth)、是否发放股利(Dividend)、是否国有(SOE)、第一大股东持股比例(First)、高管持股比(MShare)、A 股与 H 股流通市值之比(CS)、A 股与 H 股换手率之比(TR)、A 股与 H 股收益率标准差之比(RBeta)、A 股与 H 股年成交总金额之比(Volume)、分析师跟踪(Analyst)、是否由十大会计师事务所进行财务报表审计（$Big10$）、沪深指数与恒生指数涨跌幅之比（$AHMKT$）、能否卖空（$Short$）、QFII持股比例（$QFII$）、中资与中国香港及海外机构投资者持股比例之比（$Institution$）和交易所（$Board$）变量进行了控制，以期更好地排除流动性差异、风险偏好差异等其他历史及市场因素对 H 股折价的影响。变量定义见表 4—2。

表 4—2　　　　　　　　　　　　　变量定义表

变量名	变量名	变量定义
H 股折价	$HDiscount$	$t+1$ 年 5 月 1 日至 12 月 31 日每个交易日 H 股折价的均值；其中 H 股折价＝（A 股收盘价－H 股收盘价/汇率）/A 股收盘价
是否披露独立可持续发展报告	$ESGDiscl$	t 年是否披露独立可持续发展报告，若是，则 $ESGDiscl$ 为 1，否则为 0
可持续发展报告是否经过鉴证	$ESGAss$	t 年可持续发展报告是否经过独立第三方鉴证，若是，则 $ESGAss$ 为 1，否则为 0
会计师事务所鉴证	$Accounting$	t 年可持续鉴证若由会计师事务所提供，若是，则 $Accounting$ 为 1，否则为 0
是否由同一事务所提供财报和可持续信息鉴证	$SameAudit$	t 年可持续鉴证由同一事务所提供财报审计和可持续信息鉴证服务，则 $SameAudit$ 为 1，否则为 0
是否披露鉴证范围	$ESGScope$	t 年可持续鉴证报告是否披露鉴证范围，若是，则 $ESGScope$ 为 1，否则为 0
环境指标鉴证比例	$ENum$	t 年可持续鉴证中环境指标鉴证数量占总鉴证指标数量的比例
社会指标鉴证比例	$SNum$	t 年可持续鉴证中社会指标鉴证数量占总鉴证指标数量的比例
治理指标鉴证比例	$GNum$	t 年可持续鉴证中治理指标鉴证数量占总鉴证指标数量的比例
行业实质性议题比例	$Material$	t 年可持续鉴证中行业实质性议题数量占总鉴证指标数量的比例
行业非实质性议题比例	$Immaterial$	t 年可持续鉴证中行业非实质性议题数量占总鉴证指标数量的比例
净资产收益率	ROE	净资产收益率＝t 年净利润/t 年净资产
规模	$Size$	t 年总资产的自然对数
公司成长性	$Growth$	公司成长性＝（t 年营业总收入－$t-1$ 年营业总收入）/$t-1$ 年营业总收入
是否分配股利	$Dividend$	t 年是否派发股利，若是，则 $Dividend$ 为 1，否则为 0
第一大股东持股比	$First$	t 年第一大股东持股数/t 年总股数
高管持股比	$MShare$	t 年高管持股数/t 年总股数
股权性质	SOE	国有控股，则 SOE 为 1；否则为 0

续表

	变量名	变量定义
A股与H股流通市值之比	CS	t+1年5月1日至12月31日的A股与H股市值比例的均值
A股与H股换手率之比	TR	t+1年5月1日至12月31日的A股与H股换手率比例的均值
A股与H股收益率标准差之比	RBeta	t+1年5月1日至12月31日的A股与H股收益率标准差的比值
A股与H股年成交总金额之比	Volume	t+1年5月1日至12月31日的A股与H股成交总金额之比
沪深指数与恒生指数涨跌幅之比	AHMKT	t+1年5月1日至12月31日沪深300指数收益率与恒生指数收益率之比
是否由十大会计师事务所进行财务报表审计	Big10	t年财报由当年排名前十的事务所审计,则取1,否则取0
分析师跟踪	Analyst	ln(t年分析师跟踪人数+1)
能否卖空	Short	H股允许卖空,则Short为1,否则为0
QFII持股比例	QFII	t年年末QFII持股数/t年总股数
机构投资者持股比例之比	Institution	t年年末中资机构投资者持股比例/t年年末中国香港及海外机构投资者持股比例
交易所	Board	若同时在港股和深交所上市,则Board为1;同时在港股和上交所上市,则Board为0
年度固定效应	Year	年度固定效应
行业固定效应	Ind	按照证监会2012年行业分类标准进行划分,其中制造业"C"开头代码取前两位,其他行业取1位

(四)模型设计

参考 Casey 和 Grenier(2015)以及 Fuhrmann 等(2017)的观点,笔者构建了如下模型:

$$HDiscount_{i,t+1} = \alpha + \beta_1 ESGAss_{i,t} + \sum Controls + \sum Year + \sum Ind + \varepsilon \quad (5)$$

式(5)中,Controls 为表4—2中列举的控制变量,此外,还分别控制了年度和行业固定效应。若式(5)中的 β_1 显著为负,则说明当 A+H 股公司对其可持续信息进行鉴证时,其 H 股相对于 A 股的折价更低。

此外,为控制潜在的截面相关问题,在所有回归中本文均进行了公司维度的聚类处理。

第四节 实证结果

一、描述性统计

表 4—3 报告了主要变量的描述性统计结果。其中,$HDiscount$ 的均值为 0.43,说明同一公司同股同权的 H 股股票价格相对 A 股的折价为 43%。$ESGDiscl$ 的均值为 0.97,说明样本中有约 97% 的公司披露了独立的可持续发展报告。$ESGAss$ 的均值为 0.25,说明样本公司中有约四分之一聘请了独立第三方对其可持续信息进行了鉴证。$Accounting$ 均值为 0.15,说明在鉴证的样本中,平均 60% 的可持续信息鉴证是由会计师事务所提供的。$SameAudit$ 均值为 0.11,即有 11% 的样本聘请了与财报审计的同一家会计师事务所对其可持续信息进行鉴证。$ESGScope$、$ENum$、$SNum$ 和 $GNum$ 的均值分别为 0.11、0.03、0.08 和 0.00,表明可持续信息鉴证报告中具体披露其鉴证指标的上市公司仍为少数,并且鉴证范围中包含了较多的 S 指标,E 指标相对较少,G 指标凤毛麟角。$Material$ 和 $Immaterial$ 的均值分别为 0.09 和 0.03,表明鉴证范围中主要包含了更多的实质性议题,较少的非实质性议题。

表 4—3 主要变量描述性统计结果

变量名	观测值	均值	标准差	最小值	中位数	最大值
$HDiscount$	756	0.43	0.19	0.03	0.43	0.83
$ESGDiscl$	756	0.97	0.16	0.00	1.00	1.00
$ESGAss$	756	0.25	0.44	0.00	0.00	1.00
$Accounting$	756	0.15	0.36	0.00	0.00	1.00
$SameAudit$	756	0.11	0.32	0.00	0.00	1.00
$ESGScope$	756	0.11	0.32	0.00	0.00	1.00
$ENum$	756	0.03	0.11	0.00	0.00	0.92
$SNum$	756	0.08	0.23	0.00	0.00	1.00
$GNum$	756	0.00	0.02	0.00	0.00	0.33
$Material$	756	0.09	0.26	0.00	0.00	1.00
$Immaterial$	756	0.03	0.10	0.00	0.00	0.90
$Size$	756	25.78	2.10	21.40	25.65	31.00
ROE	756	0.08	0.08	−0.27	0.09	0.36
$Growth$	756	0.15	0.30	−0.41	0.09	1.80
$Dividend$	756	0.69	0.46	0.00	1.00	1.00

续表

变量名	观测值	均值	标准差	最小值	中位数	最大值
SOE	756	0.71	0.45	0.00	1.00	1.00
First	756	0.30	0.15	0.15	0.36	0.74
MShare	756	0.01	0.04	0.00	0.00	0.25
Big10	756	0.93	0.26	0.00	1.00	1.00
Analyst	756	2.32	1.19	0.00	2.64	3.97
CS	756	5.29	3.97	0.06	4.47	22.49
TR	756	13.72	44.39	0.15	1.84	276.67
Volume	756	22.38	46.64	0.38	7.93	323.45
RBeta	756	0.91	0.26	0.43	0.87	1.94
AHMKT	756	0.73	0.87	−0.64	0.56	2.23
short	756	0.85	0.36	0.00	1.00	1.00
QFII	756	0.10	0.43	0.00	0.00	2.72
Institution	756	0.8776	1.871	0.01	0.32	12.56
Board	756	0.8069	0.395	0.00	1.00	1.00

二、相关性系数表

表4-4报告了主要变量的Pearson及Spearman相关系数表。其中，*ESGDiscl*、*ESGAss*、*Accounting*、*SameAudit*、*ESGNum*、*ENum*、*SNum*、*Material*和*Immaterial*均与*HDiscount*负相关，说明为可持续报告披露、第三方鉴证、由会计师事务所鉴证、同一会计师提供财报审计和可持续鉴证、环境和社会指标的高鉴证比率、议题占比均可以降低H股折价幅度，但因果关系的推断仍需要进一步检验。其中，*ESGDiscl*、*ESGAss*与*HDiscount*的相关系数分别为−0.14和−0.33，虽然都在1‰的水平上显著，但系数绝对值相差较大。

表4—4 Pearson&Spearman 主要变量相关系数

	HDiscount	ESGDisclosure	ESGAssurance	Accounting	SameAudit	ESGScope	ENum	SNum	GNum	Immaterial	Material
HDiscount		−0.13***	−0.33***	−0.33***	−0.23***	−0.25***	−0.25***	−0.26***	−0.05	−0.26***	−0.25***
ESGDisclosure	−0.14***		0.10***	0.07*	0.06	0.06	0.06	0.06	0.02	0.05	0.06
ESGAssurance	−0.33***	0.10***		0.73***	0.61***	0.61***	0.59***	0.62***	0.19***	0.55***	0.62***
Accounting	−0.33***	0.07*	0.73***		0.85***	0.70***	0.68***	0.71***	0.19***	0.65***	0.70***
SameAudit	−0.21***	0.06	0.61***	0.85***		0.49***	0.49***	0.51***	0.15***	0.46***	0.50***
ESGScope	−0.25***	0.06	0.61***	0.70***	0.49***		0.95***	0.98***	0.31***	0.88***	0.98***
ENum	−0.20***	0.05	0.52***	0.59***	0.41***	0.85***		0.94***	0.28***	0.85***	0.95***
SNum	−0.25***	0.06	0.60***	0.69***	0.50***	0.94***	0.67***		0.28***	0.88***	0.99***
GNum	−0.03	0.02	0.16***	0.12***	0.12***	0.27***	0.19***	0.20***		0.31***	0.29***
Immaterial	−0.20***	0.04	0.45***	0.53***	0.44***	0.72***	0.51***	0.73***	0.24***		0.85***
Material	−0.24***	0.06	0.60***	0.67***	0.46***	0.95***	0.85***	0.92***	0.24***	0.51***	

注：*、***分别表示相关系数在10%、1%水平上显著。

三、基准回归结果

笔者主要聚焦可持续信息鉴证对异地资本市场定价效率的影响。为了区别可持续披露和鉴证的影响,在表 4—5 中报告了可持续信息披露、可持续信息鉴证与 H 股折价的主回归结果。列(1)结果显示,$ESGDiscl$ 系数不显著,说明仅披露可持续信息,对 H 股折价幅度没有显著影响。列(2)中,同时加入了 $ESGDiscl$ 和 $ESGAss$,$ESGDiscl$ 的系数仍不显著,$ESGAss$ 系数显著为负。这说明对可持续信息进行鉴证对降低 H 股折价有显著效果。列(3)中仅保留了披露可持续发展报告的样本,$ESGAss$ 系数与列(2)的结果相似。从经济意义上看,相对于可持续信息未鉴证的公司,在鉴证的公司中,H 股折价幅度可以降低 5.6%,给定表 4—3 中 H 股折价平均为 43%,这一影响幅度达到折价的 13%(5.6%/43%)。

表 4—5　　　　　　　　　可持续信息披露、鉴证与 H 股折价

变量名	$HDiscount$		
	(1)全样本	(2)全样本	(3)仅保留披露可持续发展报告样本
$ESGDiscl$	−0.041	−0.033	
	(−1.200)	(−0.996)	
$ESGAss$		−0.057***	−0.056***
		(−2.813)	(−2.723)
$Size$	−0.064***	−0.055***	−0.056***
	(−9.540)	(−7.583)	(−7.599)
ROE	−0.248***	−0.244***	−0.267***
	(−2.834)	(−2.705)	(−2.983)
$Growth$	0.001***	0.001***	0.001***
	(2.901)	(2.787)	(2.830)
$Dividend$	−0.041***	−0.045***	−0.041***
	(−2.721)	(−3.072)	(−2.703)
SOE	−0.001	−0.011	−0.012
	(−0.056)	(−0.484)	(−0.537)
$First$	0.332***	0.329***	0.329***
	(4.589)	(4.725)	(4.652)
$MShare$	0.116	0.088	0.038
	(0.660)	(0.496)	(0.217)

续表

变量名	HDiscount		
	(1)全样本	(2)全样本	(3)仅保留披露可持续发展报告样本
CS	0.010***	0.009***	0.009***
	(4.666)	(4.472)	(4.621)
TR	0.000	0.000	0.000
	(0.192)	(0.274)	(0.190)
$Analyst$	−0.036***	−0.038***	−0.037***
	(−3.877)	(−4.171)	(−3.981)
$Big10$	0.010	0.009	0.007
	(0.422)	(0.386)	(0.289)
$Volume$	−0.000*	−0.000*	−0.000*
	(−1.760)	(−1.780)	(−1.854)
$RBeta$	0.117***	0.114***	0.114***
	(4.750)	(4.745)	(4.580)
$AHMKT$	−0.027***	−0.027***	−0.027***
	(−6.238)	(−6.283)	(−6.413)
$short$	0.042	0.029	0.034
	(1.405)	(0.999)	(1.117)
$QFII$	−0.045***	−0.049***	−0.048***
	(−2.735)	(−3.100)	(−2.999)
$Institution$	0.005	0.005	0.004
	(0.790)	(0.765)	(0.711)
$Board$	0.040**	0.031	0.032
	(2.043)	(1.609)	(1.536)
$Constant$	1.740***	1.565***	1.551***
	(11.029)	(9.218)	(9.037)
观测值	756	756	736
调整后 R^2	0.685	0.695	0.691
年份固定效应	控制	控制	控制
行业固定效应	控制	控制	控制

注:括号内为公司层面聚类后的 t 值;**、***分别表示回归系数在5%、1%水平上显著。

控制变量方面,$Size$ 和 ROE 系数在 1% 的统计水平上显著负相关,说明规模大且盈利能力强的公司 H 股折价幅度较小。此外,$Dividend$ 系数显著为负,说明发放现金股利的公司 H 股折价幅度更小。$First$ 系数显著为正,$Analyst$ 和 $QFII$ 系数显著为负,说明内外部治理较好时,H 股的折价幅度更小。$RBeta$ 的系数显著为正,说明投资者对于风险水平感知的差异会进一步拉大 H 股折价。

四、稳健性检验

为了保证研究结论的稳健性,本部分进行一系列稳健性检验,具体包括:(1)改变因变量的计算区间;(2)控制公司的可持续发展行动及信息披露水平;(3)PSM 方法;(4)工具变量法。

(一)改变 H 股折价计算区间

在主检验中,我们假定公司的可持续发展报告于下一年 4 月 30 日前全部披露,计算了下年 5 月 1 日至 12 月 31 日 H 股平均折价作为被解释变量。出于稳健性考虑,笔者手工搜集了上市公司可持续报告在 A 股及 H 股披露的具体日期,分别用两地中更早的报告发布时间后 30、60 及 90 个交易日平均 H 股折价作为替代变量,重新用 $ESGAss$ 对 $HDiscount$ 进行回归,结果见表 4—6。$ESGAss$ 的系数仍在 5% 水平上显著为负,结果稳健。

表 4—6　　　　　　　稳健性检验:替换 H 股折价计算的窗口

变量名	$HDiscount[0,30]$ (1)	$HDiscount[0,60]$ (2)	$HDiscount[0,90]$ (3)
$ESGAss$	−0.049** (−2.273)	−0.053** (−2.473)	−0.048** (−2.264)
$Constant$	1.658*** (9.310)	1.628*** (9.088)	1.681*** (9.872)
观测值	736	736	736
调整后 R^2	0.661	0.653	0.662
控制变量	控制	控制	控制
年份固定效应	控制	控制	控制
行业固定效应	控制	控制	控制

注:括号内为公司层面聚类后的 t 值;**、*** 分别表示回归系数在 5%、1% 水平上显著。

(二)控制公司的可持续发展行动及信息披露水平

本研究主要结论的另一种替代性解释是:对可持续发展报告寻求第三方鉴证的公司通常拥有更多的可持续发展行动或者披露了更多的可持续发展信息,主检验的结果可能是公司的可持续发展行动或信息披露数量影响了 H 股折价,而不是鉴证的作用。为排除这一替代性解释,借鉴 Christensen 等(2022)和何太明等(2023),本研究选取不同 ESG 评级机构评级结果的均值作为公司可持续发展行动及信息披露水平的代理变量。具体而言,选取华证、WIND、商道融绿、盟浪、彭博与富时罗素六家国内外评级机构评级结果的均值(ESG_Avg)放入模型,对公司的可持续发展行动及信息披露水平进行了控制。结果见表 4—7,加入 ESG_Avg 作为控制变量后,主要结论仍稳健。

表 4—7　　　　　　　　稳健性检验:控制公司 ESG 评级

变量名	$HDiscount$
$ESGAss$	−0.058***
	(−2.850)
ESG_Avg	0.000
	(0.014)
$Constant$	1.604***
	(7.826)
观测值	482
调整后 R^2	0.684
控制变量	控制
年份固定效应	控制
行业固定效应	控制

注:括号内为公司层面聚类后的 t 值;*** 分别表示回归系数在1%水平上显著。

(三) PSM 检验

主检验结果可能存在样本自选择偏误问题。我们将鉴证样本作为处理组,以模型(5)中所有控制变量和年度作为匹配变量,并采用半径为 0.01 的邻域匹配,用以缓解可观测变量的系统差异带来的内生性问题。

表 4—8 列示了 PSM 前后的样本平衡性检验结果。在 PSM 之前,实验组样本和控制组样本间配对变量大多存在显著差异,而在 PSM 之后,各配对变量在两组样本中均不存在显著差异;在 PSM 之后,样本总体均值偏差也不再显著。表 4—9 中 PSM 匹配后的回归结果显示,可持续信息鉴证对 H 股折价的影响仍然显著。

表 4—8　　　　　　　　PSM 平衡性测试

Variable	Unmatched Matched	Mean Treated	Controls	%bias	%reduct bias	t-test t	$p>t$
$Size$	U	27.742	25.158	142		17.62	0.000
	M	26.533	26.51	1.3	99.1	0.14	0.888

续表

	Unmatched	Mean		%reduct		t-test	
ROE	U	.090 68	.079 01	14.2		1.75	0.081
	M	.079 95	.080 09	−0.2	98.8	−0.01	0.990
Growth	U	.120 53	.159 56	−13.8		−1.57	0.117
	M	.156 75	.149 76	2.5	82.1	0.18	0.856
Dividend	U	.703 13	.687 5	3.4		0.40	0.687
	M	.663 72	.692 71	−6.3	−85.5	−0.46	0.643
SOE	U	.640 63	.751 84	−24.3		−2.97	0.003
	M	.725 66	.721 21	1	96	0.07	0.941
First	U	.394 12	.383 09	7		0.88	0.378
	M	.401 4	.394 89	4.1	40.9	0.30	0.765
MShare	U	.000 43	.012 44	−34.9		−3.42	0.001
	M	.000 69	.000 66	0.1	99.7	0.09	0.927
CS	U	4.345 6	5.665 3	−33.6		−3.98	0.000
	M	5.259 4	4.988 7	6.9	79.5	0.55	0.584
TR	U	23.077	10.08	27.2		3.55	0.000
	M	17.841	21.179	−7	74.3	−0.45	0.656
Analyst	U	2.691 8	2.222 2	43.1		4.79	0.000
	M	2.809 4	2.769 9	3.6	91.6	0.36	0.722
Big10	U	.989 58	.909 93	37		3.77	0.000
	M	.982 3	.979 92	1.1	97	0.13	0.896
Volume	U	16.34	23.745	−16.5		−1.94	0.053
	M	12.584	14.45	−4.2	74.8	−0.66	0.510
RRBeta	U	.880 54	.906 39	−10		−1.22	0.222
	M	.914 18	.884 91	11.3	−13.2	0.94	0.348
AHMKT	U	.699 65	.727 27	−3.2		−0.38	0.704
	M	.708 67	.723 82	−1.8	45.2	−0.14	0.891
short	U	.994 79	.808 82	65.7		6.51	0.000
	M	.991 15	.988 92	0.8	98.8	0.17	0.867
QFII	U	.039 62	.126 78	−23.4		−2.46	0.014
	M	.066 3	.084 64	−4.9	79	−0.40	0.692
Institution	U	.706 85	.924 04	−12.0		−1.39	0.164
	M	.742 07	.570 46	9.5	21.9	0.85	0.395
Board	U	.828 13	.801 47	6.9		0.81	0.420
	M	.805 31	.804 83	0.1	98.2	0.01	0.993

表 4—9　　　　　　　　　稳健性检验:PSM 匹配回归结果

变量名	$HDiscount$
$ESGAss$	−0.035*
	(−1.919)
Constant	1.326***
	(6.091)
观测值	501
调整后 R^2	0.665
控制变量	控制
年份固定效应	控制
行业固定效应	控制

注:括号内为公司层面聚类后的 t 值;*、*** 分别表示回归系数在 10%、1%水平上显著。

(四)工具变量法:上市公司所在地地级市政府是否制定环保目标

在可持续发展领域表现较好的公司或处于行业领军地位的公司有更大的可能性进行可持续信息的鉴证,这部分公司本身可能拥有更低的信息不对称程度从而有着更低的 H 股折价。为进一步缓解不可观测遗漏变量内生性问题,我们选用相对外生的工具变量——公司所在地地级市政府当年是否制定了环保目标($GreenTarget$)作为工具变量来检验可持续信息鉴证对 H 股折价的影响。一方面,所在地政府的压力或约束会对公司环境信息披露或鉴证行为产生影响(沈洪涛和冯杰,2012)。另一方面,上市公司所在地是否制定环保目标与公司 H 股折价之间不存在直接因果关系,满足工具变量的外生性条件。如表 4—10 所示,两阶段最小二乘检验结果显示,可持续信息鉴证与公司 H 股折价在 1%的统计水平上显著负相关,主要结论保持稳健。表 4—10 的下半部分报告了工具变量的不可识别和弱工具变量的检验,结果显示我们的工具变量通过了以上检验。

表 4—10　　　　　　　　　稳健性检验:工具变量回归结果

变量名	$ESGAss$	$HDiscount$
	(1)	(2)
$GreenTarget$	2.644***	
	(−2.74)	
$ESGAss$		−0.173***
		(−3.19)
Constant	−44.008***	5.304***
	(−3.36)	(3.27)

续表

变量名	ESGAss (1)	HDiscount (2)
观测值	554	370
Pseudo/Adjusted R-squared	0.504	0.740
Wald chi2	196.25	
Prob>chi2	0.0000	
Kleibergen-Paap rk LM statistic	20.515	
Chi-sq(1) P-val =	0.0000	
Cragg-Donald Wald F statistic	88.882	
Kleibergen-Paap rk Wald F statistic	35.579	
Stock-Yogo weak ID test critical values: 10% maximal IV size	16.38	
15% maximal IV size	8.96	
20% maximal IV size	6.66	
25% maximal IV size	5.53	
控制变量	控制	控制
年份固定效应	控制	控制
行业固定效应	控制	控制

注：列(1)括号内为公司层面聚类后的 z 值，列(2)括号内为公司层面聚类后的 t 值；*** 表示回归系数在1%水平上显著。

五、进一步检验

(一) 可持续信息鉴证对 A 股和 H 股股价的不同影响

上述实证结果表明，公司对其可持续信息寻求第三方鉴证能够有效降低 H 股折价幅度。这是由于可持续鉴证可以视为一种有效降低两地投资者信息获取和解读成本差异的制度安排，即能够有效降低在信息获取和理解上处于劣势的 H 股投资者所感知到的风险，从而提高 H 股定价。但还有一种可能，H 股折价幅度的降低不是因为 H 股股价上升，而是由 A 股股价下降所带来。为排除这一可能性，本部分分别检验 A 股和 H 股对公司可持续鉴证的市场反应。为此，我们分别用 $t+1$ 年 5 月 1 日到 12 月 31 日的 A 股和 H 股的日均收益率、这一窗口期内购买并持有的超额收益率($BHAR$)、报告发布前后 10 个交易日的累计超额收益率(CAR)及报告发布前后 10 个交易日内交易量变动($Volume$)，回归结果见表 4—11。由表 4—11 列(1)至列(6)可知，从收益率来看，A 股没有显著正面的市场反应，而 H 股的股价则有显著的正面市场反应。以上结果说明，H 股折价幅度的缩小主要是因为 H

股的股价相对 A 股股价上升带来的。在列(7)至列(8)报告了交易量的变化,同样发现可持续鉴证信息主要提升了 H 股而不是 A 股的交易量。

表 4—11　　　　进一步研究:可持续鉴证对 A 股、H 股收益率与交易量的影响

变量名	A 股平均日收益率	H 股平均日收益率	A 股 BHAR	H 股 BHAR	A 股报告发布前后10 天 CAR	H 股报告发布前后10 天 CAR	A 股报告发布前后10 天 Volume	H 股报告发布前后10 天 Volume
	(1)	(2)	(3)	(4)	(5)	(6)	(7)	(8)
ESGAss	0.001 (0.955)	0.002** (2.078)	0.005 (0.210)	0.063** (2.270)	0.015 (0.457)	0.140*** (3.232)	0.000 (0.379)	0.001** (2.263)
Constant	1.012*** (122.357)	1.006*** (209.653)	0.611*** (2.892)	0.221 (1.446)	1.155*** (3.551)	−0.061 (−0.244)	−0.018 (−1.568)	0.007** (2.318)
观测值	736	736	736	736	736	736	736	736
调整后 R^2	−0.006	0.037	0.038	0.120	0.102	0.044	0.002	0.033
控制变量	控制	控制	控制	控制	控制	控制	控制	控制
年份固定效应	控制	控制	控制	控制	控制	控制	控制	控制
行业固定效应	控制	控制	控制	控制	控制	控制	控制	控制

注:括号内为公司层面聚类后的 t 值;**、*** 分别表示回归系数在 5%、1%水平上显著。

A 股投资者对于可持续信息鉴证没有显著市场反应也可能是 A 股投资者没有将该信息作为决策相关信息并融入股价。为排除这一替代性解释,我们进一步探究了可持续鉴证与两地股价同步性的关系。已有研究认为股价同步性是衡量资本市场定价效率的一个重要指标,它反映了公司特质性信息向投资者传递的程度和效率(Morck, et al., 2000; Durnev, et al., 2004;陈冬华和姚振晔,2018;钟覃琳和陆正飞,2018)。如表 4—12 列(1)及列(2)所示,寻求了第三方鉴证的公司的 A 股及 H 股股价同步性均有所下降。这表明,经过第三方鉴证的可持续信息不仅有助于提高 H 股市场的资本市场定价效率,同时也使得 A 股股票价格包含了更多公司特质性信息。

表 4—12　　　　进一步研究:$t+1$ 年期间 A 股和 H 股股价同步性

变量名	A 股股价同步性	H 股股价同步性
	(1)	(2)
ESGAss	−0.373** (−2.386)	−0.398** (−2.048)

续表

变量名	A 股股价同步性	H 股股价同步性
	（1）	（2）
Constant	−4.376**	−7.415***
	（−2.486）	（−3.937）
观测值	736	736
调整后 R^2	0.238	0.338
控制变量	控制	控制
年份固定效应	控制	控制
行业固定效应	控制	控制

注：括号内为公司层面聚类后的 t 值；*、**、*** 分别表示回归系数在 10%、5%、1% 水平上显著。

（二）可持续信息鉴证与机构投资者持股比例变动

基于上文的理论分析，我们认为与上市公司所在地地理距离较远、文化差异较大的中国香港及国际投资者由于信息劣势感受到了更大的不确定性，而可持续信息鉴证能够有效缩小不同类别投资者之间的信息成本差异，进而降低其感受到的风险。笔者进一步检验了可持续信息鉴证对不同地区机构投资者持股决策的影响。如表 4—13 所示，笔者发现可持续披露鉴证显著提升了中国香港及国际机构投资者的持股比例，但该行为几乎不会改变本土机构投资者的投资决策。这一研究结果间接表明：相较于本土机构投资者，中国香港及国际投资者从可持续信息鉴证中获取了更多增量信息。

表 4—13　　进一步研究：可持续信息鉴证与机构投资者持股比例变动

变量名	本土机构投资者持股比例变动	香港及国际机构投资者持股比例变动
	（1）	（2）
ESGAss	−0.323	2.874**
	（−0.386）	（2.574）
Constant	−20.510***	21.201**
	（−3.476）	（2.314）
观测值	736	736
调整后 R^2	0.170	0.090
控制变量	控制	控制
年份固定效应	控制	控制
行业固定效应	控制	控制

注：括号内为公司层面聚类后的 t 值；*、**、*** 分别表示回归系数在 10%、5%、1% 水平上显著。

(三)鉴证服务提供方与 H 股折价

鉴证服务提供方是否影响 H 股折价呢？已有研究认为会计师事务所相较于其他第三方鉴证机构而言，具有更成熟的审计或鉴证方法论，接受更为严格的外部监管与行业自律，能够有效衔接财务信息与非财务信息等特点(Huggins, et al., 2011; Simnett, 2009; 陈嵩洁等, 2024)。按照上述逻辑，我们预期由会计师事务所提供第三方鉴证的公司，H 股折价的幅度相对更小。表 4—14 中列(1)列示了是否由会计师事务所提供鉴证(Accounting)对 H 股折价的影响。回归结果显示，Accounting 与 H 股折价在 1% 的水平上显著负相关，说明经过会计师事务所鉴证的可持续信息能够更为有效地降低两地投资者之间的信息不对称程度。由于 ESGAss 和 Accounting 相关系数为 0.73，为避免多重共线性，剔除 ESGAss 后进行回归，如表 4—14 列(3)所示，Accounting 的系数仍显著为负。在保留了对可持续信息进行第三方鉴证的样本(即 ESGAss=1 的样本)后再回归，结果如表 4—14 列(5)所示，Accounting 的系数仍在 1% 的水平上显著为负。综上，表 4—14 列(1)、(3)和(5)回归结果表明，相较于其他鉴证机构，由会计师事务所对可持续信息提供鉴证服务时，H 股折价幅度下降更为显著。

表 4—14　　　　　进一步研究：鉴证服务提供方与 H 股折价

变量名	HDiscount					
	(1)	(2)	(3)剔除 ESGAss	(4)剔除 ESGAss	(5)仅保留 ESGAss=1 的样本	(6)仅保留 ESGAss=1 的样本
ESGAss	−0.009 (−0.457)	−0.011 (−0.544)				
Accounting	−0.111*** (−3.798)	−0.149*** (−3.853)	−0.118*** (−4.158)		−0.053** (−2.047)	
SameAudit		0.055 (1.553)		−0.054* (−1.761)		0.012 (0.463)
Constant	1.382*** (7.414)	1.385*** (7.471)	1.390*** (7.598)	1.607*** (8.614)	2.164*** (9.009)	2.324*** (11.256)
观测值	736	736	736	736	192	192
调整后 R^2	0.702	0.704	0.703	0.685	0.814	0.806
控制变量	控制	控制	控制	控制	控制	控制
年份固定效应	控制	控制	控制	控制	控制	控制
行业固定效应	控制	控制	控制	控制	控制	控制

注：括号内为公司层面聚类后的 t 值；*、**、*** 分别表示回归系数在 10%、5%、1% 水平上显著。

Maso 等(2020)的研究发现，财务审计和可持续信息鉴证存在知识溢出效应，由一家事务所提供两项服务通常能提高审计师职业判断的准确性。我们预期,由同一家会计师事务所为公司提供财务审计与可持续信息鉴证服务($SameAudit$),能够更有效地改善公司的财务与非财务信息环境,降低信息不对称。相关结果见表 4—14 列(2)、(4)和(6)。$SameAudit$ 系数仅在列(4)中显著为负,显著性水平为 10%。因此,没有较稳健的证据表明同时提供财务审计与可持续信息鉴证服务能够有效降低 H 股折价水平。

(四)鉴证范围与 H 股折价

由于缺失统一明确的可持续报告与鉴证准则,已有研究(陈嵩洁等,2023)发现可持续鉴证报告的质量参差不齐。在 A+H 股样本中,仅有部分会计师事务所和少量其他鉴证机构在其出具的可持续鉴证报告中明确说明了对哪些数据进行了鉴证,多数鉴证报告对其鉴证对象及范围含糊其词。本部分检验是否披露鉴证范围($ESGScope$)对 H 股折价的影响。回归结果见表 4—15 列(1),$ESGScope$ 系数在 10% 的水平上显著为负。

表 4—15　　　　　　　　进一步研究:鉴证范围、指标类型与 H 股折价

变量名	\multicolumn{6}{c}{$HDiscount$}
	(1)	(2)	(3)剔除$ESGAss$	(4)剔除$ESGAss$	(5)仅保留$ESGAss=1$的样本	(6)仅保留$ESGAss=1$的样本
$ESGAss$	−0.041* (−1.890)	−0.039* (−1.774)				
$ESGScope$	−0.047* (−1.899)		−0.068*** (−2.895)		−0.037** (−2.150)	
$EScope$		−0.105** (−2.029)		−0.131*** (−2.697)		−0.108** (−2.151)
$SScope$		−0.029 (−0.726)		−0.046 (−1.190)		−0.016 (−0.441)
$GScope$		0.017 (0.080)		−0.001 (−0.006)		−0.033 (−0.170)
$Constant$	1.499*** (8.724)	1.494*** (8.621)	1.579*** (9.877)	1.568*** (9.697)	2.238*** (10.587)	2.178*** (9.921)
观测值	736	736	736	736	192	192
调整后 R^2	0.692	0.693	0.689	0.690	0.813	0.816
控制变量	控制	控制	控制	控制	控制	控制
年份固定效应	控制	控制	控制	控制	控制	控制
行业固定效应	控制	控制	控制	控制	控制	控制

注:括号内为公司层面聚类后的 t 值;*、**、*** 分别表示回归系数在 10%、5%、1% 水平上显著。

另外,我们还分别考察了环境指标鉴证数量占比($ENum$)、社会指标鉴证数量占比($SNum$)和治理指标鉴证数量占比($GNum$)对 H 股折价的影响。如表 4-15 列(2)所示,$ENum$ 的系数为负,在 1% 的水平上显著。$SNum$ 和 $GNum$ 的系数不显著。考虑到 $ESG\text{-}Scope$、$ENum$、$SNum$ 和 $GNum$ 与 $ESGAss$ 相关系数分别为 0.61、0.47、0.52 和 0.60,为避免多重共线性的影响,剔除了 $ESGAss$ 后再进行回归,结果见表 4-15 列(3)至列(4),不改变列(1)和(2)的结论,即相对于社会指标和治理指标,经过鉴证的环境信息对减轻 H 股折价幅度的作用更显著,这体现了中国香港及国际投资者对环境问题的更高关注度。表 4-15 列(5)至列(6)仅保留了寻求第三方鉴证的样本进行重新回归检验,主要结果仍然保持稳健。

(五)鉴证指标重要性与 H 股折价

更进一步的,同一可持续发展议题对不同行业的企业的重要性不同(Eccles and Serafeim,2013;Khan. et al.,2016)。基于此,根据 SASB 的行业实质性议题地图,本文将 A+H 股公司披露的鉴证指标重新分类为行业实质性议题和行业非实质性议题,并分别计算了行业实质性议题占比($Material$)与行业非实质性议题占比($Immaterial$)。具体分类方法参见附录。如表 4-16 列(1)至列(3)所示,$Material$ 的系数显著为负,而 $Immaterial$ 的系数不显著,这说明只有当公司的鉴证范围中包含更多实质性议题时,才能有效降低 H 股折价幅度。

表 4-16 进一步研究:鉴证指标重要性与 H 股折价

变量名	$HDiscount$		
	(1)	(2)剔除 $ESGAss$	(3)保留 $ESGAss=1$ 的样本
$ESGAss$	−0.040*		
	(−1.791)		
$Material$	−0.055*	−0.077***	−0.057**
	(−1.794)	(−2.703)	(−2.076)
$Immaterial$	−0.040	−0.053	−0.001
	(−0.898)	(−1.178)	(−0.016)
$Constant$	1.492***	1.568***	2.239***
	(8.619)	(9.716)	(10.623)
观测值	736	736	736
调整后 R^2	0.693	0.689	0.816
控制变量	控制	控制	控制
年份固定效应	控制	控制	控制
行业固定效应	控制	控制	控制

注:括号内为公司层面聚类后的 t 值;*、**、*** 分别表示回归系数在 10%、5%、1% 水平上显著。

六、机制检验

(一)可持续信息鉴证与公司可持续发展信息不对称程度

本章第二节的理论分析认为,可持续信息鉴证可以通过信息认证和治理监督作用降低两地投资者的信息不对称水平从而降低 H 股折价。而 ESG 评级机构作为资本市场重要的可持续发展信息中介,能够从公开或私有渠道收集、处理和转换上市公司披露的可持续发展信息,并通过一系列评价指标评估公司可持续发展绩效。Krishnaswami 和 Subramaniam (1999)、王化成等(2017)采用资本市场信息中介的分歧度作为信息不对称程度的代理变量。类似地,本文用 ESG 评级分歧度来衡量可持续发展信息不对称程度,探讨可持续信息鉴证与可持续信息不对称程度之间的关系。参考何太明等(2023),选取华证 ESG 评级、WIND ESG 评级、商道融绿 ESG 评级、盟浪 FIN-ESG 评级、彭博 ESG 评级与富时罗素 ESG 评级数据,对评级结果进行赋值并计算评级的标准差来度量公司可持续信息不对称程度。为了避免 ESG 评级数量过少而导致的度量偏差问题,我们进一步剔除了评级跟踪机构小于 4 家的公司,样本缩小至 482 个。表 4—17 的列(1)中,因变量为 ESG 分歧度($ESGDiv$),回归结果表明,自变量 $ESGAss$ 的系数显著为负,说明可持续信息的鉴证的确可以降低信息使用者之间的信息不对称程度。我们也按照行业年度均值的 ESG 分歧度高低对 A+H 股公司分组进行检验,结果见表 4—17 列(2)和(3),$ESGAss$ 的系数均为负数,但仅在分歧度高的一组中显著,与信息不对称理论预期一致。

表 4—17　　　　　　　　　机制检验:ESG 分歧度

变量名	$ESGDiv$	$HDiscount$	
	(1)	(2)	(3)
$ESGAss$	−0.206***	−0.026	−0.099***
	(−4.051)	(−1.144)	(−3.294)
$Constant$	0.007	1.733***	1.522***
	(0.015)	(6.634)	(5.874)
系数组间差异检验(经验 P 值)		0.005***	
观测值	482	227	255
调整后 R^2	0.283	0.719	0.691
控制变量	控制	控制	控制
年度固定效应	控制	控制	控制
行业固定效应	控制	控制	控制

注:括号内为公司层面聚类后的 t 值;*** 表示回归系数在 1% 水平上显著;系数组间差异检验的 P 值采用费舍尔组合(抽样 1 000 次)得到。

(二)可持续信息鉴证的信息认证作用机制

可持续信息鉴证可以帮助投资者将公司的可持续发展行动与可持续信息相互印证,更好地降低两地投资者的信息不对称程度。当公司有更多绿色创新和绿色投入,或可持续指标变化较大时,信息劣势方将面临更高的信息搜集与验证成本,使得两地投资者面临更为严重的信息不对称。其中,绿色专利申请与绿色费用分别代表了绿色创新和绿色投入。借鉴黎文婧和郑曼妮(2016)及王馨和王营(2021),笔者用公司当年绿色专利申请数量衡量企业绿色创新行动;借鉴赵领娣和王小飞(2022),笔者将上市公司在财务报表附注中披露的管理费用支出明细项中与环境保护直接相关的费用,例如脱硫脱硝、脱硝项目、污水处理、废气、除尘、节能等项目数据加总,获得了当年企业绿色费用的总金额。而从可持续指标来看,环境指标中的二氧化碳排放量和社会指标中的女性员工比例为披露了鉴证范围的公司中鉴证频率最高的可持续发展指标,因此笔者选用公司二氧化碳减排量(t 年公司二氧化碳排放量减去 $t-1$ 年二氧化碳排放量,下同)与女性员工比例变动两个变量进行了分组回归。其中,参考沈洪涛等(2019)的方法,笔者用企业二氧化碳排放量=企业主营成本/行业主营成本×行业能源消耗总量×二氧化碳折算系数的方法对公司二氧化碳排放量进行了估算,而女性员工比例数据则在公司年报及可持续报告中进行了爬取。所有变量按照行业年度均值的分组回归结果见表 4—18:当公司在当年申请了更多绿色专利、发生了更多绿色费用、二氧化碳减排力度更大、女性员工比例变化幅度更高时,可持续信息鉴证能够更好地缓解两地投资者关于可持续发展的信息不对称,进而降低 H 股的折价幅度。

(三)可持续信息鉴证的治理监督作用机制

作为一种增信机制,可持续信息鉴证在上市公司内外部治理水平相对较差时发挥治理监督作用应该更强。因此,我们预期可持续信息鉴证对 H 股折价的影响在内外部治理水平较差的样本中相对更大。

从内部治理来看,高雷和张杰(2017)、倪骁然和朱玉杰(2017)及肖红军等(2021)均发现管理层持股能部分减少代理冲突,起到了完善公司内部治理机制的作用。从外部治理来看,分析师跟踪人数(李春涛等,2014;朱红军等,2007)和媒体报道(罗进辉和杜兴强,2014;张萍和徐巍,2015)可以作为公司面临外部监督水平的代理变量。我们分别将样本按照管理层持股比例、分析师跟踪人数和媒体覆盖的行业年度均值分成两组进行回归。检验结果见表 4—19 列(1)至(6):可持续信息鉴证对 H 股折价的缓解作用主要在管理层持股更低、分析师跟踪人数更少和媒体报道更少的样本中发挥作用,组间系数差异均通过了显著性检验。

表4—18 机制检验:绿色创新、绿色投入、可持续关键指标变化

变量名	绿色创新		绿色投入		可持续关键指标变化			
	(1) 绿色专利申请少	(2) 绿色专利申请多	(3) 绿色费用少	(4) 绿色费用多	(5) 二氧化碳减排少	(6) 二氧化碳减排多	(7) 女性员工比例增加少	(8) 女性员工比例增加多
	$HDiscount$							
$ESGAss$	−0.021	−0.077**	−0.033	−0.091***	−0.037	−0.075***	−0.042	−0.099***
	(−0.968)	(−2.507)	(−1.490)	(−2.727)	(−1.138)	(−3.004)	(−1.293)	(−2.649)
系数组间差异检验（经验 P 值）	0.012**		0.036**		0.096*		0.079*	
$Constant$	1.639***	1.949***	1.646***	1.191***	1.681***	1.422***	1.807***	1.530***
	(6.952)	(9.031)	(8.559)	(4.034)	(5.433)	(5.966)	(7.351)	(4.954)
观测值	410	326	417	176	146	234	165	187
调整后 R^2	0.724	0.714	0.736	0.623	0.715	0.764	0.601	0.728
控制变量	控制	控制	控制	控制	控制	控制	控制	控制
年度固定效应	控制	控制	控制	控制	控制	控制	控制	控制
行业固定效应	控制	控制	控制	控制	控制	控制	控制	控制

注:括号内为公司层面聚类后的 t 值;*、**、*** 分别表示回归系数在10%、5%、1%水平上显著;系数组间差异检验的 P 值采用费舍尔组合(抽样1 000次)得到。

表 4—19　　　　　　　　　机制检验：内外部治理水平与 H 股折价

变量名	\multicolumn{6}{c}{HDiscount}
	(1) 管理层持股比例低	(2) 管理层持股比例高	(3) 分析师覆盖人数少	(4) 分析师覆盖人数多	(5) 媒体报道少	(6) 媒体报道多
$ESGAss$	−0.082*** (−3.732)	−0.025 (−0.814)	−0.087** (−2.562)	−0.029 (−1.207)	−0.070** (−2.544)	−0.028 (−1.120)
系数组间差异检验（经验 P 值）	\multicolumn{2}{c}{0.019**}	\multicolumn{2}{c}{0.010***}	\multicolumn{2}{c}{0.039**}
Constant	1.798*** (10.221)	0.135 (0.358)	1.522*** (7.482)	1.779*** (7.319)	1.486*** (7.581)	1.571*** (7.173)
观测值	400	336	369	367	428	308
调整后 R^2	0.785	0.651	0.690	0.665	0.694	0.779
控制变量	控制	控制	控制	控制	控制	控制
年度固定效应	控制	控制	控制	控制	控制	控制
行业固定效应	控制	控制	控制	控制	控制	控制

注：括号内为公司层面聚类后的 t 值；**、*** 分别表示回归系数在 5%、1% 水平上显著；系数组间差异检验的 P 值采用费舍尔组合（抽样 1 000 次）得到。

第五节　结论与启示

企业个体的可持续行动是中国经济高质量发展的基础。可持续报告的目标是将企业的可持续表现比较真实、完整地展现给利益相关方，但可持续发展信息范围广、专业性强以及披露标准不统一，很大程度上影响了利益相关方对可持续信息的信任和使用。第三方鉴证是提高可持续信息可靠性的有效手段。笔者以 2017—2022 年同时在 A 股和 H 股上市的公司为样本，实证检验了可持续信息鉴证与 H 股折价之间的关系。研究结果发现，可持续信息鉴证可以显著降低 H 股相对 A 股的折价，提高了股票在异地市场上的定价效率。进一步研究发现，由会计师事务所提供鉴证服务、有明确鉴证范围、有更高比例的环境指标或行业实质性议题经过鉴证时，H 股相对于 A 股折价幅度更小。机制检验还发现，在 ESG 分歧度更高、绿色创新多、绿色投入高、可持续指标变化大以及内外部治理水平较差的样本中，可持续信息鉴证与 H 股折价幅度之间的负相关关系更为显著。以上结果印证了可持续信息鉴证既可以通过信息认证渠道，也可通过治理监督的渠道来降低两地投资者之间的信息不对称，从而降低 H 股折价幅度，提高了 H 股的定价效率。

笔者从信息不对称视角出发，分析并验证了可持续信息质量对于降低 A+H 股股价差异的基本逻辑和路径,丰富了可持续信息鉴证经济后果的文献,也拓展了关于异地上市时,同一公司股价差异的影响因素的研究。实务上,笔者的发现对于监管机构、鉴证机构以及上市公司均有重要的启示:第一,在披露标准不统一的情况下,可持续信息的有用性更大程度上取决于信息披露可靠性而不是是否披露。2024年5月1日《上市公司可持续发展报告指引》的正式实施标志着A股上市公司进入可持续信息披露新阶段。在可持续信息披露越来越多的同时,如何防止"漂绿"将成为监管机构未来的工作重点。可持续信息鉴证是提高可持续信息真实性与可靠性的重要途径。特别地,面临严格外部监管、拥有较高公信力的会计师事务所的鉴证对提高可持续信息可靠性发挥着重要作用。第二,A股上市公司可持续信息独立鉴证的比例仍相对较低,从制度上,我国尚无要求可持续信息鉴证的要求,而欧盟、中国香港等地区已准备在未来几年分阶段引入"有限保证"水平或"合理保证"水平的鉴证要求。A股公司披露的可持续信息越来越多,未来也应适时考虑可持续信息鉴证的渐进要求。我们认为境外上市或发债的公司应对可持续信息进行鉴证以规避相关监管风险,特别是可以减少国别折价。第三,行胜于言。笔者发现,当公司有更多绿色创新、绿色投入,二氧化碳减排幅度大、女性员工比例高的样本中,可持续鉴证的作用更为显著。上市公司应成为可持续行动的积极践行者,在行动中彰显对可持续发展的承诺并得到投资者和市场的认可。

参考文献

[1] 曹玲玲,何春艳.沪港通能否有效实现A、H股溢价回归——基于固定效应面板模型的分析[J].金融理论探索,2016(1):41—45.

[2] 曹红辉,刘华钊.制度差异对A、H股定价的影响[J].金融评论,2009,1(1):84—93.

[3] 陈嵩洁,薛爽,张为国.可持续披露鉴证:准则、现状与经济后果[J].财会月刊,2023,44(13):12—23.

[4] 陈冬华,姚振晔.政府行为必然会提高股价同步性吗?——基于我国产业政策的实证研究[J].经济研究,2018,53(12):112—128.

[5] 陈嵩洁,薛爽,张为国,胥文帅.会计师事务所可持续发展业务的影响因素与对策——基于11家会计师事务所的调研访谈[J].审计研究,2024(1):28—40.

[6] 陈涛,沈洪涛.我国企业社会责任报告鉴证的最新进展研究——基于2010—2013年的数据[J].中国注册会计师,2016(8):65—70.

[7] 高雷,张杰.代理成本、管理层持股与审计质量[J].财经研究,2011,37(1):48—58.

[8] 何太明,李亦普,王峥,谭志东.ESG评级分歧提高了上市公司自愿性信息披露吗?[J].会计与经济研究,2023,37(3):54—70.

[9] 胡章宏,王晓坤.中国上市公司A股和H股价差的实证研究[J].经济研究,2008(4):119—131.

[10] 黎文靖,郑曼妮.实质性创新还是策略性创新?——宏观产业政策对微观企业创新的影响[J].经济研究,2016,51(4):60—73.

[11]罗进辉,杜兴强.媒体报道、制度环境与股价崩盘风险[J].会计研究,2014(9):53-59,97.

[12]倪骁然,朱玉杰.卖空压力影响企业的风险行为吗？——来自A股市场的经验证据[J].经济学(季刊),2017,16(3):1173-1198.

[13]彭雨晨.强制性ESG信息披露制度的法理证成和规则构造[J].东方法学,2023(4):152-164.

[14]祁怀锦,曹修琴,刘艳霞.数字经济对公司治理的影响——基于信息不对称和管理者非理性行为视角[J].改革,2020(4):50-64.

[15]沈洪涛,冯杰.舆论监督、政府监管与企业环境信息披露[J].会计研究,2012(2):72-78.

[16]沈洪涛,黄楠.碳排放权交易机制能提高企业价值吗[J].财贸经济,2019,40(1):144-161.

[17]宋军,吴冲锋,国际投资者对中国股票资产的价值偏好:来自A-H股和A-B股折扣率的证据[J].金融研究,2008(3):103-116.

[18]宋顺林,易阳,谭劲松.AH股溢价合理吗——市场情绪、个股投机性与AH股溢价[J].南开管理评论,2015,18(2):92-102.

[19]谭小芬,刘汉翔,曹倩倩.资本账户开放是否降低了AH股的溢价？——基于沪港通开通前后AH股面板数据的实证研究[J].中国软科学,2017(11):39-53.

[20]王霞,徐晓东.竞争异质性、管理者道德认知与企业的生态创新研究[J].上海财经大学学报,2016(4):52-66.

[21]王馨,王营.绿色信贷政策增进绿色创新研究[J].管理世界,2021,37(6):173-188.

[22]王化成,张修平,侯粲然,等.企业战略差异与权益资本成本——基于经营风险和信息不对称的中介效应研究[J].中国软科学,2017(9):99-113.

[23]肖红军,阳镇,刘美玉,等.企业数字化的社会责任促进效应:内外双重路径的检验[J].经济管理,2021,43(11):52-69.

[24]赵领娣,王小飞.企业绿色投资及绿色费用能否提升经营绩效？——基于EBM和面板Tobit模型的经验分析[J].北京理工大学学报(社会科学版),2022,24(3):28-42.

[25]张萍,徐巍.媒体监督能够提高内部控制有效性吗？——来自中国上市公司的经验证据[J].会计与经济研究,2015,29(5):88-105.

[26]张永珅,李小波,邢铭强.企业数字化转型与审计定价[J].审计研究,2021(3):62-71.

[27]钟覃琳,陆正飞.资本市场开放能提高股价信息含量吗？——基于"沪港通"效应的实证检验[J].管理世界,2018,34(1):169-179.

[28]朱红军,何贤杰,陶林.中国的证券分析师能够提高资本市场的效率吗——基于股价同步性和股价信息含量的经验证据[J].金融研究,2007(2):110-121.

[29]Bae K H, Stulz R M, Tan H. Do Local Analysts Know More? A Cross-Country Study of the Performance of Local Analysts and Foreign Analysts[J]. Journal of Financial Economics, 2008, 88(3): 581-606.

[30]Ballou B, Chen P C, Grenier J H, et al. Corporate Social Responsibility Assurance and Reporting Quality: Evidence from Restatements[J]. Journal of Accounting and Public Policy, 2018, 37(2): 167-188.

[31]Bradshaw M T, Bushee B J, Miller G S. Accounting Choice, Home bias, and US Investment in

Non-US Firms[J]. Journal of Accounting Research, 2004, 42(5): 795-841.

[32]Casey R J, Grenier J H. Understanding and Contributing to the Enigma of Corporate Social Responsibility (CSR) Assurance in the United States[J]. Auditing: A Journal of Practice & Theory, 2015, 34(1): 97-130.

[33]Chakravarty S, Sarkar A, Wu L. Information Asymmetry, Market Segmentation, and the Pricing of Cross-listed Shares: Theory and Evidence from Chinese A and B Shares[J]. Journal of International Financial Markets Institutions and Money, 1998, 8(3-4): 325-356.

[34]Christensen D M, Serafeim G, Sikochi A. Why is Corporate Virtue in the Eye of the Beholder? The Case of ESG Ratings[J]. The Accounting Review, 2022, 97(1): 147-175.

[35]Coval J D, Moskowitz T J. Home Bias at Home: Local Equity Preference in Domestic Portfolios[J]. The Journal of Finance, 1999, 54(6): 2045-2073.

[36]Deng L, Liao M, Luo R, Xu C. Does Corporate Social Responsibility Reduce Share Price Premium? Evidence from China's A-and H-shares[J]. Pacific-Basin Finance Journal, 2021, 67: 101569.

[37]Du Q, Yu F, Yu X. Cultural Proximity and the Processing of Financial Information[J]. Journal of Financial and Quantitative Analysis, 2017, 52(6): 2703-2726.

[38]Durnev A, Morck R, Yeung B. Value-enhancing Capital Budgeting and Firm-specific Stock Return Variation[J]. The Journal of Finance, 2004, 59(1): 65-105.

[39]Eccles R G, Serafeim G, Seth D, Ming C C Y. The Performance Frontier: Innovating for a Sustainable Strategy: Interaction[J]. Harvard Business Review, 2013, 91(7): 17-18.

[40]Fuhrmann S, Ott C, Looks E, Guenther T W. The Contents of Assurance Statements for Sustainability Reports And Information Asymmetry[J]. Accounting and Business Research, 2017, 47(4): 369-400.

[41]Giglio S, Maggiori M, Stroebel J, Xu X. Four Facts about ESG Beliefs and Investor Portfolios[R]. National Bureau of Economic Research, 2023.

[42]Grinblatt M, Keloharju M. How Distance, Language, and Culture Influence Stockholdings and Trades[J]. The Journal of Finance, 2001, 56(3): 1053-1073.

[43]Huggins A, Green W J, Simnett R. The Competitive Market for Assurance Engagements on Greenhouse Gas Statements: Is There a Role for Assurers from the Accounting Profession? [J]. Current Issues in Auditing, 2011, 5(2): A1-A12.

[44]Hummel K, Schlick C, Fifka M. The Role of Sustainability Performance and Accounting Assurors in Sustainability Assurance Engagements[J]. Journal of Business Ethics, 2019(154): 733-757.

[45]Kadlec G B & McConnell J J. The Effect of Market Segmentation and Illiquidity on Asset Prices: Evidence from Exchange Listings[J]. Journal of Finance, 1994, 49(2): 611-636.

[46]Khan M, Serafeim G, Yoon A. Corporate Sustainability: First Evidence on Materiality[J]. The Accounting Review, 2016, 91(6): 1697-1724.

[47]Khandelwal V, Sharma P, Chotia V. ESG Disclosure and Firm Performance: An Asset-pricing Approach[J]. Risks, 2023, 11(6): 112.

[48] Korniotis G M, Kumar A. State-level Business Cycles and Local Return Predictability[J]. The Journal of Finance, 2013, 68(3):1037—1096.

[49] Krishnaswami S, Subramaniam V. Information Asymmetry, Valuation, and the Corporate Spin-off Decision[J]. Journal of Financial Economics, 1999, 53(1):73—112.

[50] Krueger P, Sautner Z, Starks L T. The Importance of Climate Risks for Institutional Investors[J]. The Review of Financial Studies, 2020, 33(3):1067—1111.

[51] Li Q, Watts E M, Zhu C. Retail Investors and ESG News[R]. Jacobs Levy Equity Management Center for Quantitative Financial Research Paper, 2023.

[52] Lu H, Shin J-E, Wang E. Inside the "Black Box" of Corporate ESG Practice: Field Evidence from China[J]. Working Paper, 2022.

[53] Ma X. Capital Controls, Market Segmentation and Stock Prices: Evidence from the Chinese Stock Market[J]. Pacific-Basin Finance Journal, 1996(4):219—239.

[54] Manetti G, Becatti L. Assurance Services for Sustainability Reports: Standards and Empirical Evidence[J]. Journal of Business Ethics, 2009(87):289—298.

[55] Maso L D, Lobo G J, Mazzi F, Paugam L. Implications of the Joint Provision of CSR Assurance and Financial Audit for Auditors' Assessment of Going-concern Risk[J]. Contemporary Accounting Research, 2020, 37(2):1248—1289.

[56] Mei J, Scheinkman J A, Xiong W. Speculative Trading and Stock Prices: Evidence from Chinese AB Share Premia[J]. Annals of Economics and Finance, 2009, 10(2):225—255.

[57] Morck R, Yeung B, Yu W. The Information Content of Stock Markets: Why do Emerging Markets Have Synchronous Stock Price Movements? [J]. Journal of Financial Economics, 2000, 58(1—2):215—260.

[58] Simnett R, Vanstraelen A, Chua W F. Assurance on Sustainability Reports: An International Comparison[J]. The Accounting Review, 2009, 84(3):937—967.

[59] Van Nieuwerburgh S, Veldkamp L. Information Immobility and the Home Bias Puzzle[J]. The Journal of Finance, 2009, 64(3):1187—1215.

[60] Zhang Q, Ding R, Chen D, Zhang X. The Effects of Mandatory ESG Disclosure on Price Discovery Efficiency Around the World[J]. International Review of Financial Analysis, 2023, 89:102811.

附录　SASB 行业重要性矩阵划分实质性议题

Issues	Health Care	Financials	Technology and Communication	Non-Renewable Resources	Transportation	Services
Environment						
GHG emissions						
Air quality						
Energy management						
Fuel management						
Water and wastewater management						
Waste and hazardous materials management						
Biodiversity impacts						
Social Capital						
Human rights and community relations						
Access and affordability						
Customer welfare						
Data security and customer privacy						
Fair disclosure and labeling						
Fair marketing and advertising						
Human Capital						
Labor relations						
Fair labor practices						
Employee health, safety and wellbeing						
Diversity and inclusion						
Compensation and benefits						
Recruitment, development and retention						
Business Model and Innovation						
Lifecycle impacts of products and services						
Environmental, social impacts on core assets and operations						
Product packaging						
Product quality and safety						
Leadership and Governance						
Systemic risk management						
Accident and safety management						
Business ethics and transparency of payments						
Competitive behavior						
Regulatory capute and political influence						
Materials sourcing						
Supply chain management						

注：资料来源于可持续会计准则委员会，更多行业重要性水平地图见网址：https://sasb.ifrs.org/standards/download。

具体分类方法：

SASB 制定了针对不同行业的实质性标准，这些标准通过其可持续工业分类系统（SICS）将企业分为 11 个领域、77 个子行业，为每个行业识别出与其财务绩效最相关的可持续发展议题。我们首先根据 SASB 的可持续工业分类系统（SICS）对 A＋H 股上市公司进行了行业分类。随后，我们再根据上市公司对应的行业分类确定了该行业的实质性议题并将鉴证指标与实证性议题进行一一匹配。例如，天齐锂业（002466）[①]的行业分类对应到 SASB 行业则为"金属及矿产"，对该行业而言，其实质性议题包括"温室气体排放、空气质量、能源管理、水资源及废水管理、废物及危险品处理、生态影响、人权及社区关系、劳动力实践、员工健康与安全、商业道德"。而其 2022 年鉴证报告中披露的鉴证指标见下表，根据与其行业实质性议题一一对比后得到，其行业实质性议题鉴证了 21 项，行业非实质性议题鉴证了 4 项。

---

① 天齐锂业主营业务为硬岩型锂矿资源的开发、锂精矿加工销售以及锂化工产品的生产销售。

天齐锂业鉴证指标对应行业重要性指标划分

	对应 SASB 议题	行业重要性
自来水用量(吨)	水资源及废水管理	实质性议题
地表水取水用量(吨)	水资源及废水管理	实质性议题
循环/再利用水量(吨)	水资源及废水管理	实质性议题
外购电力(兆瓦时)	能源管理	实质性议题
外购蒸汽(兆瓦时)	能源管理	实质性议题
废矿物油(机油、润滑油等)(吨)	废物及危险品处理	实质性议题
废酸废碱、废酒精、实验室废液(吨)	废物及危险品处理	实质性议题
沾染化学试剂的废弃物(吨)	废物及危险品处理	实质性议题
废油桶(吨)	废物及危险品处理	实质性议题
废油漆(吨)	废物及危险品处理	实质性议题
废油墨(吨)	废物及危险品处理	实质性议题
废铅蓄电池(吨)	废物及危险品处理	实质性议题
直接温室气体排放(范围一)(吨二氧化碳当量)	温室气体排放	实质性议题
间接温室气体排放(范围二)(吨二氧化碳当量)	温室气体排放	实质性议题
因工伤损失工作日数(天)	员工健康与安全	实质性议题
战略类供应商尽职调查频率(年/次)	供应链管理	不重要
客户满意度(%)	顾客福利	不重要
累计国内授权发明专利(项)	产品设计及生命周期管理	不重要
综合产品合格率(%)	产品质量及安全性	不重要
志愿活动总人次(人次)	人权及社区关系	实质性议题
志愿服务总时长(小时)	人权及社区关系	实质性议题
志愿服务总投入(万元)	人权及社区关系	实质性议题
环境类投入金额(万元)	人权及社区关系	实质性议题
教育类投入金额(万元)	人权及社区关系	实质性议题
社区类投入金额(万元)	人权及社区关系	实质性议题

第五章　企业 ESG 表现的价值效应研究[①]

第一节　引言

一、研究背景

近年来,随着全球范围内对可持续发展的关注日益加深,环境、社会与公司治理(ESG)投资成为国际金融市场的一个重要发展趋势。在全球范围内,ESG 投资市场呈现出快速增长的态势。根据联合国负责任投资原则组织(United Nation Principles for Responsible Investment,UNPRI)的数据,截至 2024 年 12 月底,全球已有 5 267 家机构签署了负责任投资原则(PRI)。特别值得注意的是,全球资产管理规模排名前 50 的资管机构中,有 43 家已成为 PRI 成员。尤其在欧洲和北美,ESG 投资已经成为机构投资者的重要投资组合部分。欧美国家相对完善的金融市场结构和监管政策,促使投资者将 ESG 因素视为企业长期盈利能力和风险管理的关键要素。

在中国,ESG 投资作为一种新型投资理念,近年来逐渐引起了投资者、企业和监管机构的关注。中国政府在推动绿色金融和可持续发展的过程中出台了一系列政策,旨在加快资本市场的绿色转型。例如,2016 年发布的《绿色金融工作意见》明确提出了发展绿色债券市场、推动绿色信贷等一系列措施,旨在鼓励金融机构和企业增加环保领域的投资。同时,随着中国在 2020 年提出"双碳"目标,即在 2030 年前实现"碳达峰"、2060 年前实现"碳中和",ESG 投资的需求得到进一步提升。

然而,尽管 ESG 投资热潮席卷全球资本市场,但 ESG 投资仍然面临许多挑战。首先是如何评估和衡量企业的 ESG 表现。全球范围内尚未形成统一的 ESG 评级标准和指标体系,企业的 ESG 数据披露质量参差不齐,导致投资者在决策时信息不对称问题严重。此外,如何平衡企业的短期经济利益与长期可持续发展目标也是 ESG 投资面临的一大难题。最

[①] 本章由黄俊、殷海锋和陈宏韬撰写,童沛德、王廷麟和季正阳参与案例的搜集与撰写。

后,学术界关于 ESG 投资绩效的研究得出了相左的结论,缺乏统一的理论解释相关实证结果。因此,研究企业 ESG 表现的价值效应是整个拼图中不可或缺的一块,并将有助于指导实际投资活动和优化资源配置,最终实现可持续发展的目标。

二、研究结构

第二节从实践层面和学术层面总结了 ESG 投资领域的发展和现状。在实践层面,ESG 投资已成为各国经济发展中不容忽视的潮流,成为资产管理公司与机构投资者十分关注的蓝海投资。我们在梳理现有 ESG 投资策略、ESG 实践现状的基础上,总结展望未来 ESG 发展趋势,对监管部门、资产管理机构以及上市公司提出了相应的政策建议,为投资者提供投资参考,助力资本市场健康发展,并且推动社会资本向可持续发展领域配置。在理论层面,国内外 ESG 的学术研究方兴未艾,但现有文献关于 ESG 如何影响企业估值这一重要课题尚未形成统一的研究结论。我们基于价值创造、投资者分歧和信息披露等视角,致力于恰当地界定 ESG 对企业价值的影响,并调和已有文献观察到的矛盾结论,具有一定的理论价值。

第三节是案例研究,分别选取国内外隶属于不同行业的三家头部企业紫金矿业、宜家家居和伊利集团进行案例分析。我们通过考察其 ESG 层面的实践行为及具体财务业绩表现,深入了解公司 ESG 表现的价值效应。通过结合理论分析和具体企业的实践案例,我们证实了 ESG 不仅是一种社会责任,更有可能是助力企业实现长期可持续发展和财务优化的关键因素之一。企业通过 ESG 实践可以提升其在市场中的竞争力,增强投资者和消费者的信心,同时也为环境和社会带来积极的变化。

第四至第六节,我们分别在价值创造、风险管理和投资者关注的视角下,探究了企业 ESG 表现的价值效应。首先,在价值创造的视角下,直接归属于股东的价值和企业所创造的外部性价值都是企业价值的函数。通过将客观和主观两种价值理论与现金流折现模型结合,我们研究发现,ESG 表现出色的企业,未来财务绩效更好,投资者预期回报率更低,从而估值水平更高。其次,在风险管理视角下,我们研究发现,ESG 信息在风险管理上具有独特的价值,具有一定的预测风险的能力。通常而言,ESG 表现越好的企业,其面临的风险越低。因此,ESG 风险敞口低的企业会享有一定的溢价,但这种 ESG 风险溢价会因风险的实际发生而消失。最后,在投资者关注视角下,我们研究发现,当绿色投资者的占比更高时,企业的 ESG 估值水平更高,并且 ESG 信息披露有助于提升企业估值,原因是信息不对称得到缓解。

三、研究方法与思路

(一)研究方法

本研究是一个多学科交叉的研究项目,具体研究过程中综合运用了经济学、金融学、会计学、环境学等学科的前沿研究手段,如规范研究、案例研究和实证研究等。首先,开展规范研究,分析总结 ESG 对企业估值影响的作用途径。其次,进行案例分析,具体探讨 ESG 表现如何影响企业估值。然后,采用实证检验,通过搜集上市公司数据,构造有效衡量指标,建立计量回归模型,在价值创造、风险管理和投资者关注视角下检验 ESG 对企业估值的影响。

(二)研究思路

本研究遵循如下技术路线展开:研究议题确定→制度背景归纳→文献脉络梳理→案例分析开展→研究假说提出→回归统计检验→研究结论归纳,具体技术路线如图 5-1 所示。

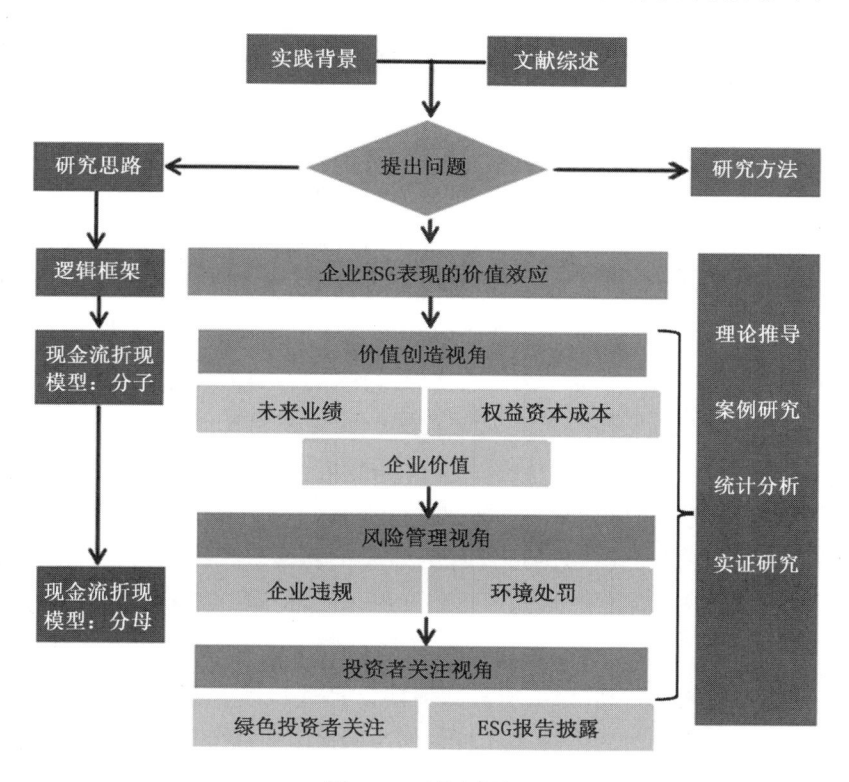

图 5-1 研究框架

第一,确定研究议题。基于 ESG 投资兴起的背景,从理论角度分析 ESG 如何影响企业价值,增进对投资观念转变与金融市场发展间关系的认知,并为后续推动绿色可持续发展战略和资本市场的深化改革提供参考。第二,制度背景归纳。系统认知 ESG 理念和监管要求的转变,从实践中认知 ESG 理念和制度影响企业估值的方式、路径。第三,文献背景梳理。对 ESG 投资的相关学术文献予以梳理,了解学术发展动态与前沿。第四,案例分析展开。选取三家典型公司,深入分析 ESG 对公司价值的影响,认识企业 ESG 表现的价值效应。第五,提出研究假说。在回顾已有文献的基础上,基于价值创造、风险管理和投资者关注视角,推演论证 ESG 对企业估值的影响,由此提出命题假说。第六,回归统计分析。构造衡量变量,建立回归模型,实证检验 ESG 对企业估值的影响。第七,归纳研究结论。基于研究结果,总结研究结论,形成相关政策建议。

四、研究意义

基于公司 ESG 表现价值效应的研究,本研究的意义体现在如下几方面。

第一,明确 ESG 如何影响企业的估值有助于投资实践。尽管 ESG 投资的理念逐渐在世界范围内兴起,但是相应的理论基础尚且薄弱,学术界对此尚未形成统一的观点,投资者在具体实践时更是缺乏足够的指引。因此,本研究致力于系统地梳理 ESG 影响企业估值的各种途径,弥补现有理论和实践之间的脱节,为相关的企业和投资者提供更好的参考。

第二,完善可持续发展与股东价值最大化之间的关系。传统的资本市场理论框架中,企业经营的最终目标是实现股东价值最大化,而近年来可持续发展的问题在世界范围内引起广泛的关注,二者之间的关系既因短期利润分配和外部性问题而相互矛盾,又统一于长期和社会整体的价值最大化。在此背景下,企业估值的逻辑也发生了重大改变,不仅需要将当下的收益和增长作为估值依据,还需要考虑未来的长期价值以及企业创造的正外部性。ESG 理念的引入和定价有助于系统性地修正资本市场原有投资理论相对短视的固有缺陷。

第三,推动中国资本市场的可持续发展转型。ESG 投资的核心在于通过环境、社会和公司治理因素的综合考量,实现经济利益与社会责任的平衡。ESG 投资可以为资本市场的可持续发展提供强有力的支持。研究 ESG 投资的风险收益特征、不同产业的 ESG 表现以及市场投资者的行为模式,能够帮助投资者更好地识别具有长期增长潜力的企业,并促使企业提升其环境与社会责任意识,从而增强市场整体的可持续发展能力。

第四,推动 ESG 信息披露机制优化。本研究发现,ESG 投资的有效性很大程度上取决于 ESG 信息披露的透明性和标准化。当前,中国企业的 ESG 信息披露机制尚不完善,缺乏统一的标准和可比性,这给投资者带来了较大的决策风险。研究 ESG 信息披露的现状和问题,可以为中国资本市场构建统一、透明的 ESG 披露标准提供理论支持,更好地推动绿色投资和低碳经济的发展。

五、启示与展望

(一)政策建议

第一,充分发挥 ESG 在资本市场中的资源配置功能。ESG 的兴起是一个重要契机,资本市场的资源配置功能能够引导经济向可持续发展方向转型,进而为建设富强文明和谐美丽的现代化国家添砖加瓦。

第二,将 ESG 应用到投资策略和风险管理中。我们研究发现,ESG 表现对于企业估值和风险管理均具有重要价值,投资者也需要与时俱进地改变投资策略,从而实现投资与市场之间的正向反馈。

第三,鼓励企业披露 ESG 信息,并建立统一标准。为便利投资者了解企业的 ESG 表现,积极鼓励企业披露 ESG 信息。同时,为了增强不同公司之间的可比性,尽快建立统一的 ESG 披露标准。

(二)研究展望

第一,如何对影响力定价。考虑企业外部性价值的影响力投资可能更接近于 ESG 投资的初衷,即借助资本市场的力量推动经济可持续发展,这也是 ESG 对于优化企业估值最重要的变化。尽管这一领域的研究目前还处于早期阶段,但事物是不断发展的。相关的变化已经开始出现,国际影响力估值基金会(IFVI)于 2022 年正式成立,并计划在未来几年内制定出一套核算"影响力"的方法。

第二,如何基于 ESG 进行投资。我们针对 ESG 如何影响企业估值进行了研究,并提出了一个较为完整的理论框架,但这只是定向的,并且时间序列上的颗粒度也较为粗糙。尽管金融投资主要依赖于企业估值,但实际情况可能更为复杂,因此更加细致和具有可操作性的 ESG 投资理论可能是未来一段时间内的研究重点。

第二节 制度、实践与文献

一、制度梳理

(一)欧洲 ESG 制度

经过近十几年的发展,ESG 投资逐渐在欧美等国成为一种新兴的投资方式。其中,欧盟作为积极响应联合国可持续发展目标和负责任投资原则的区域性组织之一,最早表明了支持态度,更在近些年来密集推进了一系列与 ESG 相关条例法规的建设工作,从制度保障上加速了 ESG 投资在欧洲资本市场的成熟。在 2014 年 10 月颁布的《非财务报告指令》(NFRD)中,欧盟首次系统地将 ESG 要素列入法规条例。为践行对联合国 2030 年可持续发展目标的承诺,也为实现欧盟在 2050 年前实现"碳中和"的愿景,欧盟委员会出台了一系列与 ESG 密切相关的新举措,以推动投资者转向更可持续的技术和业务。2021 年 4 月,欧盟委员会通过了《欧盟分类法气候授权法案》《企业可持续发展报告指令》等关于可持续发展的一揽子措施。2021 年 7 月,欧盟委员会又推出新的"可持续金融战略"等一系列绿色金融举措。概括而言,欧盟颁布的 ESG 规则体现出以下三方面。

首先,引领 ESG 规则国际化。欧盟积极推动 ESG 投资理念在国际上更多地转化成更有影响力和约束性的 ESG 投资规则。为此,欧盟开展了如下行动。其一,利用 G20 等政府间多边机制推动形成高水平的 ESG 倡议、标准和规则。其二,拓展可持续金融国际平台

(IPSF)的议题范围,并强化其对 ESG 规则制定的贡献。可持续金融国际平台由欧盟与包括中国在内的其他七国在 2019 年 10 月共同发起,欧盟正加强在此框架下的国际合作,为制定全球适用的可持续金融标准奠定基础。其三,支持低收入和中等收入国家的经济转型,帮助它们扩大获得可持续融资的机会。推动制定高质量基础设施指标体系,引导发展中国家政府、跨国投资者和国际发展机构将 ESG 因素作为各类基础设施投融资的重要考量因素。

其次,促使 ESG 标准统一化。欧盟试图通过政策驱动的方式制定一套统一的可持续分类和认定标准,用以取代令出多门、纷繁复杂的非政府的 ESG 标准,提高 ESG 标准的可靠性和可比性。这一特点在《欧盟可持续金融分类法》(EU Sustainable Finance Taxonomy)得到了集中体现,该法规的核心是建立一个欧盟范围内的统一分类系统,以确定哪些经济活动可以被认为是可持续的。通过这一分类系统,投资者和金融机构能够确定其投资组合中的资产是否与可持续发展目标相一致,并提供相关的透明度和标准化。《欧盟可持续金融分类法》的目标包括:(1)提供一套明确的标准。法规确立了可持续金融的一般原则和技术细则,为市场参与者提供了一个明确的框架,使其能够识别和定义符合可持续发展标准的经济活动。(2)促进可持续投资。通过为可持续经济活动提供清晰的定义和分类,该法规旨在吸引更多的资金流向可持续投资,并为投资者提供更大的透明度和信心。(3)防止"漂绿"。"漂绿"是指将不符合可持续发展标准的资产或经济活动伪装成可持续的行为。该法规的分类标准和透明度要求旨在减少"漂绿"的风险,确保投资者能够获得准确的信息。该法规的实施是一个渐进的过程,其中包括一系列技术细则和指南的制定,以进一步细化分类标准和透明度要求。这将帮助投资者和金融机构更好地了解可持续金融产品和投资的影响,并为实现欧盟的可持续发展目标提供支持。同时,欧盟还在积极考虑制定"社会分类法",以便陆续纳入并统一环境之外的社会和公司治理因素。

最后,加大 ESG 信息披露的强度和范围。欧盟于 2014 年 10 月颁布了《非财务报告指令》,首次系统地将 ESG 要素列入法规条例的法律文件。该指令规定员工人数超过 500 人的大型企业对外非财务信息披露内容要覆盖 ESG 议题,其中环境议题还明确了强制披露内容与范围。近年来,欧盟进一步加强了 ESG 信息披露政策。2020 年,欧盟理事会以书面程序通过了《建立促进可持续投资的框架》(A Framework to Facilitate Sustainable Investment),对识别具有环境可持续性的经济活动向欧盟范围内的企业和投资者提供统一的分类系统,这是欧盟为实现 2030 年可持续发展目标和 2050 年达到气候中和向前迈进的重要一步,也代表了欧盟针对 ESG 投资做出的又一务实举措。2022 年,《企业可持续发展报告指令》(CSRD)顺利颁布,这是欧洲绿色协议(Green Deal)的重要组成部分。该协议从 2023 年 1 月 5 日正式生效,欧盟成员国需在 2024 年 7 月前将该指令转换为国内法。这标志着欧盟开启独立自主制定可持续发展报告准则的新篇章。CSRD 将可持续发展报告的披露主体扩大到欧盟的所有大型企业和监管市场的上市公司,对企业披露的 ESG 信息提出具体和标准化的要求,要求对可持续发展报告进行认证,并在企业管理报告中披露。这意味着将有5万家在欧盟的企业需要遵守详细的可持续发展报告标准。CSRD获批实施后,欧盟有望成为全球首个采用统一标准披露ESG报告的发达经济体,并将在ESG信息披露方面进一步引领全球。

(二)美国ESG制度

美国与欧洲在ESG投资的建设和相关体系的建设层面,呈现出明显的路径差异。与欧洲通过强有力的政策引导不同,美国的ESG发展以市场为导向,采用自愿非强制的方式。(1)在发展目标上,美国ESG体系建设的重点在于服务于资本市场的发展,其ESG政策法规体系建设的目的更多地满足市场的需要,而非为了达到气候目标的实现,甚至很多时候会拒绝对气候变化做出努力。(2)在政策措施上,美国现有ESG法规体系中较大部分为自愿非强制手段,这样的政策出发点决定了其重在引导而非强制调整的政策举措。一些州和城市开始出台ESG相关的法规和准则,如加州的SB 964法案和纽约市的《可持续投资指南》。

美国ESG政策法规体系的正式搭建开始于2010年2月美国证券交易委员会(SEC)发布《关于气候变化相关问题的披露指导意见》,其中首次涉及上市公司ESG治理理念。意见明确要求,上市公司披露遵守环境法规所产生的成本、资本支出、收益、竞争地位等信息。这一意见的实施开启了美国对上市公司气候变化等环境信息披露的新时代。

2012年,纳斯达克证券交易所与纽约证券交易所加入联合国可持续证券交易所倡议。随后在2015年,为响应联合国17项可持续发展目标(SDGS)的提出,美国首次颁发了基于完整ESG考量的《解释公告IB2015-01》,公告就ESG考量向社会公众表明支持立场,鼓励投资决策中的ESG整合。

此后,美国资本市场的ESG投资热情逐渐高企。为了满足市场各方对于ESG政策法规的新需求,美国ESG政策立法开始加速,其先后在2015年10月和2018年9月发布《第185号参议院法案》和《第964号参议院法案》,对公务员退休基金和教师退休基金提出针对性举措,要求其停止对煤电的投资,向清洁、无污染能源过渡,以支持经济脱碳,并进一步提升对气候变化风险的管控以及相关信息披露的强制性。

几乎与此同时,美国劳工部员工福利安全管理局先后于2016年、2018年出台了《解释公告IB2016-01》和《实操辅助公告No. 2018-01》。美国针对受托者和资产管理者强调ESG考量的受托者责任,要求其在投资政策声明中披露ESG信息。

在资本市场领域,2019年纳斯达克证券交易所发布《ESG报告指南2.0》,2021年纽约证券交易所也发布了其最新版本的ESG指南。同时,2020年年初美国金融服务委员会通过了《ESG信息披露简化法案》,2021年4月《ESG信息披露简化法案》在美国众议院金融服务委员会获得通过。2021年6月16日,众议院又通过了H.R.1187法案,即《公司治理改善和投资者保护法案》。随着这一系列法律法规的出台,美国ESG信息披露的强制性程度不断升级(见图5—2)。

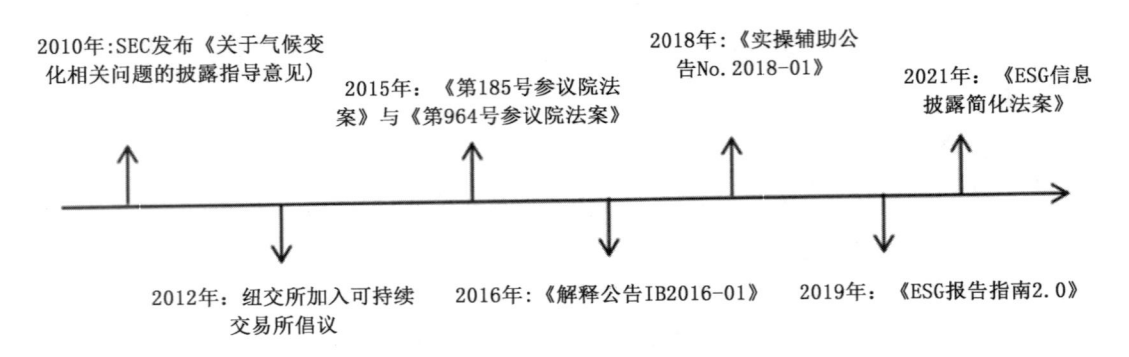

图5—2 美国ESG发展的时间线

时间线节点:
- 2010年:SEC发布《关于气候变化相关问题的披露指导意见》
- 2012年:纽交所加入可持续交易所倡议
- 2015年:《第185号参议院法案》与《第964号参议院法案》
- 2016年:《解释公告IB2016-01》
- 2018年:《实操辅助公告No.2018-01》
- 2019年:《ESG报告指南2.0》
- 2021年:《ESG信息披露简化法案》

(三)中国ESG制度

紧密围绕推动高质量发展主题、致力于推动可持续发展的ESG投资,与我国国家战略及宏观经济发展理念高度融合。ESG投资理念顺应"双碳"目标的指引,契合绿色金融的内涵,是帮助中国实现"双碳"目标、高效助推绿色金融发展的有力抓手。我们对国内ESG发展的相关政策进行了梳理。

1. 宏观层面政策纲要

近些年来,我国对ESG的发展越来越重视。党的二十大报告指出,要站在人与自然和谐共生的高度谋划发展,积极稳妥推进"碳达峰""碳中和",并具体提出了以下几项要求。第一,加快发展方式绿色转型;第二,深入推进环境污染防治;第三,提升生态系统多样性、稳定性、持续性;第四,积极稳妥推进"碳达峰""碳中和"。我国政府《第十四个五年规划和2035远景规划》中也包含了"推动绿色发展,促进人与自然和谐共生"的篇章,规划提出了提升生态系统质量和稳定性、持续改善环境质量和加快发展方式绿色转型的一系列举措,站在国家总体政策层面高屋建瓴地规划了未来一段时间内我国的可持续发展之路。

在环境信息披露方面,2008年国务院发布《政府信息公开条例》(以下简称《条例》)。《条例》要求,县级以上各级人民政府及其部门应在各职责范围内主动公开政府信息的具体内容,其中"环境保护"被列为重点公开项目。此外,《条例》还拓展了政府环境信息公开的主体范围,确定了政府信息公开的多种方式,并设定了政府信息不公开的救济途径。2015年新修订的《环境保护法》在环境信息公开的权力主体、义务主体、公开范围以及救济和责任等方面进行拓展。此外,《环境保护法》还专门设立了"信息公开和公众参与"一章,标志着我国政府环境信息公开制度从隐含到明确、从零散到系统,正逐步走向健全和完善。2019年,修订后的《条例》中提到,与人民群众密切相关的公共企事业单位在公开环境信息时,主管部门根据实际需要可以制定专门的规定。2020年,中共中央办公厅、国务院办公厅印发了《关于构建现代环境治理体系的指导意见》,要求健全环境治理企业责任体系和信用体系,排污企业应公开环境治理信息,并建立完善上市公司和发债企业强制性环境治理信息披露制度,构建党委领导、政府主导、企业主体、社会组织和公众共同参与的现代环境治理体系。

在绿色金融领域,2015年中共中央、国务院发布《生态文明体制改革总体方案》,提出要建立上市公司环保信息强制性披露机制,积极推动绿色金融。2016年,我国将绿色发展理念融入G20议题,并将"建立绿色金融体系"写入"十三五"规划,出台了系统性的绿色金融政策框架。2016年8月,中国人民银行等七部委联合发布了《关于构建绿色金融体系的指导意见》,指出构建绿色金融体系的重要意义,推动证券市场支持绿色投资。2019年12月,银保监会发布《关于推动银行业和保险业高质量发展的指导意见》,指出银行业金融机构须将环境、社会、治理要求纳入授信全流程,强化环境、社会和治理信息披露。

2. ESG信息披露政策

(1)证监会层面。2018年9月发布了修订后的《上市公司治理准则》,修订的重点包括强化上市公司在环境保护、社会责任方面的引领作用,确立环境、社会责任和公司治理(ESG)信息披露的基本框架等。受此影响,许多上市公司的社会责任报告(CSR)升级为ESG报告。2021年5月,证监会发布了《公开发行证券的公司信息披露内容与格式准则第2号——年度报告的内容与格式(2021年修订)》(证监会公告〔2021〕15号),新增"环境和社会责任"章节,鼓励企业主动披露积极履行社会责任的工作情况。2022年4月,证监会发布了金融标准《碳金融产品》(JR/T 0244-2022),对碳金融产品进行分类,并制定了碳金融产品具体实施要求。标准将碳金融产品划分为碳市场融资工具、碳市场交易工具和碳市场支持工具三个部分,并对碳指数、碳保险、碳基金、碳债券等多种碳金融产品提供标准化实施流程,为市场参与者提供参考,帮助其识别、运用和管理碳金融相关产品。2022年5月起施行的《上市公司投资者关系管理工作指引》,相对2005年的版本,在上市公司与投资者沟通的内容中新增了上市公司的环境、社会和治理(ESG)信息,这也是贯彻落实新发展理念和新《证券法》的重要举措。

(2)交易所层面。在证监会发布的上市公司信息披露规则基础上,上交所和深交所出台了更为细化的ESG信息披露指引要求。2022年1月,上海证券交易所发布《关于做好科创板上市公司2021年年度报告披露工作的通知》,首次对科创板公司社会责任报告披露提出强制要求,要求科创50指数公司单独披露社会责任报告或ESG报告。同时,境内外同时上市的公司,遵循披露标准"从多不从少"原则,因此也需要披露社会责任报告或ESG报告。此外,上交所要求"上证公司治理板块"样本公司披露社会责任报告或ESG报告,深交所要求纳入"深证100指数"的上市公司披露社会责任报告或ESG报告,并鼓励其余上市公司披露相关报告。2022年,深交所发布《深圳证券交易所上市公司自律监管指南第1号——业务办理(2022年7月修订)》(深证上〔2022〕726号),其附件《上市公司社会责任报告披露要求》给上市公司披露社会责任报告提供了框架。中国香港联交所于2012年首次发布《环境、社会及管治报告指引》，倡导上市公司进行 ESG 信息披露。2016 年，中国香港联交所将部分事项由建议披露升至半强制披露；2019 年 12 月，再次扩大强制披露范围，并将 ESG 全部事项提升为"不遵守就解释"，除"独立验证"为建议性条款外，所有指标均为强制披露条款。2021 年，中国香港联交所要求 ESG 报告与上市公司报告同步披露。2024 年 4 月，上海、深圳和北京证券交易所正式发布了《上市公司可持续发展报告指引》，要求上证 180 指数、科创 50 指数、深证 100 指数、创业板指数样本公司及境内外同时上市的公司，应当最晚在 2026 年首次披露 2025 年度可持续发展报告，鼓励其他上市公司自愿披露。

除此之外，其他主管部门也十分重视可持续发展问题。国资委、生态环境部、交通运输部等部委先后出台了重要文件，倡导绿色和可持续发展理念，促进节能减排和环境保护。金融领域尤其对 ESG 发展提供了大力支持，具体体现在创新金融工具（碳排放权）、融资优惠、绿色投资等多个方面。表 5-1 总结了部分其他部门出台的 ESG 相关政策。

表 5-1　　　　　　　　　　　其他部门 ESG 政策总结

时间	部门	政策文件	摘要
2003 年	原环保总局	《关于企业环境信息公开的公告》	采取定期公布超标准排放污染物或者超过污染物排放总量规定限额的污染严重企业名单，启动全国范围的企业环境信息公开工作，要求污染超标企业披露相关环境信息
2007 年	原环保总局	《环境信息公开办法（试行）》	规定了企业必须公开的和自愿公开的环境信息。对污染物排放超过国家或地方排放标准，或污染物排放总量超过地方政府核定的排放总量控制指标的污染严重的企业，要强制公开环境信息；对一般污染企业，国家鼓励自愿公开环境信息
2012 年	原银监会	《绿色信贷指引》	有效开展绿色信贷，大力促进节能减排和环境保护，配合国家节能减排战略的实施，充分发挥银行业金融机构在引导社会资金流向、配置资源方面的作用
2016 年	中国人民银行等七部委	《关于构建绿色金融体系的指导意见》	坚持创新、协调、绿色、开放、共享的新发展理念，落实政府工作报告部署，从经济可持续发展全局出发，建立健全绿色金融体系，发挥资本市场优化资源配置、服务实体经济的功能，支持和促进生态文明建设
2017 年	证监会、原环保部	《关于共同开展上市公司环境信息披露工作的合作协议》	逐步建立和完善上市公司和发债企业强制性环境信息披露制度
	国务院	《在全国五省（区）八地设立绿色金融改革创新试验区》	国务院审定首批五省八地绿色金融改革创新试验区，分别为浙江衢州、浙江湖州、广州花都区、贵州贵安新区、江西赣江新区、新疆哈密市、新疆昌吉回族自治州、新疆克拉玛依市。各实验区通过贴息奖补、给予落地补助、赋予企业税收优惠政策等手段切实减轻市场主体负担，有利于激发市场主体参与绿色金融的积极性

续表

时间	部门	政策文件	摘要
2018年	基金业协会	《绿色投资指引(试行)》	基金管理人应根据自身条件,逐步建立完善绿色投资制度,通过适用共同基准、积极行动等方式,推动被投企业关注环境绩效、完善环境信息披露,根据自身战略方向开展绿色投资
	生态环境部	《碳排放权交易管理暂行条例》	落实中共中央、国务院关于建设全国碳排放权交易市场的决策部署,在应对气候变化和促进绿色低碳发展中充分发挥市场机制作用,推动温室气体减排,规范全国碳排放权交易及相关活动
2021年	生态环境部	《企业环境信息依法披露管理办法》	加快推动建立企业自律、管理有效、监督严格、支撑有力的环境信息依法披露制度,明确企业环境信息依法披露的主体、内容、形式、时限、监督管理等基本内容,强化企业生态环境保护主体责任,规范环境信息依法披露活动
	交通运输部	《绿色交通"十四五"发展规划》	加快推进节能降碳,优化调整运输结构,深入推进污染防治,加强生态保护修复,完善支撑保障能力
	原银保监会	《银行业保险业绿色金融指引》	促进银行业保险业发展绿色金融,积极服务兼具环境和社会效益的各类经济活动,更好助力污染防治攻坚,有序推进"碳达峰""碳中和"工作
2022年	国资委	《中央企业节约能源与生态环境保护监督管理办法》	指导督促中央企业落实节约能源与生态环境保护主体责任,推动中央企业全面可持续发展
2023年	国资委	《关于转发〈央企控股上市公司ESG专项报告编制研究〉的通知》	为央企控股上市公司编制ESG报告提供了建议参考,进一步规范央企控股上市公司ESG信息披露工作

二、实践情况

(一)ESG投资策略

全球可持续投资联盟(GSIA)发表的《全球可持续投资回顾2012》中,首次对ESG可持续投资策略进行了分类与定义,目前其已成为全球的分类标准。欧洲可持续发展论坛(Eurosif)也有类似的分类。为反映全球可持续投资行业的最新理念和实践,2020年10月GSIA对定义进行了修订。表5-2总结了目前国际上主流的七类ESG投资策略。

表 5—2 ESG 投资策略分类

ESG 投资策略	具体内涵
ESG 整合	基金经理在投资组合中将环境、社会和公司治理因素系统而明确地纳入财务分析。这种类型涵盖了在投资的主流分析中对 ESG 因素与财务因素的明确考虑。整合过程的重点是分析 ESG 方面的问题对公司财务的潜在影响,包括积极影响和消极影响,从而将影响纳入投资决策
正面筛选	挑选投资的 ESG 表现优于同类的行业、公司或项目,且其评级达到规定阈值以上。根据 ESG 准则,在一个类别或等级中选择或加权最佳 ESG 表现的行业、公司或项目;或者说是在确定的投资范围内,选择或加权由 ESG 分析确定的表现最好或改进最大的项目、公司或行业。这种方法包括"同类最佳""整体最佳"和"尽力而为"
负面筛选	基金或投资组合按照特定的 ESG 准则通过排除法,将易对社会产生不利影响的投资标的予以剔除。这种方法也被称为基于道德或价值观的排除法,因为排除标准通常依赖于基金经理或资产所有者的选择。常见的排除标准包括特定的产品类别(如武器、烟草)、公司行为(如腐败、侵犯人权、动物试验)以及其他争议行为
国际惯例筛选	按照基于国际规范所制定的最低商业或发行人标准筛选投资。关于 ESG 因素的国际标准和规范,一般是指由联合国(UN)、国际劳工组织(ILO)、经合组织(OECD)等国际机构定义的标准和规范
参与公司治理	利用股东手中的投票权利,在 ESG 准则指导下进行委托投票。这种策略强调了公司积极开展、股东积极参与 ESG 方面的业务。股东要利用自身在企业中的影响力,积极投票并支持公司遵循 ESG 准则的行为与活动。公司参与和股东行动是一个长期过程,能够增加企业 ESG 相关信息的披露行为并增强 ESG 对企业的影响力
可持续发展主题投资	投资有助于可持续解决方案的主题或资产,本质上致力于解决环境和社会类问题,如缓解气候变化、绿色能源、绿色建筑、可持续农业、性别平等、生物多样性等。相较于前面几种策略,其更加综合化、体系化。主题基金往往需要进行 ESG 分析或筛选,然后才能被列入这一方法的范畴
影响力投资	对解决社会或环境问题的特定项目进行投资,目的是在获得财务回报的同时,产生积极的社会和环境影响。影响力投资包括小额信贷、社区投资、社会商业或创业基金等。其中,社区投资指的是资本专门投向传统上服务不足的个人或社区,以及向具有明确社会或环境目标的企业提供融资。其基本原则是采取措施改善现有的物理条件、教育资源或就业机会等,为相关方带来价值和收益

目前,ESG 投资在全球呈现出以下特点:

一是 ESG 整合策略取代负面筛选成为最受欢迎的可持续投资策略,投资机构倾向于综合采用多种 ESG 投资策略进行投资决策。从发展趋势来看,ESG 投资策略由负面筛选逐渐转向 ESG 整合。ESG 投资诞生初期,投资者主要通过负面筛选的方式决策,达到剔除尾部风险的目的。但随着 ESG 披露及评价体系的完善,采用 ESG 整合策略的资产越来越多。GSIA 在 2020 年向资产管理人开展的调查显示,ESG 整合策略的资产规模已经超过负面筛选策略的资产规模(见图 5—3)。采取 ESG 整合策略的资产管理规模达 25.20 万亿美元,在各类策略中占比 43.03%,其在 2016 年至 2020 年期间实现了 143% 的增长,年化增速高达 25%。采取负面筛选策略的广泛程度次之,为 15.03 万亿美元,占比 25.67%,近些年增速呈现出放缓迹象。

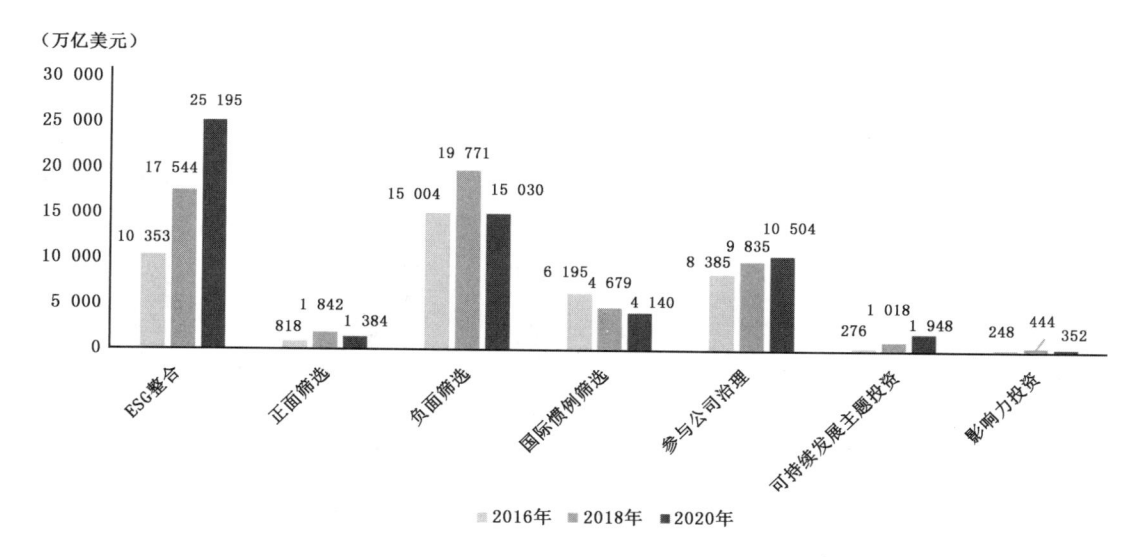

图 5—3　2016—2020 年全球 ESG 投资策略情况

二是将 ESG 因素及其评分融入主流的 Smart Beta 策略。ESG 与 Smart Beta 驱动逻辑一致。ESG 投资目前已演化为揭示更多非财务信息，降低投资组合风险，其本质是基于风险理论的维度，获取 ESG 的风险溢价。Smart Beta 主要通过因子风险敞口暴露的方式，实现获取风险溢价、降低风险等投资目标。随着 ESG 信息有效性不断提升，ESG 在投资领域的应用日益广泛，ESG 揭示的风险也在股票价格中显现，因此 ESG 可以作为独立的投资因子，对现有的因子投资形成补充。富时罗素（FTSE Russell）的调查显示，越来越多的全球资产所有者打算将 ESG 因素应用于 Smart Beta 策略。在现今使用 Smart Beta 策略的受访者中，表示将会结合 ESG 因素的比例在 2020 年达到 58%，相比 2019 年多出 14%。这一情况在北美地区更为明显，比例从 2019 年的 17% 增长到 2020 年的 42%。此外，有近一半的受访者考虑在未来一到两年间在 Smart Beta 中融合 ESG 因素。将 ESG 与 Smart Beta 结合能够在保持积极运用 ESG 信息的同时，提供绩效更优的投资工具，其成为当前发展的重要方向之一。

三是 ESG 投资中个人投资者占比持续提高。ESG 投资兴起之初，其主要是机构出于价值观考量而进行的投资，因此，机构投资者是 ESG 投资产品的主要持有者，2012 年年初机构投资者占比高达 89%。但随着国际社会对人类可持续发展问题关注度的不断提高，社会公众对于 ESG 投资的接受程度显著提升，2020 年年初个人投资者占比达到 25%（见图 5—4）。

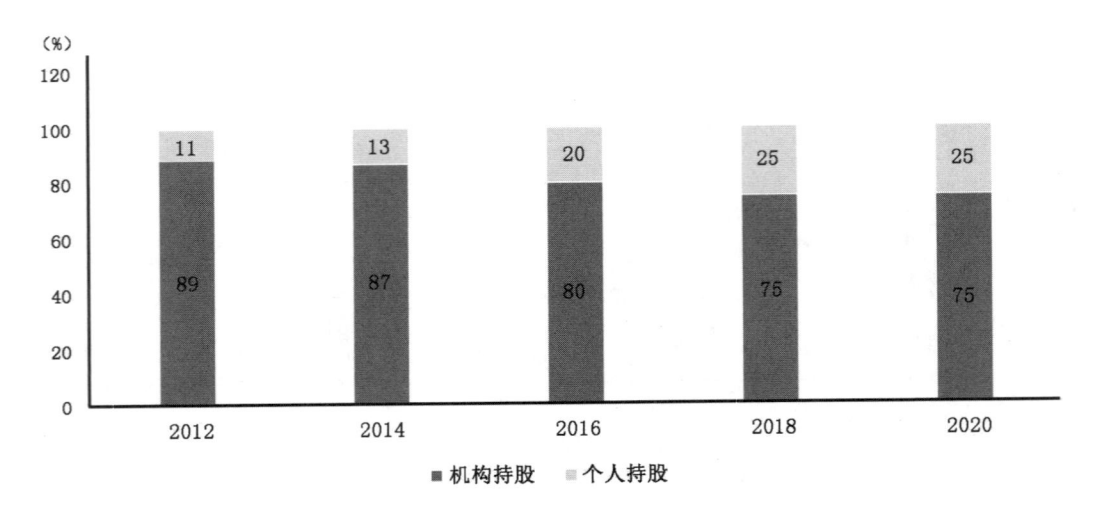

```
(%)
120
100    11        13        20        25        25
 80
 60    89        87        80        75        75
 40
 20
  0
      2012     2014      2016      2018     2020
            ■ 机构持股    ■ 个人持股
```

图 5—4 2012—2020 年全球 ESG 投资产品持有人结构

(二)ESG 投资实践

1. UNPRI 签署状况

联合国负责任投资原则组织(UNPRI),作为首个明确倡导环境、社会和治理(ESG)投资的国际组织,旨在引导负责任投资者,致力于构建和拓展可持续发展市场,在气候行动和联合国可持续发展目标(SDG)等议题上实现全球共同繁荣。截至 2023 年年底,共有超过 80 个国家和地区的 5 374 家机构参与了 UNPRI 的签署(见图 5—5)。近年来 UNPRI 签署方数量增速较快,各类机构踊跃参与,日益凸显出全球机构投资者对负责任投资议题的关心。

随着中国"双碳"目标实践的不断深化,金融机构在 ESG 市场中的角色愈发重要。2022 年 6 月,中国银保监会发布《银行业保险业绿色金融指引》,要求保险资管机构将 ESG 纳入投资活动,全面提升 ESG 与绿色金融管理能力,并在一年内全面落实指引要求。此外,近年来,越来越多的中国资管机构成为 UNPRI 的签署机构,采用领先的 ESG 投资策略,并每年披露本机构的 ESG 投资表现。截至 2023 年年底,中国 UNPRI 签署机构已达 142 家(见图 5—6),其中包括 4 家资产所有者、101 家资产管理者及 37 家服务提供商。

2. ESG 基金产品

根据《2024 中国 ESG 发展白皮书》的统计,截至 2024 年 9 月,我国公募基金市场 ESG 基金的数量为 297 只,ESG 基金管理的总资产规模为 1 800 亿元。ESG 基金具体可以分为四类,分别是 ESG 主题主动型基金、泛 ESG 主题主动型基金、ESG 主题指数型基金和泛 ESG 主题指数型基金。其中,泛 ESG 主题主动型基金 143 只,规模为 1 108 亿元;泛 ESG 主题指数型基金 107 只,规模为 582 亿元;ESG 主题主动型基金 27 只,规模为 93 亿元;ESG 主题指数型基金 20 只,规模为 9 亿元。

图 5-5 2013—2023 年全球机构加入 UNPRI 的数量

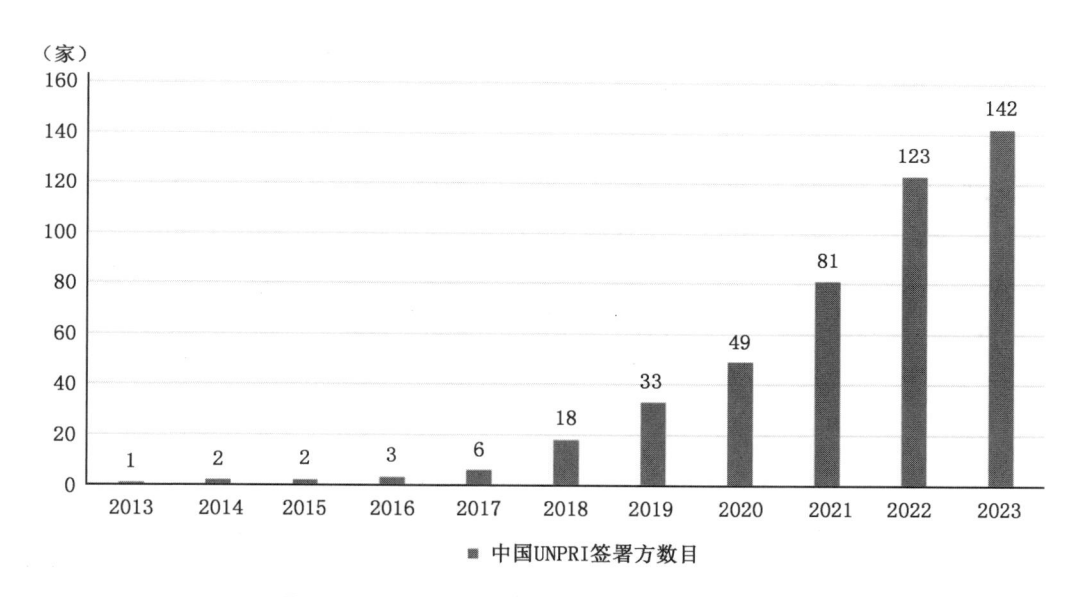

图 5-6 2013—2023 年中国机构加入 UNPRI 数量

3. ESG 信息披露

A 股上市公司的 ESG 披露率逐年增加。ESG 投资的最终标的是符合 ESG 投资理念的企业。在 A 股,上市公司社会责任报告(CSR 报告)披露起步较早,已发展十余年,对多数企业而言,CSR 报告披露尚未成为强制要求(仅对部分上市公司强制)。2009 年至 2020 年,披露 CSR 报告的 A 股上市公司逐年增多,报告披露数量连续多年增长。统计数据显示,A 股上市公司 2023 年度共有 2 210 家上市公司发布了 ESG 报告,较上年增长 20%(见图 5-7)。各个市场在 2019 年至 2023 年间披露 ESG 报告的公司也明显增多。譬如,沪市披露 ESG

报告的公司在2019年还仅有617家,而到2023年已增至1 184家;深市公司同样如此,披露ESG报告的公司由2019年的617家增至2023年的1 005家。至于2021年11月开市的北交所,目前上市公司数量虽然只有252家,但披露ESG报告的公司也有21家。

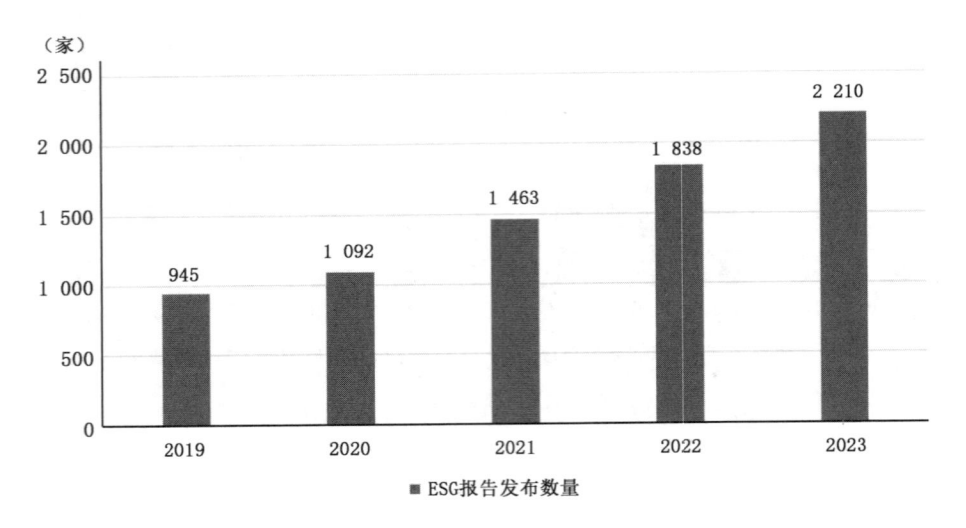

图5—7　A股上市公司ESG报告发布数量统计

进一步,我们聚焦ESG信息披露的行业分布。以申万大类行业分类看,目前31个大类行业均有上市公司披露ESG报告,其中有七个大类行业披露ESG报告的公司数量超过100家,分别是医药生物、电力设备、基础化工、机械设备、电子、计算机和汽车(见图5—8)。

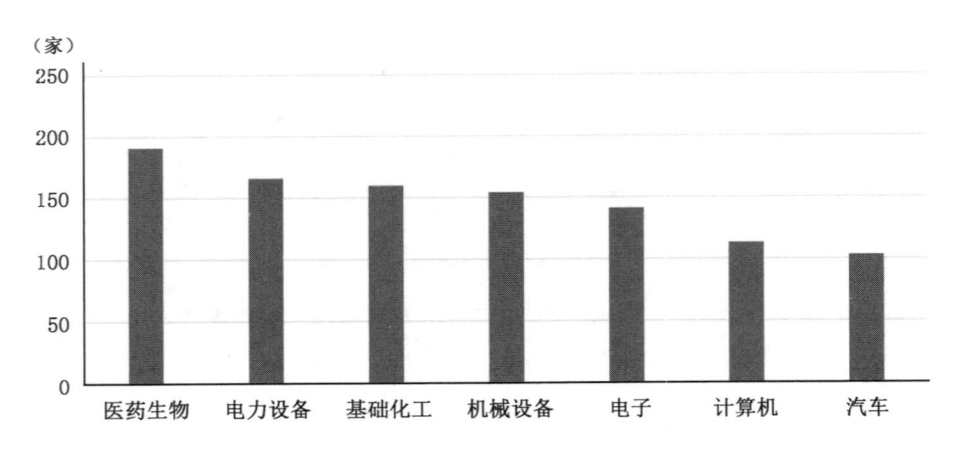

图5—8　2023年A股披露ESG报告公司数量超过100家的行业

从地域来看,目前披露ESG报告最积极的地区并不是投资人熟悉的沿海发达地区,相反是一些经济相对欠发达地区。统计数据显示,海南、云南、青海、新疆、内蒙古、宁夏是ESG报告披露率居前的6个地区(见图5—9),而披露率最低的后6位是西藏、江苏、黑龙江、湖南、浙江、广东。

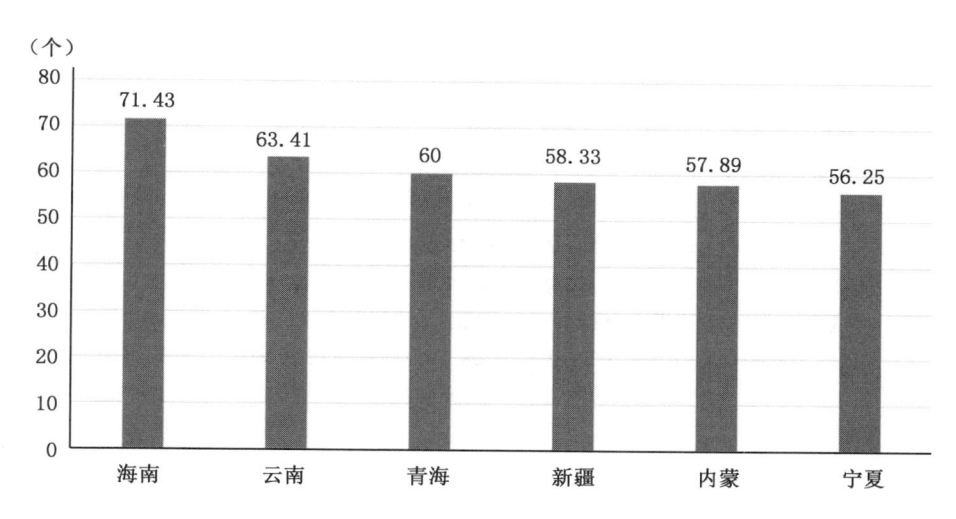

图 5－9 2023 年 A 股 ESG 披露前六名地区

随着"双碳目标"与 ESG 理念的持续推进,央企控股上市公司作为国民经济的重要支柱,越来越重视将防范环境风险、创造社会价值和提升公司治理水平与经济活动相结合。2021 年 9 月,国务院国资委发布《中央企业上市公司 ESG 蓝皮书》。2022 年 5 月,国务院国资委发布《提高央企控股上市公司质量方案》,提出推动更多央企控股上市公司披露 ESG 专项报告,要求中央企业贯彻落实新发展理念,探索建立健全 ESG 体系,力争到 2023 年实现相关专项报告披露"全覆盖"。

4. GRI 认证

2021 年 10 月,全球报告倡议组织(GRI)发布了 GRI 标准(2021 版),该版标准于 2023 年 1 月 1 日正式生效,并取代 GRI 标准(2016 版)。作为可持续发展报告方面的重要世界性团体,GRI 发布的系列准则得到了全球各类企业的广泛认可和采用。联合国可持续证券交易所倡议统计显示,截至 2021 年 12 月 1 日,在全球各证券交易所 ESG 信息披露指引引用的主流标准中,GRI 准则位居第一,且占比高达 95%。2022 年 3 月 24 日,国际财务报告准则基金会(IFRS 基金会)和 GRI 达成了合作协议,共同推动在全球范围内建立统一的 ESG 准则。2022 年,68% 的 N100 企业(各国最大的 100 家企业)使用 GRI 标准,这一比例相较于 2020 年增长了 1%;78% 的 G250(位于"财富 500 强"中前 250 名的企业)使用了 GRI 标准,相较于 2020 年增长了 5%。

对中国市场而言,披露可持续发展报告的上市公司中有不少参考了 GRI 标准进行编制,其中以大型上市公司、跨国企业和 A＋H 股上市公司居多。GRI 已经逐渐成为 A 股上市公司在编制可持续发展报告时参考最多的标准(见图 5－10)。

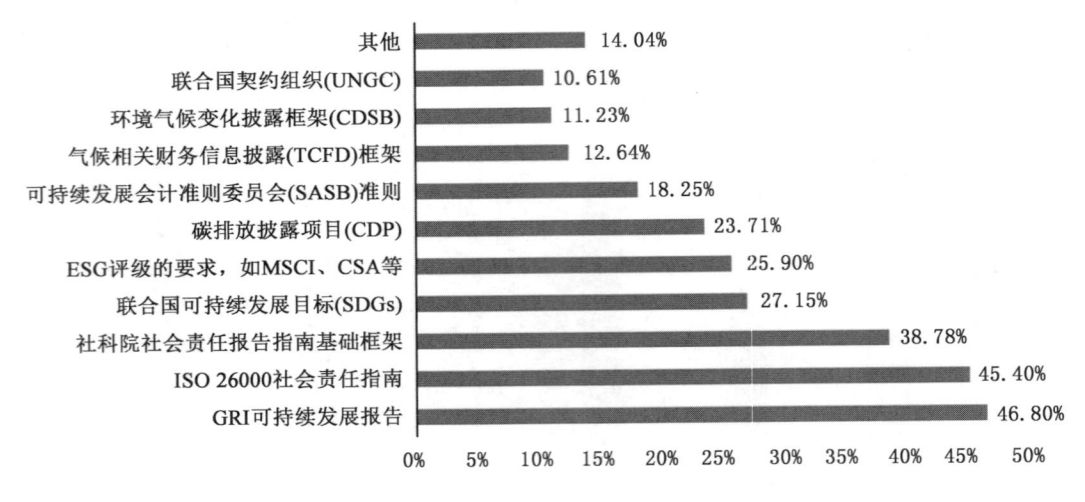

图 5-10 2023 年 A 股公司 ESG 报告参考标准占比

标准	占比
GRI 可持续发展报告	46.80%
ISO 26000 社会责任指南	45.40%
社科院社会责任报告指南基础框架	38.78%
联合国可持续发展目标(SDGs)	27.15%
ESG 评级的要求，如 MSCI、CSA 等	25.90%
碳排放披露项目(CDP)	23.71%
可持续发展会计准则委员会(SASB)准则	18.25%
气候相关财务信息披露(TCFD)框架	12.64%
环境气候变化披露框架(CDSB)	11.23%
联合国契约组织(UNGC)	10.61%
其他	14.04%

5. ESG 报告鉴证

根据国际审计与鉴证准则理事会的定义，ESG 报告鉴证业务是指，鉴证服务提供方就某个鉴证对象（如可持续发展报告、社会责任报告或 ESG 报告中披露的关键数据），依据鉴证工作准则陈述一个结论，用以增强除了该对象责任方以外的预期使用者对该鉴证对象产出结果的信任程度。越来越多的监管机构在企业已有了一定 ESG 信息披露基础后，开始倡议企业进行第三方鉴证，聚焦信息披露的可靠性。2019 年 12 月 18 日，中国香港联交所发布《环境、社会及管治报告指引》新规，鼓励上市公司进行独立第三方鉴证。联合国负责任投资组织倡议签署成员单位要求被投资企业开展第三方 ESG 鉴证并自身也开展鉴证。全球报告倡议组织(GRI)、国际金融公司(IFC)等也倡议企业披露 ESG 鉴证情况。碳披露项目(CDP)、道琼斯可持续发展指数(DJSI)等机构在 ESG 评级时会对是否经过鉴证进行评分。

根据毕马威的报告《2022 可持续发展报告调查——中国企业前沿洞察》，中国营收排名前 100 的公司 ESG 鉴证率在过去几年中实现倍增，从 2020 年的 15 家公司增加至 2022 年的 30 家。与此同时，中国香港联交所发布的《2022 年 ESG 常规情况审阅》指出，仅有 6.7% 的上市公司取得了独立鉴证，并描述验证的程度、范围及所采用的流程，反映在港上市企业的独立鉴证率整体仍相对较低。这也意味着未来更多的企业需要开展 ESG 鉴证，以进一步提高其 ESG 报告的透明度和可信度。

（三）未来发展趋势

近年来，历经新冠疫情、地缘冲突、气候生态恶化以及全球化退潮等多重挑战，全球各国政府与投资者开始重视可持续发展与责任投资，ESG 投资迎来新一轮发展高潮。无论是国际发展趋势，还是国内中长期发展规划，都驱动着机构投资者将以 ESG 投资为核心的负责任投资及可持续金融纳入发展战略。根据彭博情报（Bloomberg Intelligence）的统计，2016年全球ESG资产规模为22.8万亿美元，2022年达到41万亿美元，年复合增长率为10.27%，预计到2025年全球ESG资产总规模将达到53万亿美元，占全球在管投资总量的三分之一。ESG投资已成为各国经济发展中不容忽视的潮流，成为资产管理公司与机构投资者十分关注的蓝海投资。

各国政府及监管机构、政府间组织等多元主体共同参与协作，倡导ESG理念，建设ESG发展框架，使得ESG理念在全球范围内广泛传播，ESG信息披露标准和政策法规体系不断完善。在披露标准方面，目前已有多个机构推出了公司层面的ESG信息披露标准，包括国际可持续准则理事会（ISSB）、全球报告倡议组织（GRI）标准、可持续会计准则委员会（SASB）、国际标准化组织（ISO）等，促进了ESG信息披露的规范化。

随着中国"碳中和"路线的逐渐清晰，中国的ESG发展换挡加速走上了快车道，这需要监管机构、上市公司和投资者等多方共同努力。对监管部门而言，其需要通过完善ESG投资顶层设计，推进ESG数据披露等相关政策的制定、颁布、落实，规范不同行业的ESG定性、定量指标及披露标准，提升企业ESG信息披露强度与质量。对于资产管理机构而言，以ESG为代表的长期投资能力是帮助其在未来激烈竞争中脱颖而出的利器，故其应当制定ESG投资业务目标，开展ESG评价体系建设，将ESG要素纳入投资决策流程，通过不断提升ESG投资能力，引领可持续发展投资变革。对于上市公司而言，其应当积极履责、详尽披露，在创造财富的同时，提升自身的ESG表现，并按时、准确、完整地披露ESG各维度信息，更好地肩负起环境、社会和治理责任，推动资本市场健康、良性与可持续发展。

三、文献回顾

（一）ESG与公司价值创造

近年来，ESG（环境、社会、治理）表现与公司价值创造之间的关系引起了广泛的学术关注。研究普遍认为，ESG表现优异的企业在融资能力和长期价值创造方面具备显著优势。邱牧远和殷红（2019）考察发现，良好的环境与公司治理表现显著降低企业的债务和股权融资成本。此外，这一效果在高质量信息披露的公司中尤为显著（Crifo, et al., 2015）。陈若鸿等（2022）进一步指出，ESG表现能够降低企业的权益融资成本，但其对债务融资成本则表现出正向影响。此外，李增福和冯柳华（2022）分析表明，ESG绩效优秀的公司能够获得更多的商业信用融资。李志斌等（2020）验证了ESG信息披露可以有效缓解企业融资约束。较好的ESG表现亦能够帮助公司在危机时期降低债券市场信用利差（Amiraslani, et al., 2023）。谢红军和吕雪（2022）研究发现，优秀的ESG表现助力企业克服跨国投资中的挑战，增强对外直接投资的能力。陶欣欣等（2022）考察指出，履行社会责任有助于提升企业的劳动投资效率。然而，危平和舒浩（2018）研究发现，绿色基金的收益低于市场基准，尚未表现出绿色投资的明显优势。孔东民和林之阳（2018）的研究也表明，偏好社会责任型公司股票的基金,其业绩表现相对较差。Krueger 等(2024)和 Lin 等(2024)考察发现,高质量的 ESG 披露通过降低信息不对称程度,显著增强了资本市场的流动性,尤其是在法规要求的强制性披露中,这一效果更为突出(Gibbons,2024)。

总的来说,尽管部分研究得出矛盾的结论,但大多数研究认为,ESG 表现良好的公司能够提升长期价值。高杰英等(2021)分析指出,良好的 ESG 表现通过降低代理成本和缓解融资约束,提高了企业投资效率。同样,王琳璘等(2022)的研究也显示,ESG 表现越好,企业价值越高,这主要归因于融资约束的缓解、经营效率的提升和财务风险的降低。

(二)ESG 与股票投资收益

近年来,ESG 投资在学术界也受到广泛关注,基于 ESG 原则的投资能否获得超额收益,在理论分析和经验证据上都存在较大分歧。一些学者认为,基金 ESG 投资能够获取更高的长期收益率,规避 ESG"暴雷"或落后公司的尾部风险,降低基金投资风险(Welch,Yoon,2022),这发挥了宣传公司负责任投资的广告效应,吸引了更多长期资金的流入(蔡贵龙和张亚楠,2023;Kim and Yoon,2023)。但另一类文献认为,由于风险溢价的存在,尽管 ESG 表现好的公司具有一定竞争优势,但市场也相应给予更高的估值水平,这反而导致投资者的回报更低。Bolton 和 Kacperczyk(2021)研究表明,CO_2 排放更多的公司,其股票的投资收益反而更高;他们认为,这与机构投资者从高排放企业中撤资有关,但这些公司的财务表现并未因此而下降。周方召等(2022)分析指出,履行员工责任更佳的企业,其股票回报反而更低。上述发现与"罪恶的代价"(Price of Sin)的一派文献相呼应。Raghunandan 和 Rajgopal(2022)研究发现,相较于非 ESG 基金,ESG 基金投资组合中的公司在遵守劳动和环境法方面的表现较差,其往往持仓单位碳排放量更高的股票。

同时,信息披露在 ESG 投资中的作用也备受关注。由于缺乏统一的 ESG 信息披露标准,投资者面临决策困难的问题。Rzeźnik 等(2022)考察指出,不同评级机构的标准不一致,加剧了信息不对称的问题。与此同时,ESG 报告"漂绿"现象进一步放大了信息披露质量的不足。Berg 等(2022)研究发现,尽管 ESG 评级提升会带来股价上涨和基金增持,但其对实际经济活动的影响有限。

(三)ESG 与企业风险

ESG 表现对企业风险的影响也是重要的研究议题。大多数学者认为,ESG 表现优异的企业能够有效降低非系统性风险。马喜立(2019)分析指出,企业 ESG 评分与其非系统性风险呈显著负相关关系,同时,ESG 评分较高的企业投资组合具有更高的超额收益。谭劲松等(2022)研究表明,良好的 ESG 表现能够帮助企业获取更多的高质量交易、融资和政府支持,从而降低企业的整体风险。此外,倪筱楠等(2023)研究认为,良好的 ESG 表现能够增加企业现金流,吸引更多分析师的关注,进而降低债务违约风险。席龙胜和王岩(2022)考察发现,ESG 信息披露能够降低股价崩盘的风险,这一作用通过降低信息不对称程度和抑制投资者情绪而实现。杨有德等(2023)进一步区分了 ESG 表现对系统性风险和特质性风险的影响,指出企业的 ESG 表现主要通过缓解系统性风险冲击来降低风险。

(四)评价与展望

从现有的文献回顾来看,国内外关于 ESG 的学术研究方兴未艾,但在影响企业估值、投资业绩和企业风险等方面,现有研究的结论并不一致。如何系统性地定义和量化 ESG 对企业的影响,依然是未来研究中的重要议题。因此,基于价值创造、风险管理和投资者关注等视角,进一步深入探讨 ESG 对企业估值的影响,具有重要的理论价值和现实意义。这不仅能为投资者提供更具参考价值的投资依据,还能推动资本市场的健康发展,促进社会资本向可持续发展领域合理配置。

首先,ESG 领域的研究未来将呈现本土化与国际化相结合的特征。虽然 ESG 理念起源于西方发达国家,但随着全球可持续发展议程的推进,ESG 逐渐成为全球资本市场共同关注的议题。对于中国等新兴市场国家来说,其 ESG 实践刚刚起步,政治制度、经济环境、法律框架、文化背景与西方发达资本市场存在较大差异,这些差异可能对企业 ESG 行为和经济后果产生不同的影响。未来研究需要进一步扎根于中国的本土化环境,结合中国的政策背景和市场特点,探讨符合中国国情的 ESG 理论与实践。例如,中国企业在 ESG 信息披露过程中面临哪些制度障碍?企业如何平衡短期利润目标与长期 ESG 目标?在"双碳目标"背景下,如何通过 ESG 信息披露引导资本流向绿色产业?这些问题的探讨,不仅可以为中国企业的可持续发展提供理论指导,还能为中国参与全球 ESG 标准的制定提供科学依据。此外,随着中国资本市场的国际化步伐加快,未来研究还应探讨如何在全球化的背景下推动中国企业更好地履行 ESG 责任。跨国企业如何在不同的法律和文化环境中平衡本地化需求与全球 ESG 标准?如何借助国际资本市场的力量,促进企业在全球范围内的可持续发展?这些都是未来研究的重要方向。

其次,未来研究应着眼于跨学科的融合,探究 ESG 对企业价值的影响机制。现有研究主要集中在 ESG 对企业短期财务绩效或市场估值的影响上,而对其背后的机制探讨尚显不足。事实上,宏观经济政策、法律制度、社会文化、人口结构、环境因素、技术创新、战略管理等都可能通过不同的渠道影响企业的 ESG 表现,进而对企业的价值创造、财务绩效与资本市场表现产生作用。例如,史永东和王淏森(2023)结合心理学与金融学的研究范式,揭示了中国市场存在独特的 ESG 风险溢价现象,这为理解 ESG 表现与市场收益率的关系提供了新的视角。未来研究可以进一步借鉴心理学、社会学等学科的理论,探讨人力资源管理、企业文化、领导者行为等因素如何影响企业的 ESG 实践和财务决策。这种多学科融合的研究将有助于更深入地理解企业 ESG 的影响机制,从而帮助企业和投资者在实践中更好地运用 ESG 原则,推动经济社会向绿色、低碳、高质量方向发展。

最后,未来研究还应重视资本市场金融中介机构在 ESG 实践中的作用。金融中介机构在企业和资本市场之间起到传递信息、配置资源的重要桥梁作用。银行、保险公司、证券公司、评级机构等在 ESG 投资和评价中具有多重角色定位,既是投资者的重要信息来源,又是

ESG 政策落实的重要推动者。例如，银行在为企业提供融资服务时，逐渐开始考虑企业的 ESG 表现，特别是对 ESG 表现不佳的企业实施融资限制，这反过来促进了企业在环境保护、社会责任和治理结构方面的改善。因此，未来研究可以进一步探讨金融中介在促进企业 ESG 实践中的具体作用及其影响机制。例如，金融中介如何通过其独特的声誉机制，影响企业的长期战略和 ESG 表现？评级机构在 ESG 评级中如何构建更为客观、透明的评价体系，从而减少信息不对称问题？特别是在中国这样的新兴市场国家，金融中介的作用可能与发达国家存在显著差异，因此，有必要进一步研究本土金融中介在推动 ESG 实践方面的独特作用和挑战。此外，结合大数据、人工智能等新技术的发展，未来研究还可以探索金融中介如何借助这些工具开发出更为精准的 ESG 评价与预测模型，从而提升 ESG 投资决策的科学性与有效性。

第三节　ESG 价值效应的案例分析

为探究企业 ESG 行为对其价值的影响，我们分别选择了国内外隶属于不同行业的三家头部企业，通过分析其 ESG 层面的实践行为及具体财务业绩表现来探究其中的关系。

在环境保护（Environment）层面，我们从债务融资成本和股权融资成本角度对紫金矿业进行了分析。作为全球领先的金属冶炼企业，紫金矿业在环境治理方面展现了强烈的责任感和积极的行动，通过分析其债务融资成本和股权融资成本，我们探究企业优秀的环境责任履行是否可以降低代理成本，为企业融资带来更多的便利，抑或降低企业融资约束水平。

在社会实践（Social）层面，我们从财务绩效方面剖析宜家家居案例。宜家家居向来注重社会实践层面的投入与付出，加上与中国市场的密切关系，使其具有较好的代表性。通过分析其"People & Planet Positive"可持续性战略及与社会企业家合作、支持可持续农业、本地化生产与销售模式、启动"IWAY"等计划，我们研究证实了宜家家居社会责任实践对其财务表现的积极影响。

整体 ESG 行为层面，我们从财务业绩和机构投资两个方面对伊利集团进行了考察。作为乳制品行业龙头，伊利集团从 2007 年开始提出"绿色领导力"概念。作为国内资本市场的先行者以及全球范围内首个完成此壮举的中国企业，伊利集团率先公开并披露了 ESG 价值核算报告，弥补了传统财务指标局限，实现企业绩效全面精准衡量。

一、紫金矿业案例分析

（一）公司简况

1. 公司介绍

紫金矿业是一家以金、铜、锌等金属矿产资源勘查和开发为主的大型矿业集团，目前形成了以金、铜、锌等金属为主的产品格局,投资项目分布在国内 24 个省(自治区)和加拿大、澳大利亚、巴布亚新几内亚、俄罗斯、塔吉克斯坦、吉尔吉斯斯坦、南非、刚果(金)、秘鲁 9 个国家。公司在地质勘查、湿法冶金、低品位难处理矿产资源综合回收利用、大规模工程化开发以及能耗指标等方面居行业领先地位。公司拥有中国黄金行业唯一的国家重点实验室,以及国家级企业技术中心、院士专家工作站等一批高层次的科研平台,拥有一批适用性强、产业化水平高、经济效益显著的自主知识产权和科研成果。公司还与福州大学共同创办紫金矿业学院,为中国和世界培养优秀矿业人才。

紫金矿业自从 2010 年起,每年定期发布 ESG 报告。据 Wind 数据库的资料,2023 年金属、非金属、采矿行业中,紫金矿业 ESG 评分为 8.26,行业排名位列第三。

2. 经营状况

按 2023 年合并报表口径产量计算,紫金矿业是全球排名前十的铜金矿商,排名第四的锌矿商。紫金矿业在亚洲、欧洲、非洲、澳大利亚和南美洲的 16 个国家拥有逾 30 处运营资产,产品涵盖铜、金、锌、铅、铁矿石、银和锂等金属矿产资源。

紫金矿业在全球范围内拥有多元化的贵金属和基本金属产品。评估机构预计随着新收购的锂资产从 2025 年起逐步投产,公司的产品多元化程度将进一步提高。此外,紫金矿业的铜金产品拥有低成本优势,在全球成本曲线中属第二个四分位水平。公司主要铜矿的平均开采年限为 20 年及以上,金矿的平均开采年限为 10 年。

为实现至 2030 年成为全球顶级矿业公司的长期愿景,紫金矿业积极推进收购战略。公司在 2020 年和 2022 年的收购支出高达 120 亿元和 263 亿元人民币。紫金矿业在 2020 年至 2023 年期间发起的收购活动扩大了其资产基础,地域多元化程度亦进一步提高。2023 年,海外开采的矿产铜和矿产金在紫金矿业总开采量中所占比例保持在较高水平,分别为 56% 和 64%。

近年,紫金矿业的产量增长主要得益于西藏巨龙和塞尔维亚蒂莫克等在运项目的增产,以及新收购项目进入生产阶段。虽然铜价小幅回调,但由于金铜产量增加以及金价走高,紫金矿业税息折旧及摊销前利润自 2022 年的 400 亿元人民币增至 2023 年的 420 亿元人民币。

(二)环境责任行为分析

作为全球头部的金属冶炼企业,紫金矿业在可持续发展领域做出了显著贡献,其通过实施一系列战略和措施,积极应对气候变化,保护环境,提高社会福祉,并确保商业道德。

紫金矿业将治理与企业管控深度融合,始终将环境、生态、水资源、劳工、人权、安全、社区、商业道德、反腐败、负责任供应链及公司治理等关键议题贯穿于矿业开发活动全过程,实现环境效益、社会效益、经济效益的良性循环提升。公司坚持"开发矿业、造福社会"的共同发展理念,主动拥抱新能源革命浪潮,加快推动新能源相关矿种战略布局,全面夯实绿色可持续发展基石。紫金矿业致力于按照所有适用法律、法规和最高的道德标准开展业务,承诺在所有商业交易和关系中以专业、诚实和正直的态度开展业务,禁止任何对公司的诚信和声誉产生不良影响的活动发生。公司秉持"绿水青山就是金山银山"的发展理念,高标准做好环境与生态保护,积极响应《巴黎协定》和中国政府《国家适应气候变化战略》,努力提高公司运营及附近社区抵御气候变化影响的能力。

此外,紫金矿业还遵循"生命第一"的安全理念,致力于为员工、承包商提供安全健康的工作场所,预防与工作有关的伤害和健康损害,切实管控与生产经营相关的职业健康安全风险,并持续提升职业健康安全绩效。公司注重劳工管理,以人为本,努力为员工提供体面的工作,满足员工对美好生活的向往。在供应链管理方面,紫金矿业注重供应链的负责任管理,要求供应商以负责任的方式开展业务。

通过这些措施,紫金矿业不仅在环境保护、社会责任和公司治理方面取得了显著成就,还为推动全球气候变化的应对和新能源的发展做出了积极贡献,其环境责任层面行为按时间归纳为表5-3。

表5-3 紫金矿业环境责任实践梳理

年份	具体行动/措施
2009	成立社会责任部门,推进社会责任工作,发布首份社会责任报告,此后每年持续发布
2010	对标 ISO26000,建立 ESG 工作体系
2012	出资 2 亿元成立紫金矿业慈善基金会
2018	改版原《社会责任报告》,首次发布 ESG 报告
2020	董事会全面加强 ESG 管理,成立战略与可持续发展(ESG)委员会,经营层面设立 ESG 管理委员会,高管薪酬与 ESG 绩效挂钩,加入世界黄金协会,承诺遵循《负责任黄金开采原则》
2021	确定公司 ESG 短期、中期和长期发展目标,提出"绿色高技术超一流国际矿业集团"愿景,采用 TCFD 建议框架进行信息披露,参与 CDP 气候问卷、水问卷和森林问卷信息披露项目
2022	集团总部设立 ESG 办公室,承诺在 2029 年实现"碳达峰",将"碳中和"目标提前至 2050 年,发布基于 TCFD 框架的《应对气候变化行动方案》,控股福建龙净环保科技有限公司,成立新能源新材料研究院、新能源新材料科技公司,成功开发国内首套氨—氢燃料发电站
2023	公告三年(2023—2025 年)规划和 2030 年发展目标纲要,明确企业使命为"为人类美好生活提供低碳矿物原料",完成世界黄金协会 RGMPs 审核认证,参考《国际财务报告可持续披露准则》进行信息披露

(三)对公司融资成本的影响

本研究通过分析 2008—2012 年、2018—2023 年紫金矿业的债务融资成本和股权融资成本,探究 ESG 表现对紫金矿业融资的影响。

1. 对债务融资成本的影响

债务融资成本是指企业举债(包括金融机构贷款和发行企业债券)筹资而付出的代价。

现有文献中对于债务融资成本的衡量主要利用财务费用与期末总负债的比值表示。紫金矿业2008—2012年以及2018—2023年的债务融资成本见表5－4和表5－5。

表5－4　　　　　　　　紫金矿业2008—2012年的债务融资成本

	2008年	2009年	2010年	2011年	2012年
财务费用(亿元)	0.98	0.45	1.91	4.96	8.04
期末总负债(亿元)	70.38	80.33	123.73	221.88	337.71
债务融资成本(%)	1.39	0.56	1.54	2.24	2.38

表5－5　　　　　　　　紫金矿业2018—2023年的债务融资成本

	2018年	2019年	2020年	2021年	2022年	2023年
财务费用(亿元)	12.54	14.67	17.84	14.96	19.05	32.68
期末总负债(亿元)	656.06	667.51	1 077.17	1 156.98	1 815.89	2 046.43
债务融资成本(%)	1.91	2.20	1.66	1.29	1.05	1.60

可以看出，2012年前后紫金矿业债务融资成本较高，2012年达到了2.38%，居于统计期间的高位，但自2019年起呈现下降趋势。由此可见，随着2018年起紫金矿业ESG信息披露内容与质量的逐步提高，其优秀的ESG责任履行实践满足了利益相关者的需求，吸引了责任投资者的关注，缓解了信息不对称问题，在一定程度上降低了企业债务融资成本。

2. 对股权融资成本的影响

股权融资成本是指企业通过股权融资方式获得资金时所支付的各种费用和报酬的总和。紫金矿业2008—2012年以及2018—2023年的股权融资成本见表5－6和表5－7。

表5－6　　　　　　　　紫金矿业2008—2012年股权融资成本

	2008年	2009年	2010年	2011年	2012年
股权融资成本(%)	10.60	9.15	12.25	10.93	10.46

表5－7　　　　　　　　紫金矿业2018—2023年股权融资成本

	2018年	2019年	2020年	2021年	2022年	2023年
股权融资成本(%)	9.28	5.55	6.81	7.24	6.27	7.55

可以发现，紫金矿业的股权融资成本在2008年至2012年间普遍在10%以上。在后续十余年间，紫金矿业秉持可持续发展理念，围绕自身优势与不足确定可持续发展战略目标，并自上而下贯彻落实，做好ESG信息披露相关事项，从量与质上提升ESG信息披露质量。可以看出，2018年后紫金矿业股权融资成本出现显著下降，普遍在7.5%以下，说明紫金矿业高质量的ESG信息披露与表现缓解了信息不对称问题，提高了企业的声誉，传递了积极

的信号,从而吸引了长期投资者,降低了投资者对企业未来股价大幅度波动的预测风险,长期来看减少了股权融资成本。

(四)案例总结

案例研究发现,紫金矿业的环境责任不仅体现了其对可持续发展的承诺,更多地体现在将具体实践与自身业务相结合。例如,紫金矿业将环境治理与企业管控深度融合,公司坚持"开发矿业、造福社会"的共同发展理念,主动拥抱新能源革命浪潮,加快推动新能源相关矿种战略布局,全面夯实绿色可持续发展基石。

紫金矿业在环境责任方面的积极作为,对其融资成本产生了深远影响,这些努力不仅增强了公司的品牌信誉和社会地位,还转化为实实在在的经济回报,显著降低了公司债务融资成本和股权融资成本,成功地将企业环境责任的履行与商业上的成功紧密结合,实现了双赢的局面。通过这些行动,紫金矿业不仅在全球范围内树立了正面形象,同时也实现了自身的经济收益增长,这一双赢策略有力地证明了企业环境责任能够与商业成就并行不悖。

二、宜家家居案例分析

(一)公司概况

1. 公司介绍

宜家家居(IKEA),全称瑞典宜家集团,1943年创建于瑞典。经过80多年的发展,目前,宜家家居在全世界38个国家和地区拥有315家商店,在全欧洲乃至全球家具零售商排行榜上位列第一名。作为一家以性价比高为特色的居家用品零售企业,宜家家居凭借其简约时尚的实体店铺风格和产品服务特性在当今社会收获了一大批忠实消费者,也因其浓厚的北欧文化氛围和现代化的家居设计深受当代年轻人的喜爱。"为大多数人创造更加美好的日常生活"是宜家家居自创立以来一直努力的方向。宜家品牌始终和提高人们的生活质量联系在一起,其在发展的过程中也始终遵循着这一理念。宜家家居自始至终都聚焦于家具方面,以期提高人们的生活质量,并且始终如一地坚持"为广大家居用品的消费者提供其可以承受的、设计精良的、功能齐全的、价格低廉的产品"的理念。

宜家家居的社会责任目标主要集中在其称为"People & Planet Positive"的可持续性战略中,该战略体现在以下三个领域。

(1)健康与可持续的生活:宜家家居致力于在地球的承载能力范围内,激励和帮助更多人过上更好的生活。

(2)循环利用与气候正效益:宜家家居致力于成为气候正效益的公司,在增长业务的同时使资源再生。

(3)公平与平等:宜家家居旨在为整个宜家价值链上的每个人创造积极的社会影响。

2. 在中国的经营

中国是宜家家居的全球重要市场之一。1998年,宜家家居在上海开设了中国第一家分店,经过20多年的发展,现在宜家家居已经在我国22个城市开设了28家宜家商场、2家体验店以及3家荟聚购物中心。除此之外,宜家家居还开发了线上电子商务平台,该平台已于2018年10月正式上线。我国目前已有227个城市及区域开通了宜家相关的配送业务。就现阶段而言,全球只有2个国家存在完整的宜家价值链市场,除了瑞典之外,另一个就是中国。中国的宜家价值链市场涉及产品设计和开发、测试、采购、生产、仓储及配送、零售、购物中心、数字创新等各个领域。

2024年,宜家家居在中国所经营的39家宜家商场接待访客量较上年的7 560万人次同比增长12%,销售额共计122.2亿元,与去年水平基本持平。在2025财年中,宜家计划持续在现有门店的产品陈列、线上线下全渠道触点上加大投入,意味着中国市场依然是宜家全球具有战略意义的重点市场。

(二)社会责任行为分析

我们梳理了宜家家居过去20年中社会责任方面的行为实践(见表5—8)。宜家家居发布的可持续发展报告中,将"可持续发展"的外延延伸到了更偏向于社会责任方面的投入,接下来我们围绕该议题以及其他部分内容展示宜家家居在社会责任层面上的投入与付出。

表5—8　　　　　　　　　　　　宜家家居社会责任实践梳理

年份	具体行动/措施
2000	启动了供应商行为准则"IWAY计划",确保其上游供应商遵守社会和环境标准
2011	开始持续披露年度可持续发展报告,展示了其社会责任的演进,包括企业文化、发展目标、政策、信息披露、监管措施、利益相关者关系和社会影响力
2012	提出"益于人类,益于地球"战略,开始统计三种绩效指标来衡量其社会影响力
2015	与玖龙纸业建立合作,主要做废纸板循环项目,纸板被回收处理为纸盒的原材料
2018	更新了品牌标识,以提高字母的清晰度和品牌认知度
2020	宜家中国举行20周年可持续发展主题活动,强调可持续发展是宜家家居的战略基石
2023	发布2023年度可持续性发展报告,显示其气候足迹相比前一年下降了12%,持续推动可再生能源的使用和能效提升
2030	计划所有产品采用新的循环设计原则、使用可再生回收材料,实现100%循环经济

1. 与社会企业家共创变革

为了给更多人创造更美好的日常生活,宜家家居通过与社会企业家合作,以商业为途径,瞄准了数百万曾远离劳动力市场的边缘人群,在消除贫困的同时也为女性赋能。宜家家居应对各种社区中社会、环境层面的挑战,其社会企业家项目主要体现为以下行动。

合作与赋能:宜家家居与工匠持股企业、基金会等社会企业合作,通过合作分享设计、生产、环境管理知识,帮助社会企业家进入全球市场,实现独立发展。此外,宜家家居通过共享业务网络和知识,为社会企业家提供更好的机会,打造可持续解决方案。宜家家居还为工匠尤其是女性工作者提供就业机会,改善其生计,并通过教育和培训的方式为其赋能。

共同创生:宜家家居设计师与工匠直接合作,将传统工艺融入合作产品的设计。宜家家居全球或特定国家限量发售的 INNEHÅLLSRIK 品牌靠垫和 PÅTÅR 品牌咖啡,以及支持印度、泰国、约旦和罗马尼亚的社会企业的 HANTVERK 等系列产品,为各地区有需要的人创造更多的工作机会。

支持可持续农业:宜家家居的 PÅTÅR 品牌咖啡项目支持乌干达的咖啡种植户,为其提供可持续种植方法和稳定收入。不仅如此,宜家家居还与能直接提供产品和服务的社会企业家合作,利用加速器计划来支持非洲当地的服务提供商,帮助西非农民。

本地化生产与销售模式:宜家家居与全球各地的社会企业家合作,为移民女性和难民女性创造当地的就业机会。

据宜家家居社会责任报告统计,宜家家居与社会企业家合作伙伴在全球和本地提供产品和服务,其产品已在 27 个国家的 180 家宜家商场出售,为 20 100 人创造了工作和收入机会,对 120 000 多人产生了积极的社会影响。这些行动为全球可持续发展做出了显著的贡献,同时也展现了宜家家居作为全球企业在社会责任上的领导力。

2. 供应商层面——"IWAY"计划

对于自身的上游供应商,宜家家居也启动了一系列供应商行为准则,其中的"IWAY"计划体现宜家家居对供应商在社会责任和可持续发展方面的基本要求。该计划始于 2000 年,规定了环境、社会影响和工作条件层面相关的最低要求,要求供应商向下级供应商传达相关 IWAY 要求,同时宜家家居也会定期对供应商进行审计,以确保其切实遵守了 IWAY 标准。

IWAY 计划包括了对供应商的培训、支持、验证和跟进四大步骤流程,同时宜家家居也设置有专业团队在全球多个国家和地区支持供应商层面的相关合作,负责专注于开发和维护 IWAY 系统和可持续性主题的能力与知识。该计划的具体内容包括但不限于以下几个方面:

(1)环境保护。供应商需要制定和执行有效的环境管理计划,减少对环境的负面影响,包括资源使用、废物处理、能源效率等。

(2)社会责任与工作条件。供应商必须遵守国际劳工组织的核心劳工权益标准,包括禁止雇用童工、强迫劳动和歧视,确保合理工时和支付公正工资。

(3)健康与安全。供应商应提供安全和健康的工作环境,采取必要的安全措施和培训,确保员工的生命和身体安全。

(4)工资工时和社会福利。供应商应符合相关法律法规的要求,确保员工的合法权益得到保障。

(5)职业健康安全。供应商应提供符合职业健康安全管理体系要求的管理体系,确保员工的职业健康安全得到保障。

（6）外发分包。供应商应对外发分包商进行有效管理，确保外发分包商的工作环境和产品质量符合宜家家居的要求。

对于上述要求，宜家家居应用了阶梯模型进行评价评级，即 Must、Basic、Advanced 和 Excellent 四个层级，其中"Must"和"Basic"是所有与宜家家居有业务往来的供应商和服务提供商必须满足的最低要求，经过与商业伙伴共同努力、不断改进和发展，宜家家居力求供应商与服务提供商达到最高的"Advanced"和"Excellent"水平。

3. "益于人类，益于地球"战略

2012 年，宜家家居在其可持续发展战略上提出了"益于人类，益于地球"的口号及发展方向，该战略在社会责任方面涵盖了多个层面，体现了其对可持续发展的全面承诺，以下是社会责任方面的一些关键内容。

更好的工作场所：创造公平、安全的工作环境是宜家家居致力的主要方向。为确保其全球供应链中的工人都能获得体面的工资和良好的工作条件，宜家家居将人权提到了议题的核心位置当中，包括禁止雇用童工和强迫劳动。此外，宜家家居也与其供应商紧密合作，遵循前文所述的 IWAY 标准。

更高的社区参与度：宜家家居通过旗下的 IKEA Foundation 等渠道积极参与社区发展项目，着重关注儿童发展等社会问题，希望为广大社区带来积极的改变。

教育和培训：宜家家居为所有员工提供培训和二次教育机会，支持员工的个人和职业发展，鼓励多样性和包容性。

更高的透明度与报告：宜家家居每年发布可持续发展报告，公开其在社会责任和环境保护方面的进展和挑战，以及未来的计划和目标。

进一步的合作伙伴关系：宜家家居与其供应商、非政府组织和其他合作伙伴合作共同推动社会责任项目，如支持小规模生产者和手工艺人，以及促进公平贸易。

上述所说的社会责任战略体现了宜家家居对可持续发展和全球公民身份的承诺，通过公平贸易、人权保护、社区服务和消费者权益保障等措施，宜家家居确保其业务活动对社会产生积极影响。通过这些措施，宜家家居不仅提升了其在社会责任方面的表现，还在市场中树立了负责任企业的形象，赢得了消费者和投资者的信任。

4. 儿童福祉层面

为促进儿童的教育、健康和福祉，宜家家居在儿童发展方面与多个组织建立起了长期合作关系，并开展了多个社会项目。

与联合国儿童基金会和救助儿童会的合作：宜家基金会与这两个组织开展了名为"Soft Toys for Education"的活动，为全球最边缘化和最脆弱的儿童提供更好的学校、教师和学习材料。自 2003 年以来，这项活动已经为超过 12 万儿童提供了支持，帮助他们提高学校出勤率，并改善了儿童保护系统。

教育机会与发展中心:宜家基金会支持在亚洲和欧洲17个国家为失学儿童提供教育机会,改善儿童学习环境,并培训教师采用以儿童为中心、非暴力和包容性的教学方法。在中国,宜家家居曾资助某些农村社区为弱势儿童开发早期儿童发展中心。

"让我们玩在一起"公益活动:宜家家居通过这项活动,将玩乐作为连接人们的方式,强调玩乐对儿童成长的重要性,并与多个儿童权利组织合作,为弱势儿童创造安全的玩乐和发展空间。

SAGOSKATT系列:该系列的毛绒玩具全部都是由儿童自己参与毛绒玩具绘画比赛而设计出来的。通过该年度毛绒玩具绘画比赛,宜家家居将这些毛绒玩具的销售收入全部捐给慈善组织,以支持儿童玩和发展的权利。

这些项目体现了宜家家居对儿童发展和教育的承诺。通过与全球合作伙伴的共同努力,宜家家居为所在社区的儿童提供更好的学习和成长机会。

(三)对公司财务业绩的影响

基于宜家家居2017—2023年度的财务数据,我们计算了宜家家居相关财务指标(见表5—9),用以分析社会责任实践如何影响公司的财务表现。

表5—9　　　　　2017—2023年宜家家居财务指标　　　　单位:百万欧元,%

财务指标	2017年	2018年	2019年	2020年	2021年	2022年	2023年
生产成本	18 688	20 825	20 394	18 860	21 137	23 404	23 824
净营业额	22 878	24 894	25 228	23 724	25 534	27 345	29 109
净利润	912	1 449	1 485	1 731	1 433	710	1 639
总资产	18 657	21 482	21 470	21 107	21 407	24 684	23 001
有效税率	21	15	16.8	14.6	16.0	23.7	15.8
销售成本	18 688	20 825	20 394	18 860	21 137	23 404	23 824
存货	3 998	4 632	4 312	3 661	3 752	6 294	3 752
存货周转率	4.51	4.82	4.56	4.73	5.7	4.65	4.74

1. 净营业额

宜家家居通过与社会企业家合作,开发了各类新的产品线,我们在商场中看到的各类带设计师名字、带品牌系列名称的大多就属于这类合作产品。这些独特的产品可能吸引了新的客户群体,增加了销售额。此外,宜家家居还通过支持可持续农业和本地化生产等途径,降低了物流成本,提高了产品质量。这一系列措施有助于提高宜家家居产品的市场竞争力,吸引更多的消费者,由此提高了企业的净营业额。从图5—11中可以看到,除了2020年外,宜家家居社会责任实践均呈现出积极的效果。

2. 生产成本

宜家家居推动的"IWAY"计划,要求上游供应商遵守更高的社会与环境层面的标准,而

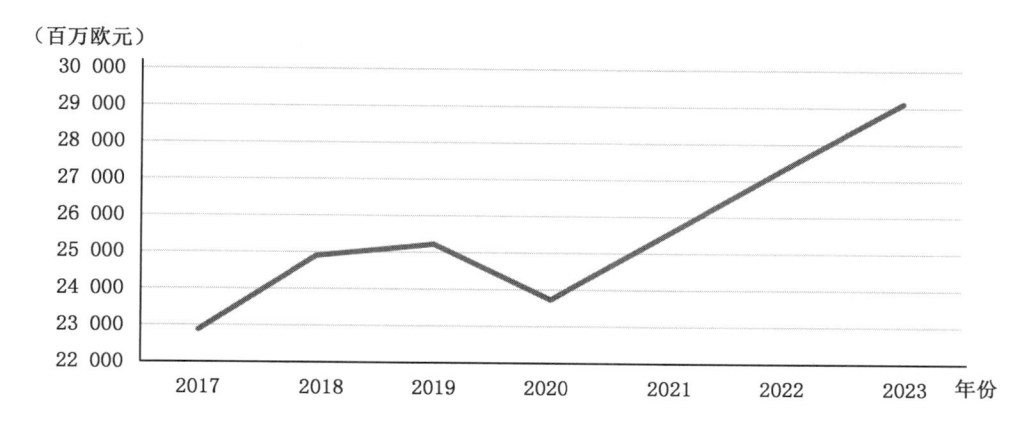

图 5-11　宜家家居净营业额

这可能涉及使用最新的可再生材料、改进生产流程、减少废物和提高能源效率等方面。这些措施对宜家家居而言，可能会因为生产工艺标准更高和需要额外投入资本而增加企业的生产成本。

从长期视角来看，该方面的投入可以带来成本节约效应，因为其可以降低能源消耗和减少废物处理费用，从而提高生产成本的控制水平。如图 5-12 所示，虽然宜家家居生产成本基本呈现逐渐上升的态势，但这符合可持续发展投入短期的表现。另外，生产成本与总资产比值的波动可能反映了"IWAY"计划的两阶段影响：初期（2017—2020 年），通过环保与效率改进部分抵消了成本上升压力；而 2021 年后因深化可持续农业支持和供应链审计扩大化等原因外加外部通货膨胀压力，成本增速超过资产扩张。虽然有负面因素存在，但该计划驱动的长期效率提升效果仍为成本可控性提供了支撑。

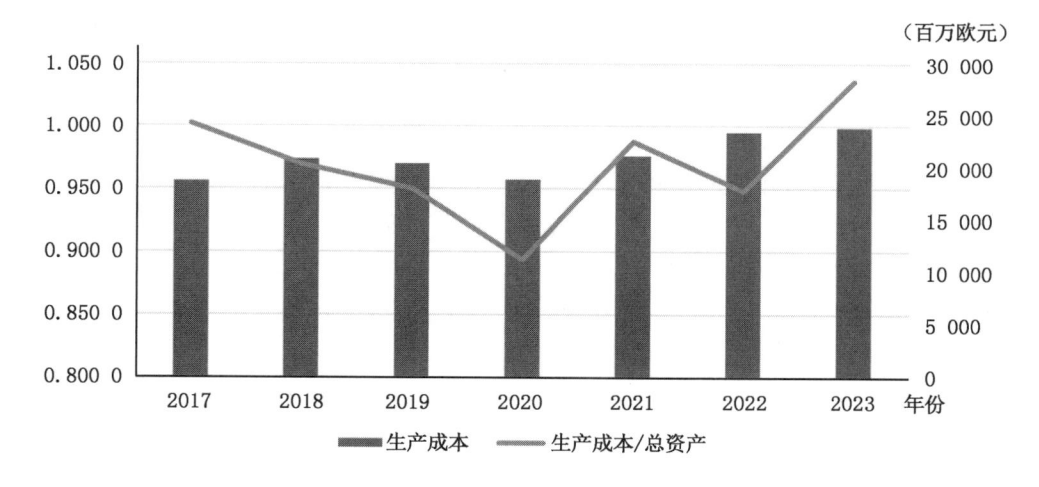

图 5-12　宜家家居生产成本

3. 净利润

宜家家居2017—2023年的净利润(见图5-13)呈波动态势,社会责任实践的阶段性投入与长期收益转化是其中重要的影响因素。

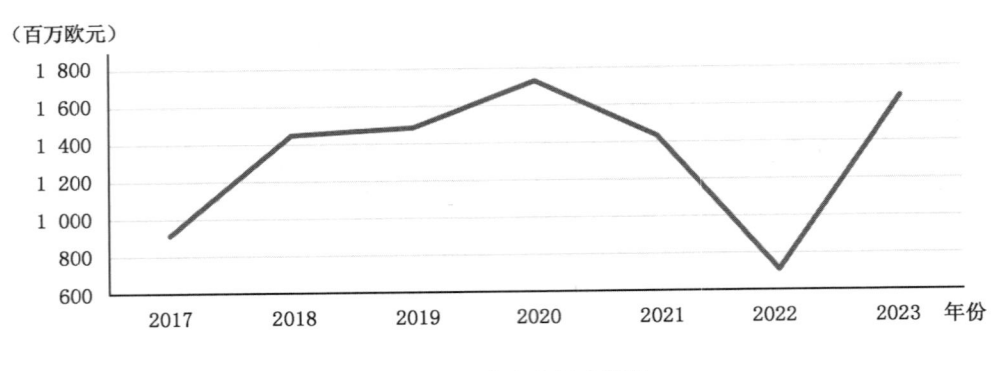

图5-13 宜家家居净利润

2017—2020年的增长期与IWAY计划的优化供应链、降低质量风险成本相关,此外与社会企业家合作以拓展高溢价市场、进行本地化生产以降低运输成本也为宜家家居的净利润增长提供了新的动力。2021—2022年净利润骤降期的出现除因为疫情等外部冲击因素外,社会责任投入短期成本激增也是一大原因,如供应商合规审计费用上升、儿童福祉项目捐赠扩大等一次性支出增加等。而2023年的净利润回归至疫情前1 639百万欧元的水平则体现了长期价值的兑现。整体而言,宜家通过社会责任投入平衡短期成本与长期竞争力,其净利润波动印证了其"战略投入——风险缓冲——收益转化"的可持续发展底层逻辑。

4. 有效税率

在北欧地区,企业所得税率最高可以到25%。根据宜家家居的财报显示,其平均有效税率控制在17%左右(见图5-14)。除了全球运作、在多国设有企业而分摊税收压力外,宜家家居也利用持续项目投资的税收优惠政策来实现税收减免的目的。

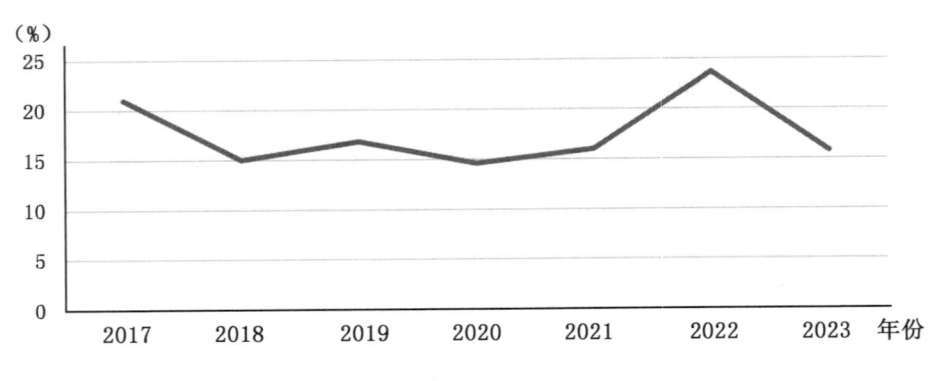

图5-14 宜家家居有效税率

5. 存货周转率

图 5-15 显示,作为衡量企业存货管理效率的重要指标,宜家家居的存货周转率一直保持在 4.5,甚至更高,这在家具和家居用品行业是相当不错的水平。

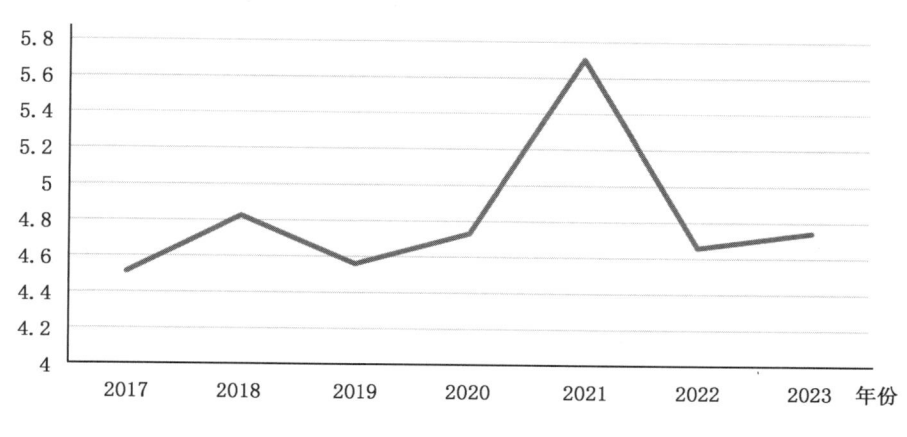

图 5-15 宜家家居存货周转率

首先,这个存货周转率可能反映了企业优秀的供应链管理水平。在"IWAY"计划的指引下,宜家家居实现了有效的库存控制、及时的补货策略和高效的物流管理,减少了存货积压,改进了需求供给的配比关系,提高了存货周转率。

其次,较高的存货周转率也意味着宜家家居的产品能够很好地满足市场需求。顾客对宜家家居的产品有持续的购买意愿,说明企业产品从设计、价格等多方面满足了消费者的需求,这也从侧面印证了企业与社会企业家的合作并未带来负面影响。相反,宜家的各类慈善义卖进一步促进了消费。

6. 社会责任行为影响企业价值路径小结

综上所述,宜家家居的社会责任实践通过战略性资源整合,构建出了一套动态平衡的价值创造体系,其企业增值路径可以从以下三个角度分析。

(1) 提升供应链效率,优化长期成本

宜家家居以"IWAY 计划"为核心的供应商管理体系,通过标准化、合规化与阶梯式评级机制,重塑了供应链的成本结构。短期来看,供应商审计、环保技术升级和劳工权益保障虽然在六年间增加了约 30% 的直接生产成本,但长期来说,其规避了潜在的法律诉讼与罚款,稳定了原材料供应价格,缓解了成本压力,为长期成本可控性奠定基础。

(2) 组织韧性增强

宜家家居在社会责任层面的实践同时也对内提升了员工凝聚力,对外构建了稳定的利益相关者网络。首先,通过诸如"益于人类"战略中的二次教育培训,宜家家居的人均产值在 2017—2023 年间增长约 18%。其次,在疫情防控期间,宜家通过"IWAY"阶梯合作,与供应商构建起长期信任关系,确保了关键原材料的优先供应,在 2021 年将生产成本增速控制在了行业平均水平以下。

(3) 新老市场双管齐下

宜家家居亦通过社会责任实践开辟了传统家居零售之外的增量市场,如通过本地化生产模式向非洲区域市场渗透,降低了对全球化供应链的依赖性;同时,在"碳中和"政策密集出台的欧洲与亚洲市场,宜家家居的环保实践使其优先获得政府补贴,抵消了部分合规成本。

(四) 案例总结

案例研究发现,社会责任并非单纯的成本负担,宜家家居的社会责任行动不仅体现了其对可持续发展和社会责任的承诺,也不是仅考虑付出而不考虑回报的单方面行为,而是更多地在将社会责任实践与自身业务相结合。例如,帮扶贫困地区儿童的毛绒玩具,与社会企业家合作时的本地化,都是其具体表现形式。社会责任履行在给企业带来高声誉的同时,也从多方面为企业带来了经济效益。

三、伊利集团案例分析

(一) 公司概况

1. 公司介绍

伊利集团于 1993 年成立,1996 年在上海证券交易所上市。公司主要从事各类乳制品及健康饮品的加工、制造与销售活动,旗下拥有液体乳、奶粉、酸奶、奶酪等几大产品系列。2007 年,伊利集团发布中国民营企业第一份《企业公民报告》,并提出"绿色领导力"概念。2009 年,"绿色领导力"进一步升级为绿色产业链战略。2023 年,伊利集团连续第 17 年发布《可持续发展报告》。作为中国乳业的龙头,伊利集团是行业里最早投身于可持续发展实践的企业,为乳制品行业做出了良好示范。

于伊利集团而言,ESG 是企业发展的理念,也是企业经营的初心。公司凭借在 ESG 方面的优异表现,在 MSCI 评级中由 2022 年 BBB 级升为 2023 年 A 级,位列 A 股乳企上市公司最高评级。

2. 经营状况

作为支柱的伊利液态奶,业务规模、市场份额持续稳居行业第一。公司明星单品品牌力持续释放,金典呼伦贝尔有机纯牛奶、金典活性乳铁蛋白有机纯牛奶等高端产品,以"产地""品质""营养"等多重优势,不断赢得市场,推动金典有机市场份额逆势增长,持续领跑行业。

受市场变化影响,冷饮业务面临阶段性挑战,伊利集团主动调整,围绕消费者需求,聚焦"健康感"和"丰富感",加码创新,市占率实现不断攀升,业务规模、市场份额连续多年稳居全国第一。其中,巧乐兹、冰工厂、伊利牧场等品牌稳居细分品类第一。

奶粉业务是伊利集团战略发展的又一重点。伊利集团通过前瞻布局,实现产品全生命周期营养健康覆盖,2023年奶粉业务整体销量跃居中国市场第一。其中,成人奶粉业务精准聚焦需求,重点布局"营养＋功能"赛道,规模、市场份额稳居第一。婴幼儿配方奶粉增速逆势领跑行业。

凭借稳健的经营业绩、前瞻性的科研创新和可持续的发展潜力,伊利集团在"2024全球乳业20强"榜单中,再度蝉联全球乳业五强,连续11年稳居亚洲乳业第一,再次成为唯一进入全球五强的中国乳企。此外,在国际权威品牌价值评估机构Brand Finance发布的"2024年全球最具价值乳品品牌10强"榜单中,伊利集团连续五年稳居"全球最具价值乳品品牌10强"榜首,持续领跑全球乳业。

(二)ESG行为分析

近年来,伊利集团以前瞻性的视野,深刻认识到ESG(环境、社会与治理)价值评价在弥补传统财务指标局限和实现企业绩效全面精准衡量中的独特优势。作为行业先锋,伊利集团不仅积极拥抱这一趋势,更率先迈出实践步伐,成功实施ESG价值核算,成为全球范围内首个完成此壮举的中国企业。伊利集团同时也是国内资本市场的先行者,率先公开披露ESG价值核算报告。

2021年11月20日,在伊利集团领导力峰会上,伊利集团董事长潘刚正式提出"社会价值领先"目标,表示伊利将率先实现"碳达峰""碳中和",达到领先的可持续发展目标,为社会创造价值。作为头部企业,伊利集团一直以身作则,不仅推进自身的绿色发展,还积极引领带动产业链上下游合作伙伴共建"绿色产业链",做绿色低碳生产、生活的先行者和倡导者。

伊利集团已经连续12年开展全面碳盘查。这12年里,伊利集团实施产品全生命周期绿色生产,建立完善的能源环保数据核算体系,建设全国首个"零碳"五星示范区,打造中国食品行业首个"零碳工厂"。

2022年4月,伊利集团携手全球战略合作伙伴成立"零碳联盟"。据统计,伊利集团的全球合作伙伴总计2 000多家,遍及6大洲,分布在39个国家和地区。2022年4月8日,伊利集团正式发布《伊利集团零碳未来计划》《伊利集团零碳未来计划路线图》,表示伊利集团早在2012年实现"碳达峰",将在2050年前实现全产业链"碳中和",并制定了2030年、2040年、2050年三个阶段的具体任务。

《伊利集团ESG价值核算报告》显示,2023年伊利在社会责任与环境治理上成果斐然,其对外捐赠额达2.8亿元,同时其运营活动为社会和环境创造了68.05亿元的正向价值,彰显了对各利益相关方的综合贡献。

与此同时,为建设绿色生态圈,保护生物多样性,伊利集团还展开了一系列公益活动。伊利集团与世界自然基金会、中国绿化基金会等权威组织合作开启"伊利家园行动",陆续开展智慧草原、东北湿地保护、亚洲象栖息地保护等公益项目;携手阿里巴巴、三峡集团等企业,共同发起"可持续发展企业行动倡议"等。

表 5-10 伊利集团 ESG 实践梳理

年份	具体行动/措施
2007	伊利集团董事长潘刚在首届达沃斯夏季论坛上提出"绿色领导力"概念
2009	将"绿色领导力"升级为"绿色产业链战略",倡导绿色生产、绿色消费、绿色发展
2010	组建内部碳管理团队,参照国际标准开展公司组织层面的碳盘查
2016	作为中国企业的唯一代表出席联合国签约《生物多样性公约》,并在《坎昆企业和生物多样性承诺书》上签字,做出 9 大承诺
2017	持续开展"伊利营养 2020"公益项目,累计投入超 1 亿元,近 80 万儿童从中受益
2020	在行业内率先承诺实现"碳中和",并正式发布《伊利集团零碳未来计划》《伊利集团零碳未来计划路线图》
2021	正式发布"全面价值领先"目标,推动企业健康、可持续发展
2022	发布中国食品行业第一个"双碳"目标及路线图,力争在 2050 年前实现全产业链"碳中和"
2023	发布《ESG 价值核算报告》,并发布了"ESG 三报告",即《可持续发展报告》《零碳未来报告》《生物多样性保护报告》

(三)对公司绩效与机构投资的影响

1. 对公司绩效的影响

为探究伊利集团 ESG 行为对公司绩效的影响,我们分析了伊利集团 2005—2009 年以及 2019—2023 年的偿债能力指标、盈利能力指标和营运能力指标。

(1)偿债能力指标。偿债能力指标是衡量企业偿还债务能力的指标,可以帮助评估企业的偿债能力。我们考察了三个偿债能力指标:流动比率、速动比率和资产负债率。

伊利集团于 2007 年首次提出"绿色领导力"概念,并于 2009 年将"绿色领导力"升级为"绿色产业链战略",倡导绿色生产、绿色消费、绿色发展。由表 5-11 可知,2019—2023 年,公司的流动比率、速动比率整体呈现上升趋势,偿债能力得到提升,这得益于伊利集团 ESG 责任的履行为公司创造了更多的价值与利润。与此同时,自 2019 年以来,伊利集团的资产负债率一直维持稳定,保持在 50%～60%。

表 5-11 伊利集团偿债能力指标

年份	2019	2020	2021	2022	2023
流动比率	0.82	0.82	1.16	0.99	0.90
速动比率	0.57	0.60	0.95	0.75	0.74
资产负债率(%)	56.54	57.09	52.15	58.66	62.20

(2)营运能力指标。营运能力指标是衡量企业日常运营效率的指标,反映了企业在生

产、销售、资产管理等方面的效率。我们选取了存货周转率和应收账款周转率进行分析。

表 5-12 显示，2005 年至 2006 年，伊利集团的应收账款周转率下降，从 75.46 降至 47.61，存货周转率从 10.23 降至 7.85，这表明这段时间内应收账款的回收速度变慢、存货的销售速度有所放缓。然而，自 2007 年提出"绿色领导力"概念后，伊利集团的应收账款周转率显著上升，并在 2009 年达到 111.59，这表明伊利集团在这段时间内显著提高了应收账款的回收效率，资金周转速度加快。与此同时，伊利集团的存货周转率逐步上升，并在 2009 年达到 12.9，这表明伊利集团在这段时间内显著提高了存货管理的效率，存货销售速度加快，库存积压减少。伊利集团在这段时间内显著提升了营运能力，资金周转速度和存货管理效率都有所提高。上述分析说明，伊利集团在履行 ESG 责任之后，营业收入回款能力提升，存货销售速度加快，ESG 责任履行对公司经营产生了积极影响。

表 5-12　　　　　　　　　　　伊利集团营运能力指标

年份	2005	2006	2007	2008	2009
应收账款周转率	75.46	47.61	94.46	109.95	111.59
存货周转率	10.23	7.85	11.15	11.74	12.90

(3) 盈利能力指标。盈利能力指标是衡量企业在一定时期内获取利润能力的指标。该指标反映了企业通过其经营活动创造经济价值的能力。我们选取了销售净利率和净资产收益率进行考察。

由表 5-13 可知，在 2019 年后，伊利集团的 ESG 表现可以在一定程度上反映企业的形象，改变其市场占有率和空间份额，进而对企业的盈利能力产生影响。自 2019 至 2023 年，伊利集团营业收入一直呈持续增长的状态，这与企业积极实施 ESG 战略，推行零碳产品，倡导绿色消费，实现高效生产有着密切关系。然而，在 2019 至 2020 年间，伊利集团销售净利率出现下滑，由 9.20% 降至 8.87%，其主要原因在于原材料价格上涨，企业持续处于新老产品交替的平台期，受到产品结构性影响，收入略有回落。同时，为了加大环保力度，伊利集团又对 ESG 领域投入了大量资金，致使成本升高，利润减少。但从 2021 年开始，该指标出现回升迹象，且环保投入比例相比往年有所下降，说明企业已找到合适的环保投资金额，前期在绿色方面的建设也取得了一定成效。除此之外，伊利集团净资产收益率在 2019—2023 年保持在较高水平，即使 2022 年和 2023 年有所下降，也远超过同行业其他竞争者，展现出较强的盈利水平。总体而言，伊利集团通过建立绿色牧场、制作低碳产品、实行全链减碳等重视 ESG 表现的方式，有效地降低了企业的能耗与生产成本，提升了企业的盈利能力。但同时也需注意稳定 ESG 成本的投入，防止其对利润产生影响。

表 5-13　　　　　　　　　　　　　伊利集团盈利能力指标

年份	2019	2020	2021	2022	2023
销售净利率	9.20	8.87	9.29	8.85	9.44
净资产收益率	26.38	25.18	25.59	19.23	17.94

2. 对机构投资的影响

随着负责任投资理念的逐渐深入人心，中国证券市场中的机构投资者也更加关注企业的 ESG 表现。一方面，积极履行社会责任的企业不仅能够为自己赢得良好的声誉，提升公司整体价值；另一方面，企业良好的 ESG 行为也能够方便投资者有效辨识风险和机遇，准确评估企业的财务回报潜力。因此，对于机构投资者来说，企业 ESG 表现是其投资决策过程中需要重点考虑的因素。基于此，我们考察了伊利集团 ESG 实践对机构投资者持股的影响。

表 5-14 显示，自 2007 年伊利集团提出"绿色领导力"概念以来，伴随着公司积极履行 ESG 实践，公司的机构投资者数量和持股数量逐年增加。截至 2023 年年底，投资伊利集团的机构投资者数量达到 1 037 家，机构投资者的累计持股为 193 687.50 万股，占公司的股权比例为 30.72%，持股市值达到 518.11 亿元。由此可见，在伊利集团提出"绿色领导力"概念并努力履行 ESG 责任后，其股票受到机构投资者的青睐，显示出机构投资者对于履行 ESG 责任企业的偏好，即公司的 ESG 表现越好，越能吸引机构投资者。

表 5-14　　　　　　　　　　　伊利集团机构投资者持股情况

报告期	机构数量（家）	累计持股数量（万股）	累计市值（亿元）	持股比例（%）
2023 年 12 月 31 日	1 037	193 687.50	518.11	30.72
2022 年 12 月 31 日	902	222 714.28	690.41	35.31
2021 年 12 月 31 日	1 411	240 180.55	995.79	40.30
2020 年 12 月 31 日	1 277	216 066.90	958.68	36.44
2019 年 12 月 31 日	1 247	199 165.17	616.22	33.72
2018 年 12 月 31 日	776	221 978.67	507.89	36.79
2017 年 12 月 31 日	1 068	220 370.61	709.37	36.53
2016 年 12 月 31 日	386	142 766.21	251.27	23.66
2015 年 12 月 31 日	231	129 068.76	212.06	21.69
2014 年 12 月 31 日	282	66 304.09	189.83	22.04
2013 年 12 月 31 日	463	84 563.94	330.28	53.25
2012 年 12 月 31 日	286	89 866.40	197.53	56.61
2011 年 12 月 31 日	272	94 083.15	192.21	59.27

续表

报告期	机构数量(家)	累计持股数量(万股)	累计市值(亿元)	持股比例(%)
2010年12月31日	186	45 574.24	174.37	62.62
2009年12月31日	98	38 569.79	102.13	53.00
2008年12月31日	57	14 946.82	11.96	20.54
2007年12月31日	52	13 171.79	38.63	21.72

(四)案例总结

伊利集团的ESG实践不仅是其对可持续发展和社会责任的坚定承诺,更是一种将社会责任与企业核心业务深度融合的战略选择。例如,伊利通过打造"零碳工厂"和推动全产业链"碳中和",不仅践行了环保理念,还通过绿色生产降低了运营成本,提升了生产效率。伊利通过"伊利营养2020"公益项目,为贫困地区儿童提供营养支持,不仅改善了社会福祉,也增强了品牌在消费者心中的美誉度。此外,伊利与全球合作伙伴成立"零碳联盟",推动供应链的绿色转型,不仅助力全球可持续发展目标的实现,还通过优化供应链管理,提升了企业的抗风险能力和市场竞争力。这种将社会责任与商业利益有机结合的模式,为伊利赢得了高声誉,从长期来看,其为企业带来多方面的经济效益,推动企业实现可持续发展。

第四节 价值创造视角下ESG表现与企业估值

一、理论分析

(一)双重重要性和两种价值理论

欧盟在2021年发布了《企业可持续发展报告指令》(CSRD),提出"双重重要性"的概念。双重重要性是指报告主体在衡量议题的重要性时,需要从对自身财务绩效的影响(股东价值)和对环境、社会的影响(外部性价值)这两大维度考虑(见图5-16)。从逻辑上讲,双重重要性更加符合可持续发展的初衷。双重重要性披露已经初步体现了企业价值评价的两种思想,但这仅是一种披露标准,如何影响企业价值需要进一步分析。

价值评价领域长期存在客观价值论和主观价值论两个流派。财务重要性的披露标准对应客观价值论,该理论认为任何物品包括企业都具有客观的、不以人的意志为转移的价值,价格则围绕价值上下波动。即在不同主体的观察下,得到的结论应是一致的,不会因为主观因素而产生偏差。在给定会计准则的情况下,企业当前的资产以及未来的风险和收益特征都能够相对客观地评价。在此基础上,根据现有及预测的数据,利用财务学的技术手段,就能计算出客观价值论下的企业价值。

影响重要性的披露在一定程度上对应主观价值论。现代经济学重要的理论基础来自

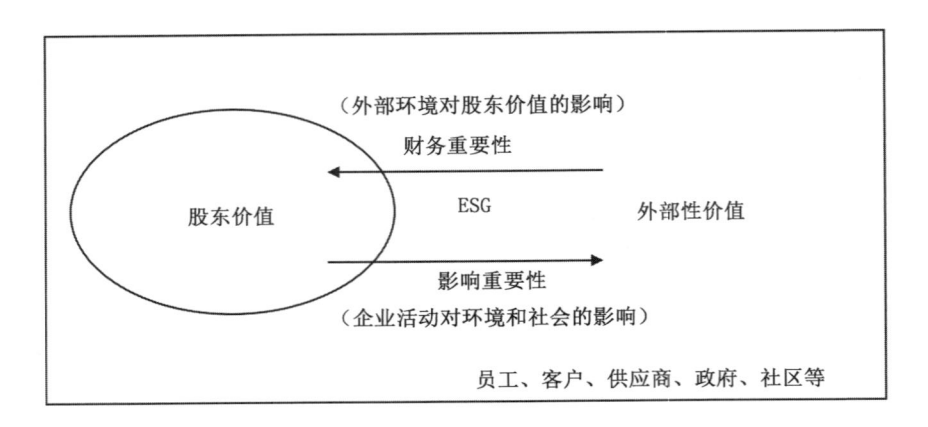

```
                    （外部环境对股东价值的影响）
                         财务重要性
                  ←
          股东价值          ESG          外部性价值
                  →
                         影响重要性
                    （企业活动对环境和社会的影响）

                      员工、客户、供应商、政府、社区等
```

图 5-16　双重重要性原则示意图

效应的概念。边际效用理论在 19 世纪 70 年代由奥地利学派门格尔、英国的杰文斯和洛桑学派的瓦尔拉斯等人提出。该理论的核心是边际效用决定价格,价格的确定就是寻找价值的过程。追根溯源,效用本身就带有主观性质。消费者效用指的是拥有或消费商品和服务所获得的满足感,效用的大小在一定程度上取决于消费者的主观心理评价,有时是因人而异。同理,投资者持有不同的投资组合也会获得不同的效用,在这一逻辑下主观的心理因素也能够影响企业价值。

价值评估是主观和客观统一的过程,参与者在这个过程中创造、考虑并商定要追求的价值,以及他们认为适合的价值评估标准(Arjalies, et al., 2023)。尽管客观价值论和主观价值论的理论基础相去甚远,但这并不代表二者就一定处于紧张的对立状态。辩证唯物主义也认为主观和客观是对立的统一。客观价值论下,价格仍然可以波动,也就是在讨论客观价值之外影响价格的主观因素;主观价值论下,边际效用的形成也并没有完全脱离客观因素而存在。因此,两种价值理论可以实现调和,尤其是在解释 ESG 与企业价值的问题上,主客观两个方面都需要纳入考虑,尤其是主观因素。

学术界对企业价值的理解和定义是不断演进的。传统视角下企业价值就是股东价值,企业经营的目标就是股东价值最大化。Friedman(1970)认为,社会责任之于企业的意义,就在于社会责任增加企业利润。此后,受气候变化以及人权保护等社会化问题的影响,除企业所有者以外的其他利益相关者的权利逐步得到重视。21 世纪之后,可持续发展理念在政治、经济和金融领域逐渐成为中心议题,ESG 的概念应运而生。由 ESG 理念衍生出的企业评价标准和金融投资逻辑,正在推动企业估值方法的革新。对此,Pedersen 等(2021)提供了一个理论框架。他们认为,ESG 对企业估值的重要影响主要体现在以下两方面:第一,其提供了公司基本面的增量信息;第二,其影响投资者偏好。二者分别体现了客观价值论和主观价值论的思想,也进一步说明了企业价值的评估需要兼顾主客观两方面因素。在上述框架中,提供增量信息这一逻辑与经典估值理论一致,下面就投资者偏好问题进一步阐述。

从外部性角度分析，企业各类活动创造的价值受益者可能不仅限于股东。比如，某一企业致力于改善环境、承担社会责任以及提升公司治理的行为，同时也创造了由员工、供应商、客户以及社区等众多利益相关者共享的价值。从这一角度来看，ESG对企业价值的影响进一步体现在，将并不由股东所实际享有的外部性价值也作为企业价值的组成部分。而外部性价值能否作为企业价值的组成部分，投资者的态度至关重要。从实践角度看，ESG逐渐被投资者认可，至少是引发广泛的关注，上述转变可能正在发生。经济学上，要回答投资者为何系统性地转向ESG，则需要从更深层次的经济结构变迁中寻找答案。

我们认为，资源的稀缺性和市场的有限性是投资者认可企业正外部性的根本原因。企业所扮演的角色是，导入各种资源和要素，并对外提供商品或服务。企业能够扩张产能，但不能创造资源，因此，经济难题通常表现为产能过剩、资源不足和需求不振。首先，由于资源是稀缺的，大肆浪费或牺牲环境来谋求发展不可持续。其次，市场空间是有限的，不正当竞争和损害消费者的行为，从长期来看危害远大于短期的收益。最后，经济内部是相互关联的循环结构，某个产品的消费者是另一项产品的生产者。若无人消费，生产者会陷入产能过剩和库存积压的困境，而无人生产，消费者也会遭遇缺乏商品或服务的窘境。正是认识到这些，投资者才有可能将并不直接受益的外部性价值也当作企业价值。当这些观念系统性地影响投资者时，企业估值的逻辑也会因此发生变化。

基于此，我们尝试探究ESG如何影响企业估值，本质上需要分析考虑ESG因素之后，企业价值如何变化。根据企业价值计算的一般方法，其应该等于股利或者现金流的折现值。考虑到股利政策的不确定性，因此，我们拟在现金流折现模型的基础上分析ESG因素对企业价值的影响。金融理论上，ESG因素将通过影响现金流和折现率，最终影响企业价值。又因为ESG的概念拓宽了企业价值的边界，股东并不直接受益的部分也需要纳入分析，因此下文将从客观价值论和主观价值论两个方面分别做出分析。

1. ESG通过未来现金流影响企业估值

企业未来的现金流量属于财务信息，是股东价值的重要组成部分，因此仅需在客观价值论下分析。从现金流角度分析，ESG对企业价值的影响体现为，良好的ESG表现能够帮助企业获得竞争优势，从而在未来实现更好的财务绩效。已有文献发现，ESG表现好的企业，在供应链中拥有更大的话语权，全要素生产率更高，并且创新产出显著提升（李颖等2023；李甜甜和李金甜，2023；方先明和胡丁，2023）。也有观点认为，ESG与企业财务绩效之间呈U形关系（王双进等，2022），企业在进行ESG投入初期，成本大于收益，超过某一临界点后，相关收益超过成本。尽管在表现形式的描述上存在差异，但总体而言，ESG与企业的财务绩效正相关。在这一视角下，ESG不再是非财务信息，而是财务信息，是和企业基本面高度相关的。对于ESG表现更好的企业，可以预期未来的自由现金流更高，从而估值水平也更高。根据上述分析，我们提出如下假说：

假说 1.1：ESG 表现越好的企业，未来财务绩效更好。

2. ESG 通过折现率影响企业估值

折现率本质是投资者因延迟支出所要求的补偿，受到主客观两方面的影响。站在客观价值论的角度，折现率是无风险利率加上风险补偿。对于一家企业而言，ESG 风险的暴露和相应的管理都是对估值有用的信息，即"风险+管理"的框架。具体而言，不同企业对于不同风险的暴露存在差异，比如能源行业在环境规制上的风险敞口通常更大一些。进一步的，企业对于相应风险的管理能够起到对冲作用，最终未对冲的风险敞口决定了投资者要求的风险补偿水平。对应到实践中，投资者对于未对冲 ESG 风险敞口大的企业，要求的风险补偿更高，即存在 ESG 风险溢价。Bolton 和 Kacperczyk（2021）的研究支持了上述理论。他们发现，在控制其他条件相同的情况下，股票的投资收益与 CO_2 排放量正相关，这可能与机构投资者从碳排放强度较大的企业中撤资有关。史永东和王淏森（2023）利用中国公司数据也发现了 ESG 风险溢价的存在，主要原因是投资者对于承担 ESG 风险要求额外的补偿。

站在主观价值论的角度，投资者持有 ESG 表现更好的投资组合本身就能提供效用，从而弥补了财务收益的下降。Riedl 和 Smeets（2017）对此提供了实证证据，他们研究发现，具有偏好社会责任的投资者从社会责任投资基金得到的预期回报率低于传统基金，并且支付更高的管理费，表明至少存在一部分投资者愿意为其投资偏好放弃一定的财务收益。考虑到外部性价值的直接受益者不是股东，也不会体现在财务报表上，因此，ESG 能够在基本面之外，进一步提供企业估值的增量信息。从现金流折现模型来看，由于外部性价值并不反映在财务绩效中，其对企业价值的影响只能通过改变折现率来实现，即持有 ESG 表现较好组合的投资者，即使考虑风险调整之后，其所预期的回报率仍旧更低。将主客观两方面因素结合起来，我们提出如下假说：

假说 1.2：ESG 表现越好的企业，投资者预期回报率更低。

3. 两种价值论与企业估值

上述分析分别基于两种价值理论，以及现金流和折现率的作用机制，分析了 ESG 对于企业估值的影响（见图 5—17）。需要澄清的是，主观和客观因素对于企业估值的影响是综合性的，不能简单地割裂开来。当投资者的偏好能够改变企业的估值时，基本面的信息也被一同改变了。Heinkel 等（2001）建立了一个理论模型用以解释投资者偏好对企业行为的影响。他们认为，当有足够比例的 ESG 投资者存在时，就能够显著地影响企业的融资成本和估值水平，进而引导企业以可持续的方式经营。该模型中一个关键决定因素是，ESG 投资者控制的资金比例。根据他们的推算，这一比例需要超过 20%，才能敦促企业改变其经营活动。考虑主客观两方面因素，以及二者的相互作用，ESG 表现出色的企业应该享有更高的估值水平。由此，我们提出如下假说：

假说 1.3：ESG 表现越好的企业，估值水平更高。

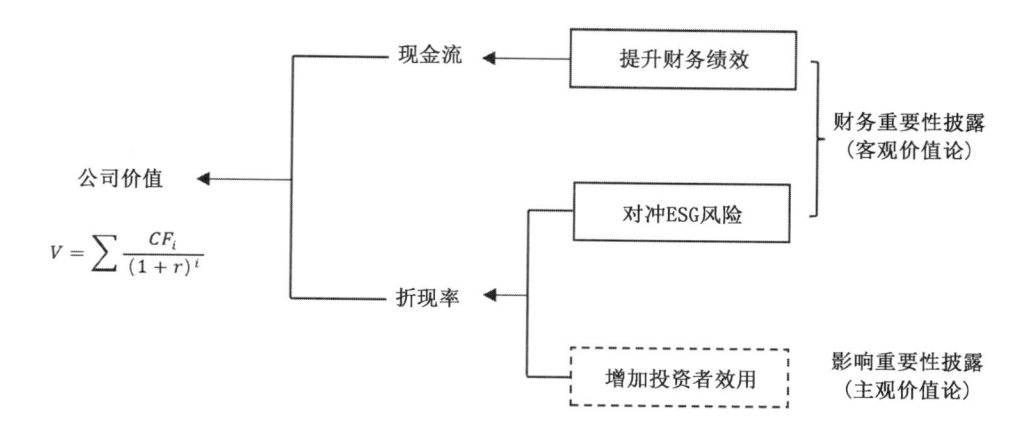

图 5—17　客观和主观价值论下的公司估值

二、研究设计

(一)样本和数据

考虑到 ESG 评级数据的可得性,我们选取 2020—2023 年我国沪深 A 股上市公司作为研究样本,在删除金融行业、ST、*ST 公司以及存在缺失值的样本后,最终得到 16 934 个公司—年度观测值。ESG 评级数据来自华证 ESG 数据官网,公司基本信息和财务数据来自 CSMAR 数据库。为避免极端值对回归结果的影响,我们对所有连续型变量进行了上下 1% 的缩尾处理。

(二)变量定义和实证模型

为检验假说 1.1,我们构建了式(1)的模型。其中,因变量为财务绩效,我们采用总资产回报率(ROA)度量企业财务绩效。自变量为公司 ESG 表现(ESG)。华证 ESG 评级提供的 ESG 得分拥有较为科学的设计体系与覆盖较广的样本区间,使其成为较多研究度量公司 ESG 表现的首选指标,如谢红军和吕雪(2022)、史永东和王淏森(2023)、肖红军等(2024)、孙明睿等(2024)均选择华证 ESG 得分作为企业 ESG 表现度量指标。为此,我们也选择华证 ESG 得分作为公司 ESG 表现的度量。控制变量包括企业规模($Size$)、资产负债率(Lev)、营业收入增长率($Growth$)、产权性质(SOE)、两权分离度($Separation$)、无形资产占比(IAE)等,具体定义见表 5—15。此外,模型还控制了行业和年份固定效应。为避免内生性问题,自变量相对因变量滞后一期。我们重点关注回归系数 α_1 的符号与显著性。

表 5—15 　　　　　　　　　　　　　　　变量定义

变量符号	定义及计算方法
ROA	财务绩效，用总资产收益率衡量
RE_PEG	权益资本成本，采用 PEG 模型计算的权益资本成本
TobinQ	托宾 Q，定义为(权益市值＋负债账面价值)/总资产
ESG_score	ESG 表现总分，来自华证 ESG 官网
E_score	环境领域表现得分，来自华证 ESG 官网
S_score	社会领域表现得分，来自华证 ESG 官网
G_score	治理领域表现得分，来自华证 ESG 官网
Size	企业规模，等于总资产的自然对数
Lev	资产负债率，等于总负债除以总资产
Growth	收入增长率，等于当年营业收入相对于去年营业收入的增长率
SOE	产权性质，国有企业取值为 1，否则为 0
Separation	两权分离率，等于实际控制人拥有上市公司控制权与所有权之差
IAE	无形资产占比，等于无形资产除以总资产

$$ROA_{i,t+1}=\alpha_0+\alpha_1 ESG_{i,t}+\alpha_2 Size_{i,t}+\alpha_3 Lev_{i,t}+\alpha_4 Growth_{i,t}+\alpha_5 SOE_{i,t}$$
$$+\alpha_6 Separation_{i,t}+\alpha_7 IAE_{i,t}+Industry+Year+\varepsilon \quad (1)$$

为检验假说 1.2，我们构建了式(2)的模型。因变量为权益资本成本(RE_PEG)。毛新述等(2012)指出，事前权益资本成本的测度优于 CAPM 和 Fama-French 三因子模型下事后权益资本成本的测度，且 PEG 模型能更好地捕捉各类风险因素的影响，在中国资本市场环境中表现出较高的适用性。因此，我们采用 PEG 模型计算每家上市公司的权益资本成本。自变量和控制变量则与式(1)相同。我们重点关注回归系数 β_1 的符号与显著性。

$$RE\_PEG_{i,t+1}=\beta_0+\beta_1 ESG_{i,t}+\beta_2 Size_{i,t}+\beta_3 Lev_{i,t}+\beta_4 Growth_{i,t}+\beta_5 SOE_{i,t}$$
$$+\beta_6 Separation_{i,t}+\beta_7 IAE_{i,t}+Industry+Year+\varepsilon \quad (2)$$

为检验假说 1.3，我们构建了式(3)的回归模型。其中，因变量为托宾 Q(TobinQ)，定义为(权益市值＋负债账面价值)/总资产。托宾 Q 衡量了公司的市场价值与其重置成本之间的关系，该比值越大，代表公司的估值越高。选择托宾 Q 作为企业估值水平的衡量指标，是因为相对于市盈率而言，它更加稳定，并且在长期更有参考意义。同时，此处因变量的选择也应当尽量排除财务绩效的影响，以便从实证结果中得到更加清晰的结论。自变量和控制变量则与式(1)相同。我们重点关注回归系数 φ_1 的符号与显著性。此处的因变量为当期的托宾 Q 值，因为我们认为企业的 ESG 表现在当期就能体现在公司价值中。

$$TobinQ_{i,t}=\varphi_0+\varphi_1 ESG_{i,t}+\varphi_2 Size_{i,t}+\varphi_3 Lev_{i,t}+\varphi_4 Growth_{i,t}+\varphi_5 SOE_{i,t}$$
$$+\varphi_6 Separation_{i,t}+\varphi_7 IAE_{i,t}+Industry+Year+\varepsilon \quad (3)$$

三、实证结果

(一)描述性统计

表 5-16 报告了主要变量 11.7% 的描述性统计。总资产收益率(ROA)的均值为 3.4%,权益资本成本(RE_PEG)的均值为 11.7%。托宾 Q(TobinQ)的均值为 2.44,表明样本公司的市场价值普遍高于其资产的重置成本。ESG 表现(ESG_score)的均值为 73.40,其中环境维度(E_score)的平均值为 62.37,社会维度(S_score)的平均值为 76.57,治理维度(G_score)的平均值为 78.35,表明 ESG 评级机构目前对上市公司的治理维度给予了更高评价。其他公司层面指标,企业规模(Size)的均值为 22.26,资产负债率(Lev)的均值为 42%,收入增长率(Growth)的均值为 11.5%,国有企业(SOE)的占比为 28%,两权分离率(Separation)的均值为 4.4%,无形资产占比(IAE)的均值为 4.4%。

表 5-16 变量描述性统计

变量名	N	平均值	标准差	最小值	中位数	最大值
ROA	16 934	0.034	0.076	−0.269	0.038	0.235
RE_PEG	8 288	0.117	0.038	0.042	0.111	0.254
TobinQ	16 934	2.439	1.728	0.803	1.917	10.666
ESG_score	16 934	73.403	4.372	60.030	73.440	84.060
E_score	16 934	62.365	6.186	48.410	61.540	81.260
S_score	16 934	76.570	5.834	56.750	76.770	91.860
G_score	16 934	78.348	6.270	54.990	79.760	88.420
Size	16 934	22.255	1.307	16.412	22.035	28.697
Lev	16 934	0.420	1.384	0.014	0.397	0.957
Growth	16 934	0.115	0.359	−0.609	0.071	1.978
SOE	16 934	0.278	0.448	0.000	0.000	1.000
Separation	16 934	0.044	0.067	0.000	0.006	0.278
IAE	16 934	0.044	0.051	0.000	0.031	0.343

(二)实证结果与讨论

表 5-17 报告了针对假说 1.1 的回归结果。如第(1)列所示,ESG_score 的系数为 0.420,且在 1% 水平上显著,表明企业的 ESG 表现确实与未来财务绩效正相关,支持了假说 1.1。进一步的,列(2)至列(4)的结果显示,无论自变量为环境维度、社会维度还是公司治理维度的评分,其系数均在 1% 或 5% 水平上显著为正,这说明公司各维度的 ESG 表现都与未来财务绩效正相关,进一步验证了本研究的核心结论。

表 5-17　ESG 表现与未来财务绩效

变量名	ROA (1)	(2)	(3)	(4)
ESG_score	0.420*** (20.480)			
E_score		0.030** (2.263)		
S_score			0.124*** (10.046)	
G_score				0.342*** (22.866)
$Size$	0.142* (1.918)	0.471*** (5.873)	0.365*** (4.727)	0.408*** (5.724)
Lev	0.038 (0.342)	−0.022 (−0.145)	−0.010 (−0.067)	0.089 (1.061)
$Growth$	3.974*** (15.641)	4.206*** (15.647)	4.115*** (15.526)	3.813*** (15.253)
SOE	−0.347* (−1.731)	−0.479** (−2.258)	−0.348* (−1.659)	−0.480** (−2.466)
$Separation$	0.032*** (2.790)	0.027** (2.203)	0.029** (2.490)	0.029*** (2.632)
IAE	−4.227*** (−2.667)	−5.800*** (−3.410)	−5.931*** (−3.548)	−3.138** (−2.034)
$Constant$	−31.422*** (−15.240)	−9.725*** (−5.619)	−15.038*** (−8.235)	−33.340*** (−16.469)
Year FE	Yes	Yes	Yes	Yes
Ind FE	Yes	Yes	Yes	Yes
Obs.	12 082	12 082	12 082	12 082
R-squared	0.171	0.116	0.125	0.198

注：*、**、*** 分别表示在 10%、5% 和 1% 水平上显著，括号中为 T 值，标准误聚类到公司层面。观测值由于因变量前置一期而减少。

表 5-18 报告了针对假说 1.2 的回归结果。第(1)列显示，ESG_score 的系数为 −0.052，在 1% 水平上显著，表明优异的 ESG 表现，有助于降低企业的权益资本成本，验证

了假说 1.2。进一步的,列(2)至列(4)的结果表明,提升环境维度或者治理维度的 ESG 表现,能够显著降低企业的权益资本成本,而社会维度的 ESG 表现作用不显著。

表 5-18　　　　　　　　　　ESG 表现与权益资本成本

变量名	RE_PEG			
	(1)	(2)	(3)	(4)
ESG_score	−0.052***			
	(−3.539)			
E_score		−0.015*		
		(−1.693)		
S_score			−0.013	
			(−1.324)	
G_score				−0.026**
				(−2.142)
$Size$	−0.084	−0.121*	−0.135**	−0.123*
	(−1.241)	(−1.760)	(−2.027)	(−1.865)
Lev	4.839***	5.165***	5.176***	4.819***
	(10.831)	(11.724)	(11.732)	(10.458)
$Growth$	0.768***	0.762***	0.771***	0.776***
	(3.827)	(3.795)	(3.828)	(3.852)
SOE	−1.162***	−1.156***	−1.161***	−1.147***
	(−6.910)	(−6.853)	(−6.867)	(−6.809)
$Separation$	−0.003	−0.002	−0.002	−0.003
	(−0.338)	(−0.258)	(−0.243)	(−0.314)
IAE	−3.157**	−3.053**	−3.025**	−3.231**
	(−2.112)	(−2.040)	(−2.025)	(−2.164)
$Constant$	16.080***	13.803***	14.195***	15.169***
	(10.142)	(9.910)	(9.515)	(9.147)
$Year\ FE$	Yes	Yes	Yes	Yes
$Ind\ FE$	Yes	Yes	Yes	Yes
$Obs.$	5 900	5 900	5 900	5 900
$R\text{-squared}$	0.182	0.180	0.180	0.180

注:*、**、***分别表示在 10%、5%和 1%水平上显著,括号中为 T 值,标准误聚类到公司层面。观测值由于因变量前置一期而减少。

表5—19报告了针对假说1.3的回归结果。如第(1)列所示,ESG_score 的系数为 0.035,且在1%水平上显著,表明 ESG 表现越好的企业,估值水平越高,支持了假说1.3。进一步的,列(2)至列(4)的结果显示,无论是提升公司的环境表现、社会表现还是治理表现,公司的价值均得到显著增加。

表5—19　　　　　　　　　　　　　ESG 表现与企业估值

变量名	TobinQ (1)	(2)	(3)	(4)
ESG_score	0.035*** (8.774)			
E_score		0.007** (2.452)		
S_score			0.009*** (3.311)	
G_score				0.026*** (9.014)
$Size$	−0.450*** (−22.320)	−0.425*** (−19.873)	−0.426*** (−20.843)	−0.425*** (−20.721)
Lev	0.026*** (3.061)	0.019 (1.456)	0.020 (1.556)	0.030*** (5.144)
$Growth$	0.882*** (18.222)	0.899*** (18.411)	0.893*** (18.343)	0.872*** (18.053)
SOE	−0.232*** (−5.305)	−0.244*** (−5.537)	−0.236*** (−5.360)	−0.236*** (−5.391)
$Separation$	−0.001 (−0.285)	−0.001 (−0.396)	−0.001 (−0.336)	−0.001 (−0.347)
IAE	−0.675** (−2.028)	−0.811** (−2.448)	−0.824** (−2.486)	−0.623* (−1.852)
$Constant$	9.859*** (18.087)	11.464*** (24.679)	11.221*** (22.173)	9.881*** (18.088)
$Year\ FE$	Yes	Yes	Yes	Yes
$Ind\ FE$	Yes	Yes	Yes	Yes
$Obs.$	16 934	16 934	16 934	16 934
$R\text{-}squared$	0.257	0.251	0.251	0.258

注:*、**、*** 分别表示在10%、5%和1%水平上显著,括号中为 T 值,标准误聚类到公司层面。

本节提出了 ESG 表现如何影响企业估值的理论框架。通过将两种价值理论与现金流折现模型结合，提出三个假说：ESG 表现出色的企业，未来财务绩效更好（假说 1.1），投资者预期回报率更低（假说 1.2），从而估值水平更高（假说 1.3）。上述假说均在实证层面得到了验证。进一步区分环境领域、社会领域以及治理领域的 ESG 表现，也发现上述假说基本得到验证。

第五节 风险管理视角下 ESG 表现与企业估值

一、理论分析

除了能够提升未来的业绩表现，ESG 也可以被用于风险管理。这是因为公司当下的 ESG 表现与其未来的可持续经营行为之间存在高度相关性。分别有学者站在上市公司和投资者角度，研究了 ESG 对于公司实体风险和投资风险的影响。

从公司实体风险角度，现有研究结果表明，公司的 ESG 表现越好，其自身的实体风险越低。Stellner 等（2015）利用欧元区不同国家的债券数据研究表明，良好的 ESG 表现能够帮助公司获得更好的债券信用评级，前提是公司所处的国家整体 ESG 表现高于平均水平，即只有外部环境认可 ESG 的价值时，公司才能从更好的 ESG 表现中获利。倪筱楠等（2023）分析指出，公司拥有较好的 ESG 得分可以增加企业现金流，并吸引更多分析师关注，进而有效降低了公司的债务违约风险。晓芳等（2021）研究发现，良好的 ESG 评级可以降低公司的信息风险和经营风险，从而降低审计收费。Stroebel 和 Wurgler（2021）考察表明，对于企业经营而言，短期最紧迫的风险来自监管层面，但是在更长的期间内实体风险会占据主导地位，并且实体风险在目前很有可能是被低估的。谭劲松等（2022）从资源获取的角度出发，探究发现良好的 ESG 表现能够帮助企业从消费者和供应链渠道获取高质量交易和更多利润，通过提高企业从利益相关者渠道获取资源的能力，从而降低企业风险。

从公司投资风险角度，叶莹莹和王小林（2024）基于 2009 至 2021 年间 A 股上市公司数据，研究发现 ESG 表现更好的股票，以波动率衡量的投资风险水平显著更低，尤其是在市场整体下跌过程中更为明显，作用机制为 ESG 表现更好的公司股票流动性更好，并且能够吸引更多长期机构投资者。Sassen 等（2016）利用 2002—2014 年间欧洲上市公司的数据，研究发现优越的 ESG 表现能够降低公司整体风险，主要表现为降低公司层面的特质性风险。

首先，从信息经济学的视角来看，ESG 表现良好的企业通过高质量的信息披露降低了信息不对称，从而减少了监管风险。根据 Spence（1973）的信号传递理论，企业可以通过自愿披露 ESG 信息向监管机构传递积极信号，表明其合规意愿和风险管理能力。实证研究表明，ESG 信息披露质量与监管处罚概率呈显著负相关（Dhaliwal, et al., 2011）。此外，ESG 表现优异的企业往往建立了完善的环境管理体系和社会责任机制，这有助于降低违规概率,从而降低受到监管处罚的可能性(Kim,et al.,2012)。其次,ESG 表现良好的企业更善于适应和预测监管环境的变化。在 ESG 领域表现突出的企业往往能够率先采纳最佳实践,提前适应未来可能收紧的监管要求。例如,在碳减排方面领先的企业,其在面临更严格的气候政策时具有明显的先发优势(Delmas,et al.,2013)。这种前瞻性的合规策略使企业能够降低政策不确定性带来的监管风险。最后,良好的 ESG 表现有助于构建积极的政企关系,从而降低监管风险。ESG 表现优异的企业往往与政府、社区等关键利益相关者保持良好关系,这种社会资本可以在监管审查中发挥缓冲作用(Hillman and Keim,2001)。实证研究发现,具有良好社会责任记录的企业在面临监管调查时,往往能够得到更宽容的处理(Godfrey,et al.,2009)。

假说2:公司 ESG 表现越好时,面临的监管风险更低。

二、研究设计

为检验假说2,我们构建了式(4)与式(5)的计量模型。其中,模型(4)的因变量为违规事件($Violation$),若企业当年发生违规事件,取值为1,否则为0。进一步的,模型(5)的因变量为环境处罚($EnvViolation$),若企业当年发生环境领域的处罚事件,取值为1,否则为0。以上两个数据均来自 CSMAR 数据库。其中,违规事件($Violation$)多数是与公司治理相关的风险,而环境处罚($EnvViolation$)则与环境领域的风险紧密相关,因此采用这两个指标作为衡量变量能够较好地捕捉公司的 ESG 风险。自变量为企业 ESG 表现(ESG),来自华证 ESG 评级得分。控制变量与之前的回归相同。

$$Violation_{i,t+1} = \delta_0 + \delta_1 ESG\_score_{i,t} + \delta_2 Size_{i,t} + \delta_3 Lev_{i,t} + \delta_4 Growth_{i,t} + \delta_5 SOE_{i,t}$$
$$+ \delta_6 Separation_{i,t} + \delta_7 IAE_{i,t} + Industry + Year + \varepsilon \quad (4)$$

$$EnvViolation_{i,t+1} = \delta_0 + \delta_1 ESG\_score_{i,t} + \delta_2 Size_{i,t} + \delta_3 Lev_{i,t} + \delta_4 Growth_{i,t} + \delta_5 SOE_{i,t}$$
$$+ \delta_6 Separation_{i,t} + \delta_7 IAE_{i,t} + Industry + Year + \varepsilon \quad (5)$$

三、实证结果

(一)描述性统计

表5-20报告了主要变量的描述性统计。公司是否违规($Violate$)的均值为0.076,表明样本中共有7.6%的公司发生了违规事件。而公司发生环境处罚($EnvViolation$)的均值为0.012,说明样本中有1.2%的公司遭受环境处罚。其他变量的定义与之前一致,这里不过多赘述。

表 5—20　　　　　　　　　　　　变量描述性统计

变量名	N	平均值	标准差	最小值	中位数	最大值
$Violate$	16 934	0.076	0.266	0.000	0.000	1.000
$EnvViolation$	16 934	0.012	0.109	0.000	0.000	1.000
ESG_score	16 934	73.403	4.372	60.030	73.440	84.060
E_score	16 934	62.365	6.186	48.410	61.540	81.260
S_score	16 934	76.570	5.834	56.750	76.770	91.860
G_score	16 934	78.348	6.270	54.990	79.760	88.420
$Size$	16 934	22.255	1.307	16.412	22.035	28.697
Lev	16 934	0.420	1.384	0.014	0.397	0.951
$Growth$	16 934	0.115	0.359	−0.609	0.071	1.978
SOE	16 934	0.278	0.448	0.000	0.000	1.000
$Separation$	16 934	0.044	0.067	0.000	0.006	0.278
IAE	16 934	0.044	0.051	0.000	0.031	0.343

(二)回归结果

表 5—21 报告了违规事件的回归结果。第(1)列显示，ESG_score 的系数为−0.010，在 1%水平上显著，表明 ESG 表现越好的企业，越不可能发生违规事件，支持了假说 2。进一步的，列(3)和(4)的结果显示，社会维度和治理维度的 ESG 得分，均在 1%水平上显著为负。这说明，公司在社会领域与公司治理领域具有较好的 ESG 表现，能够显著降低未来发生违规事件的概率。

表 5—21　　　　　　　　　　　　ESG 表现与企业违规

变量名	$Violate$			
	(1)	(2)	(3)	(4)
ESG_score	−0.010*** (−14.333)			
E_score		−0.001 (−1.371)		

续表

变量名	Violate			
	(1)	(2)	(3)	(4)
S_score			−0.003***	
			(−6.095)	
G_score				−0.008***
				(−16.142)
Size	0.003	−0.005**	−0.002	−0.003*
	(1.473)	(−2.149)	(−1.083)	(−1.701)
Lev	0.000	0.001	0.001	−0.001
	(0.020)	(0.633)	(0.529)	(−1.553)
Growth	−0.022***	−0.027***	−0.025***	−0.018**
	(−2.938)	(−3.589)	(−3.331)	(−2.460)
SOE	−0.022***	−0.018***	−0.022***	−0.018***
	(−3.512)	(−2.880)	(−3.348)	(−3.082)
Separation	0.000	0.000	0.000	0.000
	(0.463)	(0.759)	(0.582)	(0.633)
IAE	0.017	0.055	0.058	−0.008
	(0.333)	(1.027)	(1.084)	(−0.153)
Constant	0.753***	0.227***	0.353***	0.786***
	(12.797)	(4.790)	(6.752)	(13.714)
Year FE	Yes	Yes	Yes	Yes
Ind FE	Yes	Yes	Yes	Yes
Obs.	12 082	12 082	12 082	12 082
R-squared	0.086	0.060	0.064	0.097

注：*、**、*** 分别表示在10%、5%和1%水平上显著，括号中为T值，标准误聚类到公司层面。观测值由于因变量前置一期而减少。

表5—22报告了环境处罚的回归结果。如第(1)列所示，ESG_score的系数为−0.001，在5%水平上显著，表明ESG表现越好的企业，其面临的环保处罚越少。第(2)列进一步考察了环境领域ESG得分的影响，结果表明，当公司环境绩效更优时，其遭受的环境处罚将减少。

表 5—22　　　　　　　　　　　ESG 表现与企业环境处罚

变量名	$EnvViolation$	
	(1)	(2)
ESG_score	−0.001**	
	(−2.352)	
E_score		−0.001***
		(−4.134)
$Size$	0.003***	0.004***
	(2.874)	(3.365)
Lev	0.000	0.000**
	(0.644)	(2.162)
$Growth$	−0.002	−0.002
	(−0.798)	(−1.006)
SOE	−0.004	−0.004
	(−1.420)	(−1.408)
$Separation$	0.000	0.000
	(0.035)	(0.034)
IAE	−0.021	−0.020
	(−0.991)	(−0.917)
$Constant$	−0.019	−0.024
	(−0.606)	(−0.884)
$Year\ FE$	Yes	Yes
$Ind\ FE$	Yes	Yes
$Obs.$	12 205	12 205
$R\text{-squared}$	0.022	0.024

注：**、***分别表示在5%和1%水平上显著，括号中为 T 值，标准误聚类到公司层面。观测值由于因变量前置一期而减少。

本节在风险管理视角下进一步探究了 ESG 表现对于企业估值的作用。我们研究发现，企业 ESG 行为在风险管理上具有独特的价值，具有一定的预测风险的能力。通常而言，ESG 表现越好的企业，面临的监管风险越低。这也进一步支持了 ESG 投资主要是长期策略的观点。

第六节　投资者关注视角下 ESG 表现与企业估值

一、理论分析

(一) ESG 投资者与企业价值

股票的价格是市场上所有投资者交易的结果,从而投资者的偏好对企业估值具有重要影响。如果只是个别投资者的不定项偏好,对市场几乎没有影响,但当定向的偏好普遍存在时,企业估值的模型就需要与时俱进地做出修正。从本研究内容出发,我们将投资者区分为 ESG 投资者和财务投资者,前者愿意持有收益率更低但 ESG 表现更好公司的股票,而后者则只专注于公司财务收益。不同投资群体之间存在较大的偏好差异,这在已有文献中也得到证实。如唐棣和金星晔(2023)研究发现,投资者的自律性和社群性特征对 ESG 投资有显著的正向影响。徐凤敏等(2023)分析指出,基于 ESG 整合策略的投资组合实现了对风险、收益与可持续发展的有效权衡,能够促进企业的高质量发展。Heinkel 等(2001)考察认为,ESG 投资者的存在能够通过改变企业的融资成本,进而影响企业估值。当 ESG 投资者占比足够多时,还能促使企业改变其经营行为,据他们的测算,这一比例至少是 20%。Riedl 和 Smeets(2017)基于一家大型公募基金的投资者信息,验证了 ESG 投资者的存在。Goldstein 等(2022)研究指出,ESG 投资者和财务投资者因其不同的偏好进行博弈,ESG 投资者关注公司与可持续发展相关的经济活动所创造的现金流和外部性价值。由于偏好的异质性,财务投资者和 ESG 投资者在相同的信息基础上进行相反的交易,因此,均衡价格可能不唯一确定。

根据现金流折现模型,折现率受投资者预期回报率的影响。当 ESG 投资者可以接受更低的投资收益率时,这降低了折现率,此时企业的估值水平将更高。据此,我们提出如下假说:

假说 3.1:当企业存在更多 ESG 偏好投资者时,ESG 表现对估值水平的促进作用更强。

(二) ESG 信息披露与企业价值

企业估值和金融投资高度依赖于信息,尤其是 ESG 信息涵盖的内容十分广泛,不同行业公司之间可比性较低,信息搜集整理和分析的成本较高,因此,信息不对称可能对企业估值产生影响。现阶段的问题是,ESG 信息披露标准尚不统一,导致市场对 ESG 投资的理解和实践停留在摸索阶段。尽管已有多个机构推出了公司层面的 ESG 信息披露标准,包括国际可持续准则理事会(ISSB)、全球报告倡议组织(GRI)标准等,但各标准之间并不一致。此外,作为信息中介的 ESG 评级机构大量涌现。据统计,全球至少有 600 多家 ESG 评级机构,中国有 20 家左右(王凯和张志伟,2022)。同时,不同评级机构之间的分歧巨大。Berg 等(2022)研究发现,KLD、MSCI 等六家机构的 ESG 评级平均相关性只有 0.54。这种差异的存在导致投资者难以根据 ESG 评级投资(Kotsantonis and Serafeim,2019;Avramov,et al.,2021)。

在不完全信息模型下,部分企业 ESG 信息并未公开披露,或是披露的内容较少,质量偏低。首先,当企业披露的 ESG 信息过少时,其并不会成为 ESG 投资者的标的,即使它事实上在 ESG 领域做得优秀。其次,由于不同的投资者可能采用不同的标准来解读企业的 ESG 信息,比如依赖不同第三方机构的 ESG 评级数据,因此,投资者之间存在分歧。这种分歧也是风险的一种体现,因此,投资者会就此要求额外的补偿,即 ESG 分歧大的股票,估值水平更低。我们认为,当企业披露更多 ESG 信息时,上述分歧会得到缓解,从而估值水平提升。根据上述分析,我们提出如下假说:

假说 3.2:当企业披露更多 ESG 信息时,ESG 表现对估值水平的促进作用更强。

二、研究设计

为检验假说 3.1,我们构建了式(6)的回归模型。因变量为托宾 Q($TobinQ$),定义为(权益市值+负债账面价值)/总资产。自变量为企业 ESG 得分(ESG_score)。根据企业 ESG 投资者数量($GreenInvest$)将样本分为两组。在进行 ESG 投资者的定义时,我们参考王辉(2022)的研究,手工查询各基金的"投资目标"与"投资范围"中是否包含"环保""生态""绿色""新能源开发""清洁能源""低碳""可持续""节能"等词汇,若存在,则认为该基金为 ESG 投资者。然后,我们统计公司的 ESG 投资者数量。相关控制变量与之前一致。

$$TobinQ_{i,t+1} = \delta_0 + \delta_1 ESG\_score_{i,t} + \delta_2 Size_{i,t} + \delta_3 Lev_{i,t} + \delta_4 Growth_{i,t} + \delta_5 SOE_{i,t} \\ + \delta_6 Separation_{i,t} + \delta_7 IAE_{i,t} + Industry + Year + \varepsilon \quad (6)$$

为检验假说 3.2,我们构建了式(7)的回归模型。其中,因变量仍为托宾 Q($TobinQ$);自变量为企业 ESG 得分(ESG_score),根据企业是否单独披露 ESG 报告(含社会责任报告)将样本分为两组,若披露为一组,否则为另一组。

$$TobinQ_{i,t+1} = \delta_0 + \delta_1 ESG\_score_{i,t} + \delta_2 Size_{i,t} + \delta_3 Lev_{i,t} + \delta_4 Growth_{i,t} + \delta_5 SOE_{i,t} \\ + \delta_6 Separation_{i,t} + \delta_7 IAE_{i,t} + Industry + Year + \varepsilon \quad (7)$$

三、实证结果

(一)描述性统计

表 5-23 报告了主要变量的描述性统计。公司 ESG 投资者数量($GreenInvest$)的统计显示,样本公司平均有 0.642 个 ESG 投资者。ESG 披露($Disclosure$)的均值为 0.306,证实样本中有 30.6%的公司单独披露了 ESG 报告。其他变量的定义如前所述,这里不再赘述。

表 5-23　　　　　　　　　　变量描述性统计

变量名	N	平均值	标准差	最小值	中位数	最大值
$GreenInvest\_dummy$	11 746	0.421	0.494	0.000	0.000	1.000
$GreenInvest$	11 746	0.642	0.932	0.000	0.000	4.394
$Disclosure$	12 195	0.306	0.461	0.000	0.000	1.000
ESG_score	16 934	73.403	4.372	60.030	73.440	84.060
E_score	16 934	62.365	6.186	48.410	61.540	81.260
S_score	16 934	76.570	5.834	56.750	76.770	91.860
G_score	16 934	78.348	6.270	54.990	79.760	88.420
$Size$	16 934	22.255	1.307	16.412	22.035	28.697
Lev	16 934	0.420	1.384	0.014	0.397	0.951
$Growth$	16 934	0.115	0.359	−0.609	0.071	1.978
SOE	16 934	0.278	0.448	0.000	0.000	1.000
$Separation$	16 934	0.044	0.067	0.000	0.006	0.278
IAE	16 934	0.044	0.051	0.000	0.031	0.343

（二）实证结果

表 5-24 报告了针对假说 3.1 的回归结果。第（1）列显示，在绿色投资者较少的组中，ESG_score 的系数为 −0.020，在 1% 水平上显著。而在绿色投资者较多的组中，ESG_score 的系数为 0.019，亦在 1% 水平上显著。组间系数差异经验 P 值为 0.000，表明两组间的回归系数存在显著差异。上述回归结果表明，当存在更多 ESG 偏好投资者时，公司 ESG 表现对企业估值的促进作用更强，验证了假说 3.1。

表 5-24　　　　　　　　ESG 投资者、ESG 表现与企业价值

变量名	$TobinQ$	
	绿色投资者少	绿色投资者多
ESG_score	−0.020***	0.019***
	(−4.346)	(2.593)
$Size$	−0.706***	−0.217***
	(−23.691)	(−7.061)
Lev	0.006	−2.120***
	(0.775)	(−8.958)
$Growth$	0.243***	0.736***
	(4.379)	(9.548)

续表

变量名	$TobinQ$	
	绿色投资者少	绿色投资者多
SOE	0.088**	−0.200***
	(1.969)	(−2.790)
$Separation$	0.005*	−0.001
	(1.734)	(−0.394)
IAE	0.063	−0.474
	(0.165)	(−1.072)
$Constant$	19.020***	6.801***
	(23.984)	(9.430)
Year FE	Yes	Yes
Ind FE	Yes	Yes
$Obs.$	6 754	4 911
R-squared	0.383	0.306
组间系数差异检验	$P=0.000$	

注：*、**、***分别表示在10%、5%和1%水平上显著，括号中为T值，标准误聚类到公司层面。

表5—25报告了针对假说3.2的回归结果。第(1)列显示，在信息披露质量较差的组中，ESG_score的系数为−0.005，但是并不显著。在信息披露质量较好的组中，ESG_score的系数为0.019，在1%水平上显著。组间系数差异经验P值为0.000，表明两组间的回归系数存在显著差异。上述回归结果表明，当公司的ESG信息披露质量更好时，公司ESG表现对企业估值的促进作用更强，验证了假说3.2。

表5—25   ESG信息披露、ESG表现与企业价值

变量名	$TobinQ$	
	信息披露质量差	信息披露质量好
ESG_score	−0.005	0.019***
	(−0.885)	(2.740)
$Size$	−0.701***	−0.217***
	(−22.203)	(−7.875)
Lev	0.006*	−1.224***
	(1.942)	(−5.601)

续表

变量名	TobinQ	
	信息披露质量差	信息披露质量好
$Growth$	0.535***	0.481***
	(9.573)	(6.605)
SOE	−0.031	−0.358***
	(−0.588)	(−5.252)
$Separation$	0.001	−0.002
	(0.295)	(−0.444)
IAE	−0.094	−0.711*
	(−0.212)	(−1.820)
$Constant$	18.043***	6.335***
	(20.456)	(9.163)
$Year\ FE$	Yes	Yes
$Ind\ FE$	Yes	Yes
$Obs.$	8 372	3 700
$R\text{-}squared$	0.270	0.299
组间系数差异检验	$P=0.000$	

注：*、*** 分别表示在10%和1%水平上显著，括号中为 T 值，标准误聚类到公司层面。

本节在投资者关注视角下进一步分析 ESG 表现如何影响企业估值，得出了两个主要结论：第一，当 ESG 投资者的占比越高时，由于要求的收益率降低，放大了企业 ESG 表现对估值水平的促进作用。第二，更多的 ESG 信息披露有助于缓解信息不对称问题，从而促进企业 ESG 表现对企业估值的提升作用。因此，企业在条件允许的情况下应当积极披露 ESG 信息，而资本市场应培育更多 ESG 偏好的投资者。

参考文献

[1]蔡贵龙，张亚楠.基金 ESG 投资承诺效应——来自公募基金签署 PRI 的准自然实验[J].经济研究，2023(12):22—40.

[2]陈若鸿，赵雪延，金华.企业 ESG 表现对其融资成本的影响[J].科学决策，2022(11):24—40.

[3]方先明，胡丁.企业 ESG 表现与创新——来自 A 股上市公司的证据[J].经济研究，2023(2):91—106.

[4]高杰英，褚冬晓，廉永辉，郑君.ESG 表现能改善企业投资效率吗？[J].证券市场导报，2021(11):24—34,72.

[5]孔东民,林之阳.企业社会责任、公司价值和基金业绩[J].华中科技大学学报(社会科学版),2018(3):62-72.

[6]李甜甜,李金甜.绿色治理如何赋能高质量发展:基于ESG履责和全要素生产率关系的解释[J].会计研究,2023(6):78-98.

[7]李颖,吴彦辰,田祥宇.企业ESG表现与供应链话语权[J].财经研究,2023(8):153-168.

[8]李增福,冯柳华.企业ESG表现与商业信用获取[J].财经研究,2022(12):151-165.

[9]李志斌,邵雨萌,李宗泽,李敏诗.ESG信息披露、媒体监督与企业融资约束[J].科学决策,2022(7):1-26.

[10]马喜立.ESG投资策略具备排雷功能吗?——基于中国A股市场的实证研究[J].北方金融,2019(5):14-19.

[11]毛新述,叶康涛,张頔.上市公司权益资本成本的测度与评价——基于我国证券市场的经验检验[J].会计研究,2012(11):12-22,94.

[12]倪筱楠,温佳瑜,张键.企业ESG表现能降低债务违约风险吗[J].财会月刊,2023(16):27-33.

[13]邱牧远,殷红.生态文明建设背景下企业ESG表现与融资成本[J].数量经济技术经济研究,2019(3):108-123.

[14]史永东,王淏森.企业社会责任与公司价值——基于ESG风险溢价的视角[J].经济研究,2023(6):67-83.

[15]孙明睿,马融,马文杰.金融科技与企业ESG表现[J].财经研究,2024,50(12):92-106.

[16]谭劲松,黄仁玉,张京心.ESG表现与企业风险——基于资源获取视角的解释[J].管理科学,2022(5):3-18.

[17]唐棣,金星晔.碳中和背景下ESG投资者行为及相关研究前沿:综述与扩展[J].经济研究,2023(9):190-208.

[18]陶欣欣,江轩宇,谢志华,马丽伟.社会责任履行影响企业劳动投资效率吗[J].会计研究,2022(6):120-133.

[19]王双进,田原,党莉莉.工业企业ESG责任履行、竞争战略与财务绩效[J].会计研究,2022(3):77-92.

[20]王琳璘,廉永辉,董捷.ESG表现对企业价值的影响机制研究[J].证券市场导报,2022(5):23-34.

[21]王辉,林伟芬,谢锐.高管环保背景与绿色投资者进入[J].数量经济技术经济研究,2022(12):173-194.

[22]王凯,张志伟.国内外ESG评级现状、比较及展望[J].财会月刊,2022(2):137-143.

[23]危平,舒浩.中国资本市场对绿色投资认可吗?——基于绿色基金的分析[J].财经研究,2018(5):23-35.

[24]晓芳,兰凤云,施雯,熊浩,沈华玉.上市公司的ESG评级会影响审计收费吗?——基于ESG评级事件的准自然实验[J].审计研究,2021(3):41-50.

[25]席龙胜,王岩.企业ESG信息披露与股价崩盘风险[J].经济问题,2022(8):57-64.

[26]肖红军,沈洪涛,周艳坤.客户企业数字化、供应商企业ESG表现与供应链可持续发展[J].经济研究,2024(3):54—73.

[27]谢红军,吕雪.负责任的国际投资:ESG与中国OFDI[J].经济研究,2022,57(3):83—99.

[28]徐凤敏,景奎,李雪鹏."双碳"目标背景下基于ESG整合的投资组合研究[J].金融研究,2023(8):149—169.

[29]杨有德,徐光华,沈弋."由外及内":企业ESG表现风险抵御效应的动态演进逻辑[J].会计研究,2023(2):12—26.

[30]叶莹莹,王小林.企业ESG表现如何影响股票收益波动率?——基于A股上市公司的实证研究[J].会计研究,2024(1):64—78.

[31]周方召,欧阳海飞,于林利.企业履行员工责任和股票收益——来自A股市场错误定价视角的解释[J].投资研究,2022(11):119—136.

[32]Amiraslani H, Lins K, Servaes H, Tamayo A. Trust, Social Capital, and the Bond Market Benefits of ESG Performance[J]. Review of Accounting Studies,2023,28(2):421—462.

[33]Arjalies D, Laurel-Fois D, Mottis N. Prison Break from Financialization: The Case of the PRI Reporting and Assessment Framework[J]. Accounting, Auditing & Accountability Journal,2023,36(2):561—590.

[34]Avramov D, Cheng S, Lioui A, Tarelli A. Sustainable Investing with ESG Rating Uncertainty[J]. Journal of Financial Economics,2022,145(2):642—664.

[35]Berg F, Heeb F, Kölbel J. The Economic Impact of ESG Ratings[R]. SSRN Working Paper,2022,No. 4088545.

[36]Berg F, Kölbel J, Rigobon R. Aggregate Confusion: The Divergence of ESG Ratings[J]. Review of Finance,2022,26(6):1315—1344.

[37]Bolton P, Kacperczyk M. Do Investors Care about Carbon Risk? [J]. Journal of Financial Economics,2021,142(2):517—549.

[38]Crifo P, Forget V, Teyssier S. The Price of Environmental, Social and Governance Practice Disclosure: An Experiment with Professional Private Equity Investors[J]. Journal of Corporate Finance,2015(3):168—194.

[39]Dhaliwal D, Li O, Tsang A, Yang Y. Voluntary Nonfinancial Disclosure and the Cost of Equity Capital: The Initiation of Corporate Social Responsibility Reporting[J]. The Accounting Review,2011,86(1):59—100.

[40]Friedman M, The Social Responsibility of Business is to Increase its Profits[J]. New York Times Magazine,1970(13):122—126.

[41]Gibbons B. The Financially Material Effects of Mandatory Nonfinancial Disclosure[J]. Journal of Accounting Research,2023,61(3):981—1024.

[42]Godfrey P, Merrill C, Hansen J. The Relationship between Corporate Social Responsibility and Shareholder Value: An Empirical Test of the Risk Management Hypothesis[J]. Strategic Management Journal,2009,30(4):425—445.

[43]Goldstein I, Kopytov A, Shen L, Xiang H. On ESG Investing: Heterogeneous Preferences, In-

formation, and Asset Prices[R]. SSRN Working Paper,2022,No. 3823042.

[44]Heinkel R, Kraus A, Zechner J. The Effect of Green Investment on Corporate Behavior[J]. Journal of Financial and Quantitative Analysis,2001,36(4):431-449.

[45]Hillman A, Keim G. Shareholder Value, Stakeholder Management, and Social Issues: What's the Bottom Line? [J]. Strategic Management Journal, 2001,22(2):125-139.

[46]Kim S, Yoon A. Analyzing Active Fund Managers' Commitment to ESG: Evidence from the United Nations Principles for Responsible Investment[J]. Management Science,2023,69(2):741-758.

[47]Kim Y, Park M, Wier B. Is Earnings Quality Associated with Corporate Social Responsibility? [J]. The Accounting Review,2012,87(3):761-796.

[48]Kotsantonis S, Serafeim G,Four Things No One Will Tell You about ESG Data[J]. Journal of Applied Corporate Finance,2019,31(2):50-58.

[49]Krueger P, Sautner Z, Tang D, Zhong R. The Effects of Mandatory ESG Disclosure around the World[J]. Journal of Accounting Research, 2024,62(5):1795-1847.

[50]Lin Y, Shen R, Wang J, et al. Global evolution of environmental and social disclosure in annual reports[J]. Journal of Accounting Research, 2024, 62(5):1941-1988.

[51]Pedersen L, Fitzgibbons S, Pomorski L. Responsible Investing: The ESG-Efficient Frontier[J]. Journal of Financial Economics,2021,142(2):572-597.

[52]Raghunandan A, Rajgopal S,Do ESG Funds Make Stakeholder-Friendly Investments? [J]. Review of Accounting Studies,2022(27):822-863.

[53]Riedl A, Smeets P. Why Do Investors Hold Socially Responsible Mutual Funds? [J]. Journal of Finance, 2017,72(6):2505-2550.

[54]Rzeźnik A, Hanley K, Pelizzon L. Investor Reliance on ESG Ratings and Stock Price Performance [J]. SSRN Working Paper,2022,No. 3801703.

[55]Stroebel J, Wurgler J. What Do You Think about Climate Finance? [J]. Journal of Financial Economics,2021,142 (2):487-498.

[56]Spence M. Job Market Signaling[J]. The Quarterly Journal of Economics,1973,87(3):355-374.

[57]Sassen R, Hinze A K, Hardeck I. Impact of ESG Factors on Firm Risk in Europe[J]. Journal of Business Economics,2016(86): 867-904.

[58]Stellner C, Klein C, Zwergel B. Corporate Social Responsibility and Eurozone Corporate Bonds: The Moderating Role of Country Sustainability[J]. Journal of Banking and Finance, 2015(59): 538-49.

[59]Welch K, Yoon A. Do High-ability Managers Choose ESG Projects that Create Shareholder Value? Evidence from Employee Opinions[J]. Review of Accounting Studies, 2023,28(4):2448-2475.